Ansys Workbench 结构分析热点解析

牛海峰 编著

中國水利水电出版社
www.waterpub.com.cn
·北京·

内 容 提 要

本书从应用工程师的角度出发，着重探讨 Ansys Mechanical 隐式求解中的热点问题，重点介绍 Workbench Mechanical 仿真工具。考虑到 Mechanical 和 MAPDL 密不可分的特点，穿插介绍必要的 MAPDL 知识。前言部分探讨 Mechanical 的学习方法，第 1 章对 Workbench Mechanical 和 Mechanical APDL 两者的联系和区别进行了概括性讨论。第 2～4 章对 Mechanical 在仿真流程从前处理到后处理的热点问题进行了梳理。第 5 章讨论了 Mechanical 不同求解类型下的技术问题。第 6 章主要讲述 Mechanical 接触技术中的常见问题。第 7～8 章分别从 APDL 和 Python 两方面对 Mechanical 的功能进行扩展。第 9 章对 Mechanical 高级分析技术如螺栓建模技术、屈曲分析、子模型、摩擦生热、表面磨损、密封圈分析、粘胶界面开裂分析以及准静态求解等进行了讲解和演示。本书未涵盖显式动力学、声学、转子动力学以及刚体动力学。

本书可作为 CAE 工程技术人员的参考用书，也可作为机械、航空航天、电子信息、土木专业的高年级本科生、研究生掌握并熟练运用 Ansys Mechanical 工具的教学用书。

图书在版编目（CIP）数据

Ansys Workbench结构分析热点解析 / 牛海峰编著
. -- 北京 : 中国水利水电出版社, 2023.8
ISBN 978-7-5226-1760-2

Ⅰ. ①A… Ⅱ. ①牛… Ⅲ. ①有限元分析－应用程序
Ⅳ. ①O241.82

中国国家版本馆CIP数据核字(2023)第157099号

责任编辑：杨元泓　　加工编辑：王开云　　封面设计：李　佳

书　　名	Ansys Workbench 结构分析热点解析 Ansys Workbench JIEGOU FENXI REDIAN JIEXI
作　　者	牛海峰　编著
出版发行	中国水利水电出版社 （北京市海淀区玉渊潭南路 1 号 D 座　100038） 网址：www.waterpub.com.cn E-mail：mchannel@263.net（答疑） sales@mwr.gov.cn 电话：（010）68545888（营销中心）、82562819（组稿）
经　　售	北京科水图书销售有限公司 电话：（010）68545874、63202643 全国各地新华书店和相关出版物销售网点
排　　版	北京万水电子信息有限公司
印　　刷	三河市鑫金马印装有限公司
规　　格	184mm×260mm　16 开本　19 印张　482 千字
版　　次	2023 年 8 月第 1 版　2023 年 8 月第 1 次印刷
印　　数	0001—4000 册
定　　价	79.00 元

序

当前，全球正在兴起新一轮工业革命，它引发了生产方式、产业组织和商业模式等方面的深刻变化；工业产品也越来越复杂，从探索太空的宇宙飞船到我们日常使用的智能手机，无一不涵盖诸多的学科领域；同时叠加全球化的竞争格局，工业产品制造企业面临着非常严峻的挑战。如何在产品研发阶段提高产品附加值，如何更好地缩短产品上市周期取得领先优势，如何进一步优化产品成本赢得客户，如何为客户提供最优的解决方案，成为工业企业必须回答的问题。

为了更好地解决这些痛点，我们可以将仿真技术这一强大的工具引入产品研发阶段。以最小成本对设计方案进行性能验证，利用数字模型来优化产品成本，加快新产品的设计及更新迭代从而减少后期可能出现的问题，提高产品的性能和质量。

除了研发阶段，工程仿真的应用范围还涵盖了生产制造、装配、存储、包装、运输、安装调试、服役、故障诊断等产品的全生命周期，进一步帮助企业提高竞争力，在激烈的市场竞争中脱颖而出。目前，工程仿真已广泛应用于航空、汽车、能源、电子、医疗保健、建筑和消费品等行业。

工程仿真是一件复杂的工作，工程师不但要有工程实践经验，还要掌握多种不同的工业软件。与发达国家相比，我国仿真应用成熟度还有一定差距。仿真人才缺乏是制约行业发展的重要原因，这也意味着有技能、有经验的仿真工程师在未来将具有广阔的职业前景。

Ansys作为世界领先的工程仿真软件供应商，为全球各行业提供能完全集成多物理场仿真软件工具的通用平台。对有意从事仿真行业的读者来说，选择业内领先、应用广泛、前景广阔、覆盖面广的Ansys产品作为仿真工具，无疑将成为其职业发展的重要助力。

为满足读者的仿真学习需求，Ansys在过去几年与中国水利水电出版社合作，联合国内多个领域仿真行业实战专家，出版了系列丛书。

本书结合作者多年支持Ansys客户的经验，从工程仿真流程、仿真分析类型、功能扩展、高级应用四个维度，系统性解读Ansys Workbench结构分析中的热点问题，理论联系实际，内容通俗易懂，可操作性强，是用户熟练掌握Ansys Workbench进行结构分析必不可少的参考用书。

作为工程仿真软件行业的领导者，我们坚信，培养用户走向成功，是仿真驱动产品设计、设计创新驱动行业进步的关键。

Ansys 中国总经理

马全校

2023 年 8 月

前　言

随着信息科技及计算机技术的迅猛发展，计算机辅助工程（Computer Aided Engineering，CAE）越来越普及到工业设计的各个细分领域，占全球商用 CAE 软件行业市场份额最大的 Ansys 公司，其产品涵盖结构、流体以及电磁等多学科领域，以其优异的求解性能，友好的用户界面以及面向工程的完美解决方案深受用户喜爱，已成为科学探索及工业领域强有力的工具。

Ansys Mechanical 是 Ansys 的旗舰产品之一，涉及的学科体系全面丰富，包括的力学分支主要有理论力学、振动理论、连续介质力学、固态力学、物理力学、爆炸力学及应用力学等。

有限元分析专家或 CAE 工程师面对复杂的工业产品设计，如一款性能优秀的手机、一辆风靡全球的轿车，将面临着越来越多的挑战。如何提高产品的可靠性，如何保证产品的使用性能……应对这些挑战，需要不断地回答以下问题：应该如何搭建数字模型？如何正确地模拟产品的各种复杂工况？如何解释有限元结果？如何复现产品的失效问题？如何对标试验？如何改进设计……

笔者从事仿真行业 20 余年，近些年作为 Ansys 原厂专业技术人员支持数十家全球 500 强企业和国内百家 Ansys 大中型企业的 Ansys Mechanical CAE 技术专家，深刻体会到 Ansys Mechanical 的高效使用对工业产品的研发所起的积极作用，因此萌生了编写本书的想法。在自媒体及数字经济飞速发展的今天，CAE 工程师较多的精力花在了无效的信息分辨上，期望能够很快通过各种渠道检索到日常工作中碰到的各种问题，这是我写本书的另一个初衷。笔者希望能将 Ansys Mechanical 使用中的热点问题、注意事项及关键技术要点分享给广大 CAE 从业者，使 Ansys Mechanical 用户尽快解决日常仿真工作中出现的纷繁复杂的问题，将主要精力放在各专业领域产品性能的改进和优化上，尽可能减少软件使用过程中的困扰。

那么掌握 Ansys 有什么好的学习方法呢？笔者认为主要有以下几个方面：

首先，学习一些相关的理论知识对软件的使用是很有帮助的，传统的有限元教材及数值计算方法基本上能涵盖软件相关的大部分知识。其次，打开 Ansys 的 Help 文档，读者会发现一个知识的海洋，与软件相关的基础理论、操作以及案例非常详尽，帮助文档所列的参考文献也非常系统。将我们学的理论知识和帮助文档对应，可理解 Ansys 所使用的最新算法和理论基础等。最后，非常重要的一点，打开软件进行案例实践，验证 Ansys 官方提供的算例，验证教科书的算例……在一次次验证中，我们会逐步理解仿真的思路：建模方案如何确定？假设条件是什么？输入条件是什么？预期结果是什么？软件中提供的哪几种算法对项目有帮助？这几种算法的局限性在哪里？这几种算法在哪些条件下可以相互验证？结果偏差产生的原因是什么？忽略的因素是什么？忽略的因素是否对结果产生重大的影响？CAE 仿真技术给科技工作者带来的最便捷之处就在于当一个很好的想法出现，可以快速地验证该结果是否有效。

重点谈一下 Ansys 帮助文档的使用。Ansys help 文档自 Ansys 19.0 之后，不再随软件一起安装，需要从官方网址下载离线版本，以 Ansys 2022R2 版本为例，下载 ANSYSLOCALHELP_2022R2_WINX64 文件并解压后，单独安装使用。

帮助文档安装完成后，可通过 Tools>>Filter Table of Contents>>Configure Table of Contents…配置常用的产品，以缩小搜索范围（图 1）。图 2 为过滤后的帮助文档显示页面。

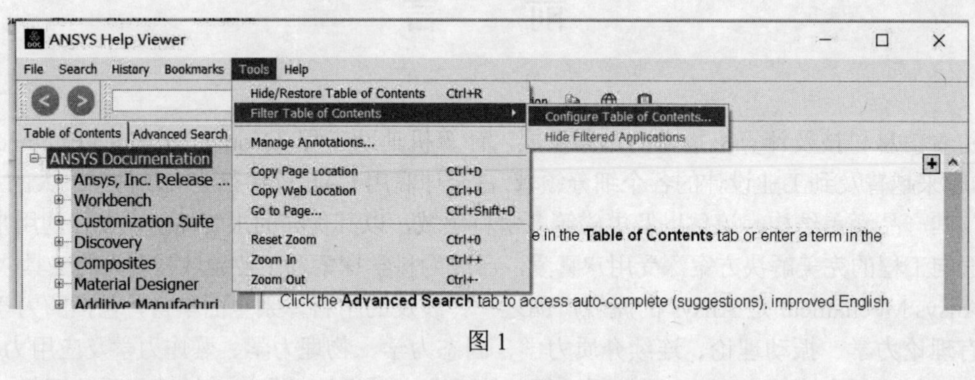

图 1

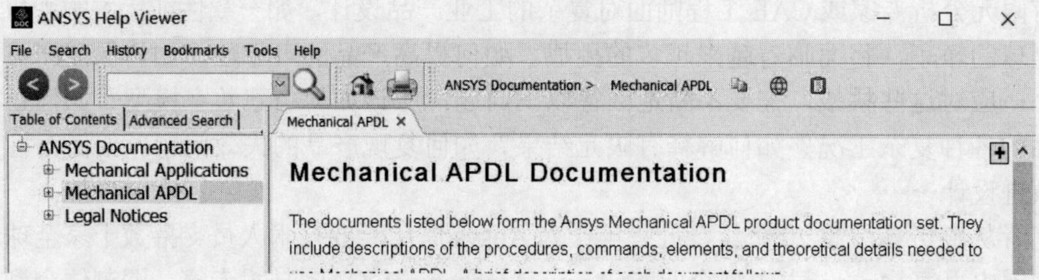

图 2

帮助文档提供的 bookmarks 收藏功能比较常规，不做过多介绍。

图 3 为检索“damping”后其中的一个页面，图中位置 1 表示该页面所在的具体链接，有助于定位所关联学科；位置 2 可以拷贝当前页面链接（快捷键为 Ctrl+D），其链接地址为：help/ans_mat/mat_matdamping.html；位置 3 可以快速定位到某一给定链接（快捷键为 Ctrl+Shift+D）。位置 2 和位置 3 的结合会给知识管理带来极大的便捷。

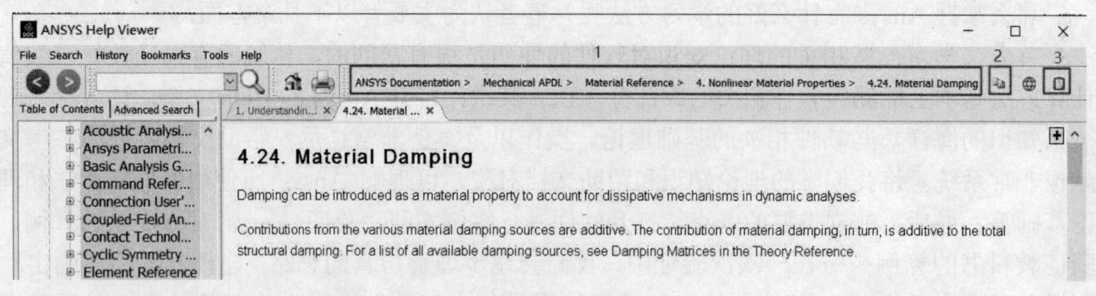

图 3

以下是以“buckling”（屈曲分析）知识点为关键字检索到的有用的链接，每当遇到该领域的问题，我都会打开链接仔细研读。

- 屈曲分析理论

  help/ans_thry/thy_geo.html

  help/ans_str/Hlp_G_STR7_2.html#aFjQxqdemcm

- 屈曲分析流程

help/ans_str/strlinpertproc.html
help/ans_str/Hlp_G_STR7_4.html

- 屈曲分析案例

  特征值屈曲案例：

  help/ans_str/Hlp_G_STR7_6.html

  help/ans_vm/Hlp_V_VM127.html

  help/ans_vm/Hlp_V_VM128.html

  非线性屈曲案例：

  梁的横向扭转屈曲分析

  help/ans_str/Hlp_G_STR15_6.html#an3tAr2a5ldm

  铰接壳体的阶跃屈曲分析

  help/ans_vm/Hlp_V_VM17.html

  施加几何缺陷

  help/ans_tec/tecbuckling.html

  help/ans_tec/tecsuction.html

帮助文档提供详细的 workbench/apdl 案例库及 benchmark 供用户参考。位于帮助文档目录树：verification manuals,（help/ai_sinfo/vm_intro.html）。

对理论知识感兴趣的用户参见目录树：Mechanical APDL>>Theory Reference,（help/ans_thry/ans_thry.html）。

提供行业代表性的成熟方案参见目录树：Mechanical APDL>>Technology Showcase: Example Problems,(help/ans_tec/ans_tec.html)。

同样，可以方便地从 advantage search 中检索到 APDL command, 或单元库等（图 4）。

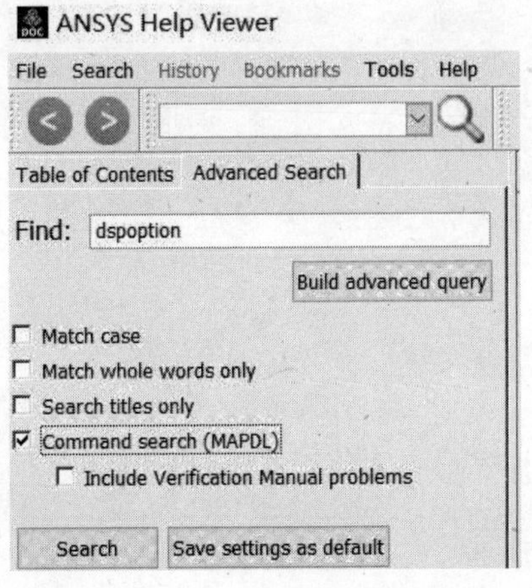

图 4

本书从应用工程师的角度出发，着重探讨 Ansys Mechanical 隐式求解中的热点问题，重点介绍 Workbench Mechanical 仿真工具。考虑到 Mechanical 和 MAPDL 密不可分的特点，穿插介绍必要的MAPDL 知识。第 1 章对 Workbench Mechanical（以下简称 Mechanical）和 Mechanical

APDL（以下简称 MAPDL）两者的联系和区别进行了概括性讨论。第 2～4 章对 Mechanical 在仿真流程从前处理到后处理的技术问题进行了梳理。第 5 章讨论了 Mechanical 不同求解类型下的技术问题。第 6 章主要讲述 Mechanical 接触技术中的常见问题。第 7～8 章分别从 APDL 和 Python 两方面对 Mechanical 的功能进行扩展。第 9 章对 Mechanical 高级分析技术如螺栓建模技术、屈曲分析、子模型、摩擦生热、表面磨损分析、密封圈分析、粘胶界面开裂分析，以及准静态求解等进行了讲解和演示。本书未涵盖内容包括显式动力学、声学、转子动力学以及刚体动力学。

本书力求通俗易懂，易于实践，非必要不堆砌过多晦涩的公式，以方法讲解和操作为主，所用案例及模型比较简单，除本书外，并无案例及电子资料共享给读者，希望读者朋友理解。Ansys Mechanical 所涵盖内容博大精深，笔者水平有限，其中的解析难免有欠妥之处，恳请读者朋友给予指正。

Ansys 作为 NASDAQ 上市的高科技企业，每年在产品的研发方面都有巨额投资。随着产品更新迭代，书中的部分解答也许会“过时”，但是科技工作者对新知识、新事物、新科技的探索及勇攀高峰的决心永远不会过时。

“书山有路勤为径”，任何一项专业技能的掌握，都并非一朝一夕可以完成，正确的方法辅之以不懈的努力，CAE 工作者必将为工业产品的更新迭代贡献一个又一个优秀方案，为科技进步创造不可磨灭的价值。

本书在编写过程中，得到了 Ansys 中国技术支持经理李时伟先生、Ansys 中国结构产品线技术经理郭臻先生及 Ansys 中国市场总监董兆丽女士等同事的大力支持。另外我的家人也给予了我很多帮助和鼓励，使我能在业余时间潜心写作与钻研。最后特别感谢来自中国水利水电出版社的编辑老师的辛苦付出，才使得本书在第一时间与读者见面。

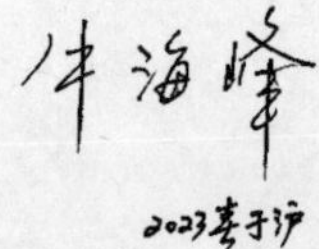

目 录

第 1 章　纠结于 Mechanical/MAPDL

Workbench Mechanical（以下简称 Mechanical，Ansys 帮助文档中标题为“Mechanical Applications”）是 Ansys 自 Ansys 7.0 版本起推出的基于 Workbench 协同仿真平台的应用程序。该应用程序面向应用工程师开发，界面操作非常友好，类似于日常使用的“智能相机”，很大程度上解放了 CAE 工程师过多关注于有限元计算原理方面的精力，而将工作的重点放在所研发产品的性能、高效快速的设计验证及更新迭代。经过近 20 年的发展，Mechanical 已经集成了绝大部分 MAPDL 常见的功能［图 1.1（a）］，且与 MAPDL 同步进行更新。

当用户完成模型前处理（包括材料属性定义、几何模型简化、接触设置、网格剖分）和分析设置（包括分析设置、载荷步定义和边界条件设置）后，单击 Solve，Mechanical 应用程序立即在后台自动生成用于提交 MAPDL 求解器求解的输入文件 ds.dat，并将该输入文件提交 MAPDL 求解器进行后台求解。用户不再需要复杂的单元选择，手动建立接触对，定义数组表格加载，将载荷由几何模型向有限元模型传递等过程。用户可以在求解过程中监测输出信息，Mechanical 应用程序集成了常用的分析结果，当计算完成后，用户直接在图形界面功能区单击按钮进行模型的后处理。

最早期的 Mechanical 产品基于经典界面［图 1.1（b）］，CAE 工程师完成输入文件 input.txt 编写，包括在/prep7 模块下进行材料定义，节点、单元创建，创建接触对，单元属性分配，/solu 模块载荷步定义，边界条件施加。求解完成后，/post1 或/post26 进行结果读取，将编写好的输入文件直接粘贴在经典界面的命令行中，或者通过界面菜单手动操作一步一步完成。用户需要掌握常见的单元类型的使用方法以及 Ansys 参数化设计语言命令流（Ansys Parametric Design Language，APDL）的用法，类似于摄影发烧友喜欢的“单反相机”。随着 Workbench Mechanical 的推出及逐步趋于完善，基于 APDL 的算法和新功能的研发在持续进行，但 MAPDL 的界面不再更新。

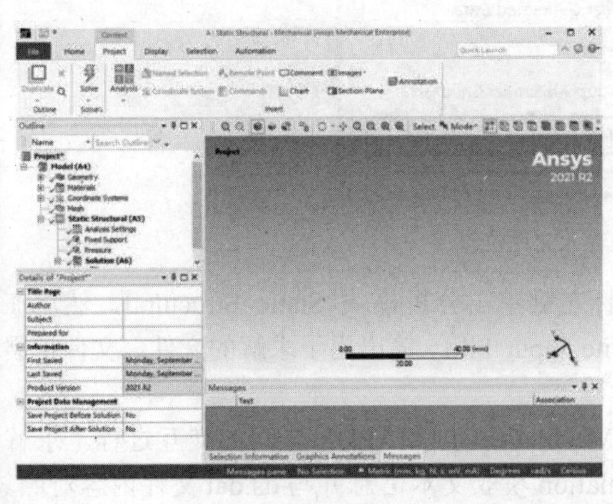

（a）

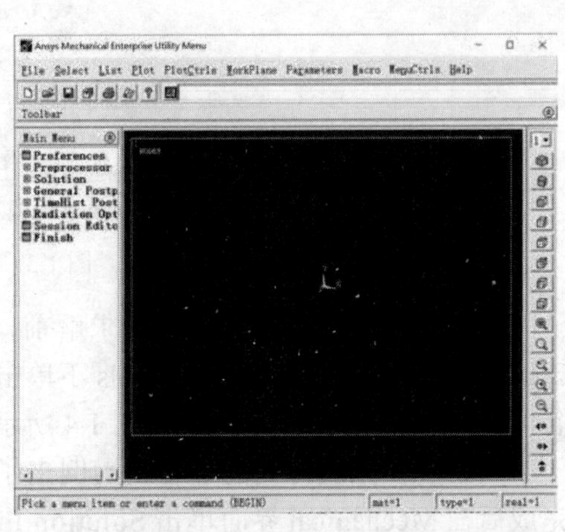

（b）

图 1.1　Mechanical 界面与 MAPDL 经典界面

Mechanical 与 MAPDL 模块的对应关系示意如图 1.2 所示。

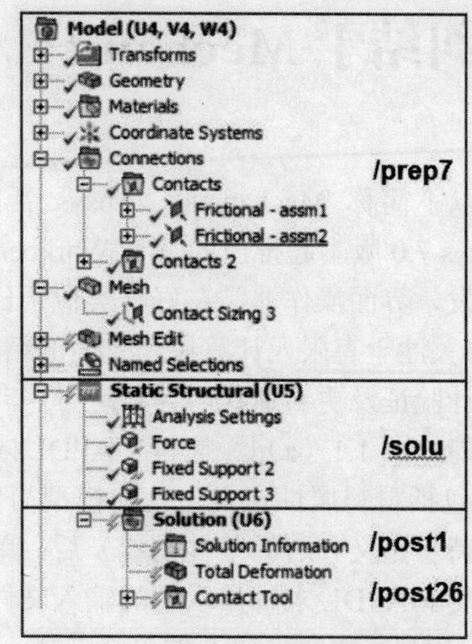

图 1.2　Mechanical 与 MAPDL 模块对应关系

1.1　Mechanical 输入文件 input.dat 的解析

有两种方式可以得到用于提交 MAPDL 求解器计算时所使用的输入文件，第一种方式：在 Mechanical 界面单击 solve 后，即可右键在目录树 Solution 对象上单击 Open Solver Files Directory，ds.dat 位于该求解文件夹，如图 1.3 所示。

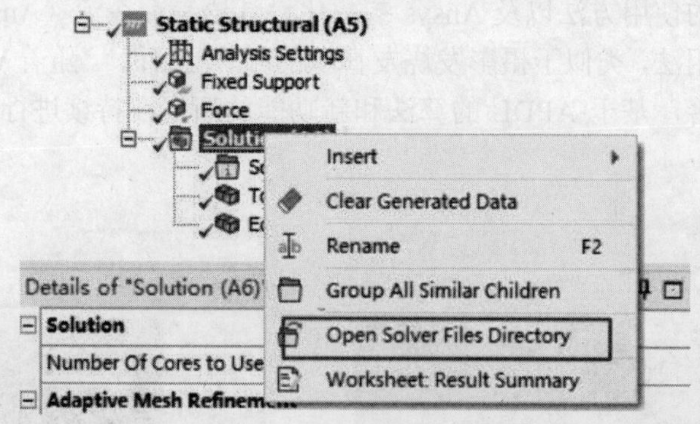

图 1.3　求解输入文件位置

第二种方式：在模型未提交求解前，鼠标左键单击分析模块 Static Structural，然后在 Context>>Environment 功能区 Tools 下单击 Write Input File…输出用于求解的文件，文件扩展名可以为 dat，也可以为 txt，如图 1.4 所示。

以第一种方式得到的 ds.dat 为例来了解 Mechanical 与 MAPDL 之间的交互过程。求解完成后在 Mechanical 界面单击 Solution Information 获取文本信息并与 ds.dat 文件内容对照。

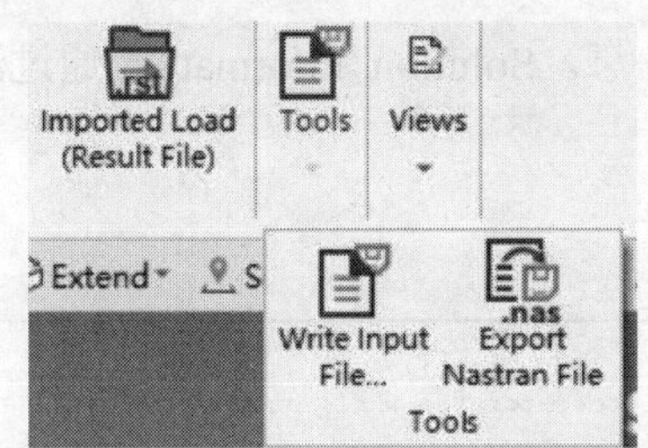

图 1.4 得到输入文件

ds.dat 文件的第 6 行指定分析标题，Solution Information 输出了该信息。

ds.dat 文件的第 13～18 行分别定义了 3 个字符串变量，并且指定了 3 个文件路径，前者的文本信息对程序执行结果输出及显示，如果同样在 MAPDL 中运行第 13～18 行的命令，在 MAPDL 的输出窗口将显示与 Solution Information 一致的文本信息。

第 19 行为注释行，打印了“--- Data in consistent NMM units. See Solving Units in the help system for more”信息（共 80 个字符，多余字符被截断）。ds.dat 文件第 20 行定义了分析模型所使用的单位制。前者共用 10 行输出单位制的详细信息，如图 1.5 所示。

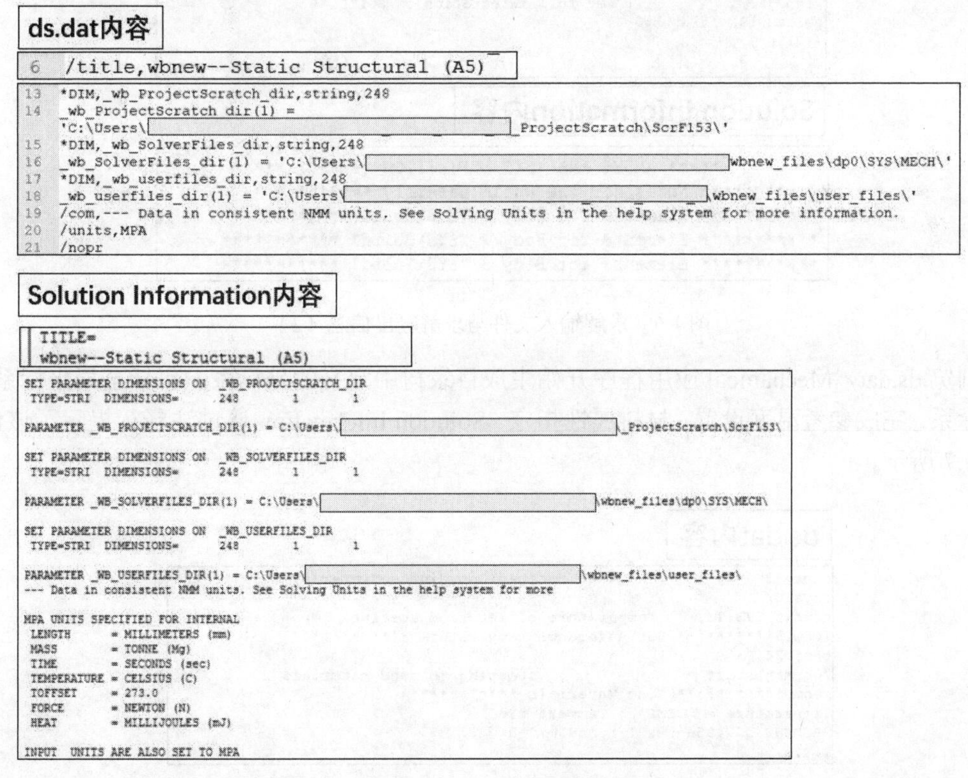

ds.dat内容

```
6  /title,wbnew--Static Structural (A5)
```

```
13 *DIM,_wb_ProjectScratch_dir,string,248
14 _wb_ProjectScratch_dir(1) =
   'C:\Users\ _ProjectScratch\ScrF153\'
15 *DIM,_wb_SolverFiles_dir,string,248
16 _wb_SolverFiles_dir(1) = 'C:\Users\ wbnew_files\dp0\SYS\MECH\'
17 *DIM,_wb_userfiles_dir,string,248
18 _wb_userfiles_dir(1) = 'C:\Users\ wbnew_files\user_files\'
19 /com,--- Data in consistent NMM units. See Solving Units in the help system for more information.
20 /units,MPA
21 /nopr
```

Solution Information内容

```
TITLE=
wbnew--Static Structural (A5)
```

```
SET PARAMETER DIMENSIONS ON  _WB_PROJECTSCRATCH_DIR
 TYPE=STRI  DIMENSIONS=      248        1        1

PARAMETER _WB_PROJECTSCRATCH_DIR(1) = C:\Users\ _ProjectScratch\ScrF153\

SET PARAMETER DIMENSIONS ON  _WB_SOLVERFILES_DIR
 TYPE=STRI  DIMENSIONS=      248        1        1

PARAMETER _WB_SOLVERFILES_DIR(1) = C:\Users\ \wbnew_files\dp0\SYS\MECH\

SET PARAMETER DIMENSIONS ON  _WB_USERFILES_DIR
 TYPE=STRI  DIMENSIONS=      248        1        1

PARAMETER _WB_USERFILES_DIR(1) = C:\Users\ \wbnew_files\user_files\
--- Data in consistent NMM units. See Solving Units in the help system for more

MPA UNITS SPECIFIED FOR INTERNAL
 LENGTH      = MILLIMETERS (mm)
 MASS        = TONNE (Mg)
 TIME        = SECONDS (sec)
 TEMPERATURE = CELSIUS (C)
 TOFFSET     = 273.0
 FORCE       = NEWTON (N)
 HEAT        = MILLIJOULES (mJ)

INPUT  UNITS ARE ALSO SET TO MPA
```

图 1.5 求解输入文件与求解输出信息（1）

忽略 Workbench 内部变量保存等信息，继续观察 ds.dat 文件，Mechanical 进入前处理模块（/prep7），并开始生成节点，注意到节点的生成与 MAPDL 命令“N”的不同，为 nblock，并根据一定格式生成节点。接下来进行单元的生成，注意到单元的生成与 MAPDL 命令“E”的不同，为 eblock，根据一定的格式生成单元，格式指定时已经为每一个单元指定了材料编号，单元类型编号和实常数编号等信息。Solution Information 通过注释行提示了该信息，如图 1.6 所示。

ds.dat内容

```
/prep7
......
/com,*********** Nodes for the whole assembly ***********
nblock,3,,8886
(1i9,3e20.9e3)
        1     1.991666667E+01     1.733333333E+01    -1.000000000E+00
        2     1.991666667E+01     2.066666667E+01    -1.000000000E+00
......
/com,*********** Elements for Body 1 "SYS\Solid" ***********
et,1,186
keyo,1,2,1          ! set full integration on SOLID186
eblock,19,solid,,780
(19i9)
        1         1         1         1         0         0 ......
......
/com,*********** Elements for Body 2 "SYS\Solid" ***********
et,2,186
keyo,2,2,1          ! set full integration on SOLID186
eblock,19,solid,,300
(19i9)
        2         2         2         2 .......
.......
/com,*********** Elements for Body 3 "SYS\Solid" ***********
et,3,186
keyo,3,2,1          ! set full integration on SOLID186
eblock,19,solid,,360
(19i9)
        3         3         3         3 ......
```

Solution Information内容

```
            ***** ANSYS ANALYSIS DEFINITION (PREP7) *****
*********** Nodes for the whole assembly ***********
*********** Elements for Body 1 "SYS\Solid" ***********
*********** Elements for Body 2 "SYS\Solid" ***********
*********** Elements for Body 3 "SYS\Solid" ***********
```

图 1.6　求解输入文件与求解输出信息（2）

浏览 ds.dat，Mechanical 应用程序开始生成目录树中定义的坐标系，包括全局坐标系和局部坐标系。完成参考温度设置、材料属性指定。Solution Information 通过注释行提示了该信息，如图 1.7 所示。

ds.dat内容

```
/com,*********** Send User Defined Coordinate System(s) ***********
csys,0
toffst,273.15,  ! Temperature offset from absolute zero
/com,*********** Set Reference Temperature ***********
tref,22.
/wb,mat,start              !  starting to send materials
/com,*********** Send Materials ***********
Temperature = 'TEMP' ! Temperature
MP,DENS,1,7.85e-09, ! tonne mm^-3
......
```

Solution Information内容

```
*********** Send User Defined Coordinate System(s) ***********
*********** Set Reference Temperature ***********
*********** Send Materials ***********
```

图 1.7　求解输入文件与求解输出信息（3）

浏览 ds.dat，Mechanical 应用程序进行接触对的定义和接触单元的生成。Solution Information 通过注释行提示了该信息，如图 1.8 所示。

ds.dat内容

```
/com,*********** Create Contact "Bonded - SYS\Solid To SYS\Solid" ***********
/com,            Real Constant Set For Above Contact Is 5 & 4
*set,tid,5
*set,cid,4
r,tid
r,cid
et,tid,170
et,cid,174
eblock,10,,,80
(15i9)
    2869        5        5        5......
......
/com,*********** Create Contact "Bonded - SYS\Solid To SYS\Solid" ***********
/com,            Real Constant Set For Above Contact Is 7 & 6
*set,tid,7
*set,cid,6
r,tid
r,cid
et,tid,170
et,cid,174
eblock,10,,,120
(15i9)
    3189        7        7        7.......
......
```

Solution Information内容

```
*********** Create Contact "Bonded - SYS\Solid To SYS\Solid" ***********
            Real Constant Set For Above Contact Is 5 & 4
*********** Create Contact "Bonded - SYS\Solid To SYS\Solid" ***********
            Real Constant Set For Above Contact Is 7 & 6
```

图 1.8　求解输入文件与求解输出信息（4）

浏览 ds.dat，Mechanical 应用程序通过 CMBLOCK 定义组件（Component），注意到与 MAPDL 命令“CM”的不同，并完成约束边界条件的指定。定义加载所需的组件名称。Solution Information 通过注释行提示了该信息，如图 1.9 所示。

ds.dat内容

```
/com,*********** Fixed Supports ***********
CMBLOCK,_FIXEDSU,NODE,       117
(8i10)
      2264      2265      2266      2273 ......
......
/com,*********** Define Force Without Surface Effect Elements "Force" ***********
local,12,0,0.,0.,0.,0.,0.,0.
csys,0
CMBLOCK,_CM42_6 ,ELEM,        30
(8i10)
       686       712       738       764 ......
......
```

Solution Information内容

```
*********** Fixed Supports ***********
*********** Define Force Without Surface Effect Elements "Force" ***********
```

图 1.9　求解输入文件与求解输出信息（5）

Mechanical 应用程序通过 ds.dat 进入求解模块（/solu）并完成分析设置、载荷步定义、载荷步输出控制，发出 Solve 命令调用 MAPDL 求解器进行求解。Solution Information 报告该信息。当 MAPDL 求解器开始工作时，Solution Information 列出的文本信息与 MAPDL 求解时输出窗口的文本是一致的，如图 1.10 和图 1.11 所示。

ds.dat内容

```
/com,*************************************************************************
/com,************************     SOLUTION      ******************************
/com,*************************************************************************
/solu
antype,0                    ! static analysis
nlgeom,on                   ! Turn on Large Deformation Effects
_thickRatio= 1      ! Ratio of thick parts in the model
eqsl,pcg,1e-8,,,,,,1
cntr,print,1                ! print out contact info and also make no initial contact an error
nldiag,cont,iter            ! print out contact info each equilibrium iteration
rescontrol,define,last,last,,dele      ! Program Controlled
```

Solution Information内容

```
**********************************************************************
************************     SOLUTION      ***************************
**********************************************************************

*****  ANSYS SOLUTION ROUTINE  *****


PERFORM A STATIC ANALYSIS
 THIS WILL BE A NEW ANALYSIS

LARGE DEFORMATION ANALYSIS

PARAMETER _THICKRATIO =     1.000000000

USE PRECONDITIONED CONJUGATE GRADIENT SOLVER
 CONVERGENCE TOLERANCE = 1.00000E-08
 MAXIMUM ITERATION     = NumNode*DofPerNode*  1.0000

CONTACT INFORMATION PRINTOUT LEVEL       1

NLDIAG: Nonlinear diagnostics CONT option is set to ON.
        Writing frequency : each ITERATION.

DEFINE RESTART CONTROL FOR LOADSTEP LAST
AT FREQUENCY OF LAST AND NUMBER FOR OVERWRITE IS   -1

DELETE RESTART FILES OF ENDSTEP
```

图 1.10　求解输入文件与求解输出信息（6）

ds.dat内容

```
/com,*******************************************************
/com,****************** SOLVE FOR LS 1 OF 1 ****************
/com,*********** Set Force Without Surface Effect Elements "Force" ***********
sfco,1,0,12,,,,,1        ! set and send X component values
sfe,_CM42_6,6,pres,1,0.500000000000038
nsel,all
esel,all
sfco,none          ! resets the sfcontrol
/nopr
/gopr
autots,on                    ! Workbench Program Controlled automatic time stepping
nsub,1,10,1                  ! due to presence of general nonlinear
time,1.
```

Solution Information内容

```
*******************************************************
****************** SOLVE FOR LS 1 OF 1 ****************
*********** Set Force Without Surface Effect Elements "Force" ***********

SPECIFIED CONTROL SET FOR SURFACE LOAD PRES
 MCS   LCOMP   ESYS  KTaper  KUse  KArea  KProj
   1      0     12      0      0     1      0

SPECIFIED SURFACE LOAD PRES FOR ALL PICKED ELEMENTS  LKEY =  6   KVAL = 1
    VALUES =    0.50000        0.50000        0.50000        0.50000

ALL SELECT   FOR ITEM=NODE COMPONENT=
 IN RANGE          1 TO       8079 STEP          1

      8079  NODES (OF       8079  DEFINED) SELECTED BY NSEL  COMMAND.

ALL SELECT   FOR ITEM=ELEM COMPONENT=
 IN RANGE          1 TO       3708 STEP          1

      2280  ELEMENTS (OF       2280  DEFINED) SELECTED BY  ESEL  COMMAND.

PRINTOUT RESUMED BY /GOP

USE AUTOMATIC TIME STEPPING THIS LOAD STEP

USE       1 SUBSTEPS INITIALLY THIS LOAD STEP FOR ALL  DEGREES OF FREEDOM
FOR AUTOMATIC TIME STEPPING:
  USE     10 SUBSTEPS AS A MAXIMUM
  USE      1 SUBSTEPS AS A MINIMUM

TIME=  1.0000
```

图 1.11　求解输入文件与求解输出信息（7）

求解完成后，Mechanical 应用程序进入后处理模块（/post1）读取结果。最后输出必要的模型汇总信息，如图 1.12 和图 1.13 所示。

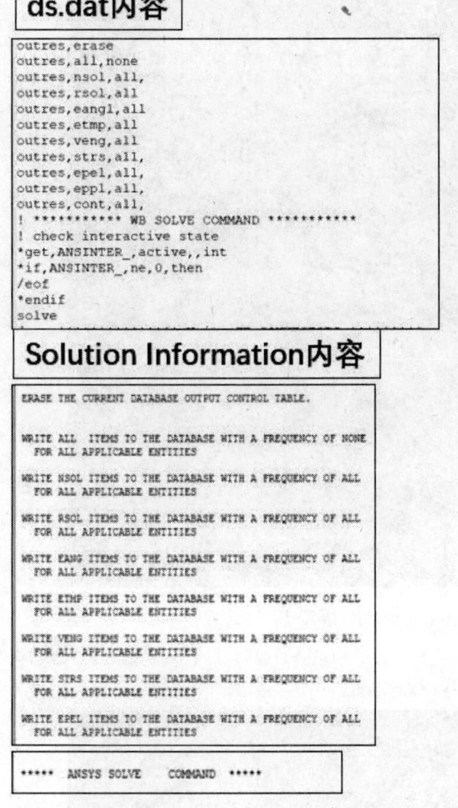

ds.dat内容

```
outres,erase
outres,all,none
outres,nsol,all,
outres,rsol,all
outres,eangl,all
outres,etmp,all
outres,veng,all
outres,strs,all,
outres,epel,all,
outres,eppl,all,
outres,cont,all,
! *********** WB SOLVE COMMAND ***********
! check interactive state
*get,ANSINTER_,active,,int
*if,ANSINTER_,ne,0,then
/eof
*endif
solve
```

Solution Information内容

```
ERASE THE CURRENT DATABASE OUTPUT CONTROL TABLE.

WRITE ALL  ITEMS TO THE DATABASE WITH A FREQUENCY OF NONE
  FOR ALL APPLICABLE ENTITIES

WRITE NSOL ITEMS TO THE DATABASE WITH A FREQUENCY OF ALL
  FOR ALL APPLICABLE ENTITIES

WRITE RSOL ITEMS TO THE DATABASE WITH A FREQUENCY OF ALL
  FOR ALL APPLICABLE ENTITIES

WRITE EANG ITEMS TO THE DATABASE WITH A FREQUENCY OF ALL
  FOR ALL APPLICABLE ENTITIES

WRITE ETMP ITEMS TO THE DATABASE WITH A FREQUENCY OF ALL
  FOR ALL APPLICABLE ENTITIES

WRITE VENG ITEMS TO THE DATABASE WITH A FREQUENCY OF ALL
  FOR ALL APPLICABLE ENTITIES

WRITE STRS ITEMS TO THE DATABASE WITH A FREQUENCY OF ALL
  FOR ALL APPLICABLE ENTITIES

WRITE EPEL ITEMS TO THE DATABASE WITH A FREQUENCY OF ALL
  FOR ALL APPLICABLE ENTITIES
```

```
*****  ANSYS SOLVE    COMMAND  *****
```

图 1.12　求解输入文件与求解输出信息（8）

ds.dat内容

```
/post1
xmlo,ENCODING,ISO-8859-1
xmlo,parm
/xml,parm,xml
fini
```

Solution Information内容

```
      ***** ANSYS RESULTS INTERPRETATION (POST1) *****

*** NOTE ***                            CP =      10.188   TIME= 14:00:56
Reading results into the database (SET command) will update the current
displacement and force boundary conditions in the database with the
values from the results file for that load set.  Note that any
subsequent solutions will use these values unless action is taken to
either SAVE the current values or not overwrite them (/EXIT,NOSAVE).

Set Encoding of XML File to:ISO-8859-1
```

图 1.13　求解输入文件与求解输出信息（9）

1.2　输入文件 input.dat 在 MAPDL 环境下批量提交作业

输入文件 input.dat 可以直接通过 APDL 命令编写完成，也可以由第 1.1 节介绍的方法得到。通过 Mechanical 界面完成的输入文件在 Workbench Mechanical 界面直接单击 Solve 进行求解。

输入文件 input.dat 在 MAPDL 环境下提交运算有以下几种方式：

（1）在 MAPDL 交互式界面 GUI 下，直接将命令的文本文件拷贝粘贴到命令行，回车。

（2）Mechanical APDL Product Launcher 界面提交后台运算。具体步骤为：打开开始菜单 >>Ansys2021R2>>Mechanical APDL Product Launcher 2021R2 应用程序。Simulation Environment：选择 Ansys Batch。File Management 选项卡下选择工作目录，填写文件名，选择输入文件、输出文件。Customization/Preferences 选项卡下设置计算所需内存，如不设置，为程序默认。High Performance Computing Setup 选项卡下设置高性能求解的选项，如 SMP/DMP、Core 数量等。设置完成后，单击 Run，MAPDL 立即开始在后台进行求解，如图 1.14 和图 1.15 所示。

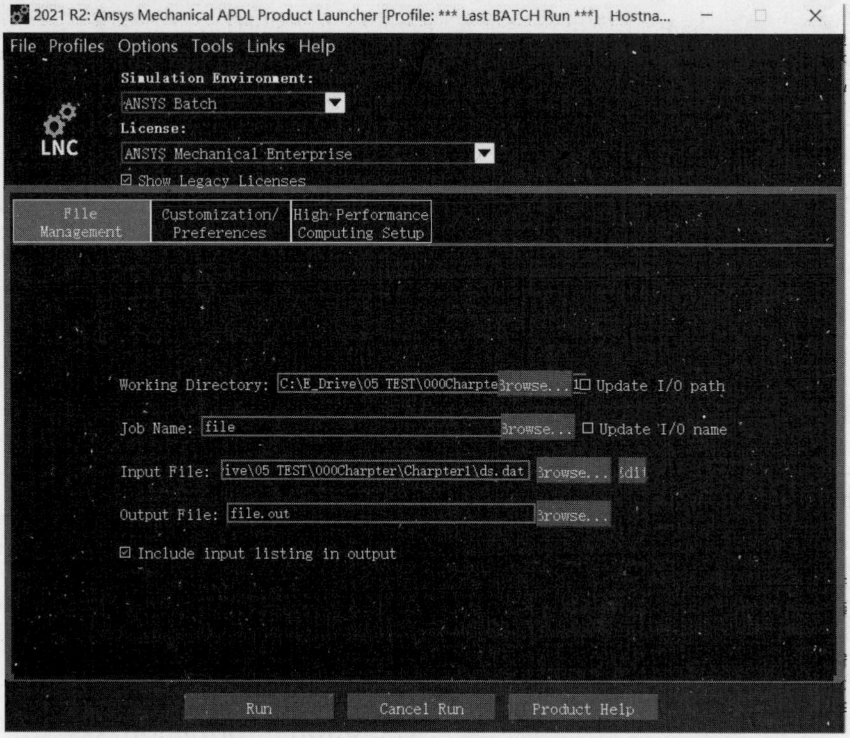

图 1.14　Mechanical APDL Product Launcher 界面提交后台运算（1）

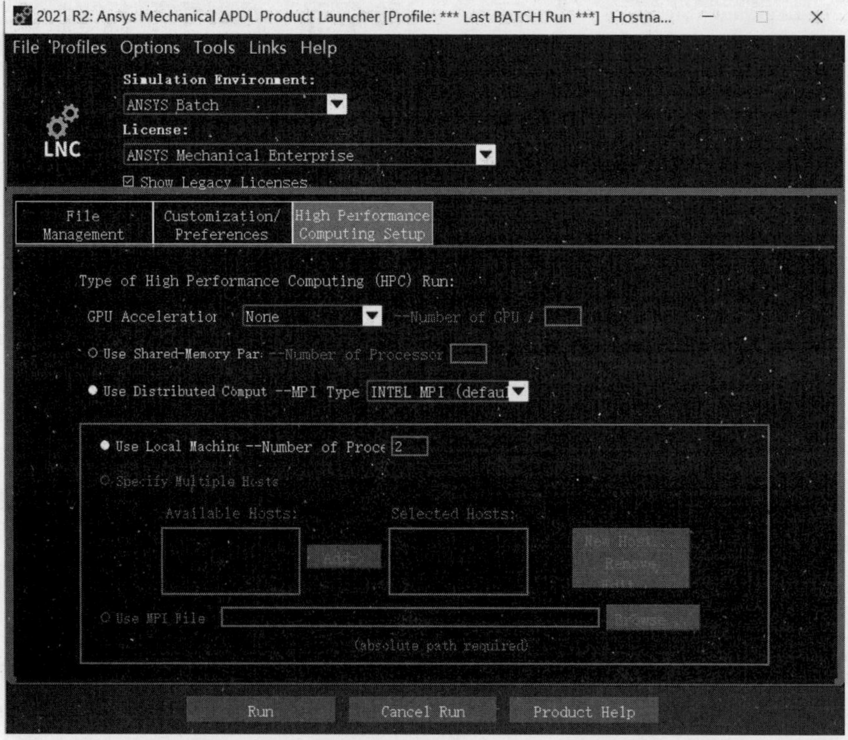

图 1.15　Mechanical APDL Product Launcher 界面提交后台运算（2）

（3）通过批处理命令文件求解。对于第二种方式，当设置完成准备提交时，单击上图菜单 Tools>>Display Command Line 后，将图示文本内容复制粘贴至新建的文本文档中，并将其扩展名修改为 bat，如命名为 mytest.bat。双击该 mytest.bat，即可运行 MAPDL 求解器对作业进行求解。通过对 bat 文档进行编辑（如复制该行命令并粘贴至下一行，并完成修改文件路径、输入文件、指定输出文件等参数），使得批量作业排队求解变得非常方便，如图 1.16 至图 1.18 所示。

该批处理命令文件（图 1.18）的第一行可执行文件 MAPDL.EXE 的路径也可以用更简略的文本代替："C：\Program Files\ANSYS Inc\v212\ansys\bin\winx64\MAPDL.EXE"。

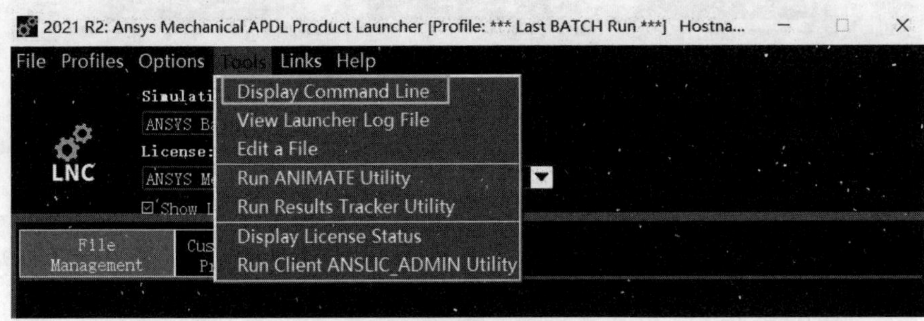

图 1.16　MAPDL 批处理命令提交（1）

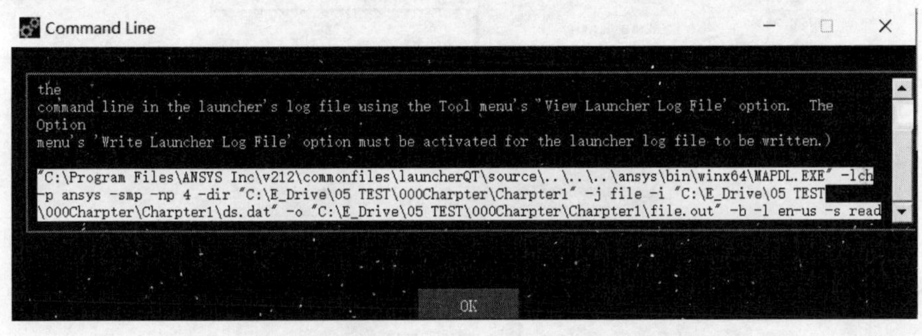

图 1.17　MAPDL 批处理命令提交（2）

mytest.bat

```
1  "C:\Program Files\ANSYS
   Inc\v212\commonfiles\launcherQT\source\..\..\..\ansys\bin\winx64\MAPDL.EXE"
    -lch -p ansys -smp -np 4 -dir "C:\E_Drive\05 TEST\000Charpter\Charpter1"
   -j file -i "C:\E_Drive\05 TEST\000Charpter\Charpter1\ds.dat" -o
   "C:\E_Drive\05 TEST\000Charpter\Charpter1\file.out" -b -l en-us -s read
```

图 1.18　MAPDL 批处理命令提交（3）

该批处理命令文件的第一行“C:\Program Files\...\MAPDL.EXE”以及-p ANSYS 可通过设置环境变量的方式代替，其他参数不变。ANS_CONSEC=YES，禁用 MAPDL 对话框，以便多个作业可以连续运行而无须等待用户输入，如图 1.19 所示。

mytest.bat　mytest_Format.bat

```
1  set ANSYS212_PRODUCT=ANSYS
2  set ANS_CONSEC=YES
3  "C:\Program Files\ANSYS Inc\v212\ansys\bin\winx64\ANSYS212" -smp -np 4
   -dir "C:\E_Drive\05 TEST\000Charpter\Charpter1" -j file -i "C:\E_Drive\05
   TEST\000Charpter\Charpter1\ds.dat" -o "C:\E_Drive\05
   TEST\000Charpter\Charpter1\file.out" -b -l en-us -s read
```

图 1.19　MAPDL 批处理命令提交（4）

1.3 MAPDL 中检查 Mechanical 模型

Mechanical 模型在 Workbench 平台下传递数据至 MAPDL 后可在经典界面下进行载荷设置、求解及结果读取。如图 1.20 和图 1.21 所示，在 sys-A5 单击鼠标右键 Transfer Data To New>>Mechanical APDL 后，依次单击鼠标右键更新 sys-A5。

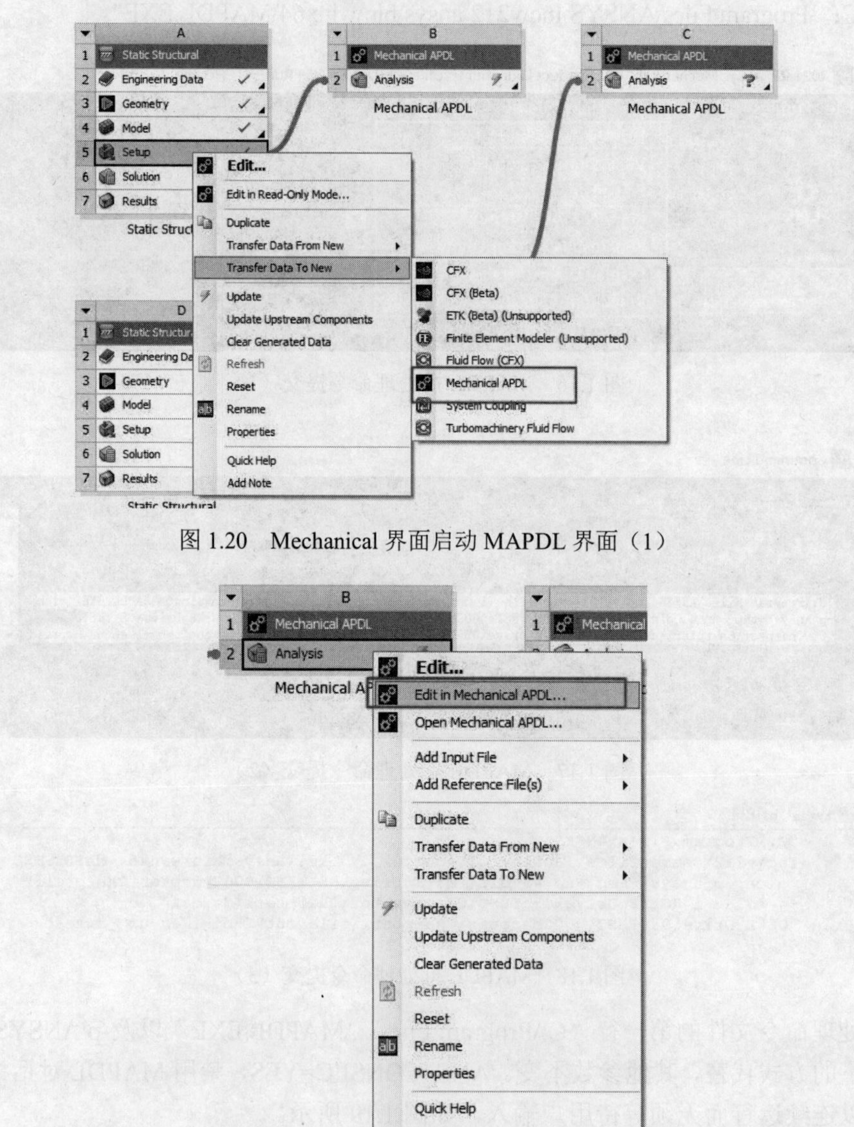

图 1.20　Mechanical 界面启动 MAPDL 界面（1）

图 1.21　Mechanical 界面启动 MAPDL 界面（2）

sys-B 的数据存储在与 sys-A 同级别的目录下，单击 Workbench 界面主菜单 View>>Files 后出现图 1.22 所示的文件列表窗口，通过 B 列查看数据文件所在的 system（B 列数据中的 B1 表示 Workbench 界面下 sys-B 中第 1 行对应的数据），鼠标右键单击对应的文件，在弹出窗口中再次单击“Open Containing Folder”即可打开 sys-B 第一行数据文件 file.ce 所存放的文件夹。

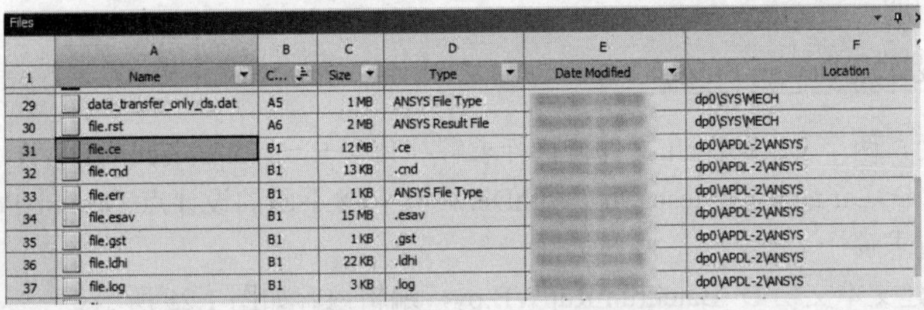

Files

	A	B	C	D	E	F
1	Name	C...	Size	Type	Date Modified	Location
29	data_transfer_only_ds.dat	A5	1 MB	ANSYS File Type		dp0\SYS\MECH
30	file.rst	A6	2 MB	ANSYS Result File		dp0\SYS\MECH
31	file.ce	B1	12 MB	.ce		dp0\APDL-2\ANSYS
32	file.cnd	B1	13 KB	.cnd		dp0\APDL-2\ANSYS
33	file.err	B1	1 KB	ANSYS File Type		dp0\APDL-2\ANSYS
34	file.esav	B1	15 MB	.esav		dp0\APDL-2\ANSYS
35	file.gst	B1	1 KB	.gst		dp0\APDL-2\ANSYS
36	file.ldhi	B1	22 KB	.ldhi		dp0\APDL-2\ANSYS
37	file.log	B1	3 KB	.log		dp0\APDL-2\ANSYS

图 1.22　Mechanical 界面启动 MAPDL 界面（3）

同样的方式，在 sys-A6（Solution）模块右键 Transfer Data To New>>Mechanical APDL 并更新后，读入求解结果文件二进制文件如*.rst，*.rth 等。Mechanical 中输出控制所设置的求解量均可以在 MAPDL 中读取。

1.4　Workbench Mechanical 作业批量运行

用户常常需要将多个准备好的 Mechanical 项目文件批量求解，本节介绍工作站或服务器已安装 Ansys 软件，通过脚本在后台运行 Ansys 以实现这一需求。对于部署了作业提交系统的大中型企业用户，因其有特定的流程，这里未做讨论。

1.4.1　未包含设计点 Design Points

举例说明，两个 workbench 文件 E:\smallproject\test_WB_Batch.wbpj，D:\Largeproject\test_wb2.wbpj，未包含设计点 Design Points，按以下步骤实现批量求解：

（1）新建文本文档 D:\Batchrun\RunWB.py，编辑内容如图 1.23 所示。

runWB.py

```
SetUserPathRoot(DirectoryPath=r"E:\smallproject")
Open(FilePath=AbsUserPathName("test_WB_Batch.wbpj"))
systems=GetAllSystems()
for i in systems:
    i.Update()
Save(Overwrite=True)

SetUserPathRoot(DirectoryPath=r"D:\Largeproject")
Open(FilePath=AbsUserPathName("test_wb2.wbpj"))
systems=GetAllSystems()
for i in systems:
    i.Update()
Save(Overwrite=True)
```

图 1.23　Mechanical 作业批量运行脚本（1）

（2）新建文本文档 D:\Batchrun\Launch.bat，编辑内容如图 1.24 所示。其中%AWP_ROOT212%表示所使用的 Ansys 求解器版本为 2021R2，根据工作站所安装的版本号修改。

runWB.py　Launch.bat

```
"%AWP_ROOT212%\Framework\bin\Win64\RunWB2.exe" -B -R runWB.py
pause
```

图 1.24　Mechanical 作业批量运行脚本（2）

（3）双击 Launch.bat 运行。注意在执行 Launch.bat 运行求解前，待求解的 workbench 文件必须是关闭的。

1.4.2 包含设计点 Design Points

举例说明，两个 workbench 文件待执行求解，其中 E:\smallproject\test_WB_Batch.wbpj 未包含设计点，D:\Largeproject\test_wb2_withDP.wbpj 包含不同的设计点 Design Points，按以下步骤实现批量求解：

（1）新建文本文档 D:\Batchrun\RunWB.py，编辑内容如图 1.25 所示。

```
runWB.py
SetUserPathRoot(DirectoryPath=r"E:\smallproject")
Open(FilePath=AbsUserPathName("test_WB_Batch.wbpj"))
systems=GetAllSystems()
for i in systems:
    i.Update()
Save(Overwrite=True)

SetUserPathRoot(DirectoryPath=r"D:\Largeproject")
Open(FilePath=AbsUserPathName("test_wb2_withDP.wbpj"))
UpdateAllDesignPoints()
Save(Overwrite=True)
```

图 1.25　Mechanical 作业批量运行脚本（3）

（2）新建文本文档 D:\Batchrun\Launch.bat，编辑内容如图 1.26 所示。其中%AWP_ROOT212%表示所使用的 Ansys 求解器版本为 2021R2，根据工作站所安装的版本号修改。

```
runWB.py  Launch.bat
"%AWP_ROOT212%\Framework\bin\Win64\RunWB2.exe" -B -R runWB.py
pause
```

图 1.26　Mechanical 作业批量运行脚本（4）

（3）双击 Launch.bat 运行。注意：在执行 Launch.bat 运行求解前，待求解的 workbench 文件必须是关闭的。

1.4.3 Workbench 脚本录制功能及运行

Workbench 界面提供的脚本录制功能用于记录用户在 Workbench 界面下的一系列操作，比如生成新的设计点（Design Point），复制 system，文件存盘，设置模型所用的 License、Update Project……

举例说明，用户针对工程文件做了如下操作：设置两组参数，每个设计点保留数据（Retain），更新所有设计点，存盘。希望记录该脚本文件并编辑该文件，实现项目文件的批量处理。

如图 1.27 所示，在 Workbench 界面下单击菜单 File>> Scripting >> Record Journal...完成上述操作后，单击菜单 File>> Scripting >> > Stop Record Journal...在文本工具查看生成的 Journal 文件，如图 1.28（a）所示。

上述 Journal 文件根据需要编辑完成后，用第 1.4.1 和 1.4.2 小节的方式运行该脚本文件，如图 1.28（b）所示。

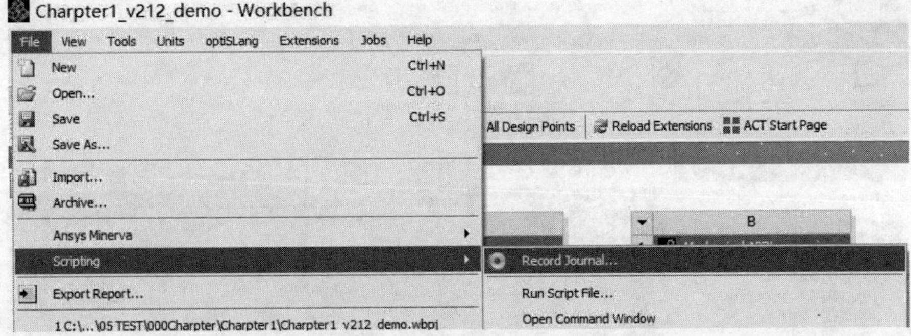

图 1.27　Workbench 脚本录制

script21r2.wbjn

```
# encoding: utf-8
# 2021 R2
SetScriptVersion(Version="21.2.209")
Open(FilePath=r"D:\Largeproject\block-2020r1.wbpj")

#designPoint1 = Parameters.GetDesignPoint(Name="0")
designPoint0 = Parameters.GetDesignPoint(Name="0")

designPoint1 = Parameters.CreateDesignPoint()
parameter1 = Parameters.GetParameter(Name="P1")
designPoint1.SetParameterExpression(
    Parameter=parameter1,
    Expression="30 [m]")
designPoint1.Retained = True

designPoint2 = Parameters.CreateDesignPoint()
designPoint2.SetParameterExpression(
    Parameter=parameter1,
    Expression="50 [m]")
designPoint2.Retained = True
backgroundSession1 = UpdateAllDesignPoints()
Save(Overwrite=True)
```

（a）

mydesignpoint.bat

```
@echo off
"%AWP_ROOT212%\Framework\bin\Win64\runwb2" -B -R D:\script21r2.wbjn
```

（b）

图 1.28　Workbench 脚本的运行

1.5　文件操作

1.5.1　Mechanical 导出 NASTRAN 的 bdf 文件

如图 1.29 所示，在 Mechanical 界面单击目录树 Static Structural，菜单 Environment>>Tools>> Export Nastran File，可输出 NASTRAN Bulk Data file。此功能仅支持静态结构和模态分析类型。

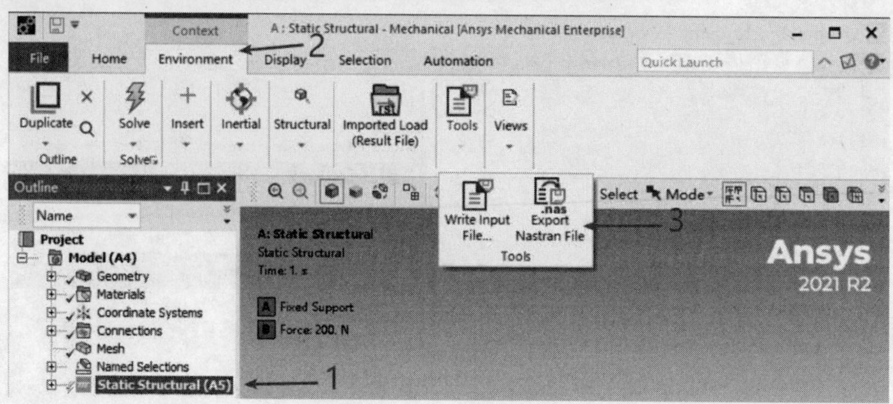

图 1.29　bdf 文件输出

1.5.2　结果文件 rst 导入 Mechanical

如图 1.30 所示，在 Mechanical 界面单击目录树 Solution，选择菜单 Solution>>Tools>>Read Result Files，导入 rst 文件。

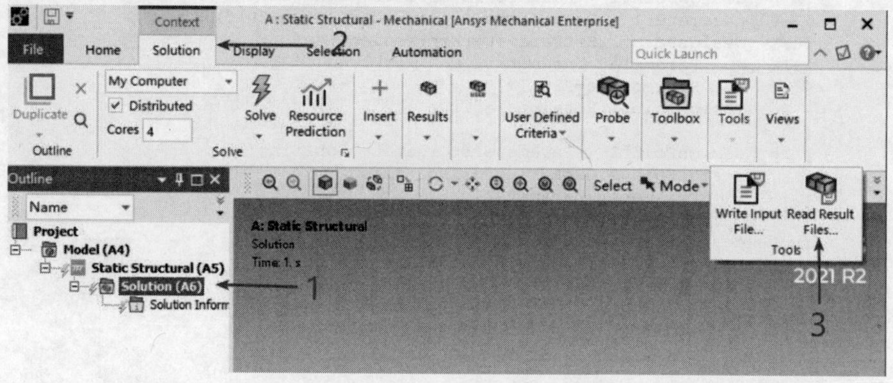

图 1.30　rst 文件导入

1.5.3　Mechanical 输入/输出 cdb 文件

在 MAPDL 中输出 cdb 文件，仅需要在 APDL 命令行中输入以下两行命令，即可在工作目录下找到 file.cdb 文件。

```
/prep7
cdwrite,all
```

这里介绍两种方法说明如何从 Mechanical 中输出 cdb 文件。

（1）在目录树 static structural 下插入命令行（图 1.31），先从当前求解模块（/solu）切换到前处理模块（/prep7），写完 cdb 文件后，再返回求解模块（/solu）。模型求解完成后，在目录树 solution 上鼠标右键打开求解文件夹，找到 file.cdb 文件。

```
/prep7
cdwrite,all
fini
/solu
allsel
```

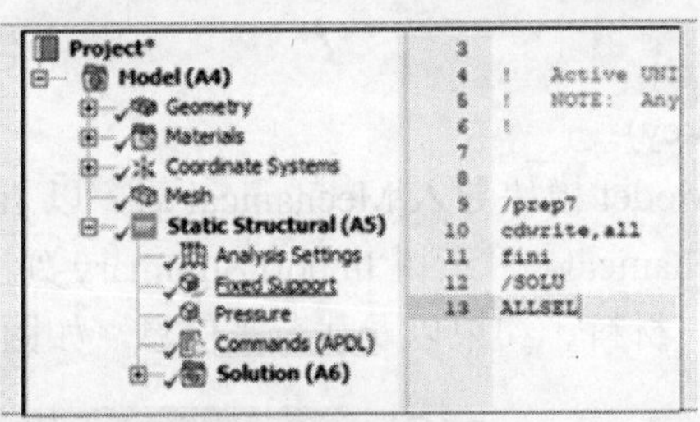

图 1.31 输出 cdb 文件

（2）首先按第 1.1 节的方法得到 input.dat 文件。Ansys 提供了一个脚本文件实现 input 文件到 cdb 格式的转换，文件为 C:\Program Files\ANSYS Inc\v212\Addins\ExternalLoad\Scripts\ConvertAnsysInputFileToCdb.py，打开 workbench，File>>Scripting>>Run script file...选择 ConvertAnsysInputFileToCdb.py 指定 input.dat 文件，转换完成后，弹出窗口报告该文件存放于某临时文件夹下。

习惯使用 Mechanical 的用户更希望在 workbench 中导入 cdb 文件进行分析，在 Workbench 界面 Toolbox>>Component Systems 里的 Finite Element Modeler 已逐步被另一个模块 External Model 取代，可以通过 External model 方便地实现 cdb 文件的导入。拖动 External model 到 Workbench 的 Project Schematic，双击 setup，指定 cdb 文件所在位置、单位，设置完成后，返回 Project Schematic 下，鼠标左键拖动 External Model 模块的 setup 分别至 Static Structural 的 Engineering Data 和 Model 模块，右键单击 Model/Engineering Data 模块 update 后，完成 cdb 文件至 Mechanical 的读入，如图 1.32 所示。

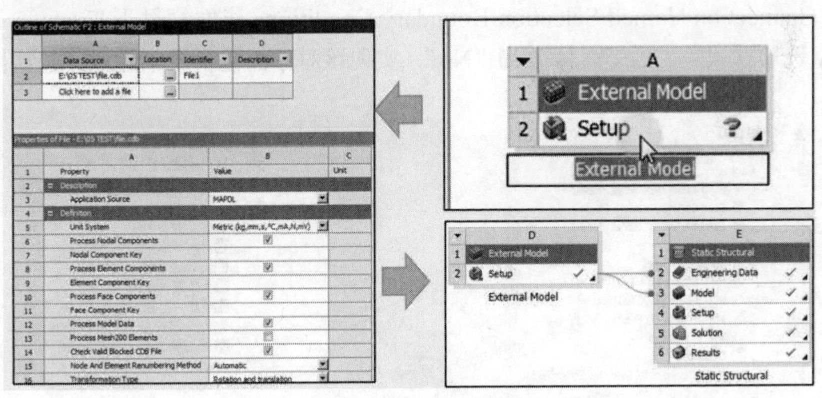

图 1.32 cdb 文件读入至 Mechanical

1.5.4 外部模型导入 Mechanical 求解

外部模型（External Model）Ansys2021R2 版本支持的有限元网格模型包括以下格式：

Mechanical APDL common database (.cdb)

Workbench mesh data file (.acmo)

ABAQUS Input (.inp)

NASTRAN Bulk Data (.bdf, .dat, .nas)

Fluent Input (.msh, .cas)

ICEM CFD Input (.uns)

LS-DYNA Input (.k and .key)

外部模型通过 External Model 模块导入 Mechanical 后，以 1.5.3 小节导入的 cdb 为例，双击 Sys-E3 的 Model 进入 Mechanical，目录树 Import Summary 列出了读入模型的汇总信息，如节点、单元、接触、坐标系、材料、约束以及载荷等信息，如图 1.33 和图 1.34 所示。

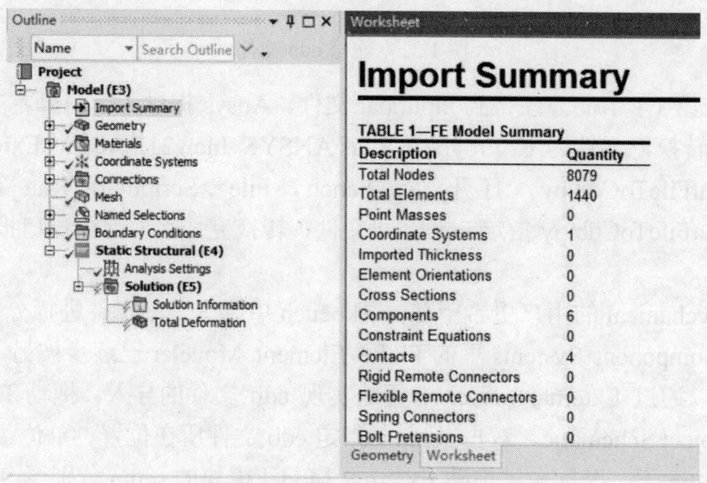

Import Summary

TABLE 1—FE Model Summary

Description	Quantity
Total Nodes	8079
Total Elements	1440
Point Masses	0
Coordinate Systems	1
Imported Thickness	0
Element Orientations	0
Cross Sections	0
Components	6
Constraint Equations	0
Contacts	4
Rigid Remote Connectors	0
Flexible Remote Connectors	0
Spring Connectors	0
Bolt Pretensions	0

图 1.33　导入模型汇总信息

依次检查目录树中各分支的定义。

目录中 Connection/Named Selection/Boundary Conditions 属性栏目下 Transfer Properties 中的 Read Only 选项默认是“Yes”，修改为“No”，实现该对象的编辑及删除操作，如图 1.35 所示。

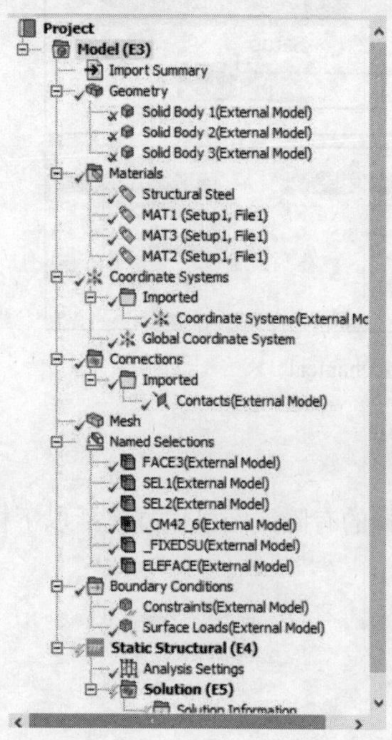

图 1.34　导入模型目录树

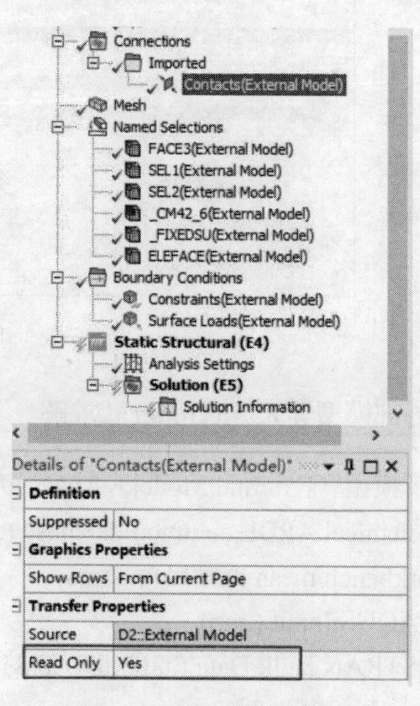

图 1.35　导入模型的接触

读入模型的接触对自动显示为 Worksheet 表格，对模型的检查非常方便，如图 1.36 所示。

Worksheet

Contacts(External Model)

C...	ID	Source	Target	Type	Friction Coef...	Behavior	Formulation	Thermal Con...	Normal Stiffn...	Normal Stiffn...	Interface Tre...	Offset
☑	4	Element set ...	Element set ...	Bonded	N/A	Auto Asymm...	MPC	0. W/mm²·°C	N/A	N/A	N/A	N/A
☑	5	Element set ...	Element set ...	Bonded	N/A	Auto Asymm...	MPC	0. W/mm²·°C	N/A	N/A	N/A	N/A
☑	6	Element set ...	Element set ...	Bonded	N/A	Auto Asymm...	MPC	0. W/mm²·°C	N/A	N/A	N/A	N/A
☑	7	Element set ...	Element set ...	Bonded	N/A	Auto Asymm...	MPC	0. W/mm²·°C	N/A	N/A	N/A	N/A

Show 4　Showing 1 - 4 of 4　Previous　Page 1　of 1　Next

图 1.36　导入模型的接触表格

按键盘 Shift+鼠标左键选中列表的所有数据，鼠标右键单击 Promote>>Contact Region 将外部模型的接触对发送至 Mechanical 目录树，像常规的 Mechanical 模型一样，在目录树中实现接触对属性的编辑，如图 1.37 和图 1.38 所示。同样地，Boundary Conditions 列表中的数据通过鼠标右键单击 Promote>>Scope 可以将节点集合生成 Named Selection。

模型设置完成后，在 Mechanical 界面下单击 Solve 提交计算。

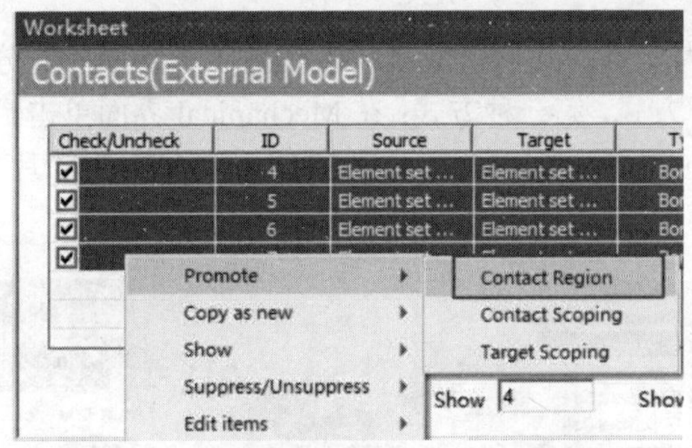

图 1.37　导入模型的接触发送至目录树（1）

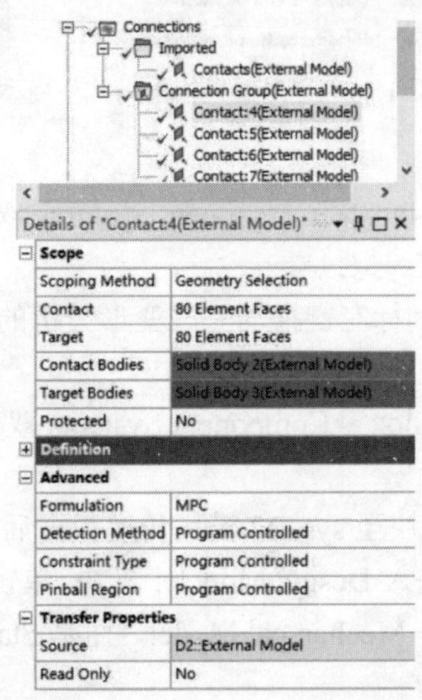

图 1.38　导入模型的接触发送至目录树（2）

1.5.5 Mechanical 中的 Geometry 导出几何格式文件

在 Mechanical 界面单击目录树 Geometry，单击右键选择 Export>>Geometry，如图 1.39 所示，存盘为 pmdb 格式文件。在 SpaceClaim 界面下打开 pmdb 文件格式后，单击菜单 File>>Save as 另存为 stp 格式或者第三方 CAD 数据格式文件。

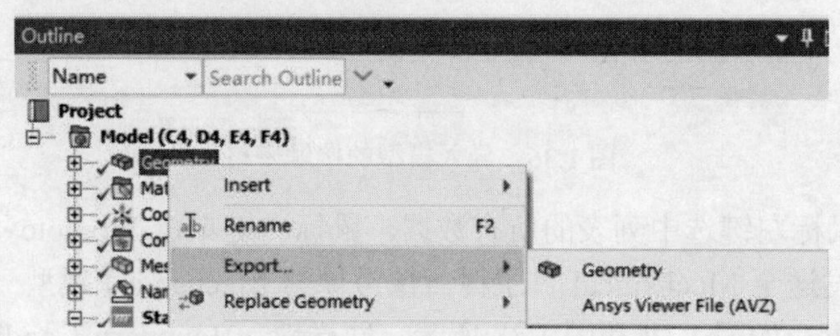

图 1.39 Geometry 导出

1.5.6 变形结构输出几何/网格模型

变形后的结构输出为变形的几何模型或网格模型在非线性屈曲分析中经常用于得到有缺陷的模型。这里介绍两种方式，第一种方式：在 Mechanical 界面单击目录树 Total Deformation，右键 Export>>STL File，在 SpaceClaim 中打开该 STL 文件，STL 为面片文件，在目录树 Geometry 右键 Convert to Solid 得到三维实体模型，如图 1.40 所示。

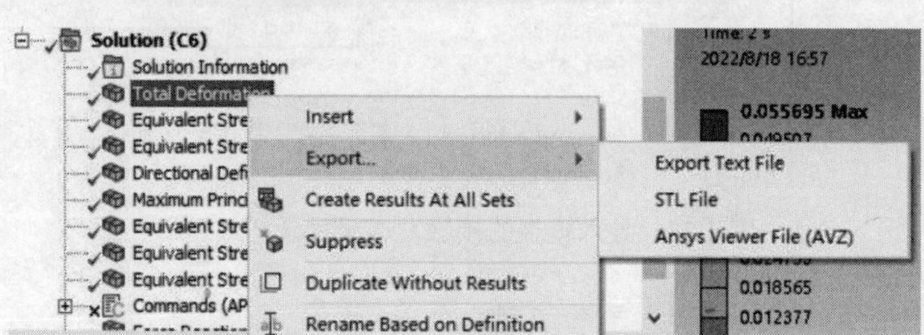

图 1.40 变形结果输出为几何模型

第二种方式步骤如下：

（1）在 Workbench 界面 Toolbox>>Component Systems 双击 Mechanical Model，得到如图 1.41 所示的 System-C（以下简称 sys-C）。

（2）在 Workbench 界面用鼠标左键拖动完成变形分析的 sys-B6 的 solution 模块至 sys-C 的 Model 模块。

（3）在 Workbench 界面 Toolbox>>Component Systems 双击 Geometry 模块，得到如图 1.41 所示的 sys-D。

（4）鼠标左键拖动 sys-C3 模块至 sys-D2 模块传递数据后，sys-D2 上单击鼠标右键 update。

（5）鼠标右键单击 sys-D2 进入 Design Modeler 模块，单击 File>>Export 存储为 step 格式。

如果在步骤（1）启动的不是 Mechanical Model，而是 Static Structural（sys-E），按上述流程也可以实现。

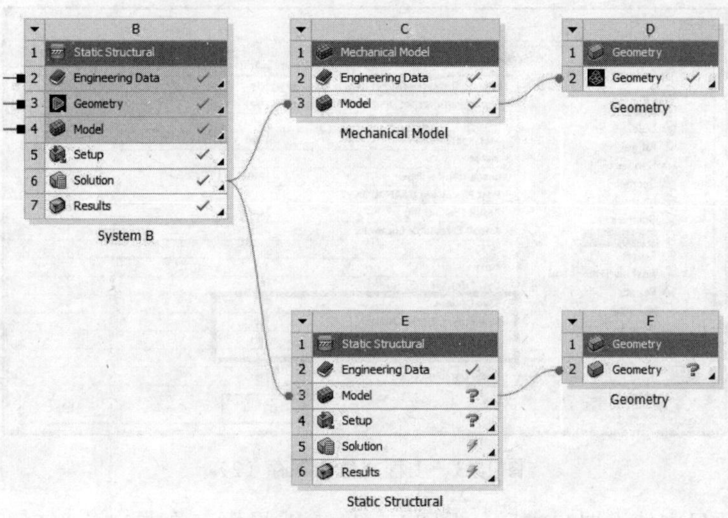

图 1.41 变形结果输出为网格/几何模型

1.5.7 网格模型输出几何模型

网格模型输出为几何模型同上节第二种方法所述，仅执行步骤（4）。

1.5.8 自动释放 License 并保存工程文件

为了高效地利用计算机软硬件资源，Mechanical 用户希望在计算机资源需求相对低的夜间运行作业，除了 1.4 节的批量运行作业外，通过 Workbench 界面提交作业也经常使用。参考如下步骤：

（1）为了避免程序出错或者特殊情况下的文件丢失，提前设置好工程文件存盘。首先在 Mechanical 界面，鼠标单击目录树 Project，在属性栏中 Project Data Management 里设置 Save Project Before Solution 和 Save Project After Solution 为 Yes，关闭 Mechanical 界面。该步骤也可通过 Mechanical 界面 File>>option>>Mechanical>>Miscellaneous>Save Options 修改默认值，如图 1.42、图 1.43 所示。

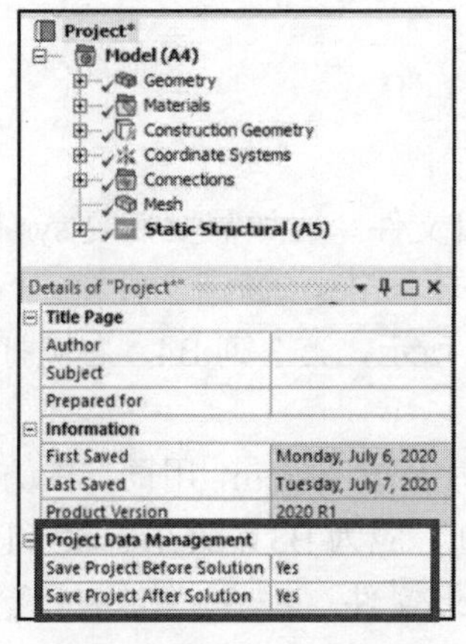

图 1.42 工程文件的保存（1）

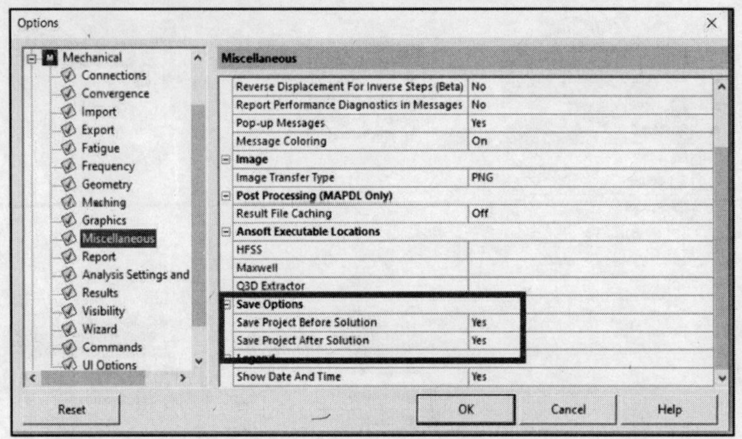

图 1.43　工程文件的保存（2）

（2）所有项目文件设置完成后，返回 Workbench 界面，单击 Update Project，Mechanical 会自动存盘，完成工程文件中所有的 system 后，存盘，如图 1.44 所示。

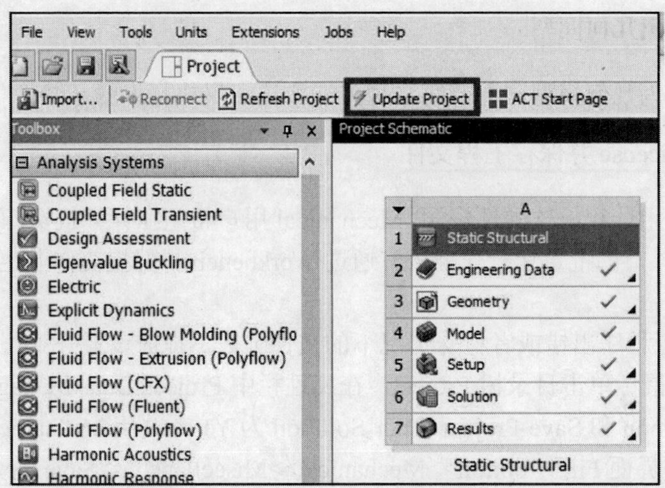

图 1.44　工程文件的运行及自动保存

1.5.9　项目文件出错的恢复

常见的文件错误如图 1.45 所示。

通过以下步骤挽救并恢复项目文件，比如需要恢复 sys-B 对应的项目文件。

（1）Workbench 界面菜单 view>>files，激活文件窗口，找到需要恢复的 system 对应的扩展名为 mechdb 的文件（如图 1.46 所示，第 3 列 B4，右键打开所在目录），拷贝至硬盘其他位置，将扩展名改为 mechdat。

（2）为确保几何文件同步关联至该 system，用同样的方法，把对应的*.agdb 或 spaceclaim 文件*.scdoc（其识别编号在第 3 列，应为 B3）放在步骤（1）mechdat 文件所在目录下。

（3）新建一个空的 Workbench 文件

（4）把新的*.mechdat 拖到 Workbench 界面中，保存新的项目文件。拷贝后 mechdat 和

.agdb 或.scdoc 可以删除。该步骤可重复使用，将多个 system 文件归档到该工程文件中。

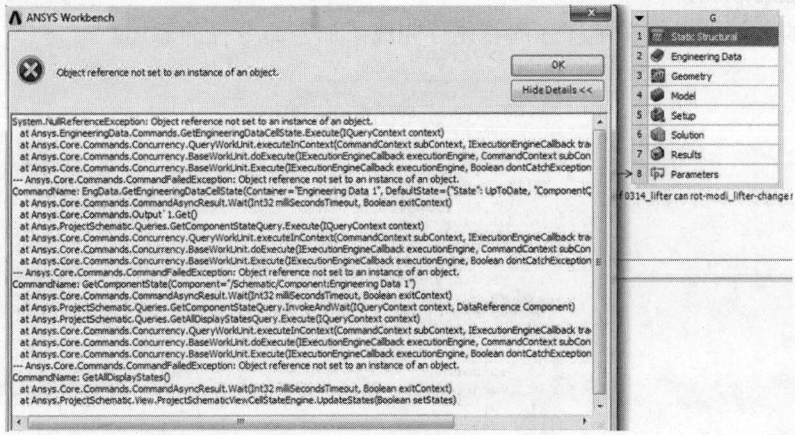

图 1.45　项目文件意外错误

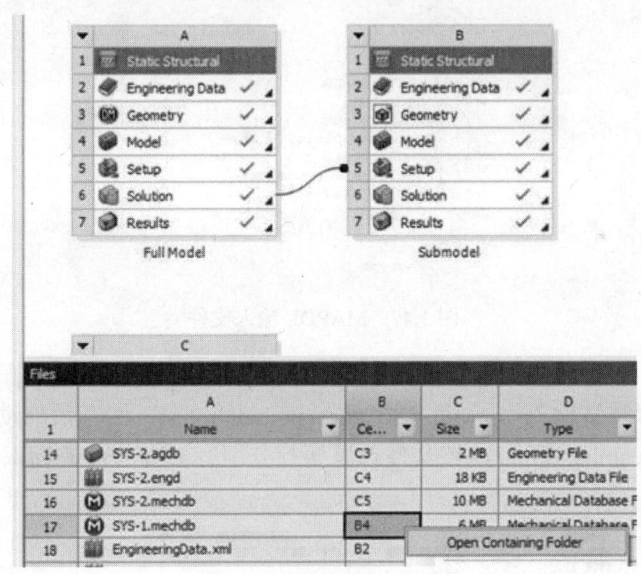

图 1.46　文件定位及恢复

1.5.10　MAPDL 输入文件加密及运行

MAPDL 提供/encrypt 命令实现输入命令流文件的加密，以文件名为 1-solid_186_encrypt_batch_test.mac 的悬臂梁模型说明这一过程。假定该文件的初始主程序为第 2 行至第 36 行的命令行文本，程序编写者不希望该命令可读或可编辑以满足数据安全性的要求，运行版本为 Ansys2021R2。

运行步骤：

（1）程序编写者将 1-solid_186_encrypt_batch_test.mac 算例文件的首行插入如下命令行。

```
/encrypt,my222,beambend,mac
```

其中 my222 是程序编写者设定的加密密码，最长为 32 位字符，beambend 为加密后可执行文件名，mac 为扩展名。

```
末行插入/encrypt 结束
```

图 1.47 的示例中已经在主程序的首尾行完成了加密命令行的添加。

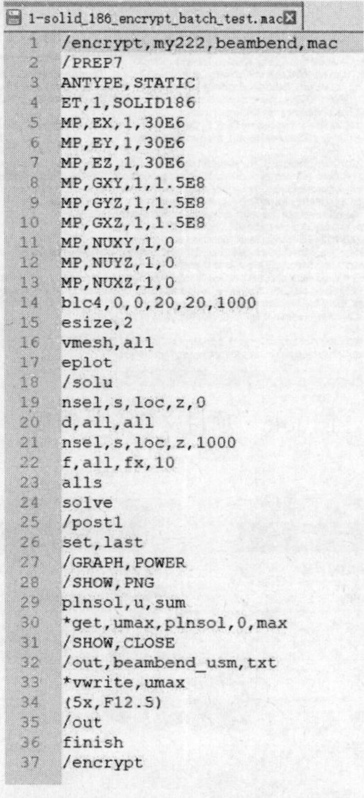

```
1-solid_186_encrypt_batch_test.mac
/encrypt,my222,beambend,mac
/PREP7
ANTYPE,STATIC
ET,1,SOLID186
MP,EX,1,30E6
MP,EY,1,30E6
MP,EZ,1,30E6
MP,GXY,1,1.5E8
MP,GYZ,1,1.5E8
MP,GXZ,1,1.5E8
MP,NUXY,1,0
MP,NUYZ,1,0
MP,NUXZ,1,0
blc4,0,0,20,20,1000
esize,2
vmesh,all
eplot
/solu
nsel,s,loc,z,0
d,all,all
nsel,s,loc,z,1000
f,all,fx,10
alls
solve
/post1
set,last
/GRAPH,POWER
/SHOW,PNG
plnsol,u,sum
*get,umax,plnsol,0,max
/SHOW,CLOSE
/out,beambend_usm,txt
*vwrite,umax
(5x,F12.5)
/out
finish
/encrypt
```

图 1.47　MAPDL 输入文件

（2）程序编写者将上述文件拷贝至当前的 MAPDL 的工作目录，然后在 MAPDL 的图形界面（GUI）命令行直接输入 1-solid_186_encrypt_batch_test，回车后自动在工作目录生成图 1.48 的加密文件：beambend.mac，该文件首尾两行分别有/DECRYPT 标识。

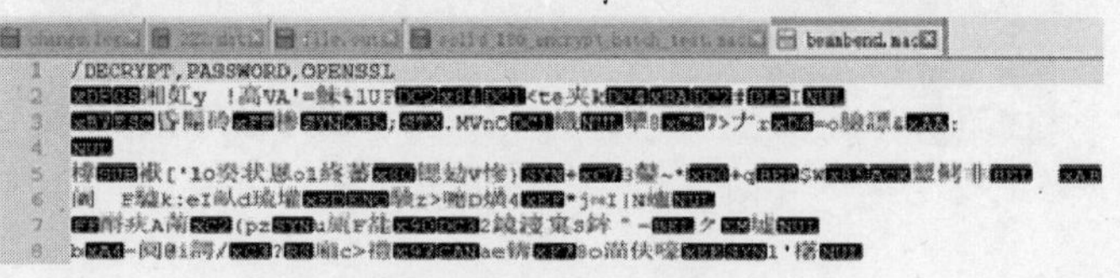

```
/DECRYPT,PASSWORD,OPENSSL
```

图 1.48　加密文件

（3）程序编写者将加密后的文件 beambend.mac 和密码（本例为 my222）交付给用户使用。

（4）用户根据需要在命令行或者 Batch 模式运行程序。

（5）若使用命令提交运算，将 beambend.mac 拷贝至用户的 MAPDL 的工作目录，然后在 MAPDL 的图形界面（GUI）命令行直接输入两行命令即可完成计算。

```
/decrypt,password,my222
beambend
```

（6）若使用 batch 方式提交运行，需编写输入文件 batchtest.txt（图 1.49），并从开始菜单启动 Mechanical APDL Product Launcher 2021R2，选择 batch 模式运行。或者在 window 任务栏搜索 cmd，打开 dos 窗口，直接使用命令行提交计算（图 1.50）。

```
batchtest.txt - 记事本
文件(F) 编辑(E) 格式(O) 查看(V) 帮助
/decrypt,password,my222
beambend
finish
```

图 1.49　提交 batch 模式运算的输入文件

```
4-Runcommand.txt
"C:\Program Files\ANSYS Inc\v212\ansys\bin\winx64\MAPDL.EXE"
-lch -p ansys -dmp -np 4 -dir "C:\E_Drive\05 TEST\000APDL\230"
-j file -i "C:\E_Drive\05 TEST\000APDL\230\batchtest.txt" -o
"C:\E_Drive\05 TEST\000APDL\230\file.out" -b -l en-us -s read
```

图 1.50　cmd 窗口提交求解的命令行

1.5.11　删除子步结果实现结果文件“瘦身”

对于已经完成计算的大型项目文件，其载荷步以及子步数量非常多，结果检查后，用户希望仅保留某些载荷步或特定子步的结果。在 Mechanical/MAPDL 中，均可以通过结果文件编辑器/AUX3 模块实现结果文件的“瘦身”。

用例子说明实现过程，现有 file.rst，通过 MAPDL 命令实现仅保留每个载荷步的最后一个子步的结果。用户可根据实际情况修改编辑。

（1）MAPDL 界面的实现方式，将 file.rst 拷贝至当前 MAPDL 工作路径，拷贝如下命令行完成 file.rst 文件的“瘦身”。也可以将该 Rst_file_edit.mac 文件拷贝至当前 MAPDL 工作路径，命令行直接输入 Rst_file_edit 后回车，如图 1.51 所示。

```
Rst_file_edit.mac
/post1                                      !进入后处理器
file,,rst                                   !打开file.rst
set,last                                    !读入最后一个子步
*get,NumLS,active,0,set,lstp                !NumLS-当前结果文件中的载荷步数量
/AUX3                                       !进入结果文件编辑器
file,,rst                                   !打开file.rst
*do,i,1,NumLS,1                             !从第一个载荷步至最后一个载荷步执行循环
*get,myset_1,active,0,set,nset,first,i      !myset_1-当前载荷步第一个子步数目
*get,myset_2,active,0,set,nset,last,i       !myset_2-当前载荷步最后一个子步数目
delete,set,myset_1,myset_2-1                !删除除最后一个子步之外的结果
compress                                    !文件压缩
*enddo                                      !结束循环
list                                        !打印结果文件集合
```

图 1.51　删除子步结果（1）

（2）Mechanical 界面的实现方式适用于模型还没提交求解前的情况，将命令行粘贴至 Mechanical 的 Solution 分支下的 Command 对象中。求解完成后，即可右键在目录树 Solution 对象上单击 Open Solver Files Directory，打开求解文件夹查看 file.rst 文件大小，如图 1.52 所示。

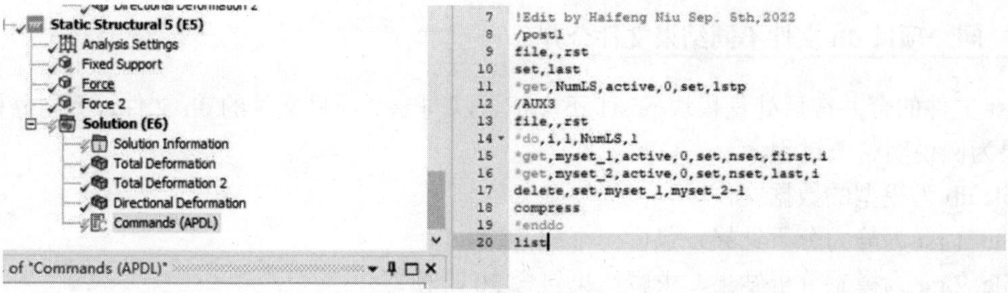

```
Static Structural 5 (E5)
  Analysis Settings
  Fixed Support
  Force
  Force 2
  Solution (E6)
    Solution Information
    Total Deformation
    Total Deformation 2
    Directional Deformation
    Commands (APDL)
of "Commands (APDL)"
```

```
!Edit by Haifeng Niu Sep. 5th,2022
/post1
file,,rst
set,last
*get,NumLS,active,0,set,lstp
/AUX3
file,,rst
*do,i,1,NumLS,1
*get,myset_1,active,0,set,nset,first,i
*get,myset_2,active,0,set,nset,last,i
delete,set,myset_1,myset_2-1
compress
*enddo
list
```

图 1.52　删除子步结果（2）

1.5.12 减少子步输出实现结果文件“瘦身”

Mechanical 可以根据用户要求在分析设置的输出控制中直接指定分析子步输出，以减小结果文件的大小。

以多载荷步的非线性分析为例说明这一点。

假定分析包含 5 个载荷步，每个载荷步各包含 5 个子步。单击 Mechanical 目录树 Analysis Settings，在右侧的 Graph 窗口中，鼠标左键+Shift 键多选各载荷步，然后单击左侧窗口 Output Controls 的 Store Results at 栏目进行输出控制，如图 1.53 和图 1.54 所示。

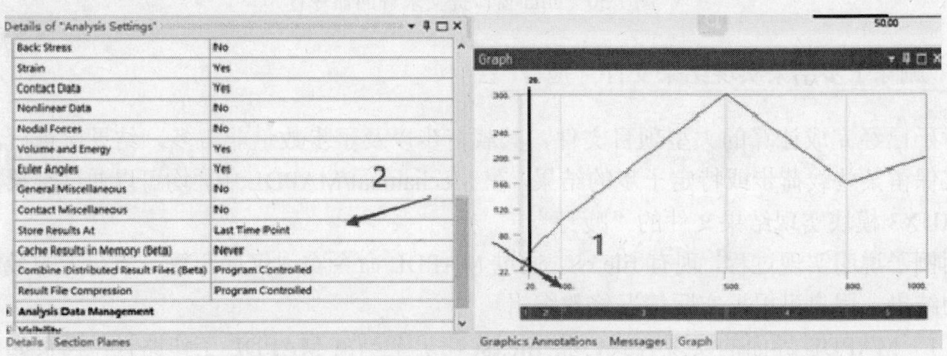

图 1.53 多子步输出控制（1）

All Time Points：输出所有子步结果，共计 25 组结果。

Last Time Points：输出每个载荷步最后一个子步结果，共计 5 组结果。

Equally Spaced Points（如输入 3）：每个载荷步平均分配输出 3 个时间点的结果（进一法）。每一个载荷步输出第 2、第 4、第 5 个子步的结果，共 15 组结果。

Specified Recurrence Rate（如输入 3）：每个载荷步输出第 3、第 6、第 9 个时间点（或子步）的结果，载荷步结束的结果也进行输出。下一个载荷步重新从第 3 个、第 6 个子步输出，每个载荷步输出第 3 个子步和第 5 个子步的结果，共 10 组结果。

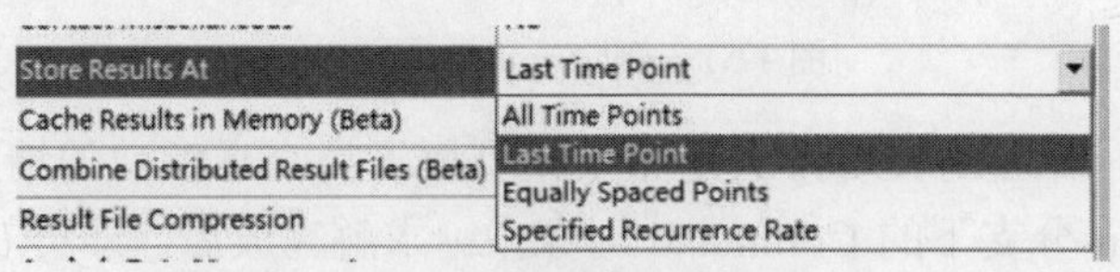

图 1.54 多子步输出控制（2）

1.5.13 同一项目 db 文件不同结果文件合并

Rst 文件的合并在后处理模块/post1 下完成，以同一个项目文件的 db 文件，不同分析类型的结果为例说明这一过程。

File.db 为模型的数据文件。

File_1.rst 为静力分析结果，包含一个载荷步。

File_2.rst 为模态分析结果，求解结果包含 20 阶模态。

File_3.rst 为随机振动分析结果。

将以上 4 个文件拷贝至 MAPDL 当前的工作目录下，在当前目录下编辑宏文件 Myres.mac，如图 1.55 所示，直接在命令行输入 Myres 执行 rst 文件的合并或者将宏文件的文本内容粘贴至 MAPDL 命令行回车运行。

Myres.mac

```
resume,,db                      !读入db文件
/post1
file,'file_1','rst'             !读入第一个结果文件
set,last                        !读入最后一个子步结果
reswrite,newresult              !将最后一个子步结果写入newresult.rst
file,'file_2','rst'             !读入第二个结果文件
*do,i,1,20                      !执行每一组模态结果的循环写入
set,1,i
reswrite,newresult
*enddo
file,'file_3','rst'             !读入第三个结果文件
set,last
reswrite,newresult
file,'newresult','rst'          !读入新生成的结果文件
set,list                        !列表显示载荷步结果
```

图 1.55　rst 文件的合并

1.6　Ansys Mechanical 的文件类型

Ansys Mechanical 有程序生成的临时文件和永久文件两种文件类型，见表 1.1、表 1.2。

表 1.1　程序生成的临时文件

扩展名	类型	内容
ANO	文本	图形注释命令（/ANNOT 命令）
BAT	文本	从批处理输入文件拷贝的输入数据（/BATCH 命令）
DSPxxxx	二进制	稀疏求解器临时文件（xxxx 代表“triU”“tri”“matK”等）
EROT	二进制	旋转的单元矩阵
EVC	二进制	PCG Lanczos 特征值求解器临时文件
EVL	二进制	PCG Lanczos 特征值求解器临时文件
LNxx	二进制	稀疏求解器临时文件（xx=1～42）
LOCK	二进制	防止在同一目录中运行多个具有相同名称的作业
LV	二进制	子结构生成阶段多个载荷向量临时文件
PAGE	二进制	虚拟内存的页面文件（database space）
Pnn	二进制	矩阵组装过程临时文件
PCn	二进制	PCG 求解器和矩阵组装过程临时文件
PDA	二进制	PCG 求解器和矩阵组装过程临时文件
PMA	二进制	PCG 求解器和矩阵组装过程临时文件
SNODExxx	二进制	Supernode 特征值求解器临时文件（xxxx 代表“Efnl”“Emss”“EmtK”“EmtM”“Estk”“EstM”等）
SSCR	二进制	子结构生成阶段临时文件
vtA0Q	二进制	谐响应 VT 方法和/或某些特征求解器临时文件

续表

扩展名	类型	内容
vtAQ0	二进制	谐响应 VT 方法和/或某些特征求解器临时文件
vtAQ1	二进制	谐响应 VT 方法和/或某些特征求解器临时文件
vtFQ	二进制	谐响应 VT 方法和/或某些特征求解器临时文件
vtQ	二进制	谐响应 VT 方法和/或某些特征求解器临时文件
vtWrk	二进制	谐响应 VT 方法和/或某些特征求解器临时文件
vtdX	二进制	谐响应 VT 方法和/或某些特征求解器临时文件

表 1.2　程序生成的永久文件

扩展名	类型	向上	内容
ANF	文本	Y	Ansys 中性格式几何文件
ASI	二进制	Y	FSI 界面的结构分析结果文件
BCLV	二进制	Y	超单元生成阶段超单元的静态矫正矢量
BCS	文本	-	运行稀疏求解器时存储的求解性能信息
BFIN	文本	-	插值后的体力（BFINT 命令）
CBDO	文本	-	子模型插值后的位移自由度数据（CBDOF 命令）
CDB	文本	Y	文本数据库文件（CDWRITE 命令）
CMAP	文本	-	瀑布图文件
CMD	文本	Y	*CFWRITE 写入的命令
CMS	二进制	Y	Component Mode Synthesis 文件
CND	文本	Y	跟踪求解过程接触量的非线性诊断文件（NLDIAG 命令）
CNM	文本	Y	接触对输出数据（CNTR 命令）
DB	二进制	Y	数据库文件（SAVE，/EXIT 命令）
DBB	二进制	Y	非线性分析异常终止时创建的数据库文件的副本（用于传统的重启动分析）
DBE	二进制	-	Batch 模式下因 VMESH 命令失败生成的数据文件
DSP	文本	-	运行稀疏求解器时存储的求解性能信息
DSUB	二进制	-	超单元使用阶段的超单元自由度结果
DSPsymb	二进制	-	稀疏求解器分解刚度矩阵（也称三角刚度矩阵）
ELEM	文本	Y	单元定义（EWRITE 命令）
EMAT	二进制	-	单元矩阵
ERR	文本	-	错误和警告信息
ESAV	二进制	-	非线性分析中存储的单元数据（可能无法向上兼容）
FULL	二进制	-	组装的整体刚度矩阵和质量矩阵
GST	文本	-	求解过程图形化的跟踪数据
IGES	文本	Y	实体模型数据 IGES（IGESOUT 命令）

续表

扩展名	类型	向上	内容
LDHI	文本	Y	载荷步的载荷及边界条件（用于多帧重启动分析）
LGW	文本	Y	数据库命令日志文件（LGWRITE 命令）
Lnn	二进制	Y	载荷工况文件（其中 nn=载荷工况号）（LCWRITE 命令）
LMODE	二进制	-	模态分析频率和左模态振型（MODOPT 命令）
LN22	二进制	-	稀疏求解器分解刚度矩阵（也称三角刚度矩阵）
LOG	文本	Y	输入命令日志文件
MAPPING	文本	Y	映射文件（HBMAT 命令）
MATRIX	文本/二进制	Y	Harwell-Boeing 格式的映射文件（HBMAT 命令）
MCF	文本	Y	谐响应或瞬态分析的模态坐标文件
MCOM	文本	Y	谱分析模态组合命令
MLV	二进制	-	模态分析单元载荷向量数据
Mnnn	二进制	Y	模态位移、速度和加速度记录和一个载荷步的单个子步的求解命令（用于模态叠加法瞬态分析的多帧重启动分析）
MNTR	文本	-	非线性分析收敛监控文件
MODE	二进制	-	模态分析频率和振型；屈曲分析载荷因子和振型
MODESYM	二进制	-	模态分析频率和振型
MP	文本	Y	材料属性定义（MPWRITE 命令）
NDXXX	文本	-	违反准则的单元编号
NLH	文本	Y	跟踪求解过程结果或者接触量的非线性诊断文件（NLHIST 命令）
NODE	文本	Y	节点定义（NWRITE 命令）
NRXXX	文本	Y	当非线性诊断工具激活时存储 NR 迭代信息(NLDIAG,NRRE,ON)
OSAV	二进制	-	最后一个收敛子步的 ESAV 文件的副本
OUT	文本	-	输出文件
PARM	文本	Y	参数定义（PARSAV 命令）
PCS	文本	-	运行 PCG 求解器时存储的求解性能信息
PRS	二进制	-	使用远程模态文件时存储响应谱（SPRS，MPRS 和 DDAM）信息（模态系数等）
PSAV	二进制	-	最后一个子步 OSAV 文件的副本（仅用于半隐式分析）
PSD	二进制	-	存储随机振动（PSD）信息（模态协方差矩阵等）
PVTS	文本	-	运行稀疏求解器时存储主元信息
RCN	二进制	Y	初始接触状态结果文件
RDB	二进制	Y	第一个载荷步的第一个子步数据（用于多帧重启动分析）
RDnn	二进制	Y	第 nn 次网格重分后的结构分析的数据文件
RDSP	二进制	-	缩减的位移
RFRQ	二进制	-	缩减的复位移

续表

扩展名	类型	向上	内容
RMF	二进制	Y	静态时均流分析结果文件
RMG	二进制	Y	磁场分析结果文件
RMSH	文本	-	用于非线性自适应网格分析的网格重分监控文件
Rnnn	二进制	-	一个载荷步的单个子步的单元保存记录，求解命令和状态（用于多帧重启动分析）
RSnn	二进制	Y	第 nn 次网格重分后的结构分析的结果文件
RSM	二进制	-	热辐射分析面单元（SURF251，SURF252）辐射映射数据文件
RST	二进制	Y	结构及耦合场分析结果文件
RSTP	二进制	Y	线性摄动分析结果文件
RTH	二进制	Y	热分析结果文件
SECF	文本	-	定义了结果截面（OUTPR,RSFO）时结果量存储文件
SELD	二进制	-	子结构生成节点超单元载荷矢量数据
Snn	文本	Y	载荷步文件，其中 nn 表示载荷步编号（LSWRITE 命令）
SORD	文本	-	子结构使用阶段超单元名称和编号
STAT	文本	-	批处理运行状态文件
SUB	二进制	Y	子结构生成阶段超单元矩阵文件
TB	文本	Y	超弹性材料常数
USUB	二进制	Y	重命名的 DSUM 文件作为子结构扩展阶段输入

注：“Y”表示低版本向高版本兼容。

第 2 章　Mechanical 前处理热点解析

有限元分析的流程通常分为前处理、求解和后处理三个环节，其中前后处理需要耗费 CAE 工程师大量的时间和精力，求解则更多依赖于计算机的软硬件资源。前处理环节在 MAPDL 的/prep7 模块下进行，类似地，在 Mechanical 的交互式界面下，前处理主要包括：Workbench 平台下完成分析类型的选择和材料参数的定义，SpaceClaim 界面下完成几何模型的前处理，Mechanical 界面下完成几何属性的定义，接触设置以及网格划分。分析设置和求解在 MAPDL 的/solu 模块下进行，在 Mechanical 的交互式界面分析环境（如 Static Structural）下完成载荷步设置，边界条件以及载荷的施加。后处理在 MAPDL 的/post1 或/post26 模块下进行，在 Mechanical 目录树的 Solution 模块下对所关心的问题进行结果的提取、整理以及项目评估。

2.1　建模策略

对于一个 CAE 仿真项目的实施，建模策略的选择是一个复杂而系统的问题。不同的分析目的决定了分析策略的选择，如用于科学研究和用于工程项目的分析、用于新产品概念设计和产品详细设计阶段的分析、用于设计验证和故障诊断的分析、用于新产品研发和节省成本的分析、用于新技术研发和新产品开发的分析等，不同的分析目的决定了模型关注的重点，模型的复杂程度以及不同的输出结果。

对于流程成熟完善的企业用户，CAE 工程师主要专注于其产品的设计变更和仿真结果对产品的设计指导。对于新领域的应用或搭建仿真流程的用户，则需要考虑更多的因素，较为普遍的做法是借鉴行业内约定俗成的通用方法，或参考已有的研究成果，结合自身的需求进行仿真的规划。

尽管有限元软件的使用极大地节省了研发成本，加快了产品研发的进度，但从仿真的建模策略考虑，仍然需要合理利用现有的软硬件资源。所搭建的仿真流程或作业指导书应具有可实施性，比如目前没有高性能计算（HPC）条件，建立几百万个网格的模型提交求解反而会使得仿真的效率大大降低。在进行仿真项目的规划时，要处理好以下矛盾：计算量与离散误差、局部计算精度与整体计算精度、计算精度与求解时间、求解规模与计算机处理能力。

2.1.1　模块选择

Mechanical 求解提供以下几种分析类型：

（1）结构静力学（Static Structural）分析用来求解外载荷引起的结构响应。静力分析适合求解惯性和阻尼对结构影响不显著的问题，根据系统的线性与否分线性分析和非线性分析，非线性分析包括了塑性、蠕变、膨胀、大变形、大应变及接触问题的分析。

（2）结构动力学分析用来求解随时间变化的载荷下结构的响应，相对于静力学分析而言，动力学分析则需要考虑结构的阻尼和惯性以及随时间变化的载荷，如旋转机械产生的交变力、爆炸产生的冲击力、地震产生的随机力。Mechanical 提供的动力学分析类型有：模态（Modal）

分析、谐响应（Harmonic Response）分析、响应谱（Response Spectrum）分析、随机振动（Random Vibration）分析、显式动力学（Explicit Dynamics）分析、刚体动力学（Rigid Dynamics）分析、转子动力学（Rotor Dynamics）分析和瞬态结构（或瞬态动力学）（Transient Structural）分析等。

（3）结构屈曲分析（Eigenvalue Buckling）用来确定结构失稳的载荷大小与在特定的载荷下结构是否失稳的问题。Mechanical 中的屈曲分析分为特征屈曲和非线性屈曲两种。

（4）结构非线性问题分为材料非线性、几何非线性和状态（或接触）非线性三种。根据是否考虑时间因素，Mechanical 可以用来求解静态分析和瞬态动力学分析的非线性问题。

（5）热分析主要包括热传递的三种类型：传导、对流和辐射。Mechanical 的分析模块包括稳态热分析（Steady-Static Thermal）和瞬态热分析（Transient Thermal），可以考虑热分析中的线性和非线性因素。在热应力分析中，将热分析得到的温度分布链接到下游的静力/瞬态分析可进行热应力以及结构变形、应力的评估。

（6）声学分析（Acoustics）主要用来研究在流体（气体、液体等）介质中声音的传播问题，以及在流体介质中固态结构的动态响应。

2.1.2 数据准备

材料模型的选择是有限元模型的最重要输入之一，建模之前列出所用材料并了解其特性，如线弹性行为、脆性/韧性、加/卸载特性、应力松弛/蠕变、超弹性等；列出结构的载荷条件，如单调加载、循环加载/卸载、温度载荷等；列出分析目的，如应力分析、疲劳分析、设计优化等，综合多种因素选择合适的材料模型。理想的条件是通过材料试验获取材料的特性数据。根据材料的主要特性选择合适的本构模型，并且通过 Workbench Engineering Data 数据输入的数据拟合功能得到具体的材料参数。

对于微观颗粒已知的材料，如蜂窝结构、晶格结构等可借助 SpaceClaim 和 Material Designer 建立材料最小单元尺度的几何模型，通过 Representative Volume Element（RVE）材料科学技术评估均质的宏观材料特性，传递到结构分析中使用。

2.1.3 模型评估

有限单元法（Finite Element Method）是求解微分方程近似解的一般方法，其基本思想是将在一个域内满足平衡微分方程和应力边界条件的边值问题用最小势能原理代替，使得求解微分方程转化为求解积分方程；然后找一组试探解使其满足最小势能原理，这组解就是原问题的近似解。

有限单元法的分析过程包括结构的离散化、单元分析、整体分析和应力的计算等主要环节。其中单元分析的目的是建立单元的位移模式，并通过单元刚度矩阵建立节点力与节点位移的关系。整体分析的目的是将离散化的结构组装起来，引入边界条件以便求解。求出位移后可以计算应变和应力等物理量，从而完成有限元分析。一个标准的有限元分析过程可以用图 2.1 所示的流程图表示，对任何一个分析都是适用的。

通过 CAD 软件得到的几何模型与通过 CAE 软件得到的有限元网格模型如图 2.2 所示。在程序计算中，几何模型并不参与计算。通过网格划分工具转换为 CAE 软件所能识别的单元节点模型用于求解。如果不采用 Meshing Defeature 功能，几何模型中的最小尺度直接决定了网格模型的最小网格尺寸，如一台大型的风冷机组的外机，几何外形尺寸为（长×宽×高）

20m×2m×2m，几何特征的最小倒角为 5mm，厚度最小为 2mm，采用均匀网格得到的整体机组模型的数量将是一个天文数字，超出了正常硬件所能求解的范畴。合适的网格控制在有限元分析中对模型的成功求解起着至关重要的作用。

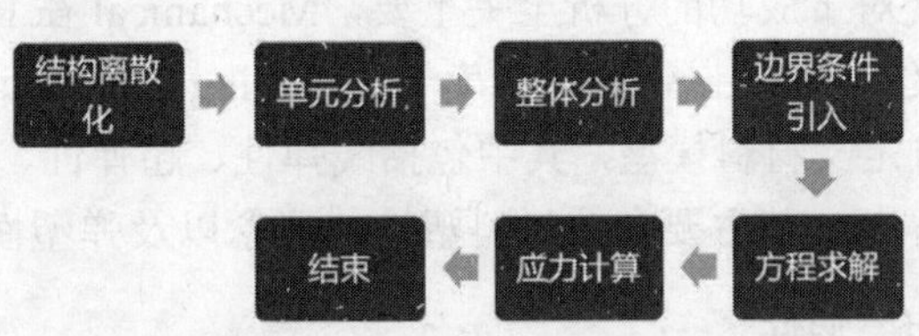

图 2.1 有限元单元法分析过程

图 2.2 几何模型与有限元模型

物理世界的对象均为三维实体结构，使用实体单元可以得到最精确的数值解，代价是消耗巨大的软硬件资源，有时甚至是不可能完成的任务。为了工程应用和数值计算，Ansys 提供了丰富的单元库，包括 3D/2D 实体单元、壳单元、梁/杆单元、接触单元、多物理场领域的强耦合单元（单元 222～227 号）。基于分析问题的特点进行单元的选择：

（1）分析构件的几何特征（细长、薄壁、粗胖以及轴对称）。

（2）分析构件几何的复杂程度（简单棱柱、拉伸几何、铸造成型等）。

（3）结构的载荷性质（平面载荷、轴对称载荷、普通的 3D 载荷）。

（4）所用材料特性（各向同性、正交各向异性、均质、复合材料）。

（5）求解的应力/位移分布性质和所需结果的准确性（单元假设条件的可接受程度）。

2.1.4 效率提升的方法

合理利用分析模型的特点，对物理问题的力学描述，区分平面问题、空间问题、轴对称问题、板壳问题、杆梁问题。充分利用模型的对称性，减少整体模型的自由度数目，可以有效地提高求解效率。

子模型（Submodeling）是一种常见的有限元技术，为了在局部区域获得更精确的结果，使用细化的网格分析整个模型是耗时和昂贵的。此时可以借助子模型来生成一个独立的、更精细的但是只包含感兴趣的区域（子模型）的模型，然后对其进行分析，得到局部区域的求解结果。在本书第 9 章将介绍子模型的具体使用。

子结构方法（Substructuring）是一种将一组单元集合压缩成一个以矩阵表示的单元的过程。该矩阵单元称为超单元，可以在分析中像使用任何其他单元类型一样使用超单元，唯一的区别是需要首先通过执行子结构生成分析来创建超单元。

2.2 材料属性

材料属性的准确定义对于成功的分析至关重要，Mechanical 在 Engineering Data 栏目中进行材料模型的选择及定义。Ansys 自带的材料库 Engineering Data Sources 中包含丰富的工程常用材料模型，同时支持自定义材料模型，其中包括线弹性、超弹性、塑性、蠕变、岩土、形状记忆合金、断裂和粘胶等。本节主要介绍材料塑性的概念以及弹塑性材料。

2.2.1 率无关塑性与率相关塑性

塑性是用来模拟材料在承受超过其弹性极限载荷时的模型，如图 2.3 所示。金属和其他材料，如土壤，通常有一个初始弹性区域，该区域的变形与载荷成正比，但超过弹性极限，就会产生不可恢复的塑性应变。

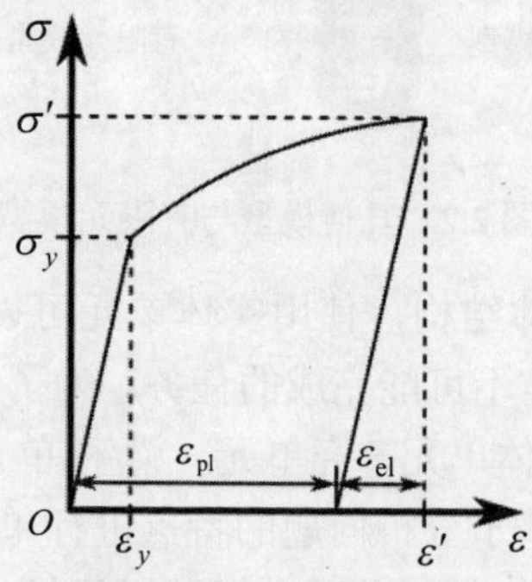

图 2.3 材料的塑性行为

卸载时总应变的弹性部分得到了恢复，如果完全撤去载荷，因塑性应变产生的永久变形仍然保留在材料中。塑性应变的演化取决于载荷历史，如温度、应力和应变速率，以及内部变量，如屈服强度、背应力和损伤。

材料塑性问题可以分为两类：一类是率无关性塑性（Rate-Independent Plasticity），塑性应变不受加载或变形速率的影响，其特点是当载荷作用以后，材料变形立即发生，并且不随时间而变化。大多数金属在低温（约小于熔化温度的 1/4～1/3）和低应变率下表现出率无关行为。此类分析中，模型中的时间步中指定的时间是“虚假”的时间，仅表示载荷步的不同，结果表征该载荷步作用下的变形及应力情况。

另一类是率相关塑性（Rate-Dependent Plasticity），是依赖于时间的黏（弹、塑）性问题，其特点一方面是载荷作用后，材料不仅立即发生变形，而且变形随时间而继续变化，在载荷保持不变的条件下，由于材料黏性而继续增长的变形称之为蠕变；另一方面在变形保持不变的条件下，由于材料黏性而使应力衰减称之为应力松弛，如长期处于高温条件下工作的结构，将发生蠕变变形，及在载荷或应力保持不变的情况下，变形或应变仍随时间的进展而继续增长。此类分析中，分析设置指定的时间步是客观真实的物理时间，结果表征该时刻的变形及应力情况。

2.2.2 系统的保守行为与非保守行为及加载路径

如果通过外载荷输入系统的总能量，当载荷撤去时不变，则该系统是保守的。如果能量被系统消耗，如由于塑性应变或滑动摩擦，则系统是非保守的。一个保守的系统分析是与过程无关的，通常可以以任何顺序和以任何数目的增量加载而不影响最终结果，如线弹性小变形分析。

相反地，一个非保守系统的分析是过程相关的，必须紧紧跟随系统的实际加载历史，以获得精确的结果。如图 2.4 所示，理想弹塑性三桁架杆，作用不同的载荷路径：

（1）沿载荷路径 *OAB* 作用，对桁架先仅施加 *P*，保持 *Q*=0，当左右两侧杆件屈服时，保持节点竖直位移不变的情况下，施加载荷 *Q*。

（2）沿载荷路径 *OB* 施加，即载荷 *P* 和 *Q* 保持比例不变，同时施加，当左端杆件达到屈服后，继续增加载荷，直至三个杆件进入塑性状态 *B* 点。杆件的位移、应变及应力状态在最终 *B* 点并不相同。在塑性力学中，由于塑性本构关系的非线性性质以及存在加载和卸载的区别，应力和应变之间不存在一一对应的关系，所以不同的加载路径会得到不同的位移、应力和应变结果。当结构发生塑性变形时，通常要求缓慢加载（小的载荷步）直至最终的载荷值。

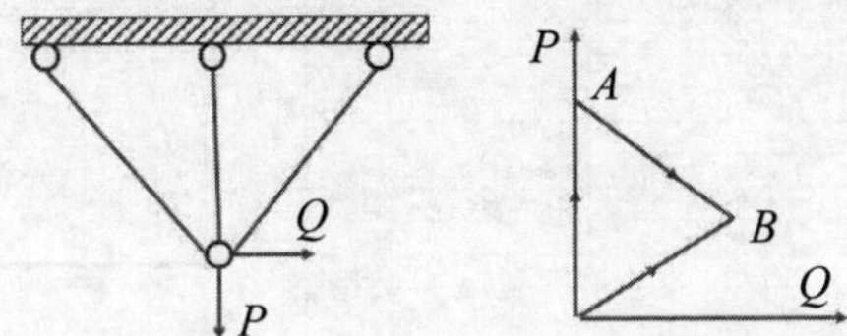

图 2.4　理想弹塑性三桁架杆

2.2.3　各向同性强化与随动强化弹塑性模型

各向同性强化（Isotropic Hardening）是指屈服面以材料中所作塑性功的大小为基础在尺寸上扩张，对 Mises 准则来说，屈服面在所有方向均匀扩张。由于等向强化准则，材料在受压方向的屈服应力等于受拉过程中所达到的最高应力。包括双线性等向强化（BISO）和多线性等向强化（MISO）。双线性等向强化一般用于初始各向同性材料的大应变问题。多线性等向强化适用于比例加载的情况或大应变分析，通常不用于周期载荷作用的场景。

随动强化（Kinematic Hardening）是指假定屈服面的大小保持不变而仅在屈服的方向上移动，当某个方向的屈服应力升高时，其相反方向的屈服应力降低。包括双线性等向强化（BKIN）和多线性等向强化（MKIN）。双线性等向强化（BKIN）适用于遵守 Von Mises 屈服准则，初始为各向同性材料的小应变问题，周期载荷作用的场景，这包括大多数金属材料。当 BKIN 不能足够表示应力应变曲线的小应变分析时，MKIN 是有帮助的。

随动强化模型与各向同性强化模型如图 2.5 所示。

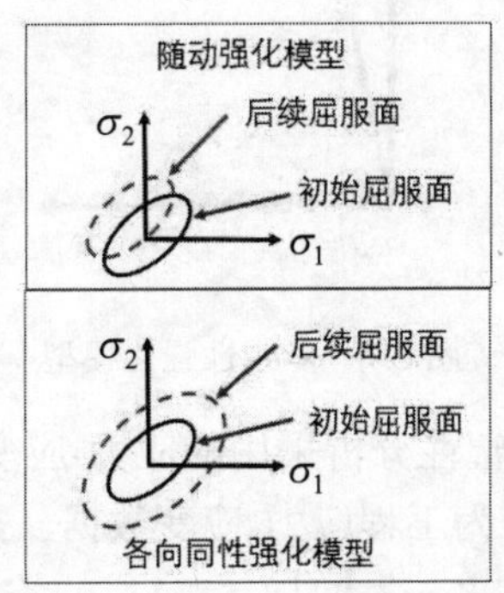

图 2.5　随动强化模型与各向同性强化模型

2.2.4 弹塑性材料应力-应变曲线

使用弹塑性材料应力-应变曲线时，应注意以下方面：

（1）通常比例极限与屈服强度略有不同，在 Ansys 中默认两者是一致的。

（2）对于双线性等向强化模型（图 2.6）或随动强化而言，指定的屈服应力即为塑性应变为 0 时所对应的应力值。切向模量（Tangent Modulus）不能小于 0。

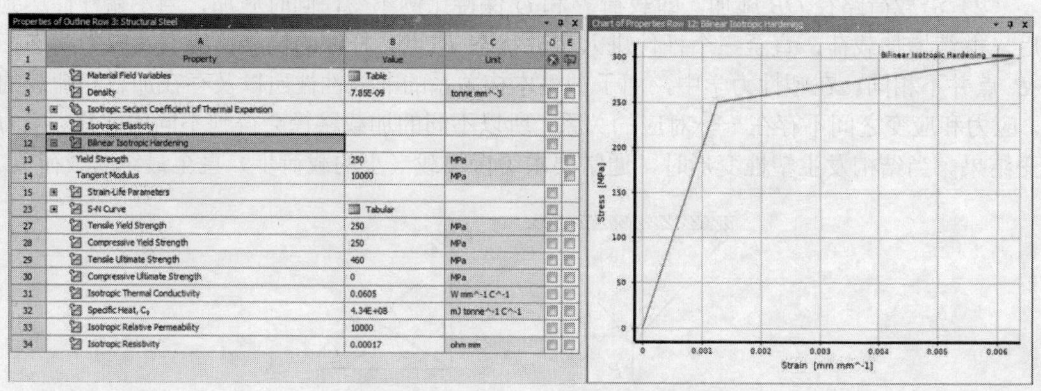
Properties of Outline Row 3: Structural Steel

	A	B	C
1	Property	Value	Unit
2	Material Field Variables	Table	
3	Density	7.85E-09	tonne mm^-3
4	Isotropic Secant Coefficient of Thermal Expansion		
6	Isotropic Elasticity		
12	Bilinear Isotropic Hardening		
13	Yield Strength	250	MPa
14	Tangent Modulus	10000	MPa
15	Strain-Life Parameters		
23	S-N Curve	Tabular	
27	Tensile Yield Strength	250	MPa
28	Compressive Yield Strength	250	MPa
29	Tensile Ultimate Strength	460	MPa
30	Compressive Ultimate Strength	0	MPa
31	Isotropic Thermal Conductivity	0.0605	W mm^-1 C^-1
32	Specific Heat, C_p	4.34E+08	mJ tonne^-1 C^-1
33	Isotropic Relative Permeability	10000	
34	Isotropic Resistivity	0.00017	ohm mm

图 2.6 弹塑性材料塑性输入

（3）如图 2.7 所示，对于多线性等向强化模型或随动强化而言，第一组输入值必须为 0 塑性应变以及屈服强度。塑性应变-应力表中最后一行之外的数据斜率为 0。任意一组曲线的斜率不能小于 0。

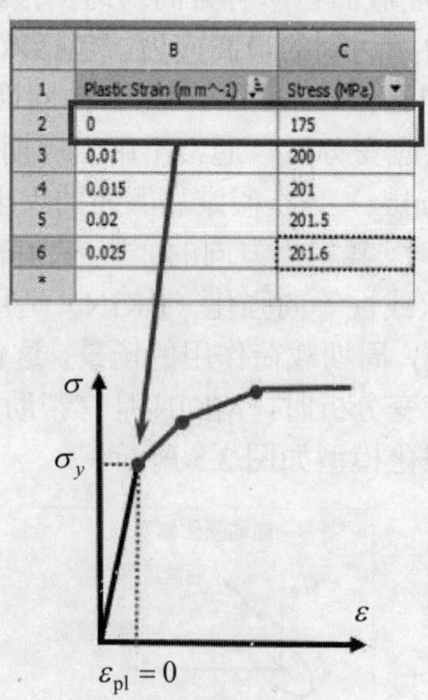

	B	C
1	Plastic Strain (m m^-1)	Stress (MPa)
2	0	175
3	0.01	200
4	0.015	201
5	0.02	201.5
6	0.025	201.6
*		

图 2.7 多线性强化模型

（4）Mechanical 中大应变的塑性分析采用的应力-应变数据应为真实应力-应变数据。材料拉伸试验得到的应力应变数据若为工程应力-应变数据，需要按以下公式进行转换。

$$\varepsilon_{true} = \ln(1 + \varepsilon_{eng})$$

$$\sigma_{true} = \sigma_{eng}(1+\varepsilon_{eng})$$

$$\varepsilon_{pl} = \varepsilon_{true} - \frac{\sigma_{true}}{E}$$

式中，ε_{true} 为真实应变；ε_{eng} 为工程应变；σ_{true} 为真实应力；σ_{eng} 为工程应力；ε_{pl} 为塑性应变。

（5）对于双线性及多线性强化模型，从测试数据的应力应变数据中求塑性应变时，用户容易出现的错误是，认为总应变与屈服时对应的弹性应变相减即为该应力所对应的塑性应变。实际上，当材料屈服后，只要存在应变强化，应力就会增加，意味着弹性应变也同时增加（图 2.8），因此总应变和塑性应变的关系式应为

$$\varepsilon_{plas} = \varepsilon_{total} - \varepsilon_{elas}$$

$$\varepsilon_{plas} = \varepsilon_{total} - \frac{\sigma}{E}$$

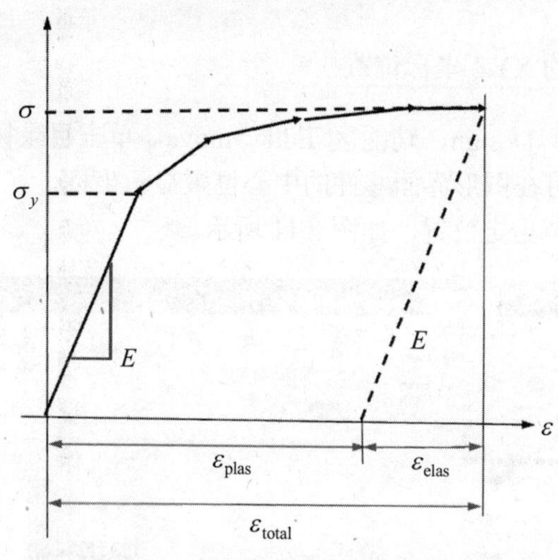

图 2.8 多线性强化模型应变关系

2.3 SpaceClaim 几何处理

Ansys 提供的几何前处理模块包括 Design Modeler 和 SpaceClaim，本节给出了几个 SpaceClaim 使用的小技巧。

2.3.1 Named Selection 传递至 Mechanical

结构强度分析时，若更改相同规格的机械产品设计，几何模型会经常改变，而有限元模型施加边界条件，接触及载荷的位置通常是固定的，在 SpaceClaim 中可以对这些相对固定的几何特征建立 Named Selection。当几何修改完成后，传递至 Mechanical 中直接针对 Named Selection 进行操作，当设计更改迭代频繁时，SpaceClaim 定义的 Named Selection 会节省大量分析前处理（如面、线的重复选择）工作量。

在 SpaceClaim 图形界面选择几何面，目录树单击 Group>>Create NS，在生成的 NS 上单击，按 F2 修改名字，如图 2.9 和图 2.10 所示。返回 Workbench 界面，在 Model 上右键 Update

后，Geometry 的 NS 自动传递至 Mechanical。

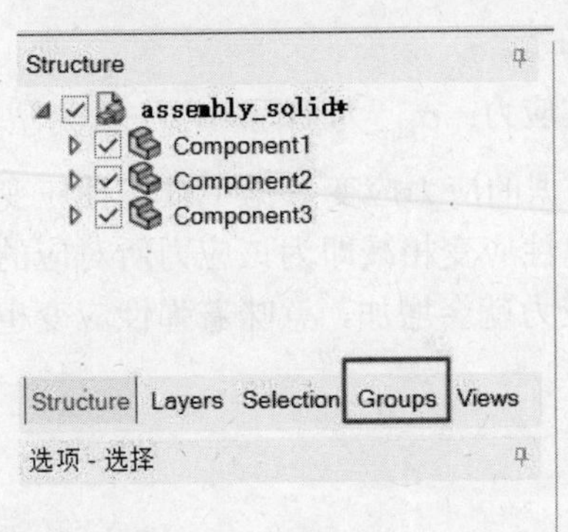

图 2.9　Named Selection 定义（1）

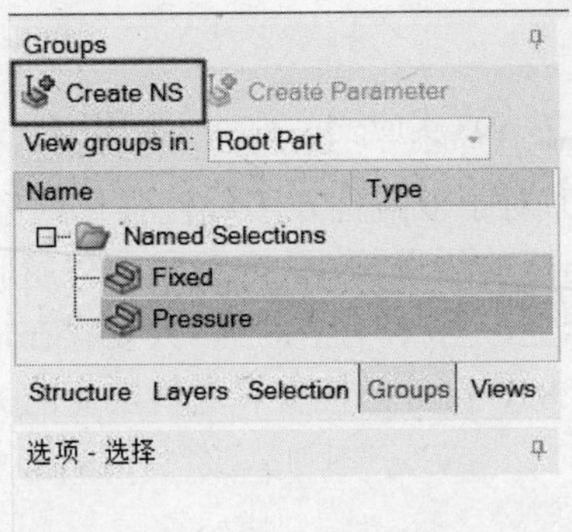

图 2.10　Named Selection 定义（2）

2.3.2　移动零部件至指定的 XYZ 坐标位置

单击 SpaceClaim 菜单 Design，功能区 Edit>>move，单击目录树需要移动的零件，激活 Move option 下的 XYZ 即可在图形界面零件的中心位置显示坐标，在 X、Y、Z 表格输入目标位置的坐标，对象即移动至指定位置，如图 2.11 所示。

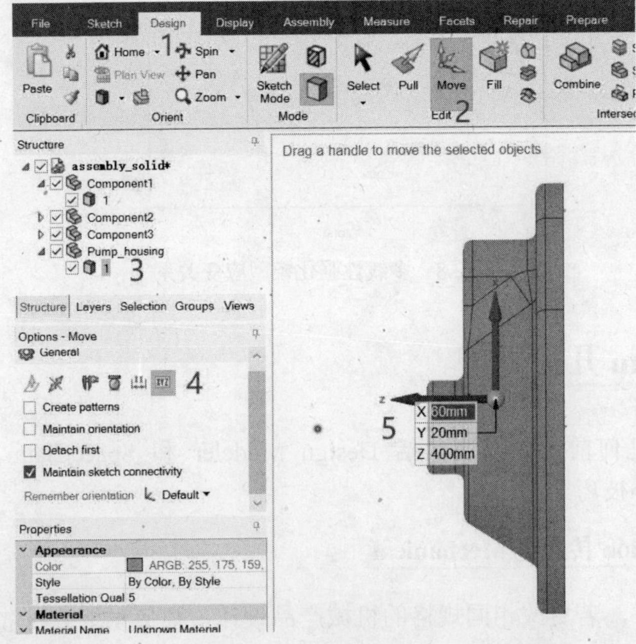

图 2.11　零部件移动

2.3.3　激活 2D 草图的公式编辑

首先在 SpaceClaim 中关闭草图自动约束，单击 SpaceClaim 菜单 File>>SpaceClaim options>>Advanced>>General>>去掉 Enable constraint based sketching(restart required)前的对钩。关闭 SCDM，重新打开，可显示 Sketching Equation，如图 2.12 所示。

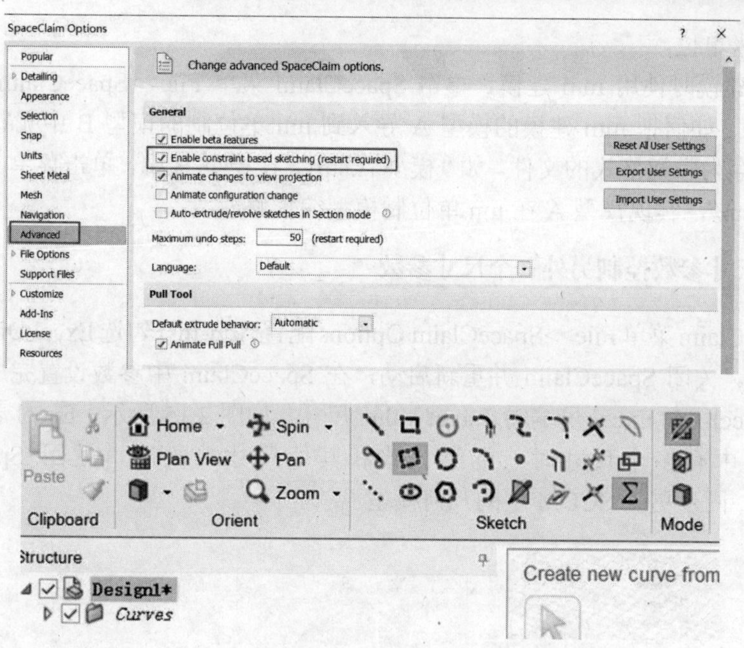

图 2.12　公式编辑

2.3.4　dxf 文件的单位识别

SpaceClaim 打开 dxf 模型时，默认自动识别为英制单位（Inch），当原始模型几何为米制单位时，出现导入的模型单位不正确。打开模型时，去掉 Try To Infer Model Space Units 前的对钩，Model Space units 切换为 Millimeters，如图 2.13 所示。

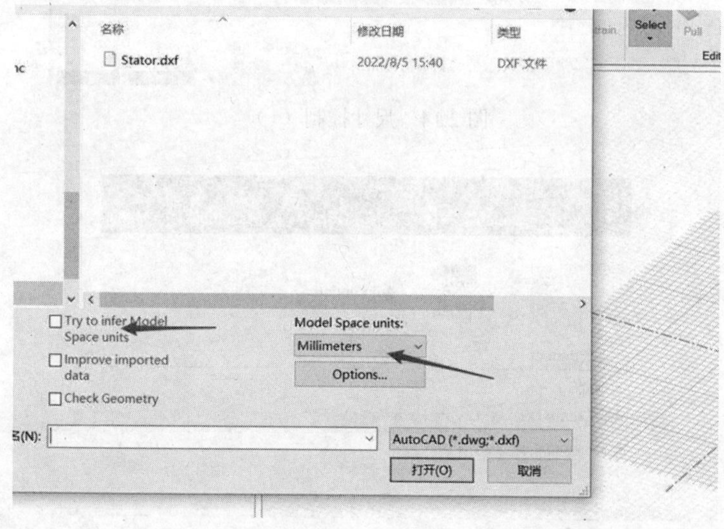

图 2.13　单位识别

2.3.5　在 μm 单位制模型中使用 mm 单位模型

当在 SpaceClaim 中新建几何模型时，单击 SpaceClaim 菜单 File>>SpaceClaim options>>

units 可切换微米单位。

当模型 A 建模时使用 mm 建模，单击 SpaceClaim 菜单 File>>SpaceClaim options>>units 无法切换到 μm。如何把 mm 建模的模型 A 导入到 μm 单位制的模型 B 中呢？在 SpaceClaim 中将模型 A 另存为中间格式的文件，如“模型 A.stp”。在模型 B 中，单击菜单 Assembly>>File 加入“模型 A.stp”，实现模型 A 在 μm 单位制模型编辑修改。

2.3.6 用一个尺寸参数控制另外一个尺寸参数

单击 SpaceClaim 菜单 File>>SpaceClaim Options 配置 Add-Ins，勾选 Excel Dimension Editor，如图 2.14 所示。关闭 SpaceClaim 并重新启动，在 SpaceClaim 中参数设置完成后，单击菜单 Excel>>open excel，在 Excel 里编辑 Target Value 尺寸，如图 2.15 所示，Excel 表格中支持输入公式，当模型中有多个尺寸时，通过公式和其他尺寸关联后，返回 SpaceClaim 菜单 Excel>>update，同步更新 SCDM 中的几何模型。

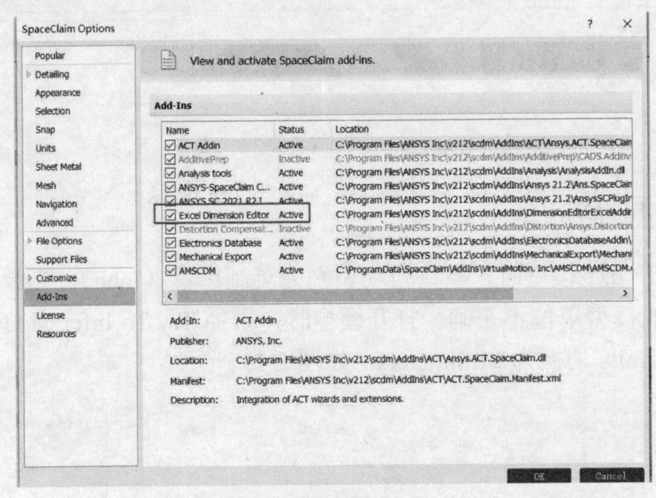

图 2.14 尺寸控制（1）

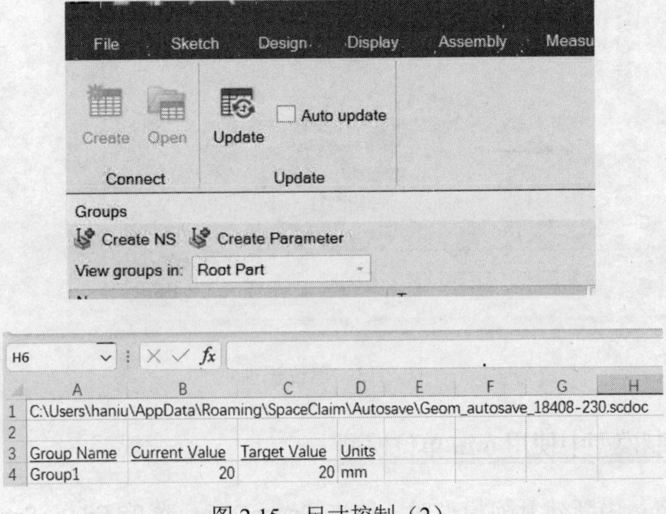

图 2.15 尺寸控制（2）

2.3.7 避免几何模型更新至 Mechanical 后 Part 丢失

当导入进 SpaceClaim 的模型是 Dependent Components，即初始的 CAD 几何模型中多个 part 为一个 instance，在目录树对应 part 上鼠标右键单击 Source>>Make Independent 将 component 进行相关性解除，得到 independent component 后，再更新至 Mechanical，如图 2.16 所示。

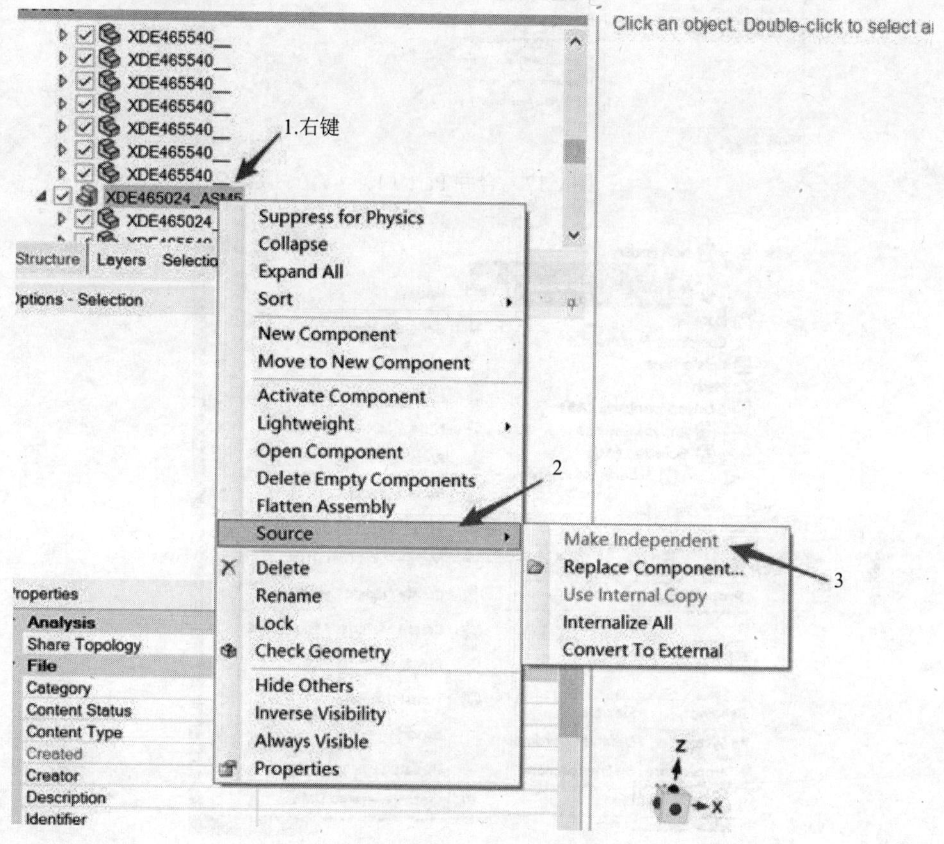

图 2.16 相关性解除

2.4 Mechanical 几何部分

2.4.1 Mechanical 合并 Part

截至 2022R1，合并 Part 还是 Beta 功能，首先单击 Workbench 界面菜单 Tools>>Options>> Appearance 勾选 Beta Options，打开 Beta 功能，如图 2.17 所示。在 Mechanical 目录树中按 Ctrl+鼠标左键选中需要合并的多个 part，右键单击 Merge Parts (Beta)，如图 2.18 所示。

该功能实现了多个 Part 图形显示为一个 part，但是由于模型中 Part 实际上是分开的，在分析求解时，如果这些 part 的约束关系并未定义，求解仍然会提示无法收敛。

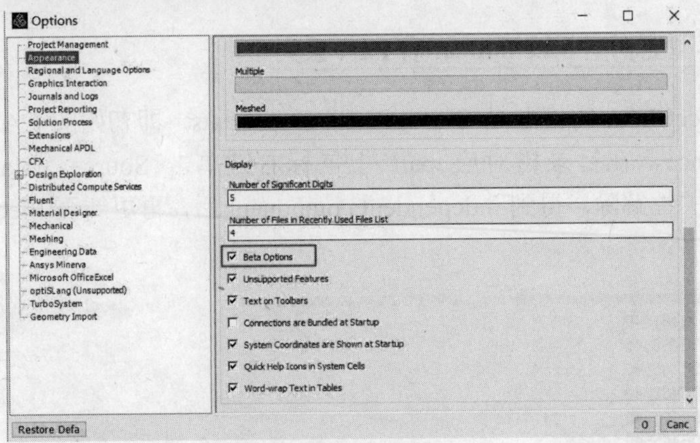

图 2.17　合并 Part（1）

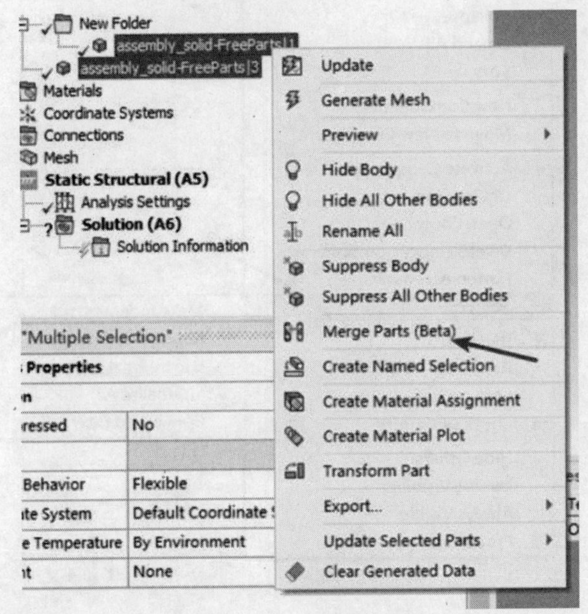

图 2.18　合并 Part（2）

2.4.2　显示及修改壳单元的法线方向

（1）MAPDL 中显示壳体单元的法线方向的命令：/psymb,esys,1。

菜单路径是：Utility Menu > PlotCtrls > Symbols > 激活 ESYS，即显示单元坐标系，其中的 z 坐标就是单元的法线方向。

MAPDL 中修改单元的法线方向的命令：ENSYM,ENUM。

菜单路径是：Main Menu>>Preprocessor>>Modeling>>Move/Modify>>Reverse Normals>>of Shell Elements。

（2）在 Mechanical 中切换为选择面，鼠标左键点选面时，面的颜色若高亮显示，说明该面为壳体的正向，否则为负向，如图 2.19 所示。也可以通过在 SpaceClaim 中单击菜单 Measure>>Normal 的方式查看。

在 SpaceClaim 中完成翻转壳单元法向，单击菜单 Measure>>Normal，在图形界面，单击需要翻转的面，右键选择 Reverse Face Normal，如图 2.20 所示。

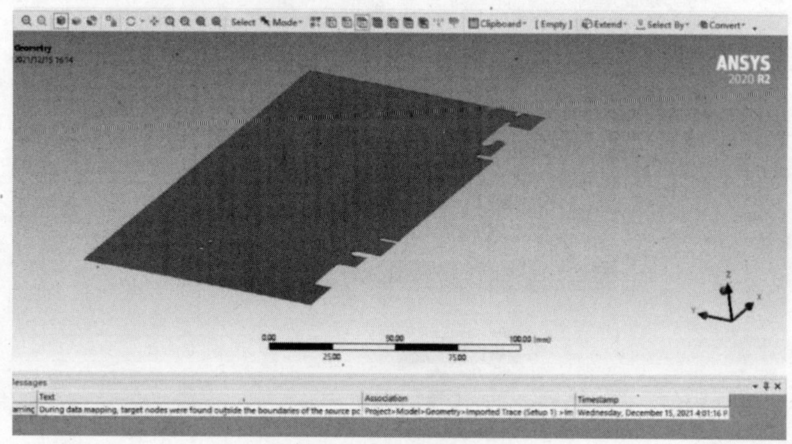

图 2.19　查看壳单元法向

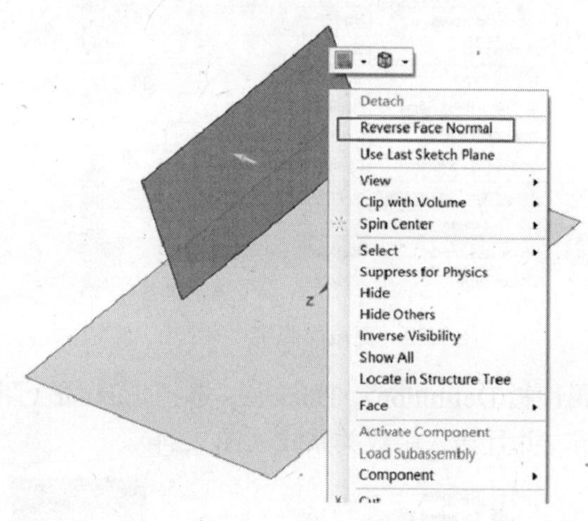

图 2.20　翻转壳单元法向

2.4.3　创建变厚度/变截面壳

在 Mechanical 目录树中单击 Geometry，右键 Insert>>Thickness 可实现变厚度壳的定义，如图 2.21 所示。或者在目录树中单击 Geometry，菜单激活 Geometry 功能区 Ribbon，单击 Thickness 图标完成。

步骤如下：

（1）单击 Geometry 下壳体，在其属性栏定义壳体的厚度（如果 SpaceClaim/DM 中未定义），如图 2.22 所示，此处填入的厚度为“虚设”厚度，因为其后定义的变截面厚度在程序提交求解前会覆盖此处定义的厚度值。

（2）在目录树中单击 Geometry，右键 Insert>>Thickness。

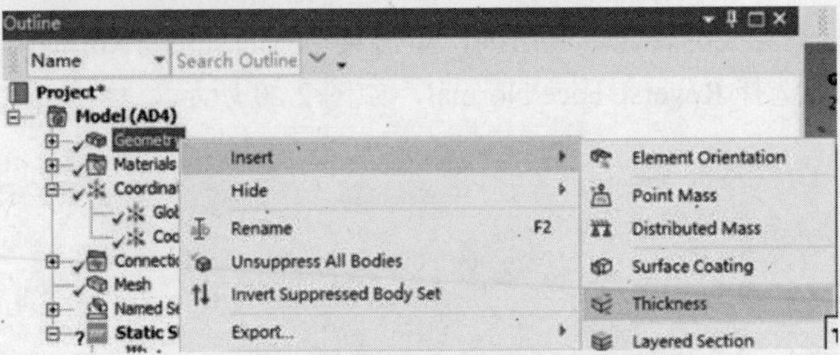

图 2.21　变截面壳定义（1）

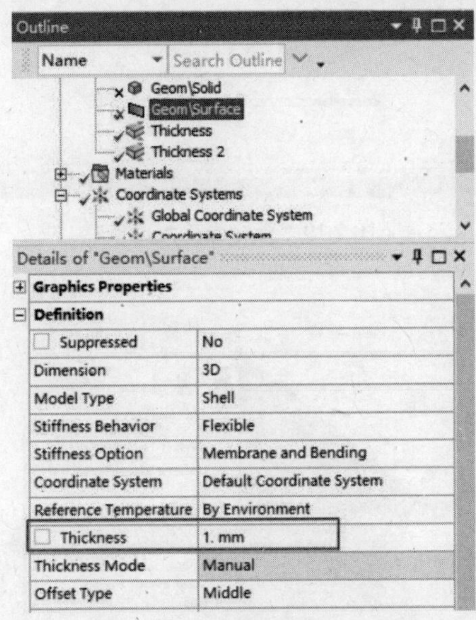

图 2.22　变截面壳定义（2）

（3）在 Thickness 的属性栏 Definition>>Thickness 选择 Tabular（图 2.23）。如果是和坐标相关的函数，选择 Function，并且输入函数关系式（图 2.24）。

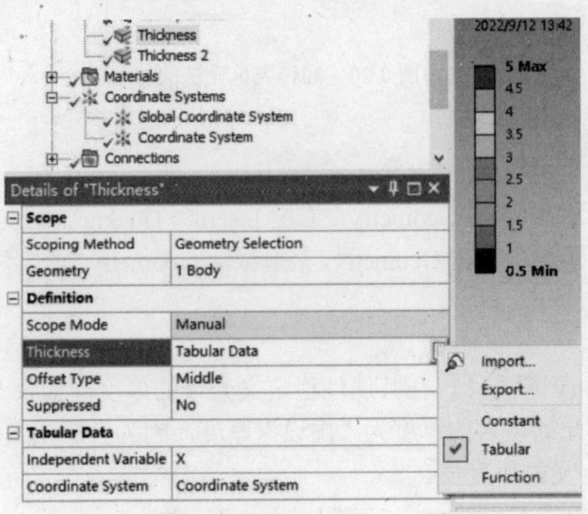

图 2.23　变截面壳定义（3）

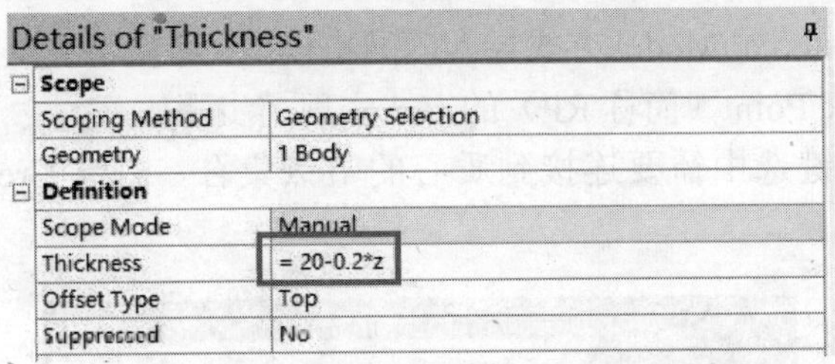
Details of "Thickness"

Scope	
Scoping Method	Geometry Selection
Geometry	1 Body
Definition	
Scope Mode	Manual
Thickness	= 20-0.2*z
Offset Type	Top
Suppressed	No

图 2.24 变截面壳定义（4）

（4）在 Thickness 的属性栏 Tabular Data 栏目选择方向和坐标系。坐标系可以使用全局或局部坐标系。

（5）在 Tabular 列表中输入随坐标变化的厚度数值，数值之间的厚度程序自动内部插值，最后一行数值若未达到模型的边界，则自自最后一行的坐标至壳体边界，使用最后一组数值（图 2.25）。

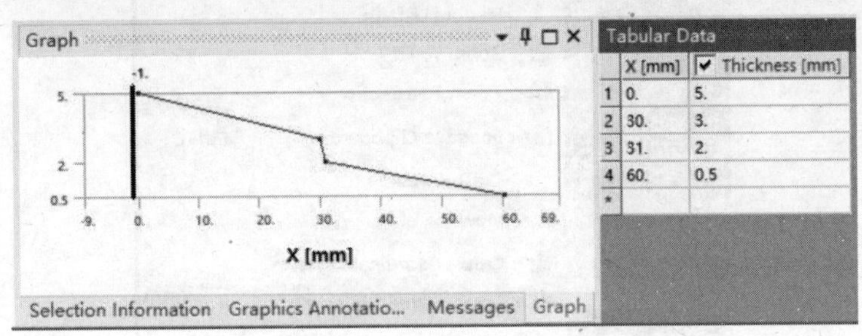

	X [mm]	Thickness [mm]
1	0.	5.
2	30.	3.
3	31.	2.
4	60.	0.5
*		

图 2.25 变截面壳定义（5）

（6）分网完成后，显示 Thick Shells and Beams，预览变截面厚度壳（图 2.26）。

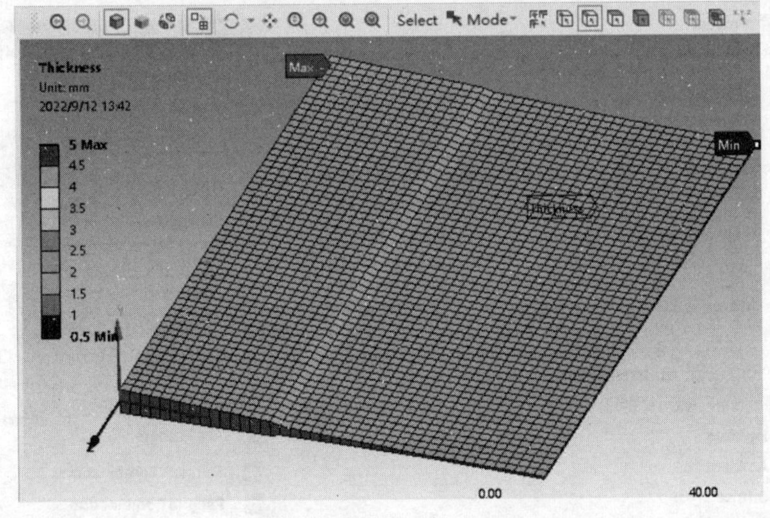

图 2.26 变截面壳定义（6）

2.4.4 基于节点集合创建质量点

Mechanical 建立质量点的方式分 Direct Attachment 和 Remote Attachment 两种方式，前者直接在几何硬点 Vertex 或一个节点 Node 上生成质量点，后者将质量点附加在几何点、线或者面上。当模型是通过 External Model 方式导入的网格模型，希望将质量点附加在指定的节点集合上，通过借助 Remote Point（简称 RP）的方式实现，步骤如下：

（1）Ctrl+鼠标左键选中需要连接到质心的节点集合，右键 Create Named Selection…（图 2.27）。

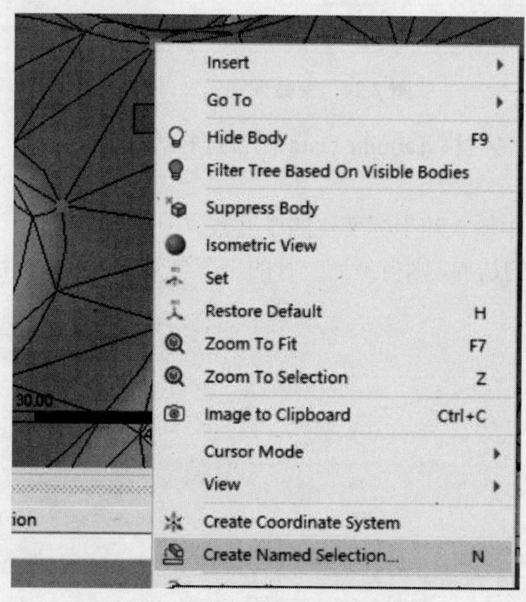

图 2.27　节点集创建质量点（1）

（2）单击目录树 Model，鼠标右键 Insert>>Remote Point（图 2.28）。

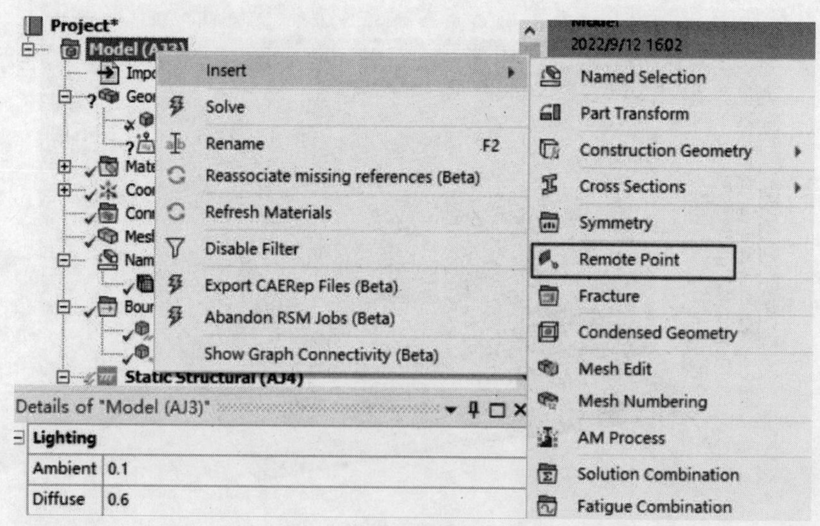

图 2.28　节点集创建质量点（2）

（3）Remote Point 属性栏基于 Named Selection 生成 Remote Point，RP 可以根据需要调整坐标位置，默认是选中节点集的质心（图 2.29）。

（4）基于 Remote Point 生成质量点（图 2.30）。

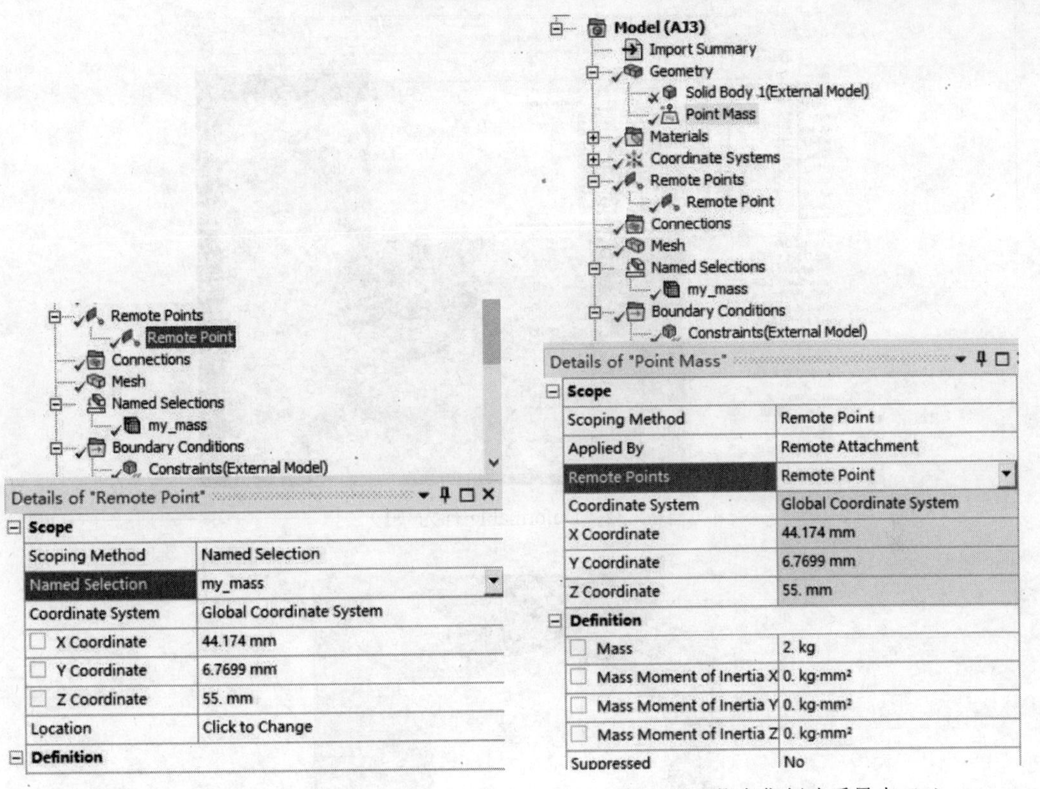

图 2.29　节点集创建质量点（3）　　图 2.30　节点集创建质量点（4）

2.4.5　质量点的耦合行为

在定义 Remote Point、Mass Point、弹簧的端点及 Remote Displacement 时，都需要选择连接方式 Deformable、Rigid、Coupled 和 Beam（图 2.31）。

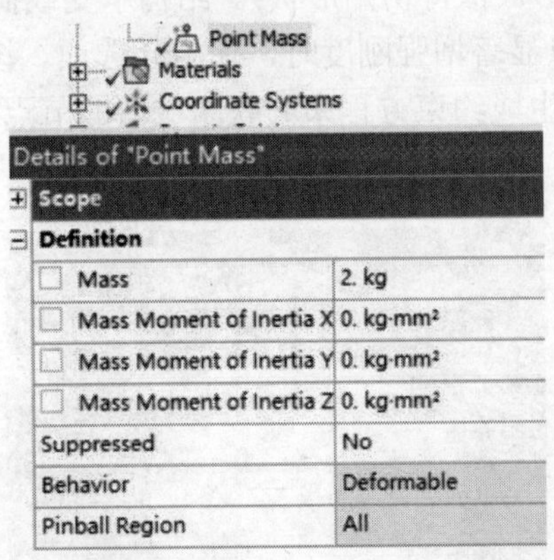

图 2.31　质量点的耦合行为

Deformable：几何形状可以自由变形。该行为类似于 RBE3 命令定义的 MAPDL 约束，图 2.32 定义了可变形的约束公式，结构承受载荷后，其变形如图 2.33 所示，RBE3 方法将施加在独立节点上的力/力矩分配到一组相关节点，并考虑相关节点的几何形状和权重因素。

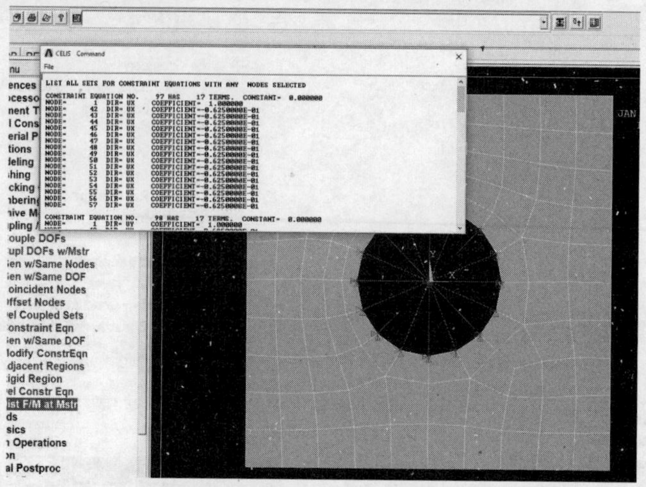

图 2.32　Deformable 行为（1）

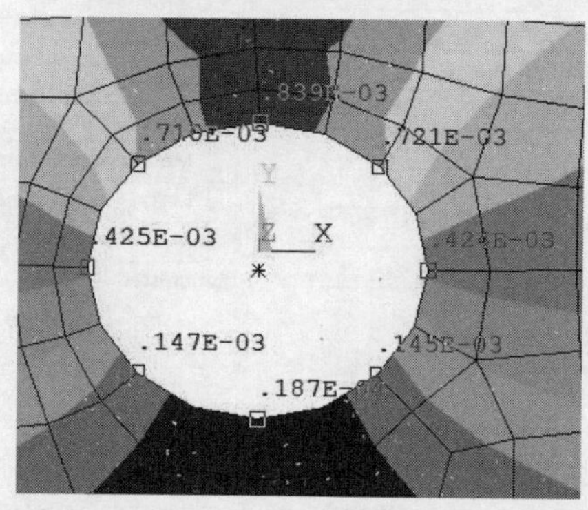

图 2.33　Deformable 行为（2）

Rigid：几何形状不会变形（保持初始形状）。结构承受载荷后，其变形如图 2.34 所示。当“抽象”对象在所附着节点显著增强刚度时，使用该选项。该公式类似于 CERIG 命令定义的 MAPDL 约束，通过自动生成约束方程来关联区域内的节点来定义刚性区域。所生成的约束方程基于小挠度理论。

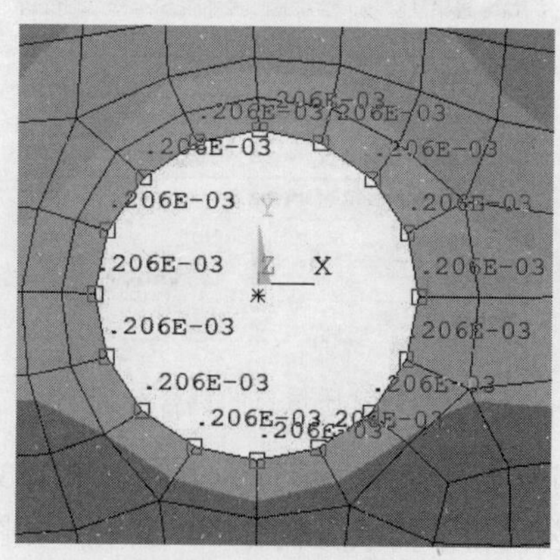

图 2.34　Rigid 行为

Coupled：几何形状在其底层节点上具有与远程点位置相同的自由度解，用于当某个几何部分有相同自由度解（如 UX）。例如，要约束一个表面在 X 方向上具有相同的位移，只需创建一个远程点，将 Behavior 设置为 Coupled，并激活 X DOF。因为 DOF 是已知的，所以可以指定额外的 Remote Displacement。这个公式类似于 CP 命令定义 MAPDL 约束。由于单个自由度控制是在 Remote Point 定义时完成的，如果希望耦合时是某些自由度耦合而其他自由度不耦合，需要在 Remote Point 定义时对不同自由度的耦合情况进行设置，Coupled 行为示例如图 2.35 所示。

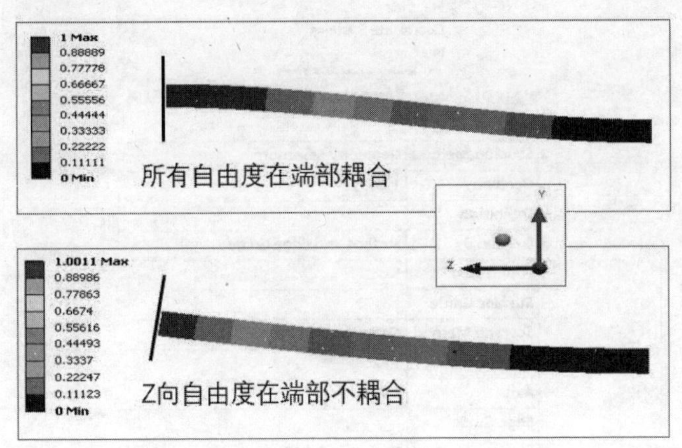

图 2.35　Coupled 行为

Beam：选项指定 Remote Point 使用线性无质量梁单元（BEAM188）连接到模型。这种方法比使用约束方程更直接，可以防止 CE 可能出现的过度约束问题，需要定义梁单元的材料和截面半径。

2.4.6　修改单元坐标系的方向

在包含各向异性材料特性的分析中，通常需要指定单元坐标系方向与材料属性的坐标轴保持一致，Mechanical 通过 Element Orientation 功能指定单元坐标系。单击目录树 Geometry 右键 Insert>>Element Orientation，如图 2.36 所示。也可直接单击菜单的 Geometry 功能区的 Element Orientation 按钮进行指定。Element Orientation 支持两种定义方式，Surface and Edge Guide 和 Coordinate System 方式定义。

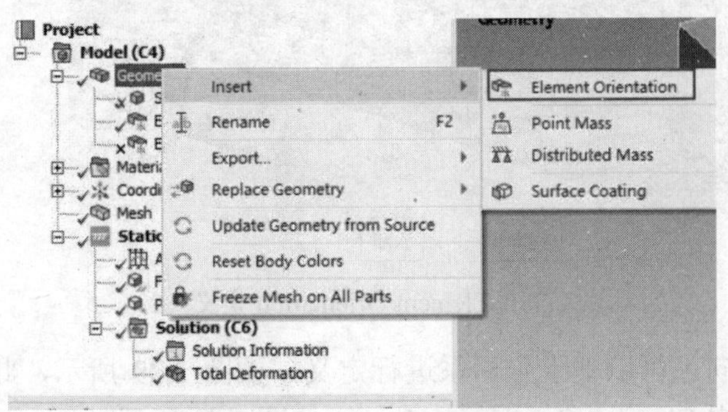

图 2.36　Element Orientation

图 2.37 表示通过 Surface and Edge Guide 指定 Scope 的 Geometry 为需要指定单元方向的实体。Surface Guide 面的法向为单元坐标轴的 Z 轴，Edge Guide 中指定的边为单元坐标轴的 X 轴。网格生成后，在目录树 Element Orientation 右键单击 Generate Orientations。完成单元坐标轴定义，如图 2.38 所示。

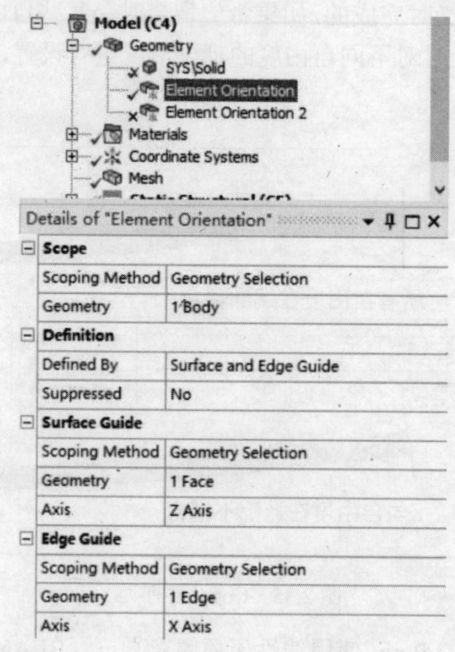

图 2.37　Element Orientation 定义（1）

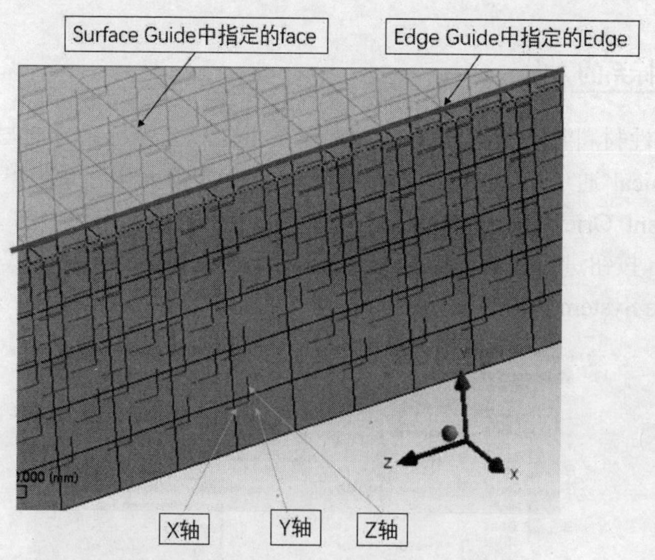

图 2.38　Element Orientation 定义（2）

单元坐标系的方向也可以基于坐标系进行定义，如图 2.39 所示，此时需要预先定义局部坐标系。完成后，单击 Element Orientation 2 显示如图 2.40 所示。

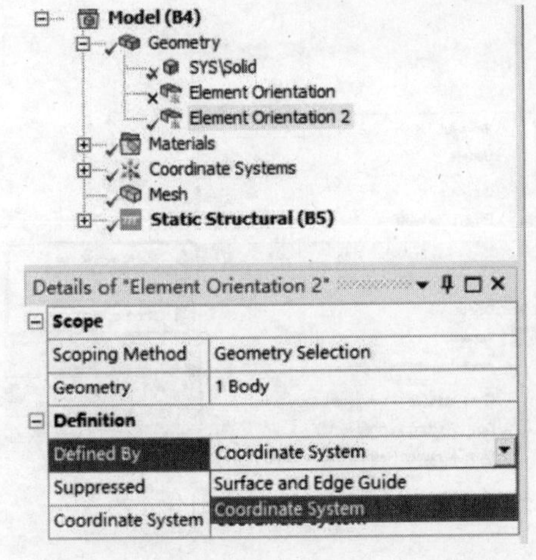

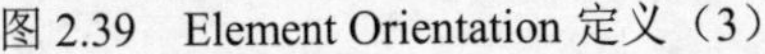

图 2.39　Element Orientation 定义（3）

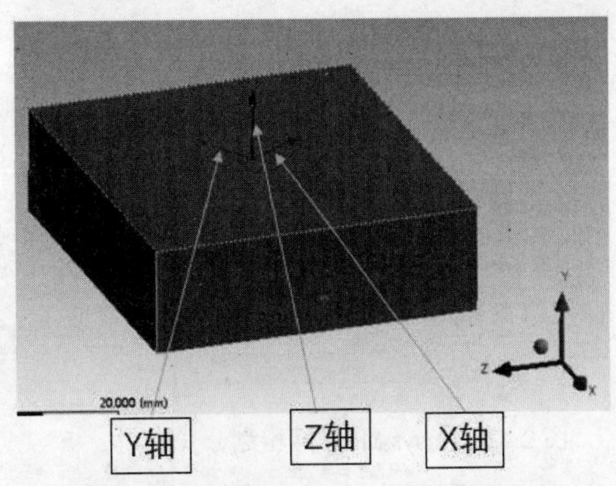

图 2.40　Element Orientation 定义（4）

2.5　网格划分

网格划分功能在以下 Ansys Workbench 应用程序中可用，对特定应用程序的访问是由许可证级别决定的。

Ansys Mechanical 网格划分：用户在 Ansys Mechanical 应用程序中前后处理和求解模型时，推荐使用。如果用户准备求解流固耦合问题，并希望使用单个 Project 来管理 Ansys Workbench 数据，则可以使用 Mechanical 应用程序来执行流体网格划分，如图 2.41 所示。

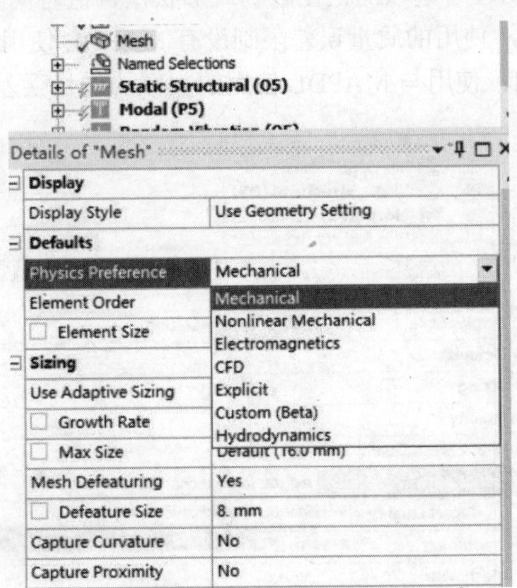

图 2.41　Ansys Mechanical 网格划分

Ansys Mesh 网格划分：用户在 Ansys CFX 或 Ansys Fluent 中进行模拟，推荐使用。如果希望使用在 Ansys Mesh 中创建的网格用于 Mechanical 支持的求解器，可以用 Mechanical Model 替换该网格系统。右键单击 Mesh 模块 system 标题，弹出菜单中选择 Replace with>>Mechanical

Model，如图 2.42、图 2.43 所示。

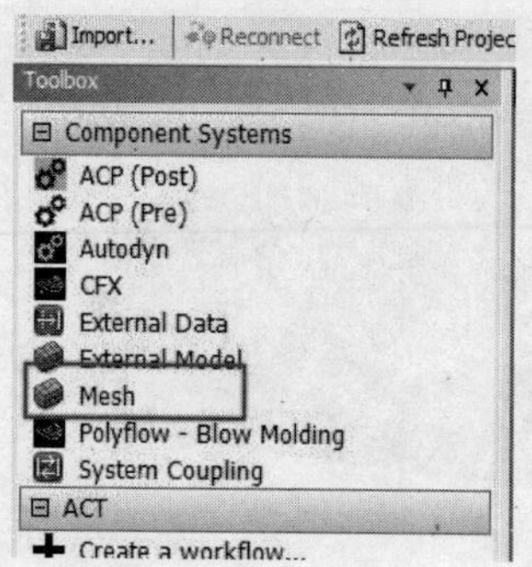

图 2.42 Ansys Mesh 网格划分（1）

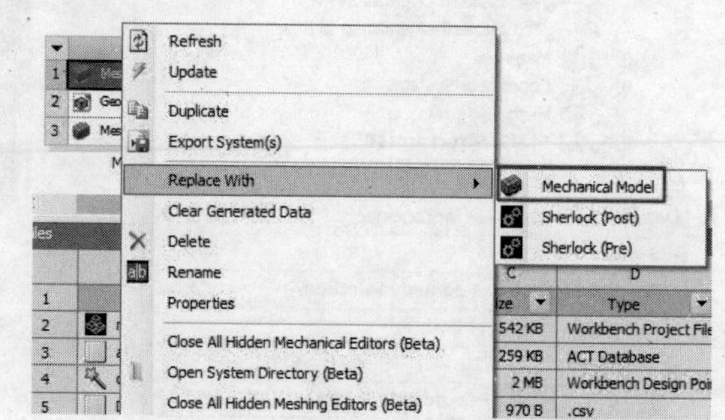

图 2.43 Ansys Mesh 网格划分（2）

2.5.1 Mechanical 和 MAPDL 网格剖分

虽然 Ansys Workbench Mechanical（以下简称 Mechanical）使用的网格划分算法源自 MAPDL 应用程序中的网格划分能力，但随着时间的推移，这些算法已经产生了分歧。这种分歧是由于 Mechanical 应用程序（早期称为 DesignSpace）的关注点不同。随着 Mechanical 及其网格划分和求解能力的发展，新技术被添加，现有技术被增强，使 Mechanical 成为一个完整的、通用的、支持所有层次的多物理学科的有限元代码。

为了适应 Mechanical 的易用性，以及基于仿真类型对不同默认网格的需求，可以使用物理首选项（physics preferences）。这些物理首选项自动化了与单元大小、单元质量等相关的默认网格设置。Mechanical 物理首选项的误差限制或形状检查值有两种选择：

Standard Mechanical，使用的质量误差限制没有 MAPDL 使用的严格。

Aggressive Mechanical，使用与 MAPDL 使用的类似的质量误差限制，如图 2.44 所示。

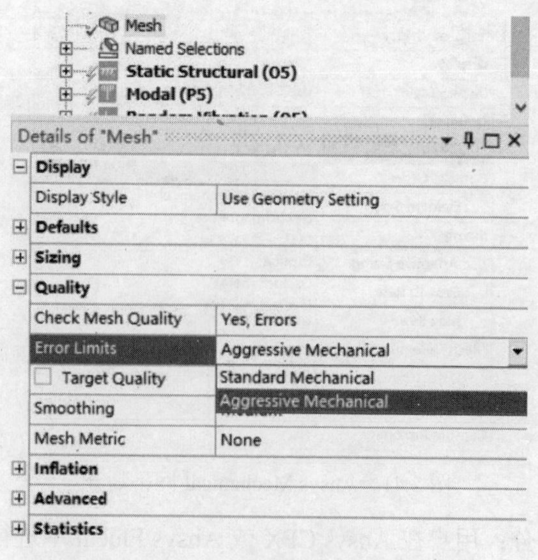

图 2.44 网格质量误差限制

除了允许设置 Error Limits 值外，Mechanical 还允许设置 Target Quality 和 Check Mesh

Quality。网格工具使用目标质量作为网格质量的目标。用户可以将目标质量看作是一个警告限制（MAPDL 术语）。Check Mesh Quality 非常类似于 MAPDL 的 Level of shape checking。根据 Check Mesh Quality 设置，可以检查错误和警告，或两者都不检查。

Standard Mechanical 和 Aggressive Mechanical Error Limits 的主要区别之一是雅可比比率（Jacobian Ratio）的计算。雅可比比率是将给定单元的形状与理想单元的形状进行比较的度量。雅可比比率可以在角节点（Aggressive Mechanical）或高斯点（Standard Mechanical）计算。根据模拟的类型，高斯点计算的精度可能已经足够了，因此 Standard Mechanical 是默认选项，其使得网格更健壮。如果用户追求更高的精度，或者复杂的非线性的问题，则可以将 Error Limits 设置为 Aggressive Mechanical 或将物理首选项设置为 Nonlinear Mechanical（图 2.45）。在这两种情况下，所使用的雅可比比率都是在角节点处计算的（与 MAPDL 一致）。图 2.46 列出了常见单元形状的雅克比比率，1 为质量最好，数值越高单元质量越差。

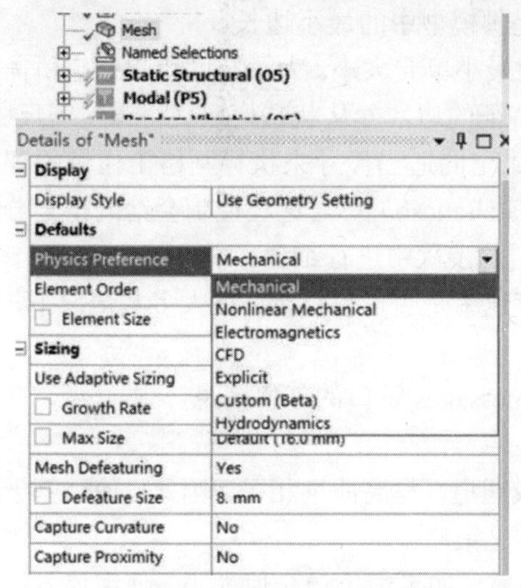

图 2.45　物理首选项

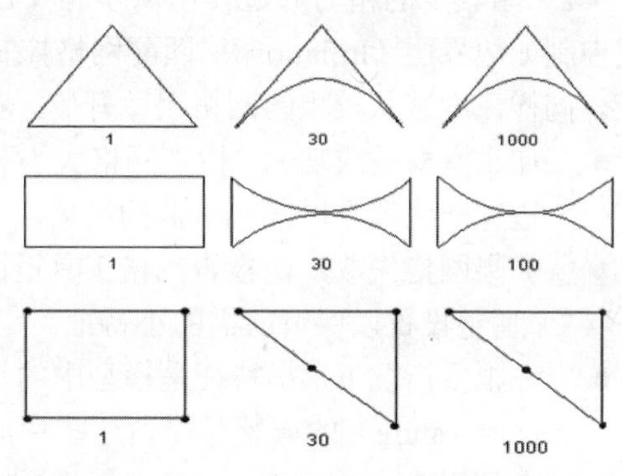

图 2.46　常见单元形状的雅克比比率

2.5.2　自由网格和映射网格划分

自由网格对于二维问题，是指三角形单元；对于三维问题，指四面体单元。对于复杂几何模型而言，这种分网方法省时省力，但缺点是单元数量通常会很大，计算效率降低。

映射网格对于二维问题，是指四边形单元；对于三维问题，主要是指六面体单元，也可以包括少量五面体单元（棱柱形单元，金字塔单元即底面为四边形，侧面为三角形）。映射网格要求面或体的形状是规则的，或者说其必须遵循一定的规则，其优点在于对于单元边长相同的情况，映射网格所生成的有限元模型比自由网格的模型要小得多，从而减少求解资源。对于节点相同的有限元模型，映射网格的计算精度一般高于自由网格计算的精度。为了得到映射网格，所花费的代价是 CAE 工程师的模型前处理的时间，先对几何模型镜像大量的切割工作，将其分割为若干规则的形状，然后再进行映射划分。对于越来越复杂的几何构型如发动机缸体、手机结构、车身等构件，映射网格所耗费的大量人力和时间成本也越来越被自由网格所取代。大量实践证明，在网格密度相近的情况下，Mechanical 默认使用高阶的四面体单元的精度与映射网格的计算精度几乎一致。

更为通用的做法是，对规则的结构采取映射网格划分，对复杂结构采用自由网格划分，Mechanical 的网格技术对规则的几何对象可以默认生成映射网格，对感兴趣的局部区域再进行网格细化获取更精确的结果。

2.5.3 复杂模型网格划分应对策略

对复杂模型进行网格划分需要投入更多地精力进行试验。为了获得成功的网格，建议采用以下策略和指南：

（1）分析模型以确定其复杂性。

- 确定需要（或不需要）保留的小特征。
- 考虑模型的大小及其与适合网格的单元大小的过渡。从精细单元尺寸到粗糙单元尺寸的平滑过渡将导致更多的单元数量，当模型相当大时这一点尤其应该被考虑在内。
- 参考 Minimum Edge Length 的值，该值提供模型中的最小边长。
- 考虑期望获得的单元大小，特别是所需的最小单元大小。为了帮助用户确定所需的大小，在图形窗口中，选择想要保留的小特征的边，并从状态栏以获得该特征尺寸。

（2）用较少的精力通过使用从步骤（1）中确定的适当尺寸来执行网格工作量的评估，不要控制如边界层（Inflation）、匹配网格控制（Match mesh）等，这些控制会给网格划分添加约束。同样，尝试从较粗的网格尺寸开始，在后面的步骤中进行细化。

- 如果网格是成功的，检查网格大小和过渡速率是否可以接受。在大多数情况下，需要进行一些调整以获得所需的结果。
- 如果网格失败，请检查网格工具返回到 messages 窗口的任何消息。

（3）调整设置以保留所需的小特征。

- 在很多情况下，小特征是模型中的小孔或通道，与高曲率相关。因此，使用基于曲率（curvature）的调整是保留这些特征的常见策略。
- 在使用 Proximity-based sizing 调整时要注意，如果最小边长值太小，使用该方法可能会导致网格划分问题。

（4）调整设置以去除不重要的小特征。

- 网格应用程序根据指定的 Defeature Size 自动移除小特征（参考 2.5.6 小节）。参考最小边长值，以帮助确定哪些小特征将被自动去除。
- 对于实体模型，Defeature Size 默认设置为 Curvature Min Size 值的 50%。如果设置一个较大的 Defeature Size 尺寸，也必须设置一个较大的 Curvature Min Size，因为 Defeature Size 不能与最小单元尺寸一样大。

（5）调整网格设置，以达到所需的质量。

- 继续调整，直到结果令人满意。尝试调整控制，如 face sizing、edge sizing、transition rate、smoothing 和 virtual topology 等。

2.5.4 低阶/高阶单元及全积分/减缩积分

在 Mechanical 中对实体、壳和梁单元分别建模后，程序自动转换为 MAPDL 对应的单元类型，缺省的转换见表 2.1。根据映射网格和自由网格的不同，单元类型和积分方法均有所不同。

表 2.1 Mechanical 单元缺省设置

对比项	Mechanical 缺省设置			
	映射网格		自由网格	
	内部单元类型	高斯积分点数目	内部单元类型	高斯积分点数目
实体（Solid）	Solid186（20 节点六面体）	8（减缩积分）	Solid187（10 节点四面体）	4（不区分 Full/Reduced）
壳（Shell）	Shell181（4 节点结构壳）	4-平面内（Full 全积分） 3-厚度方向	Shell181（退化 4 节点结构壳，不推荐使用自由网格）	4-平面内（Full 全积分） 3-厚度方向
梁（Beam）	Beam188（2 节点）；2（积分点数目）			

Mechanical 提供了修改单元阶数（Element Order）为低阶（Linear）、高阶（Quadratic）以及积分点个数（Integration Point）为全积分（Full）、减缩积分（Reduced）方法。

Mechanical 目录树单击 Mesh 属性栏 Defaults>>Element Order 修改单元阶数（图 2.47）。选择 Linear 后，因 Shell/Beam 缺省即为低阶单元，因此仅 solid 高阶单元所在行发生变化，Shell/Beam 不发生变化，见表 2.2。

表 2.2 低阶单元属性一览表

对比项	Element Order 修改为 Linear			
	映射网格		自由网格	
	内部单元类型	高斯积分点数目	内部单元类型	高斯积分点数目
实体（Solid）	Solid185（8 节点六面体）	8（Full 全积分）	Solid185（退化为四面体，不推荐使用自由网格）	1
壳（Shell）	Shell181（4 节点结构壳）	4-平面内（Full 全积分） 3-厚度方向	Shell181（退化 4 节点结构壳，不推荐使用自由网格）	4-平面内（Full 全积分） 3-厚度方向
梁（Beam）	Beam188（2 节点）；2（积分点数目）			

Mechanical 目录树单击 Mesh 属性栏 Defaults>>Element Order 修改单元阶数。选择 Quadratic 后，因 Shell/Beam 缺省即为低阶单元，因此仅 Shell/Beam 低阶单元所在行发生变化，Solid 行不发生变化，见表 2.3。

表 2.3 高阶单元属性一览表

对比项	Element Order 修改为 Quadratic			
	映射网格		自由网格	
	内部单元类型	高斯积分点数目	内部单元类型	高斯积分点数目
实体（Solid）	Solid186（20 节点六面体）	8（减缩积分）	Solid187（10 节点四面体）	4（不区分 Full/Reduced）
壳（Shell）	Shell281（8 节点结构壳）	4-平面内 3-厚度方向	Shell281（退化 8 节点结构壳）	3-平面内 3-厚度方向
梁（Beam）	Beam189（3 节点）；2（积分点数目）			

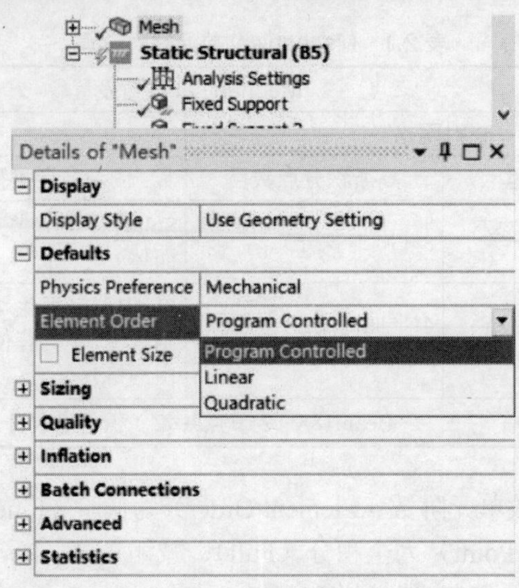

图 2.47　单元的阶数

目录树单击 Geometry 属性栏 Definition>>Element Control，选项 Program Controlled 表示 Mechanical 缺省设置，即表 2.3 中的配置，如图 2.48 所示。选择 Manual 进行手动配置，单击 Geometry 前+号，展开后，单击实体 part，在属性栏目 Definition>>Brick Integration Scheme 选择 Full/Reduced，如图 2.49 所示。设置为高阶单元并且选择减缩积分后的结果列入表 2.4。对 solid187（10 节点四面体），shell181/shell281，beam188/beam189 单元积分方法无 Full/Reduced 选项。Shell 沿厚度方向的积分为 1、3、5、7 等，默认为 3，通过 SECDATA 命令修改为其他个数。

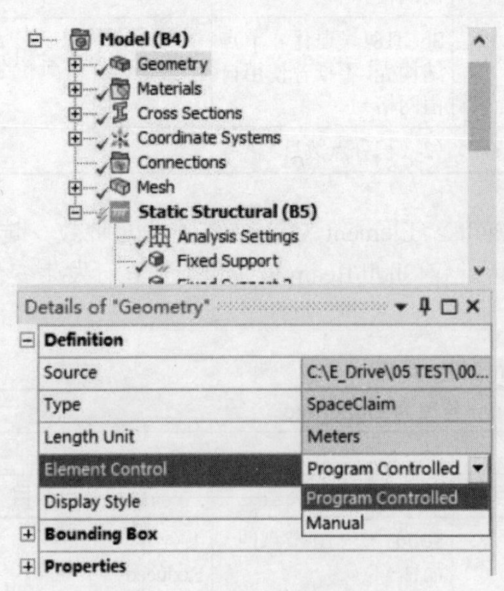

图 2.48　积分方法控制（1）

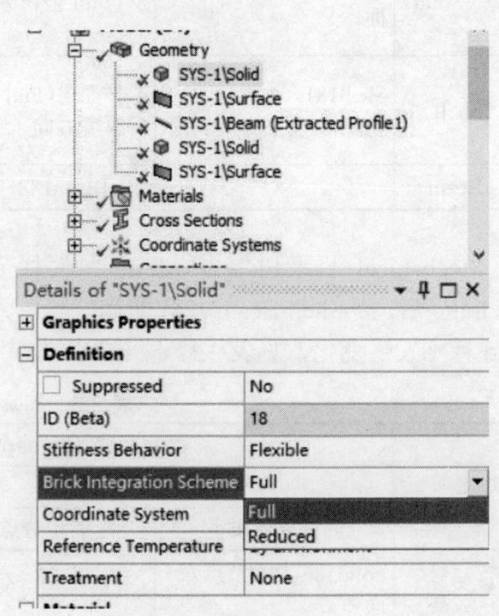

图 2.49　积分方法控制（2）

表 2.4 高阶单元全积分属性一览表

<table>
<tr><td rowspan="3">对比项</td><td colspan="4">Element Order 修改为 Quadratic；Brick Integration Scheme 修改为 Full</td></tr>
<tr><td colspan="2">映射网格</td><td colspan="2">自由网格</td></tr>
<tr><td>内部单元类型</td><td>高斯积分点数目</td><td>内部单元类型</td><td>高斯积分点数目</td></tr>
<tr><td>实体（Solid）</td><td>Solid186（20 节点六面体）</td><td>14（Full 全积分）</td><td>Solid187（10 节点四面体）</td><td>4（不区分 Full/Reduced）</td></tr>
<tr><td>壳（Shell）</td><td>Shell281（8 节点结构壳）</td><td>4-平面内
3-厚度方向</td><td>Shell281（退化 8 节点结构壳）</td><td>3-平面内
3-厚度方向</td></tr>
<tr><td>梁（Beam）</td><td colspan="4">Beam189（3 节点）；2（积分点数目）</td></tr>
</table>

2.5.5 定位不能成功分网的几何

Mechanical 成功分网完成后，在目录树 Mesh 前标记绿色对钩，若为黄色闪电符号，则说明分网不成功，双击图 2.50 所示的 Mechanical 任务栏上“2 Messages”，弹出图示的 Messages 窗口。双击其中的 Error 行，弹出图 2.51 所示的出错窗口查看详细信息。右键单击 Error 行，Show Problematic Geometry 可在图形窗口高亮显示问题几何，如图 2.52 所示。几何模型拓扑结构有误，或者碎面、缺面的情况用该功能有效。

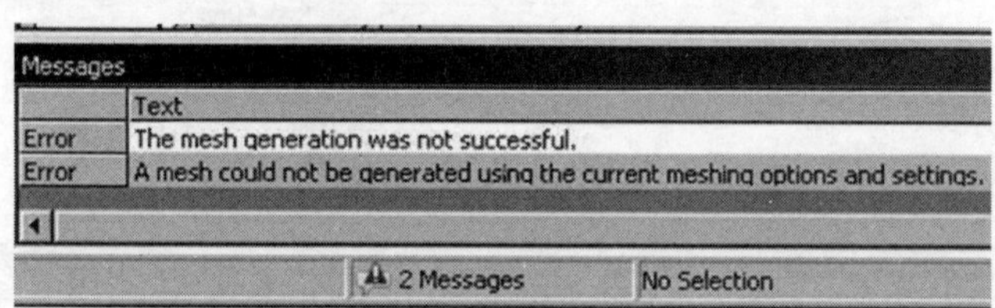

图 2.50 任务栏信息窗口

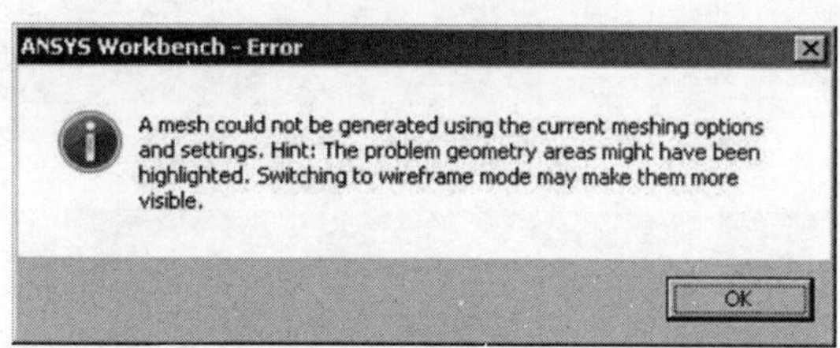

图 2.51 报错信息

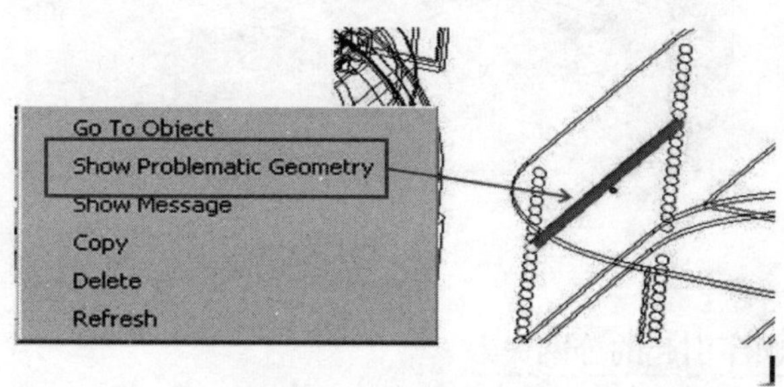

图 2.52 定位问题几何

2.5.6 去除小的几何特征

划分网格时小的几何特征（比如 Logo、水印）可使用局部网格控制 Pinch 功能移除。鼠标右键单击 Mesh>>Insert>>Pinch(图 2.53)。也可直接单击菜单 Mesh 功能区 Control 中的 Pinch。其中 Primary Geometry 表示要保留的几何特征，Secondary Geometry 表示要被简化掉的特征(图 2.54)。指定合适的公差 Tolerance 后该特征将在分网时移除（图 2.55)。

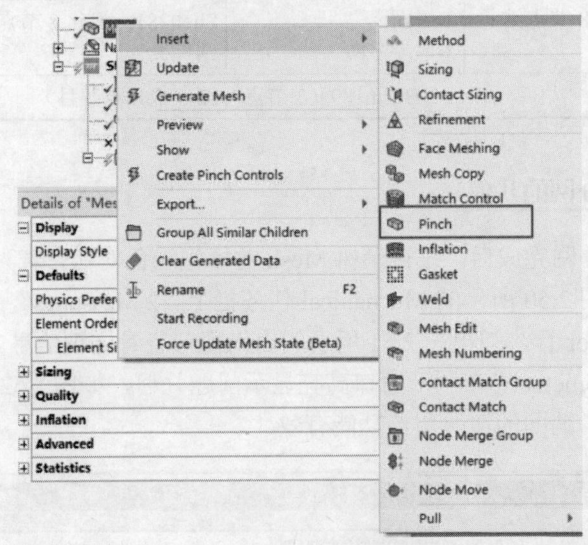

图 2.53 Pinch 功能

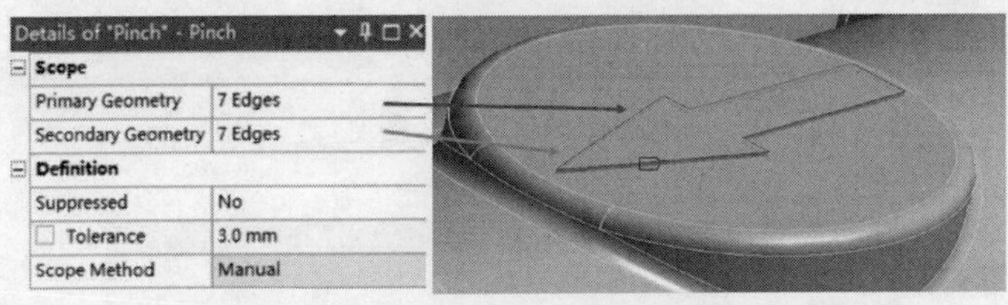

图 2.54 Pinch 设置

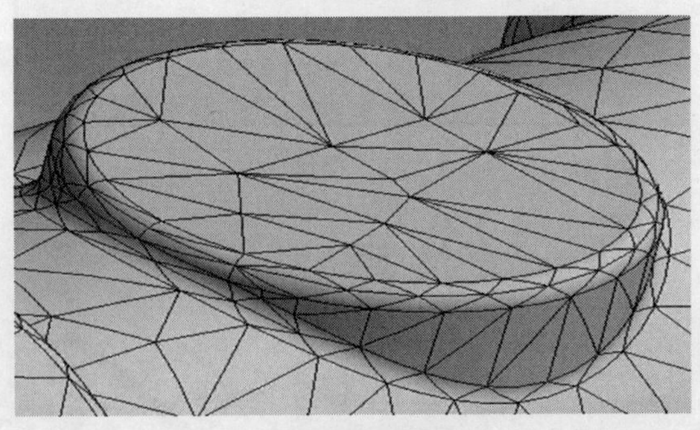

图 2.55 网格模型

2.5.7 不同网格划分顺序引起的分网失败

对于 Multibody（即多体共节点）的网格，手动选择划分网格顺序，则划分完成的边界会对将要生成的网格产生约束，给分网程序造成一定程度上的困难。有时，在对一个 body 分网时，一些面/边会被去除（Defeature）。如果该 body 由相邻体共享，则相邻体上的网格可能失败，在这种情况下，最好是 Multibody 一起分网。对 multibody 的网格，一般不建议使用手动顺序网格方法，采用程序自动顺序划分往往可以成功。

2.5.8　对称模型的显示

Mechanical 利用模型的对称性大大提高了求解效率，通过目录树 Symmetry 显示设置可以将另一侧未建模的模型显示出来。图 2.56 的模型底面为对称平面，XY 平面为对称平面。在目录树 Symmetry 的属性中，将 Num Repeat 修改为 2，Method 修改为 Half，模型关于 XY 平面对称，这里给 Z 方向一个极小负值的间隙（如−0.01mm），坐标系选择与 Symmetry Region 的坐标系一致，可以为全局或局部坐标系，如图 2.57 所示。划分网格完成后，显示网格如图 2.58 所示。如果有两个对称平面，用同样的方法设置图 2.57 的 Graphical Expansion 2。

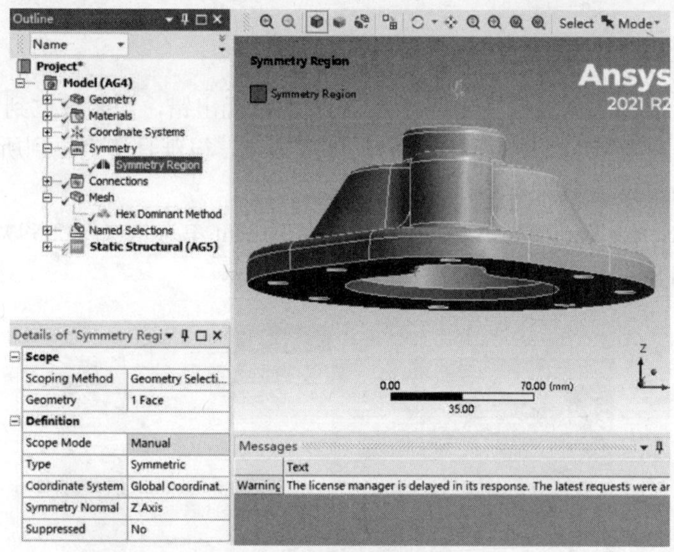

图 2.56　对称模型显示（1）

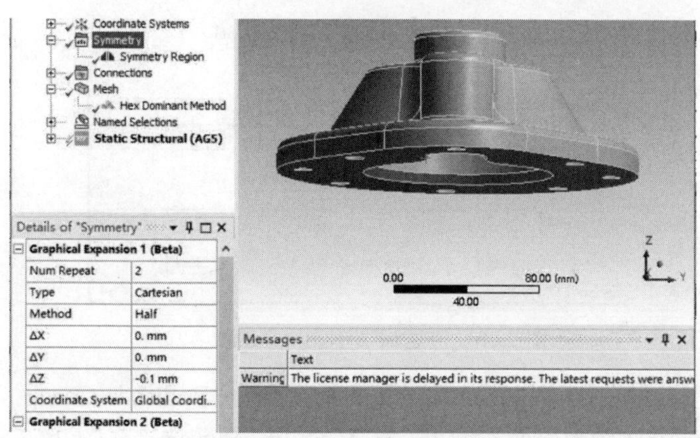

图 2.57　对称模型显示（2）

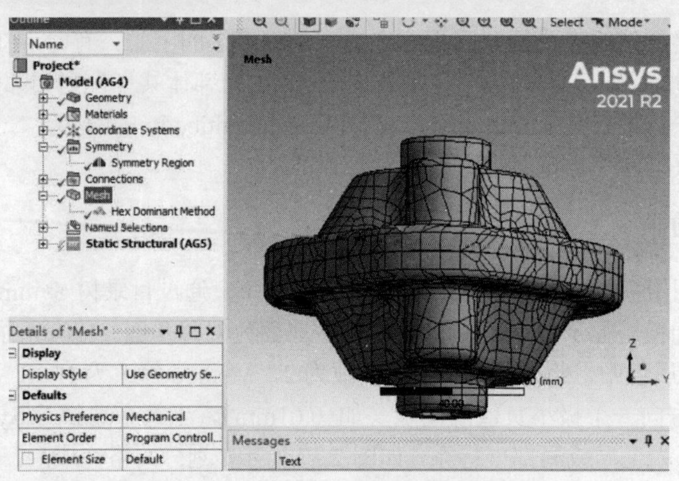

图 2.58　对称模型显示（3）

2.5.9　快速识别单元所在 Part

模型诊断时，求解信息提示单元编号为 xxxx 的单元出错，需要定位到该单元在模型的具体位置，尤其当模型为装配件时，而单元的尺度又很小，很难具体定位到所在的 Part，这时可以借助 Named selection 工具来实现。

（1）工具栏 Select By>>Mesh by Id 切换至 Element 单选框（图 2.59），输入单元编号，单击 Create Named Selection（图 2.60）。

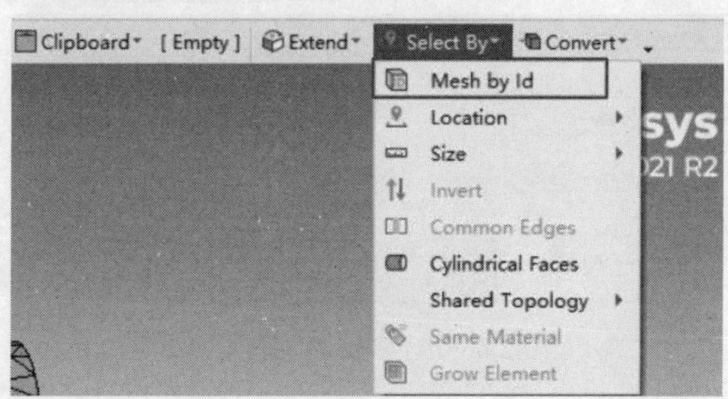

图 2.59　快速识别单元所在 Part（1）

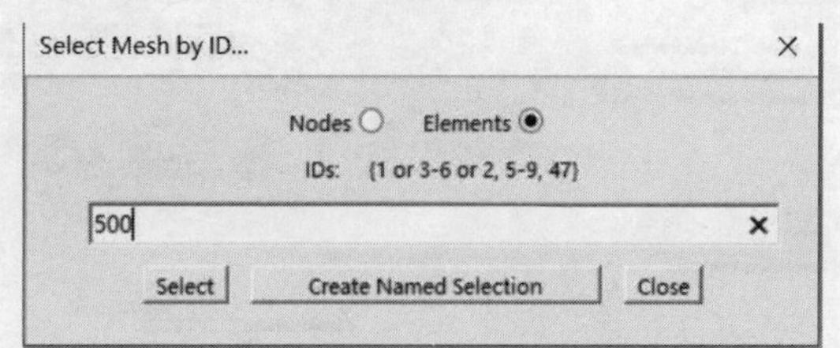

图 2.60　快速识别单元所在 Part（2）

（2）目录树上右键单击该 named selection 选择 Hide Bodies in Group（图 2.61）。

（3）在 Mechanical 图形界面右键 Invert Visibility 翻转选择（图 2.62），图形界面即显示单元所在 Part。

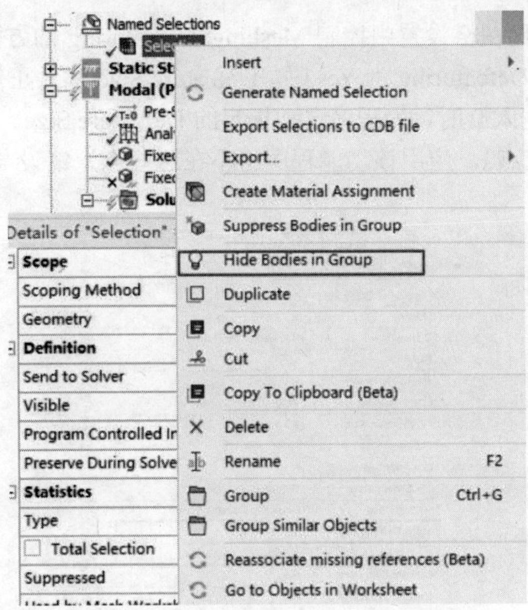

图 2.61　快速识别单元所在 Part（3）

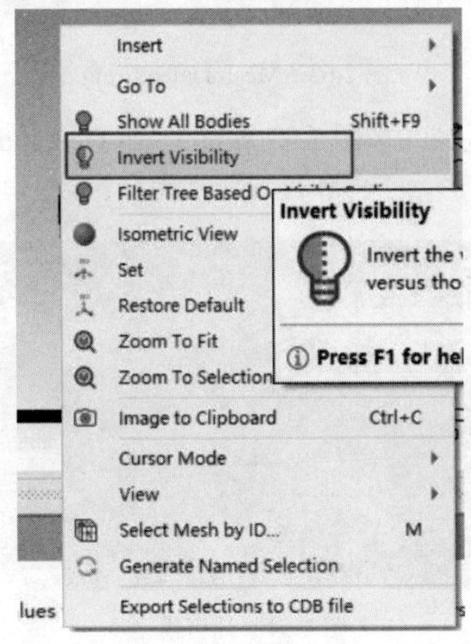

图 2.62　快速识别单元所在 Part（4）

2.5.10　忽略小特征

有限元的求解规模与网格的大小正相关，模型中的最小几何特征尺寸越小，程序划分网格时，在这些几何特征上需要排布的网格节点越多，最终必然使得节点数量（或自由度数量）激增，求解效率降低。因此，在简化几何模型时，通常应尽可能地移除模型中不重要的小特征，这部分工作大部分在 DM 或 SpaceClaim 中完成。Mesh Defeaturing 是网格划分技术中提供的简化小特征的功能。

Mesh Defeaturing 既可以在全局网格控制中使用也可以在局部网格控制中使用。

图 2.63 所示为在全局网格设置中控制 Meshing Defeaturing 的方法。目录树 Mesh 的属性 Sizing 控制中设置 Mesh Defeaturing 为 Yes 时，Defeature Size 输入正值，小于或等于该特征值的特征将被自动删除。输入 0 时，为程序自动指定的 Defeature Size。如果模型中的 Edge 上有很多非常接近的 vertex（点），应用该功能程序将不在这些点上铺设节点。

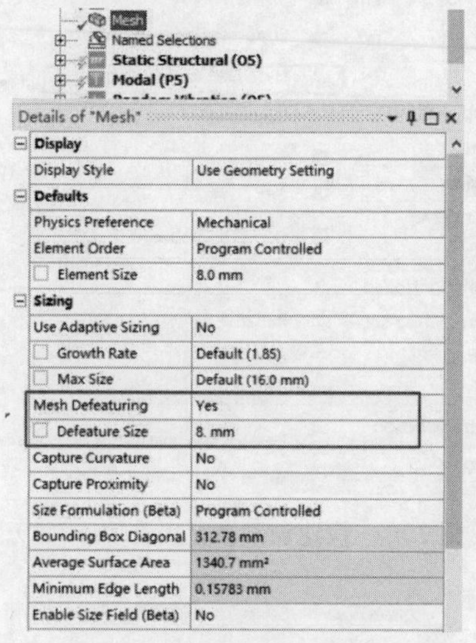

图 2.63　Mesh Defeaturing

图 2.64 的圆弧和小三角区域在按图 2.63 设置 Mesh Defeaturing 后，完成网格剖分，图 2.65 中网格的剖分在该区域已经变形，不再和几何特征完全一致。

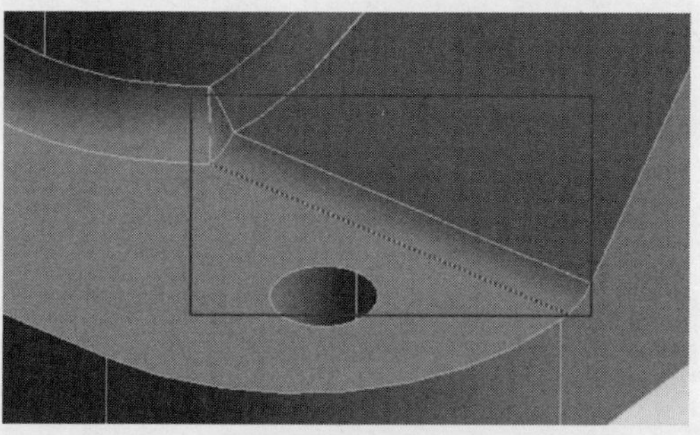

图 2.64　几何模型

图 2.65　网格模型

2.5.11　实体壳单元（SOLSH190）

SOLSH190 用于模拟较宽厚度范围（从薄到中厚）的壳体结构，具有连续体实体单元拓扑结构，有八个节点（图 2.66），每个节点具有三个自由度：在节点 X、Y 和 Z 方向上的平移。因此，SOLSH190 易于与其他连续体单元建立连接。SOLSH190 具有塑性、高弹性、应力加劲、蠕变、大挠度和大应变能力。它还具有模拟几乎不可压缩弹塑性材料和完全不可压缩超弹性材料变形的混合 u-P 公式能力。对于薄壁壳体结构，当厚度方向的应力重要时有其优越性。该单元因其需要生成 Sweep 网格，对几何结构的顶面、底面要有严格的拓扑结构。

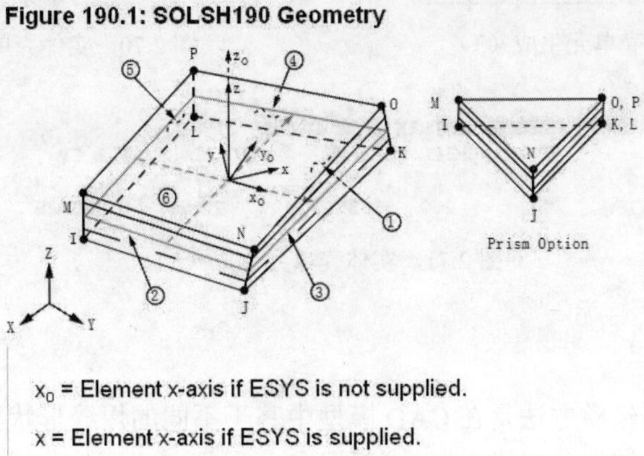

Figure 190.1: SOLSH190 Geometry

Prism Option

x_0 = Element x-axis if ESYS is not supplied.

x = Element x-axis if ESYS is supplied.

图 2.66　SOLSH190 单元

单击目录树 Mesh 右键 Insert>>Method（图 2.67），Automatic Method 属性栏中选择实体，Definition>>Method>>Sweep（图 2.68）；Src/Trg Selection 选择 Automatic Thin 或者 Manual Thin，通常选择后者，手动选择源面和目标面（图 2.69）；Sweep Num Divs 指定沿厚度方向的层数；Element Option 选择 Solid Shell，即完成 SOLSH190 单元的定义（图 2.70）。求解完成后，在 Solution Information 查看关于 SOLSH190 的输出信息，如图 2.71 所示。

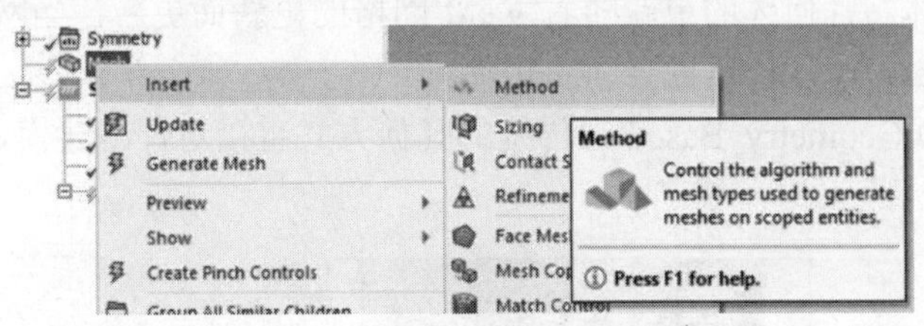

图 2.67　实体壳单元生成（1）

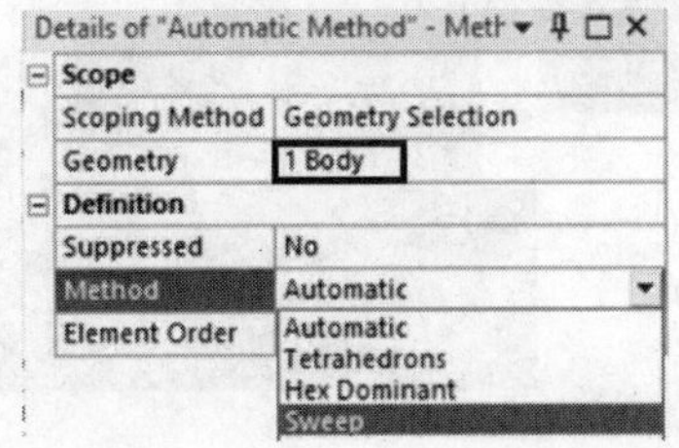

图 2.68　实体壳单元生成（2）

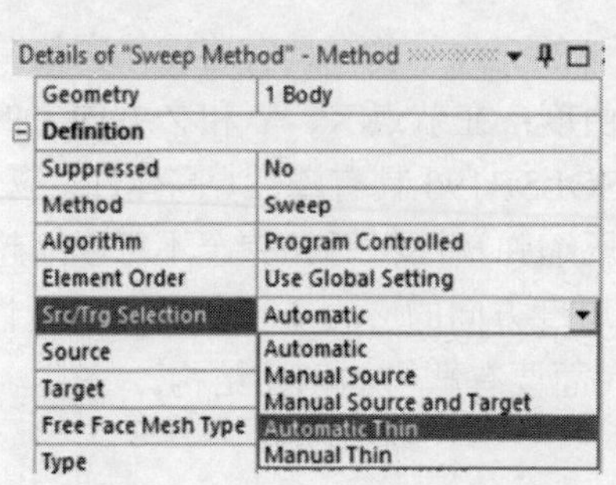

图 2.69　实体壳单元生成（3）

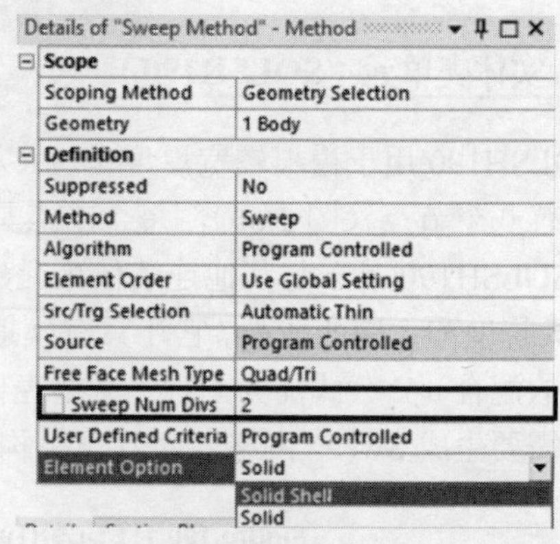

图 2.70　实体壳单元生成（4）

```
*** ELEMENT MATRIX FORMULATION TIMES
  TYPE    NUMBER   ENAME       TOTAL CP  AVE CP

     1       200  SOLSH190       0.125  0.000625
```

图 2.71　实体壳单元生成（5）

2.5.12　壳单元焊缝网格

钣金件焊缝传统的建模方法是在 CAD 模型中基于不同的焊缝形状生成对应焊缝的几何特征，然后在 Mechanical 中划分网格。Ansys 近几年开发了基于网格生成焊缝的方法，相比几何建模的方式效率得到了极大提升。

Weld 网格控制允许在焊缝面即帐篷面（Tent）和延伸面（Extension）、帐篷面和延伸面之间以及沿着与帐篷面和延伸面共享的边缘焊接在一起的面上创建焊接实体和生成四边形网格。当选择 Mesh 作为 Source 并使用 Curves、Curves and Bodies 或 Curves and Faces 创建时，使用指定的焊接曲线在网格过程中创建帐篷和扩展面。在分网时程序会在目录树基于这些面创建几何体（surface body），该几何体与网格相关联。几何体名称与焊缝控制的名称相同。每个焊缝曲线创建一个焊缝体。几何体的更新随着 weld 网格的更新而更新，当网格控制 Weld 被删掉或者被抑制（suppress），几何体也会同步删除。

图 2.72 中 CAD/Geometry Based 为传统的几何方式直接对焊缝建模，Mesh Based 方式为基于网格生成焊缝。

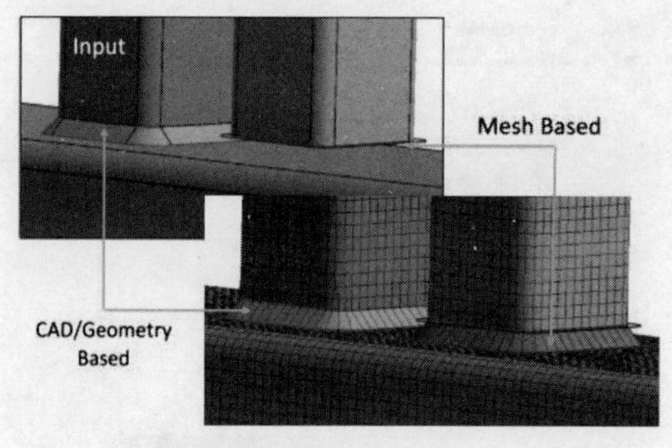

图 2.72　壳单元焊缝（1）

使用 Weld 网格控制需要首先在目录树 Mesh 的属性栏 Batch Connection>>Mesh Based Connection 设置为 Yes，如图 2.73 所示。然后单击目录树 Mesh 右键 Insert>>Weld，如图 2.74 所示。或直接单击菜单 Mesh，功能区的 Weld 按钮。Weld 的定义中，Scope>>Source 切换为 Geometry 可以按对传统方法定义的几何体，定义其属性。Source 切换为 Mesh，则可以直接基于网格定义，如图 2.75 所示。焊缝的形状定义选项非常丰富，可以满足大部分工程项目的需要。详细的设置，本章不做展开。图 2.76 的案例为焊缝网格帐篷面、延伸面生成后的截面图。

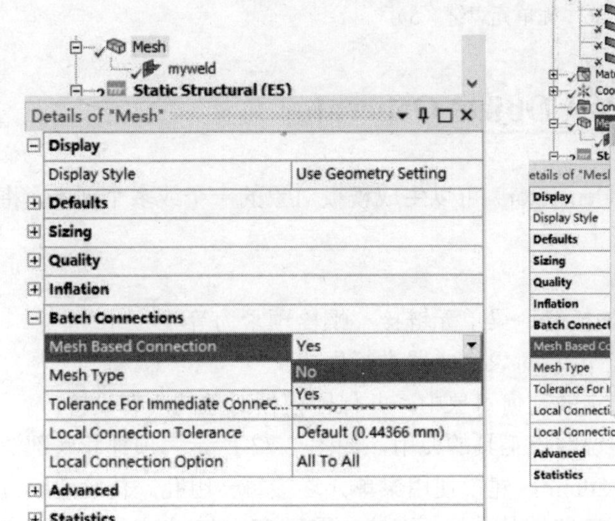

图 2.73　壳单元焊缝（2）

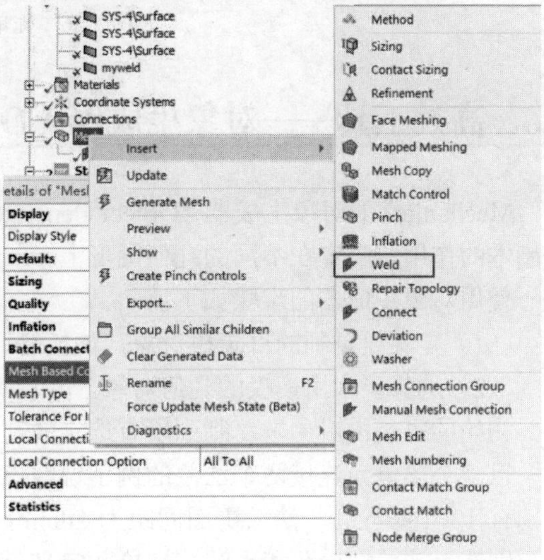

图 2.74　壳单元焊缝（3）

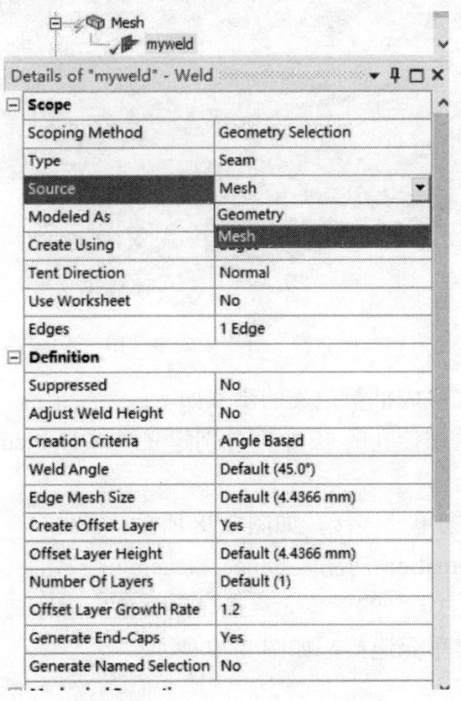

图 2.75　壳单元焊缝（4）

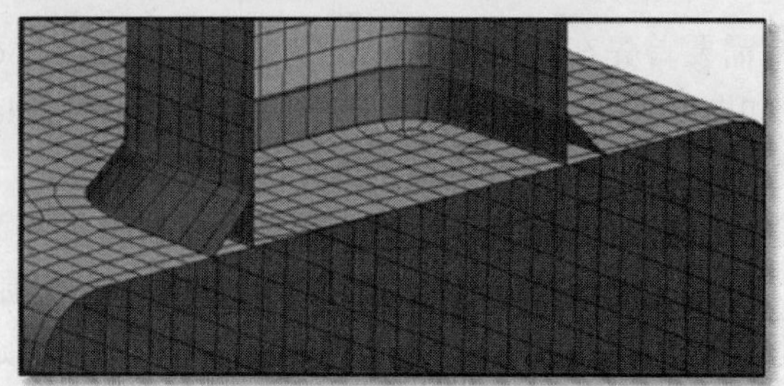

图 2.76　壳单元焊缝（5）

2.6　高效工具——对象生成器（Object Generator）

Mechanical 的对象生成器（Object Generator）可以生成模板对象的一个或多个副本，将每个副本的作用域限定在不同的几何图形上。

使用对象生成器的步骤如下：

（1）定义要复制的目录树对象，如接触、梁单元链接、螺栓预紧力等。

（2）选择要应用模板的几何对象，并从对象生成器进行生成。

初始的目录树对象被复制到所有选定的几何对象中，并保留模板对象的所有设置。

以多个梁单元连接两个法兰的例子说明该工具的使用，如图 2.77 所示，顶部和底部法兰分别有 12 个螺栓孔，法兰中面间距为 50mm，建模使用梁单元连接每一组孔。传统建模方法为分别选上法兰螺栓孔和下法兰螺栓孔定义一组梁单元连接，重复 12 次完成梁单元的建立。

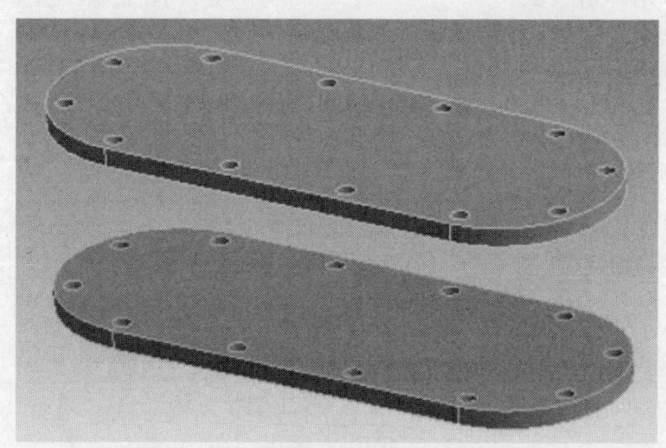

图 2.77　对象生成器（1）

使用对象生成器的步骤完成批量定义的步骤如下：

（1）将上法兰和下法兰螺栓孔的 12 个面分别建立组件 Named Selection，并命名为 Tophole 和 Bothole。

（2）选择一组孔建立梁单元连接，如图 2.78 所示。

（3）单击主菜单 Automation 功能区 Object Generator 按钮，打开对象生成器。

（4）鼠标单击目录树的定义的梁单元连接，则对象生成器的 Selected Tree Item 区域高亮显示，当前使用的模板为梁单元连接，如图 2.79 所示。

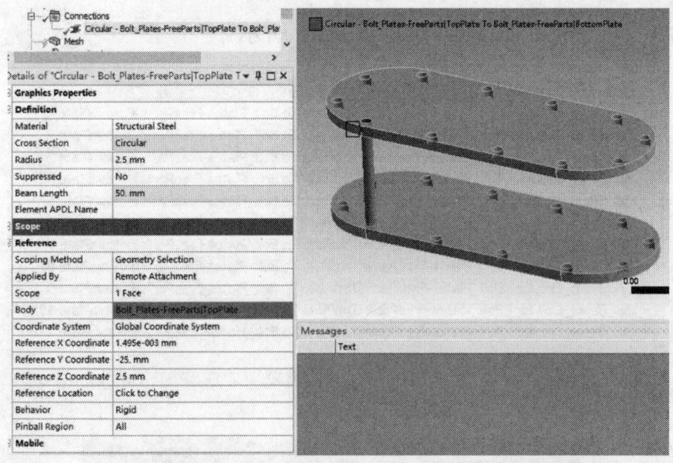

Details of "Circular - Bolt_Plates-FreeParts|TopPlate T…

Graphics Properties	
Definition	
Material	Structural Steel
Cross Section	Circular
Radius	2.5 mm
Suppressed	No
Beam Length	50. mm
Element APDL Name	
Scope	
Reference	
Scoping Method	Geometry Selection
Applied By	Remote Attachment
Scope	1 Face
Body	Bolt_Plates-FreeParts|TopPlate
Coordinate System	Global Coordinate System
Reference X Coordinate	1.495e-003 mm
Reference Y Coordinate	-25. mm
Reference Z Coordinate	2.5 mm
Reference Location	Click to Change
Behavior	Rigid
Pinball Region	All
Mobile	

图 2.78　对象生成器（2）

Mechanical Application Wizard

Object Generator

Select tree objects to use as a template, and select geometry to be used as scoping.

Selected Tree Item: Circular - Bolt_Plates-FreeParts|TopPlate To Bolt_Plates-FreeParts|BottomPlate

Select the named selection to use as the Reference side.

Reference: Tophole

Select the named selection to use as the Mobile side.

Mobile: Bothole

Objects will be created for any pair of centroids on opposite sides of the connection whose distance falls between the specified lower and upper bounds.

Distance: Between centroids

Minimum: 45 mm

Maximum: 55 mm

Geometry can be scoped to individual entities or to groups of adjacent entities.

Scope To: Each Entity

Ignore Original: ☑

(For Geometry Based Scoping)

Name Prefix: Beam_

Apply Tag:

Generate

图 2.79　对象生成器（3）

（5）选择梁单元定义时的参考面集合 Tophole 以及目标面集合 Bothole。指定每一组对象的距离范围，Scope to Each Entity，为集合中的每一个几何生成梁单元连接。Ignore Original，如果模板对象中的几何对象是目标几何图形选择集的一部分，可以选择忽略或包含它，这里选择忽略，则已建立梁单元的位置，不再生成新的梁单元连接。可以为所有生成的对象的名称添加前缀或标记，这里加前缀“Beam_”。对于具有位置的对象，如远端点，可以选择将位置移动到新几何形状的质心，或保持位置不变（Relocate 选项）。设置完成单击“Generate”。这里生成了另外 11 组梁单元连接，如图 2.80 和图 2.81 所示。

Circular - Bolt_Plates-FreeParts|TopPlate To Bolt_Plates-FreeParts|BottomPlate
Beam_Circular - Bolt_Plates-FreeParts|TopPlate To Bolt_Plates-FreeParts|BottomPlate
Beam_Circular - Bolt_Plates-FreeParts|TopPlate To Bolt_Plates-FreeParts|BottomPlate 2
Beam_Circular - Bolt_Plates-FreeParts|TopPlate To Bolt_Plates-FreeParts|BottomPlate 3
Beam_Circular - Bolt_Plates-FreeParts|TopPlate To Bolt_Plates-FreeParts|BottomPlate 4
Beam_Circular - Bolt_Plates-FreeParts|TopPlate To Bolt_Plates-FreeParts|BottomPlate 5
Beam_Circular - Bolt_Plates-FreeParts|TopPlate To Bolt_Plates-FreeParts|BottomPlate 6
Beam_Circular - Bolt_Plates-FreeParts|TopPlate To Bolt_Plates-FreeParts|BottomPlate 7
Beam_Circular - Bolt_Plates-FreeParts|TopPlate To Bolt_Plates-FreeParts|BottomPlate 8
Beam_Circular - Bolt_Plates-FreeParts|TopPlate To Bolt_Plates-FreeParts|BottomPlate 9
Beam_Circular - Bolt_Plates-FreeParts|TopPlate To Bolt_Plates-FreeParts|BottomPlate 10
Beam_Circular - Bolt_Plates-FreeParts|TopPlate To Bolt_Plates-FreeParts|BottomPlate 11

图 2.80　对象生成器（4）

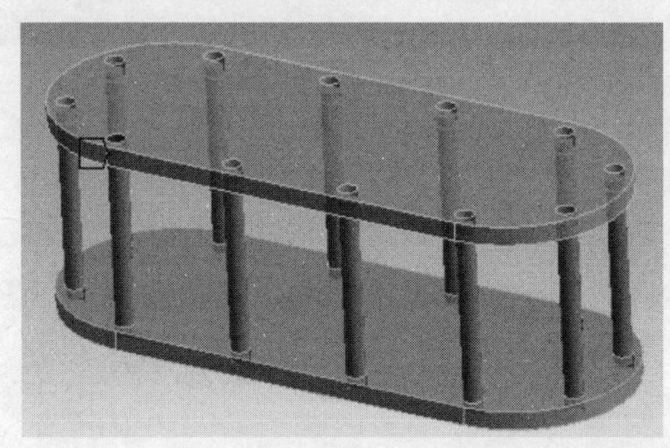

图 2.81　对象生成器（5）

对象生成器的用处非常广泛，如将多对多接触拆分为一对一接触，批量生成远端点，批量生成弹簧连接，批量定义零件网格属性，批量加载，批量定义螺栓预紧力，后处理批量得到所选对象的结果等。

2.7　高效操作技巧——鼠标单击对象并拖放

Mechanical 界面提供的目录树对象直接拖放功能给模型的处理带来了极大的便捷，仍然以上述一组梁单元连接为例，如需提取梁单元上的反力，通过鼠标左键单击第一个梁单元连接，按 Shift+鼠标左键点选最后一个梁单元连接，选中所有对象后，直接拖至目录树 Solution(F6)并放开鼠标（图 2.82），则后处理自动插入多组 beam probe 提取梁单元的反力（图 2.83），而不再需要手动单独定义。

类似地，读者可以直接拖动边界及位移条件至目录树 Solution 位置，得到边界条件所对应的反力（Reaction Force）。

直接拖动接触定义至目录树 Mesh 位置，得到接触对的 Contact Sizing，实现接触区域的网格控制。

直接拖动接触定义至目录树 Static Structural 位置，用来插入接触单元“生死”控制（Contact Step Control）。

直接拖动接触定义至目录树 Solution 位置，得到接触对的 Force Reaction。

直接拖动运动副（Joint）定义至目录树 Static Structural 位置，用来插入运动副载荷 Joint load。

直接拖动运动副（Joint）定义至目录树 Solution 位置，得到 Joint Probe 查询运动副反力。

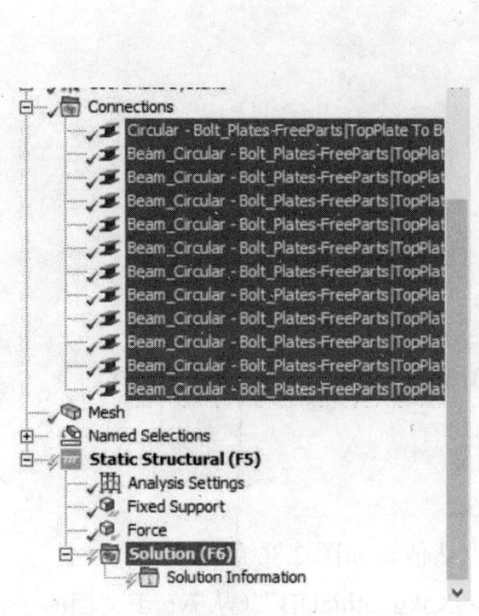

图 2.82　拖放功能应用（1）

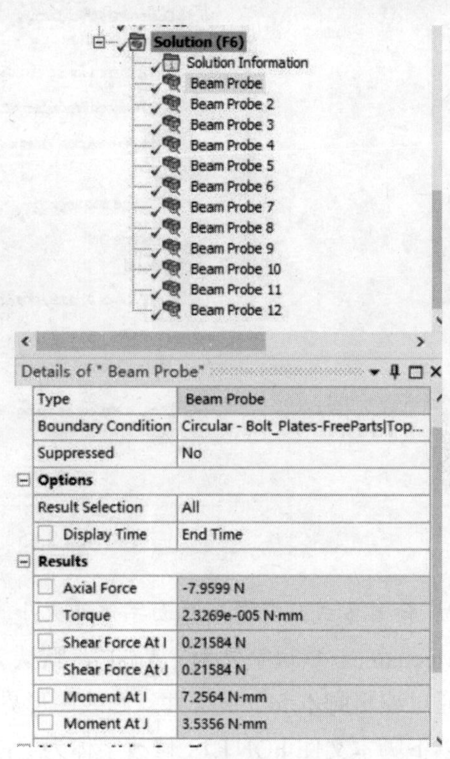

图 2.83　拖放功能应用（2）

2.8　图形显示相关

2.8.1　调整字体

1. 输出图片时修改字体大小

Mechanical 将图形界面输出为图片时，支持将图形界面的字体比例修改。设置方式为菜单 Home 功能区 Insert>>Images>>Image to File…，如图 2.84 所示。弹出窗口 Image to File Preferences 中对所保存的图片设置分辨率、背景、字体大小等。其中 Font Magnification Factor 设置该比例，这种方式仅支持最大 1.5 倍字体的修改，如图 2.85 所示。

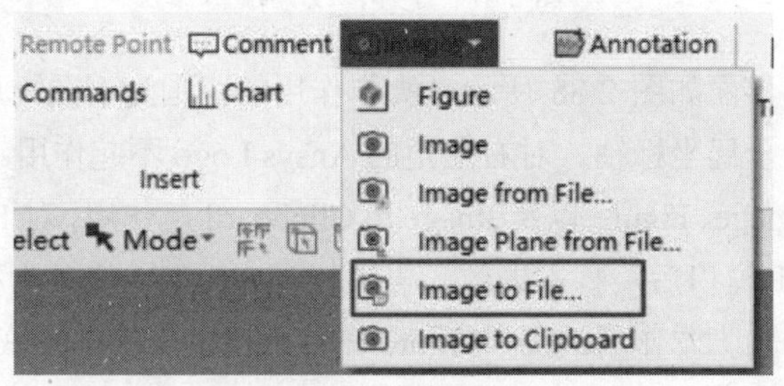

图 2.84　字体修改（1）

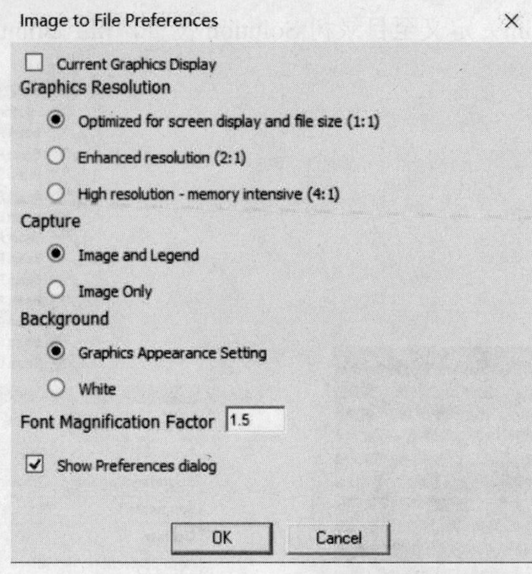

图 2.85　字体修改（2）

2. 脚本方式改变图形界面字体及大小

Mechanical 默认字体为“Arial”，默认大小 16。

通过编辑脚本 font.js 文件，修改图形界面的默认值，如图 2.86 所示。

以下脚本文件 FONT.JS 修改字体为“HGSSoeiKakugothicUB”（从 word 文档的字体栏拷贝得到的名字），字体大小为 16。修改完成后，执行菜单 Automation 功能区 Tools>>Run Macro…按钮，选择 FONT.JS，如图 2.87 所示。

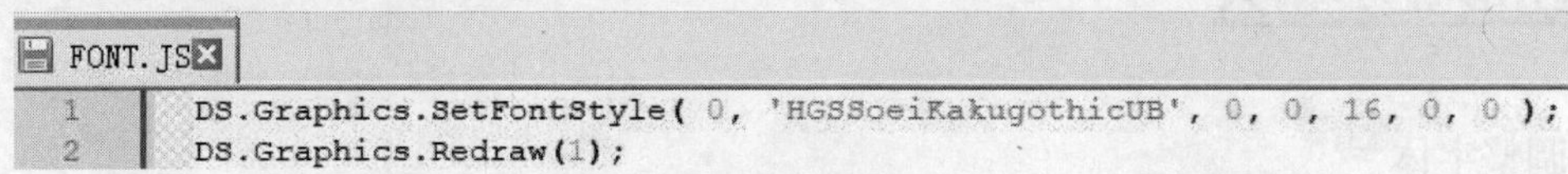

FONT.JS

```
DS.Graphics.SetFontStyle( 0, 'HGSSoeiKakugothicUB', 0, 0, 16, 0, 0 );
DS.Graphics.Redraw(1);
```

图 2.86　字体修改（3）

图 2.87　字体修改（4）

运行完成后的图形界面如图 2.88 所示，脚本作用的范围为下图矩形框中内容，包括左上角标题、图例、标尺、全局坐标轴。对右上角的 Ansys Logo 不起作用。

脚本方式控制对 Image、Figure 以及 Image to Clipboard 起作用，对 Image to File 不起作用。当关闭当前 Mechanical 窗口后，脚本失效，再次打开该模型，恢复为程序默认，但是 Image 在目录树所生成的截图为脚本作用的图，Figure 在目录树生成的视图恢复为程序默认。

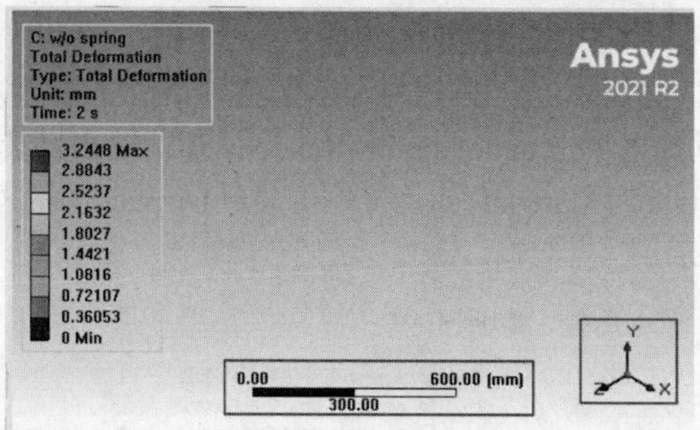

图 2.88　字体修改（5）

2.8.2　对象颜色显示

1. 同类边界条件或载荷显示为不同颜色

菜单栏 Display 功能区单击 annotation>>Random 后，相同载荷/边界条件颜色可以随机显示，如图 2.89 所示。

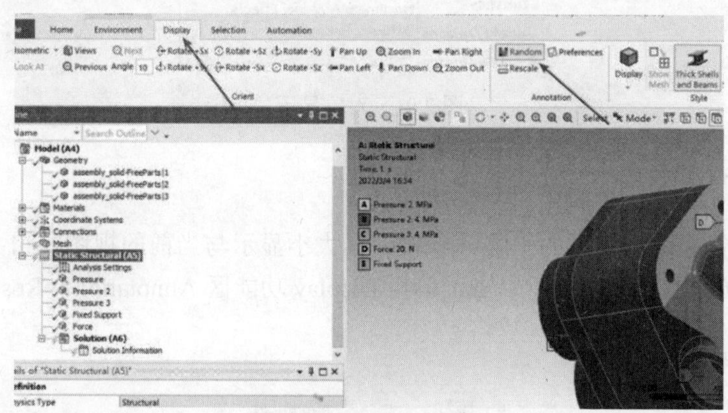

图 2.89　颜色显示

如果列表的数量比较多，可以修改 Mechanical Option>>Graphics>>Default Graphics Options>> Max Number of Annotations to Show 的默认值，显示所有的列表，最大值为 50，如图 2.90 所示。

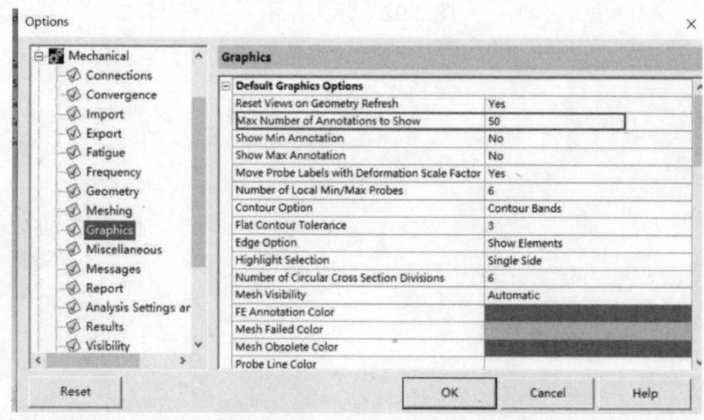

图 2.90　最大注释数量修改

2.几何 Part 根据材料的不同显示不同的颜色

几何显示的颜色默认按Body的不同随机显示颜色，当需要根据材料名字进行区分颜色时，首先在菜单栏 Display 功能区单击 annotation>>Random 后，单击目录树 Geometry，设置属性栏 Definition>>Display Style 为 Material。或直接单击菜单 Display 功能区 Display Style>>Material 按钮切换，如图 2.91 所示。

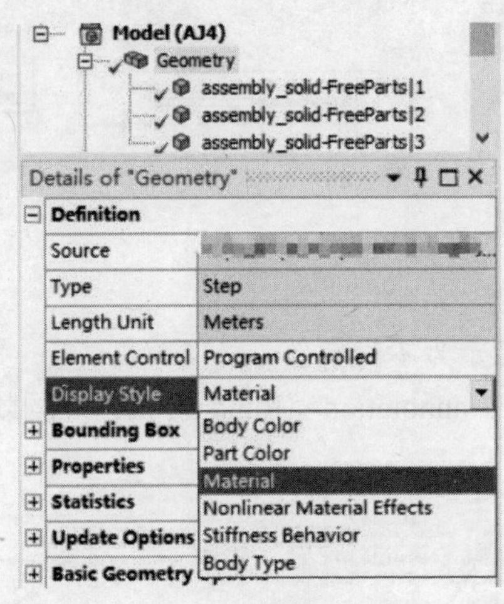

图 2.91　对象显示

2.8.3　力/反力箭头

力和反力的箭头随着模型的平移和旋转，其大小显示与当前的视图窗口并不协调，可以先用鼠标滚轮缩放模型窗口，然后单击菜单栏 Display 功能区 Annotation>>Rescale 调整箭头的显示比例，如图 2.92 所示。

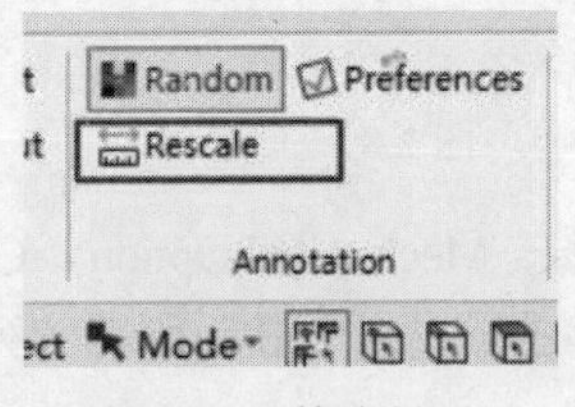

图 2.92　箭头显示

第 3 章　Mechanical 分析设置与求解热点解析

分析设置和求解在 MAPDL 的/solu 模块下进行（图 3.1），在 Mechanical 的交互式界面分析环境（如 Static Structural）下完成载荷步设置。分析设置包括的内容主要有：分析步的设置，载荷步的设置，约束条件的施加。求解设置包括的内容主要有：求解器的选择，模型规模的评估，计算机性能及并行计算的考虑等。

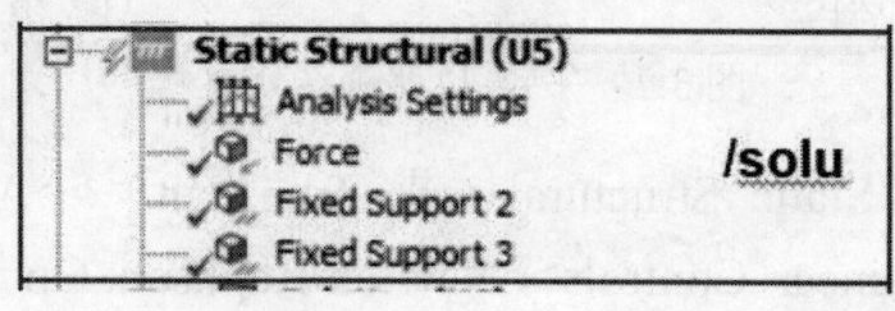

图 3.1　Mechanical/MAPDL 分析设置和求解

3.1　分析设置

3.1.1　牛顿–拉弗森迭代（Newton–Raphson）过程解析

有限元离散得到的方程组：

$$[K]\{u\}=\{F^a\} \tag{3.1}$$

式中，$[K]$为刚度矩阵；$\{u\}$为所求解未知自由度矢量；$\{F^a\}$为载荷矢量。

如果刚度矩阵$[K]$为未知自由度矢量$\{u\}$的函数，则上式为非线性问题。牛顿-拉弗森迭代法（或牛顿法）是求解非线性方程组最有效的方法。

$$[K_i^T]\{\Delta u_i\}=\{F^a\}-\{F_i^{nr}\} \tag{3.2}$$

式中，$[K_i^T]$为第 i 个迭代步切向刚度矩阵；$\{\Delta u_i\}$为第 i 个迭代步自由度增量；$\{F_i^{nr}\}$第 i 个迭代步单元内力向量。式（3.2）右端项表示系统的不平衡量，或者力残差：

$$\{u_{i+1}\}=\{u_i\}+\{\Delta u_i\} \tag{3.3}$$

式中，$\{u_{i+1}\}$、$\{u_i\}$分别为第 i+1 个和第 i 个迭代步的自由度值；$\{\Delta u_i\}$为第 i 个迭代步自由度增量。

牛顿-拉弗森迭代法的过程如下：

（1）假定$\{u_0\}$。$\{u_0\}$通常是上一个时间步的收敛解。对第一个时间步，$\{u_0\}=\{0\}$。

（2）从已知的$\{u_i\}$计算第 i 个迭代步更新的切线矩阵和单元内力向量。

（3）由式（3.2）计算$\{\Delta u_i\}$。

（4）由式（3.3）对$\{u_i\}$加上$\{\Delta u_i\}$可以得到 i+1 步的近似值$\{u_i+1\}$。

（5）重复步骤（2）到（4），直至得到收敛解。

第 i 个及第 i+1 个迭代步的迭代过程如图 3.2 所示。

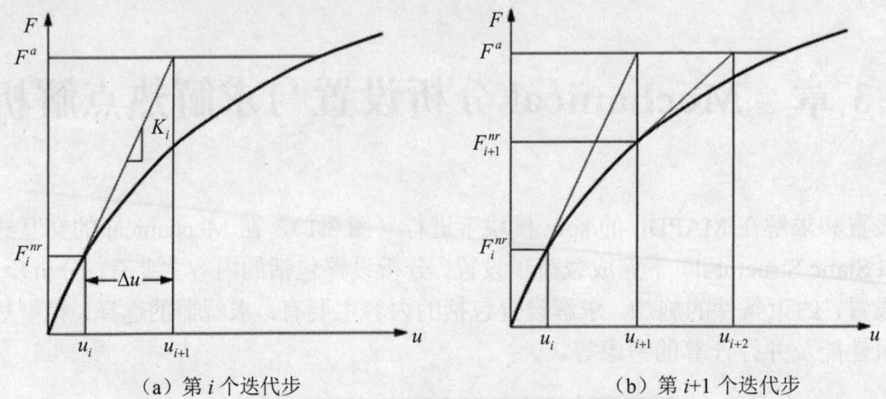

（a）第 i 个迭代步　　（b）第 i+1 个迭代步

图 3.2　牛顿-拉弗森迭代过程

在 Mechanical 目录树 Static Structural（或 Transient）>>Analysis Settings>>Details of “Analysis Settings”>>Nonlinear Controls>>Newton-Raphson Option 提供 Program Controlled, Full, Modified, Unsymmetric 选项，分别对应 MAPDL 命令 NROPT（AUTO，FULL，MODI，UNSYM)，如图 3.3 所示。

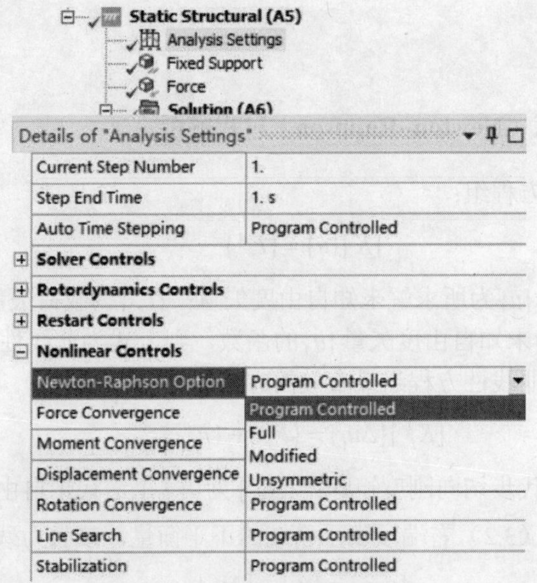

图 3.3　牛顿-拉弗森选项

- **Program Controlled 选项**，程序基于用户模型中存在的非线性种类选择以下方法，并在适当时候激活自适应下降。
- **Full/Unsymmetric 选项**，每个迭代步都更新式（3.2）中的切向刚度矩阵，该过程也被称为完全牛顿-拉弗森求解方法。

  Full 选项，如果自适应下降是打开的，程序只在迭代保持稳定的情况下使用切线刚度矩阵（即只要残差减少，并且没有出现负的主对角元）。如果在迭代中检测到发散趋势，程序将丢弃发散迭代并重新开始求解，使用割线和切线刚度矩阵的加权组合。当迭代返回到收敛模式时，程序恢复使用切线刚度矩阵。激活自适应下降（NROPT,

FULL，ON）通常增强获取复杂非线性问题收敛解的能力。

Unsymmetric 选项，以下情况考虑使用：

➢ 压力驱动的垮塌分析，不对称的压力载荷刚度可能有助于获得收敛性。

➢ 使用了 TB，USER 定义非对称材料模型，则用该选项来充分使用所定义的属性。

➢ 接触分析，非对称接触刚度矩阵将完全耦合滑动刚度和法向刚度。

非线性求解问题，首先应该尝试 Full 选项，如果遇到收敛困难，则尝试 Unsymmetric 选项，使用非对称求解器比使用对称求解器需要更多的计算时间来得到收敛解。

- **Modified 选项（修正的牛顿-拉弗森方法）**，切向刚度矩阵更新较少，具体而言，对于静态或瞬态分析，切向刚度矩阵将分别只在每个子步的第一次或第二次迭代期间更新。
- **初始刚度选项（NROPT，INIT）**，目前 Mechanical 中尚未添加该功能，需要通过 MAPDL 命令流的方式进行控制。使用初始刚度阻止了切向刚度矩阵的任何更新，初始刚度选项的迭代过程如图 3.4 所示。

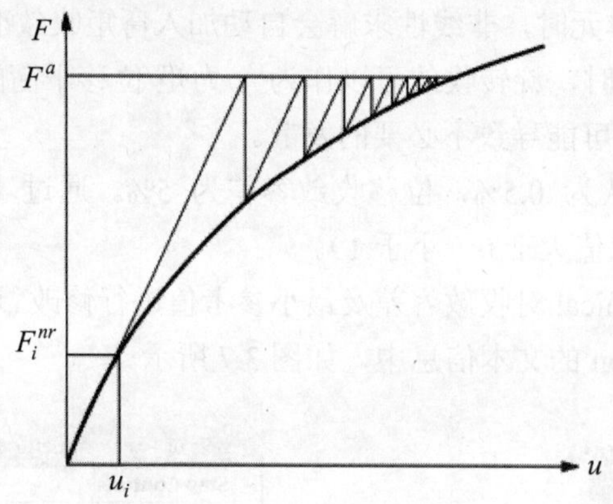

图 3.4 初始刚度迭代过程

Modified 选项和初始刚度选项的牛顿-拉弗森过程比完全牛顿-拉弗森求解方法收敛更慢，但它们需要更少的矩阵重新生成和求逆。

如果模型中有一个多状态单元（如单元生死或接触状态的改变），那么切向刚度将自动在单元改变状态的迭代中被更新，而不再遵循牛顿-拉弗森过程。

3.1.2 收敛准则

收敛准则位于 Mechanical 目录树 Static Structural（或 Transient）>>Analysis Settings>>Details of “Analysis Settings”>>Nonlinear Controls>>Force/Moment/Displacement/Rotation Convergence，如图 3.5 所示。

$$\|\{R\}\| < \varepsilon_R R_{\mathrm{ref}} \tag{3.4}$$

式中，$\{R\}=\{F^a\}-\{F_i^{nr}\}$，即式（3.2）的右端项，表示力残差矢量；$\|\{R\}\|$ 为力残差矢量范数；ε_R 为力收敛容差；R_{ref} 为力矢量参考值。

$$\|\{\Delta u_i\}\| < \varepsilon_u u_{\mathrm{ref}} \tag{3.5}$$

式中，$\|\{\Delta u_i\}\|$ 为第 i 个迭代步位移增量矢量范数；ε_u 为位移收敛容差；u_{ref} 为位移参考值。

收敛准则的定义为当力残差（或位移增量矢量）矢量的范数小于程序内部设定的标准时，则子步达到收敛，如式（3.4）、式（3.5）。矢量的范数默认为二范数（L2 norm），通过 MAPDL 命令（CNVTOL,,,,NORM）修改式（3.4）和式（3.5）范数类型，可用的选项有无穷范数（Infinite norm），一范数（L1 norm）和二范数（L2 norm）。无穷范数是指向量中的最大值，一范数是指向量中各值绝对值求和，二范数是指向量中各值平方和的平方根（SRSS）。

默认的力矢量参考值为力矢量的范数$\{F^a\}$，及式（3.1）右端项的范数。当为位移加载时，使用所施加位移对应单元的内力向量$\{F_i^{nr}\}$的范数作为默认的力矢量参考值。参考值由程序计算得到，通过 MAPDL 命令（CNVTOL,,,,,MINREF）修改，若程序计算的 Rref 小于指定的 MINREF，则使用指定 MINREF。默认位移参考值 u_{ref} 是使用增量位移的历史无穷范数计算的。

结构分析中收敛准则为力、位移，两者需同时满足，以实现非线性求解精度。力和位移收敛检查（CNVTOL 命令）足以实现非线性求解精度，而不需调整这些参数。

当模型中包括梁/壳单元时，非线性求解会自动加入弯矩收敛准则判断。

当模型中存在 Joint 时，旋转收敛可以作为力/力矩/位移平衡的补充。但是补充的收敛准则有时可能过于严格，并可能导致不必要的发散。

力/弯矩收敛容差默认为 0.5%，位移收敛容差为 5%。通过 MAPDL 命令（CNVTOL,,,TOLER）修改容差值（取值大于 0，小于 1）。

图 3.6 所示为 Mechanical 对收敛容差及最小参考值进行修改。这些修改值在程序计算时会显示在 Solution Information 的文本信息中，如图 3.7 所示。

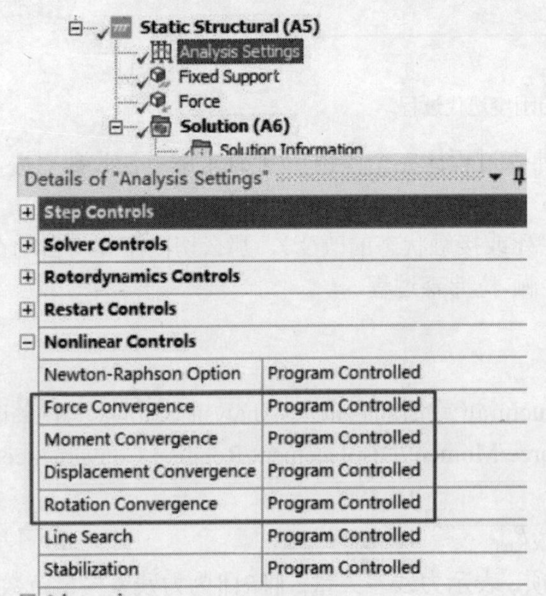

图 3.5　非线性控制

Details of "Analysis Settings"

⊞ Step Controls	
⊞ Solver Controls	
⊞ Rotordynamics Controls	
⊞ Restart Controls	
⊟ Nonlinear Controls	
Newton-Raphson Option	Program Controlled
Force Convergence	On
--Value	Calculated by solver
--Tolerance	0.5%
--Minimum Reference	2.2481e-003 lbf
Moment Convergence	Program Controlled
Displacement Convergence	On
--Value	Calculated by solver
--Tolerance	0.5%
--Minimum Reference	0. in
Rotation Convergence	Program Controlled
Line Search	Program Controlled
Stabilization	Off
⊞ Output Controls	
⊞ Analysis Data Management	

图 3.6　更改收敛容差

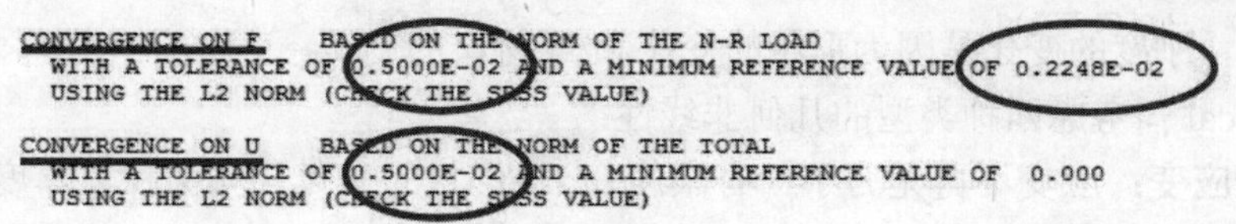

```
CONVERGENCE ON F   BASED ON THE NORM OF THE N-R LOAD
  WITH A TOLERANCE OF 0.5000E-02 AND A MINIMUM REFERENCE VALUE OF 0.2248E-02
  USING THE L2 NORM (CHECK THE SRSS VALUE)

CONVERGENCE ON U   BASED ON THE NORM OF THE TOTAL
  WITH A TOLERANCE OF 0.5000E-02 AND A MINIMUM REFERENCE VALUE OF  0.000
  USING THE L2 NORM (CHECK THE SRSS VALUE)
```

图 3.7 收敛容差的显示

除了求解过程中及求解完成后通过 Solution Information 的文本信息检查模型的收敛情况外，鼠标单击 Solution Information，切换 Details of “Solution Information”>>Solution Information>>Solution Output>>Force Convergence，可通过 Worksheet 的图标方式查看模型的力残差收敛情况，如图 3.8 所示，同样的方法，通过 Displacement Convergence 查看位移增量收敛情况。当 Force Convergence 的值小于 Force Criterion，且 Displacement Convergence 的值小于 Displacement Criterion 时，子步达到收敛，图中以垂直绿色虚线表示 Substep Converged。若分析模型包含多个载荷步，图中以垂直蓝色虚线表示 Load Step Converged。顺利完成求解时，Mechanical 目录树 Solution 显示绿色对钩，若程序不收敛，Solution 前显示红色闪电符号。

缺省的收敛准则在大多数情况下可以很好地工作，尽可能不要通过“放松”收敛准则的方式克服模型所碰到的收敛问题。

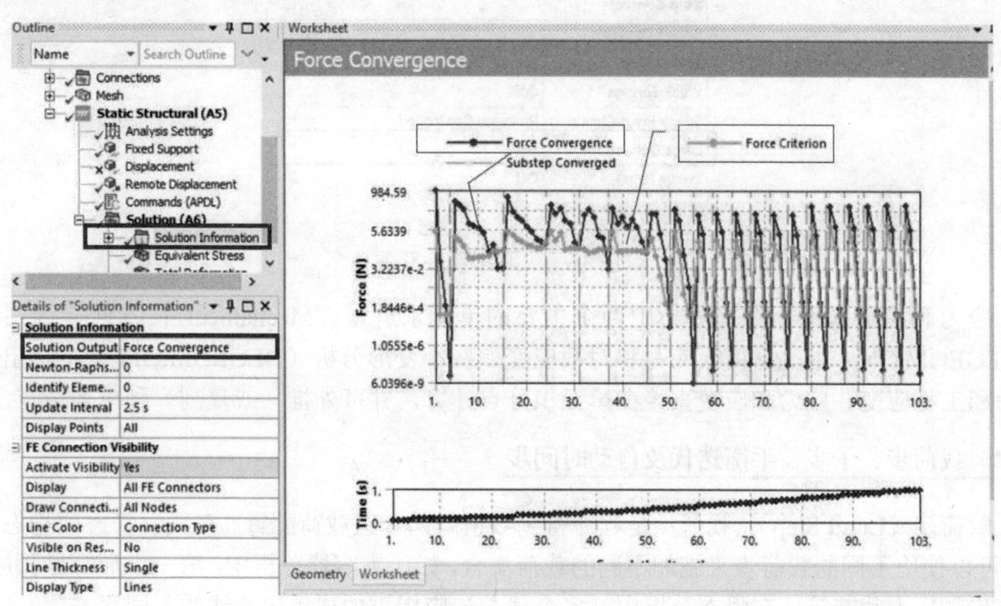

图 3.8 力收敛 Worksheet

3.1.3 几何非线性

在小变形问题中，应变与位移之间的关系式即几何方程是线性的，列平衡方程也不需要考虑物体位置和形状（构型）的变化，这种小变形分析在很多情况下可以满足精度要求。然而对于大变形问题，要精确地确定位移和应力，就必须考虑变形对平衡的影响，同时几何方程中也应包括位移的二次项。大变形问题有时也称为几何非线性问题。

几何非线性是指结构或构件在偏转时由于几何形状的变化而产生的非线性，刚度[K]是位移$\{u\}$的函数。刚度的变化是因为形状的变化和/或材料的旋转。

Mechanical 需考虑四种类型的几何非线性：

（1）**大应变：**应变不再无穷小（有限应变）。形状的变化（如面积、厚度等）也被考虑在内。挠度和旋转可以任意大。

（2）**大旋转：**旋转很大，但机械应变是用线性表达式计算的。假定结构除刚体运动外不改变形状。该类单元参考结构的初始构型。

（3）**应力硬化：**假设应变和旋转都很小。利用旋转的一阶近似来捕捉非线性旋转效应。

（4）**旋转软化：**假设应变和旋转都很小。考虑了横向振动运动和角速度引起的离心力之间的耦合。

几何非线性影响在 Mechanical 通过目录树 Analysis Settings 属性栏 Solver Controls>>Large Deflection 设置为 On 激活。MAPDL 通过 NLGEOM，ON 命令访问，如图 3.9 所示。

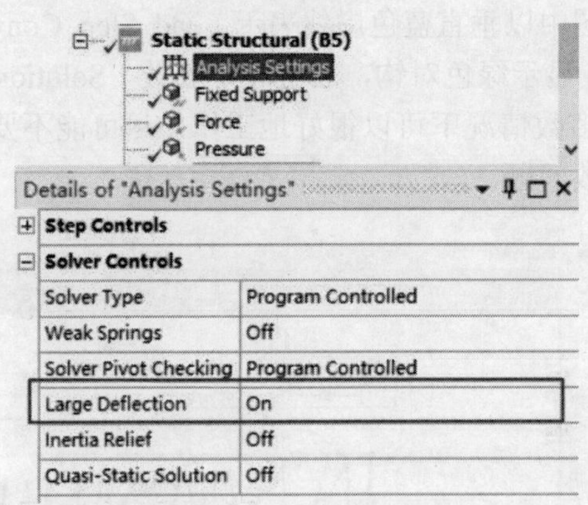

图 3.9　几何非线性开关

应力和应变是用于结构分析中两个主要的单元求解量。Mechanical 在几何非线性分析（NLGEOM,ON）中输出柯西应力和对数应变。在小变形分析（NLGEOM,OFF）中输出工程应力和工程应变。应力和应变直接在单元积分点计算，并可外推（或复制）到单元节点。

3.1.4　载荷步、子步、平衡迭代及自动时间步

载荷步（Load Step）：载荷步是程序得到数值解的一组载荷配置。在线性静态或稳态分析中，可以使用不同的载荷步来施加不同的载荷集合，如压力容器分析中：第一步加螺栓预应力，第二步加压力载荷等。在瞬态分析中，多个载荷步应用于加载历史曲线的不同段。

子步（Substeps）：子步是载荷步中的求解点。基于以下原因使用子步：

（1）在非线性静态或稳态分析中，采用子步逐步施加载荷，以便得到准确的解。

（2）在线性或非线性瞬态分析中，使用子步来满足瞬态时间积分要求。

（3）在谐响应分析中，使用子步在谐响应频率范围内的几个频率处得到解。

平衡迭代（Equilibrium Iterations）：平衡迭代是程序为了达到收敛解而在子步中增加的附加解。它们是只在非线性分析（静态或瞬态）中使用的迭代修正。

从求解过程的力收敛图示蓝色为载荷步，绿色为子步，横坐标表示平衡迭代次数，如图 3.10 所示。

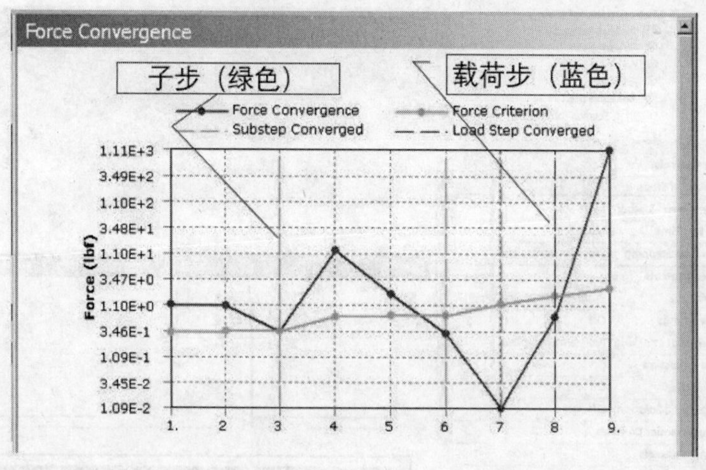

图 3.10 力收敛图示

在目录树分析设置属性栏目 Step Control 设置载荷步的数量（Number Of Steps），载荷步定义时可按 Ctrl/Shift 同时单击 Graph 下方的数字，对载荷步多选，完成多选后，Details of "Analysis Settings" 的 Current Step Number 及 Step End Time 均表示当前状态为选中了多个载荷步，单击 Auto Time Stepping 下拉框，可完成多个载荷步自动时间步的批量设定，如图 3.11、图 3.12 所示。

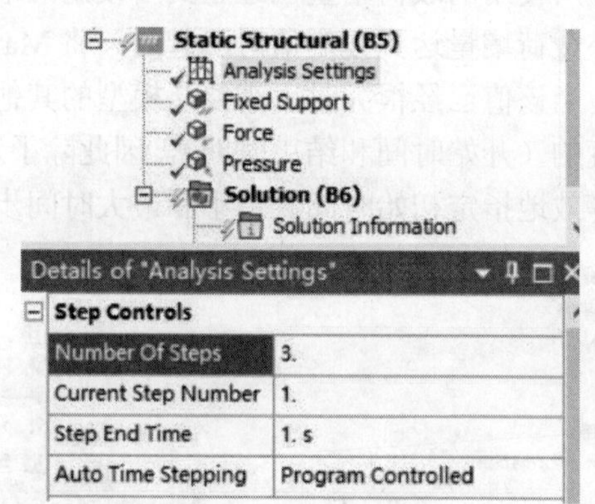

图 3.11 多载荷步选择（1）

在自动时间步中，程序根据结构或构件对施加的载荷的响应，在每个子步结束时计算最佳时间步长。其目的是通过调整载荷增量来缩短求解时间，特别是针对非线性和/或瞬态动态问题。当非线性不收敛时，自动时间步自动退回到之前的收敛解，并使用二分法缩短当前使用的载荷步。

用户指定初始子步数、最小以及最大子步数。则程序从初始的载荷增量（即初始的子步数）开始，随后根据收敛的情况自动调整子步的数量。如图 3.13 所示设置，当结构在第一个载荷步施加 100N 的集中力时，程序的第一个子步将施加 10N 的集中力，后续的子步数量将自动调整，求解结束时会出现三种情况：

（1）若求解容易达到收敛，则该子步中将包含至少 5 个子步（由所设置的最小值确定）。

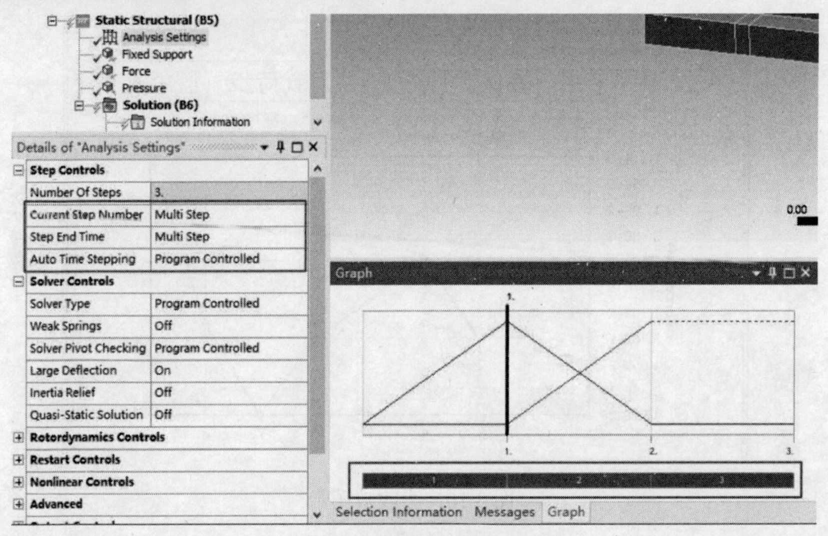

图 3.12　多载荷步选择（2）

（2）若收敛困难，则自动时间步控制将调整载荷增量，直至达到收敛，最终的子步数小于 1e7，或者说最小的载荷增量大于 100N/1e7（1e-5N）。

（3）若已使用最小的载荷增量 1e-5N 计算，仍然无法收敛，则程序退出求解，同时 Solution Information 文本信息提示，“所使用的载荷增量已经达到所设定的最小值，不能达到收敛……”。

如果不收敛是由于最小载荷增量达到设定值时引起的，将 Maximum Substeps 的数量增大会有助于最终达到收敛解。当该值已经很大时，需要从模型的其他方面进一步诊断。

载荷步总是有时间跨度的（开始时间和结束时间），因此除了通过子步数量的初始值、最小和最大值控制，也可以等效地指定初始时间、最小和最大时间步长，如图 3.14 所示。

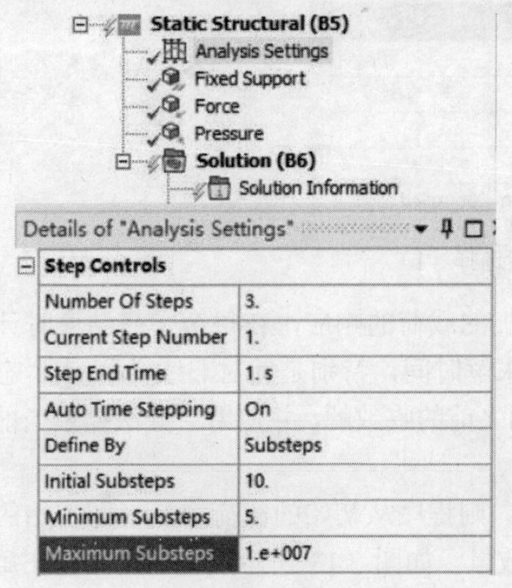

图 3.13　自动时间步

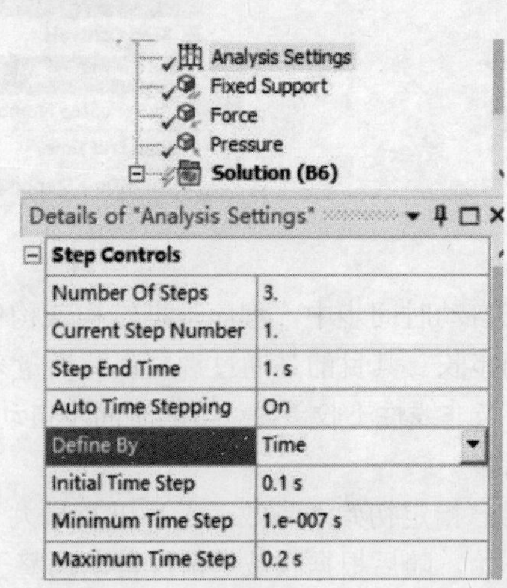

图 3.14　通过时间定义自动时间步

3.1.5　时间步

程序在所有静态和瞬态分析中使用时间作为跟踪参数，而不管所进行的分析是否与时间相关。时间总是单调地增加。

在瞬态分析或率相关的静态分析（蠕变或黏塑性）中，时间表示真实的时间，以秒、分或小时为单位。在指定加载历史曲线的同时，指定每个载荷步的结束时间。

然而，在率无关的分析中，时间变成了标识载荷步和子步的计数器。默认情况下，程序在载荷步 1 结束时自动分配 Time = 1.0，在载荷步 2 结束时自动分配 Time = 2.0，依此类推。载荷步的任何子步都被分配线性插值的时间值。通过指定所需的时间值，可以建立感兴趣的跟踪参数。例如，如果要在一个载荷步中应用 100N 的载荷，则可以将该载荷步结束的时间指定为 100s，以实现施加载荷和时间值的同步，如图 3.15 所示。例如在大挠度屈曲分析中，通过以上设置，再后处理得到的挠度-时间曲线，也就是挠度-载荷曲线。

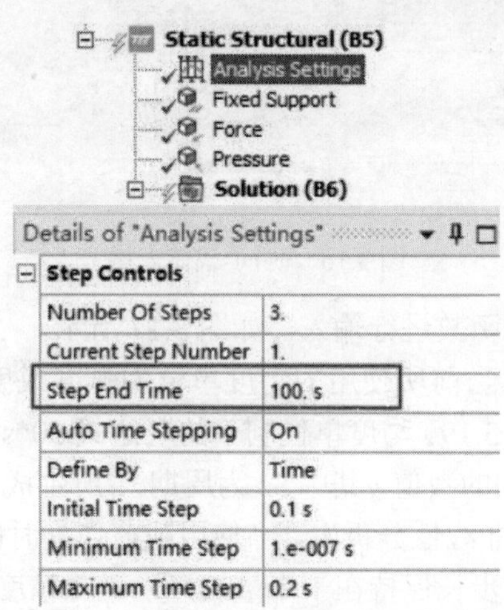

图 3.15 时间步

3.2 载荷控制

3.2.1 载荷、表格加载及函数加载

载荷包括边界条件和外部或内部施加的强迫函数。结构分析载荷如位移、速度、加速度、力、压力、温度（热应变分析中）和重力等。热分析载荷如温度、热流率、对流和热生成等。载荷分为以下六类：

（1）**自由度约束**：如结构分析中指定的已知位移条件，对称边界条件等。

（2）**力**：作用于模型节点上的集中力，如结构分析中的力和弯矩等。

（3）**面力**：作用在面上的分布力，如结构分析中的压力。

（4）**体力**：如结构分析中的温度。

（5）**惯性载荷**：由物体的惯性（质量矩阵）引起的载荷，用于结构分析，如重力加速度、角速度和角加速度

（6）**耦合场载荷**：一个分析结果作为另一个分析的载荷，如电磁场分析中的力作为结构分析的载荷。

在静态或瞬态分析中添加载荷或支撑时，将出现“Tabular Data”和“Graph”窗口。在表格中输入载荷历史，即时间-载荷表格数据，如图 3.16 所示。

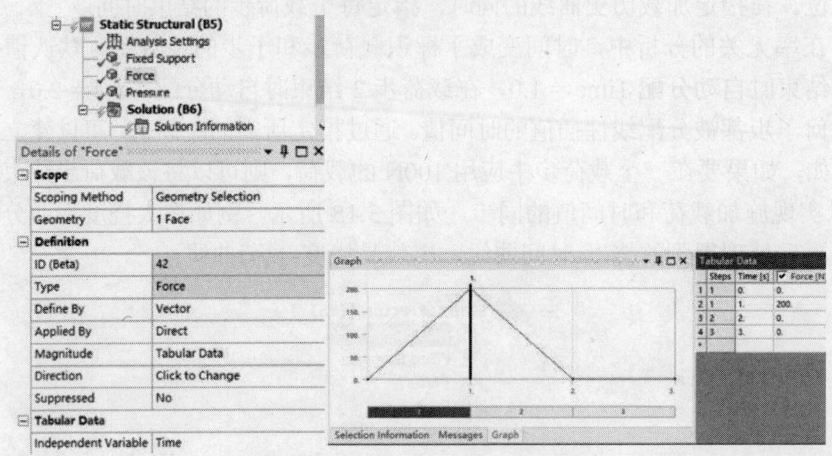

图 3.16　时间-载荷表格

也可以将载荷作为时间的函数进行输入，如图 3.17 所示。

在输入周期函数时，注意当前所使用的角度单位为弧度或度。如弧度单位制下的表达式 50*sin(2.1*time)（图 3.18 和图 3.19）与度单位制下的表达式 50*sin(120*time)的效果是一致的。time 前的系数均为 2×π/3 得到的数值（其中 3s 为周期）。所生成的表格数据默认平均分为 200 组，可根据需要修改该数值。非线性分析中，当使用载荷作为时间的函数输入时，对载荷步的定义应尽可能与载荷中的时间步长保持在一个量级，以避免精度的损失。

ID (Beta)	28
Type	Force
Define By	Components
Applied By	Surface Effect
Coordinate System	Global Coordinate System
X Component	= 200*time
Y Component	0. N (ramped)
Z Component	0. N (ramped)
Suppressed	No
Function	
Unit System	Metric (mm, kg, N, s, mV, mA) Degrees r...

Graph　600.　Import...　Export...　Constant　Tabular　Function

图 3.17　载荷为时间的函数（1）

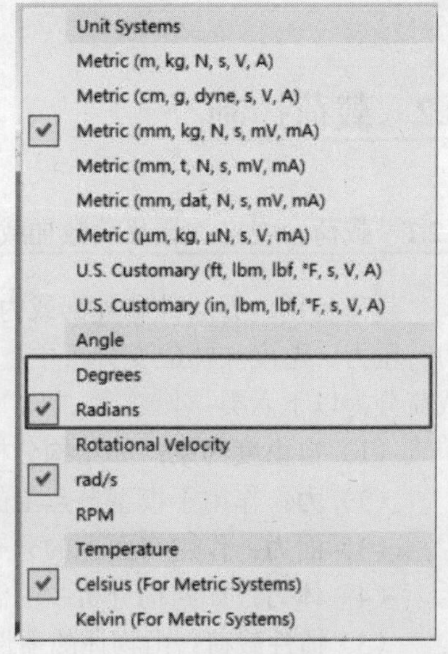

图 3.18　载荷为时间的函数（2）

如果没有在某个时间点输入数据，那么该值将是：①一个线性插值（如果载荷是表格载荷）；②一个从定义的载荷函数中确定的精确值。“=”符号被附加到插值数据之前，这样方便区分用户手动输入的数据和程序计算的数据，如图 3.20 所示，在 Time = 0 和 Time = 5 输入数据，Time = 1e-003 处的值即为程序插值得到的数据。

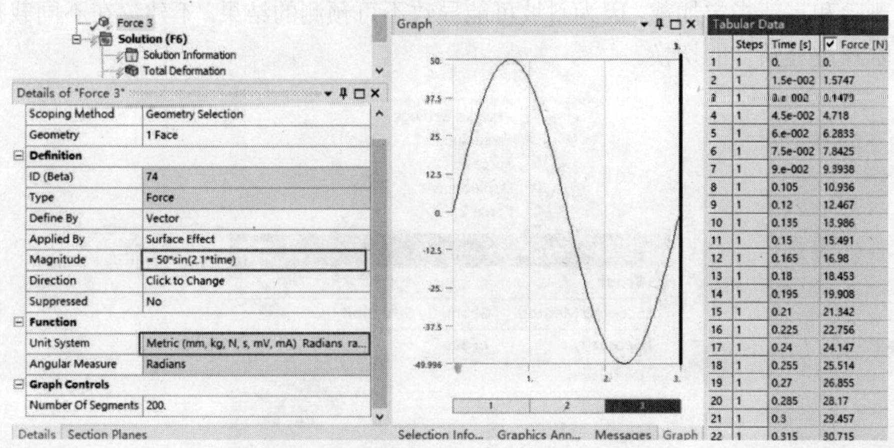

图 3.19 载荷为时间的函数（3）

Tabular Data

	Steps	Time [s]	Force [lbf]
1	1	0.	0.
2	1	1.e-003	= 0.2
3	1	5.	1000.
*			

图 3.20 时间相关载荷的插值

3.2.2 斜坡加载（Ramped）和阶跃加载（Stepped）

图 3.21（a）在载荷步 1、2 结束时，分别指定了不同的载荷数值。斜坡加载（Ramped）是在每个子步中以线性插值的方式递增地施加载荷，在载荷步结束时达到全部值，对应 MAPDL 命令 KBC,0，如图 3.21（b）所示。阶跃加载（Stepped）是指所加载荷值在第一个子步中完全施加，并在载荷步的其余部分中保持不变，如图 3.21（c）所示。

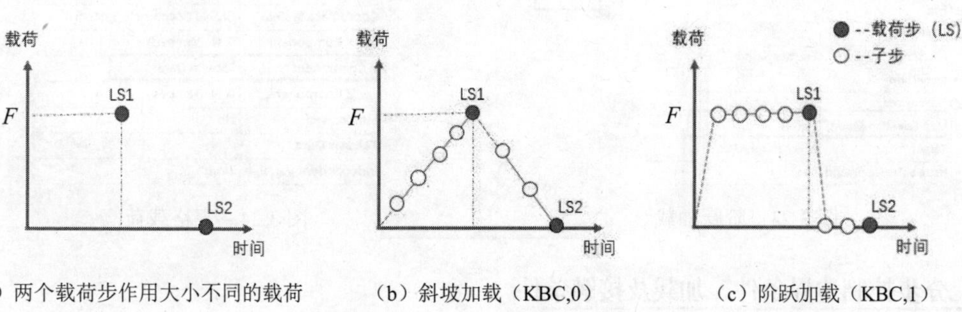

（a）两个载荷步作用大小不同的载荷　（b）斜坡加载（KBC,0）　（c）阶跃加载（KBC,1）

图 3.21 斜坡加载和阶跃加载

Mechanical 对常数加载（Constant）默认采用斜坡加载（Ramped），如图 3.22 所示。通过插入命令行（KBC,1）的方式实现阶跃加载，如图 3.23 所示。

表格载荷（Tabular Data）不受 KBC 设置的影响，如图 3.24 所示。当在同一分析中出现表格和非表格负载时，非表格载荷根据 KBC 设置，是斜坡方式或者阶跃方式。不要在同一个载荷步中删除和重新指定加载，因为斜坡可能导致不可预测的结果。不建议在不同载荷步间进行斜坡和阶跃边界条件的切换。

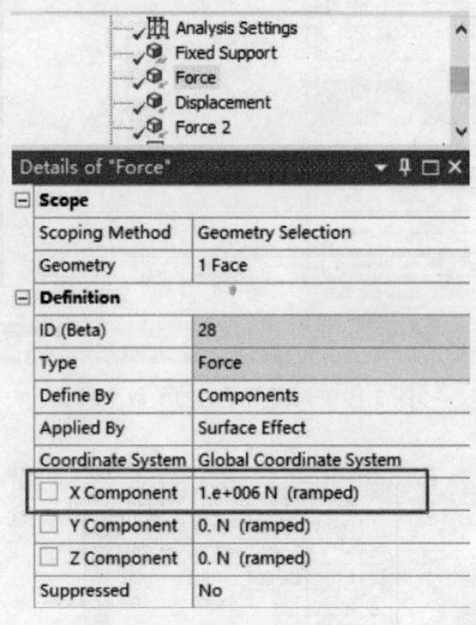

图 3.22　常数加载

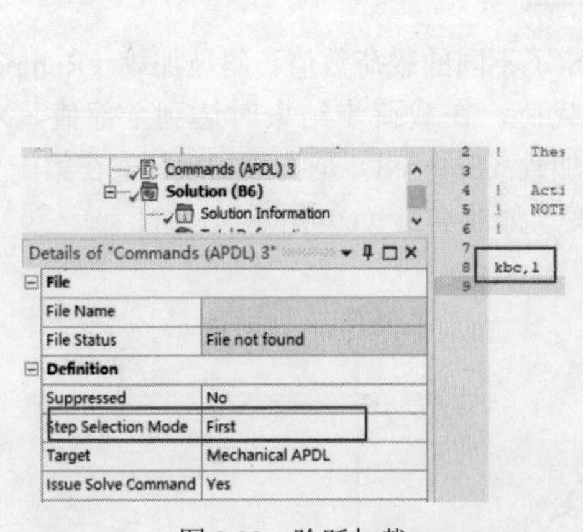

图 3.23　阶跃加载

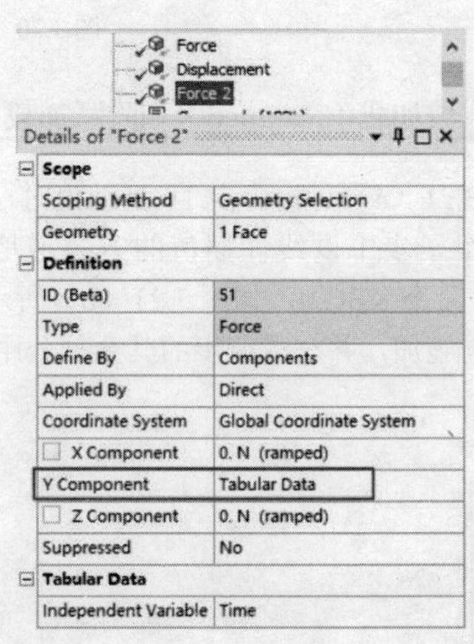

图 3.24　表格载荷

3.2.3　分步控制边界条件、加载及接触条件

（1）分步控制边界条件。在某些应用场景中，需要在同一个分析中实现不同的边界条件。固定约束条件（Fixed）作用于分析的整个时间历程，因为要修改边界条件，使用位移约束（Displacement）。如载荷步 1 使用模型的两个约束，载荷步 2、3 使用模型的另外两个面（C/D）

约束，载荷不变。设置步骤如下：

1）在分析设置中设置 3 个载荷步，设置每个载荷步的载荷。

2）对几何面（A/B）设置 Displacement 条件，如图 3.25 所示。在 Tabular Data 区域按 Ctrl 键鼠标分别单击 Steps 第 2 和第 3 行，再单击鼠标右键，弹出窗口中选择 Activate/Deactivate at this step!，如图 3.26 所示。此时 Tabular Data 窗口的载荷步 2、3 呈现灰色，同时 Graph 窗口示意该边界条件作用范围为载荷步 1。

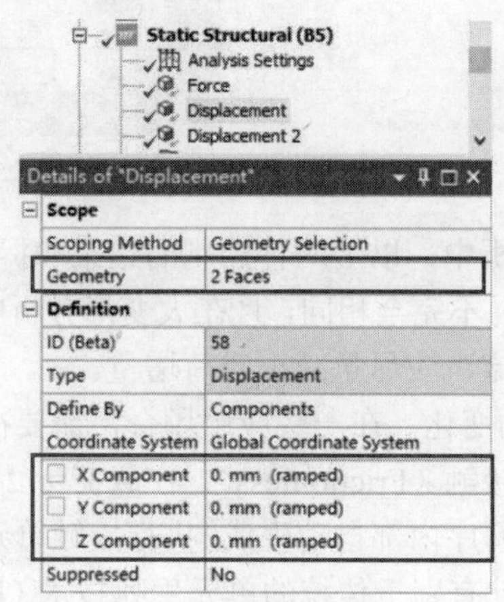

图 3.25　分步控制边界条件（1）

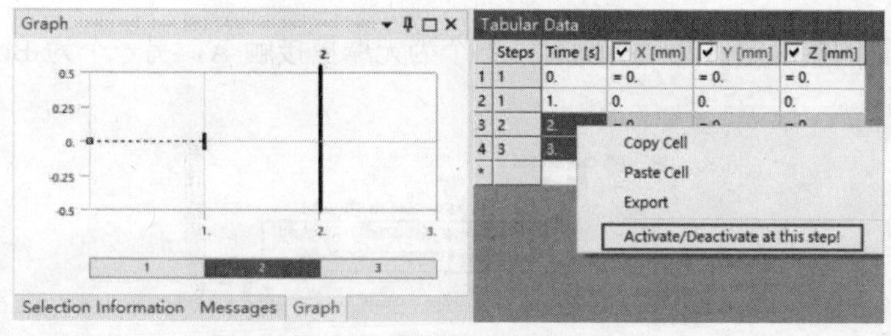

图 3.26　分步控制边界条件（2）

3）同样的方法，对几何面（C/D）设置 Displacement 条件。在 Tabular Data 区域鼠标单击 Steps 第 1 行，再单击鼠标右键，弹出窗口中选择“Activate/Deactivate at this step!”，如图 3.27 所示，此时 Tabular Data 窗口的载荷步 1 呈现灰色，载荷步 2、3 为白色可编辑状态。同时 Graph 窗口示意该边界条件作用范围为载荷步 2、3。

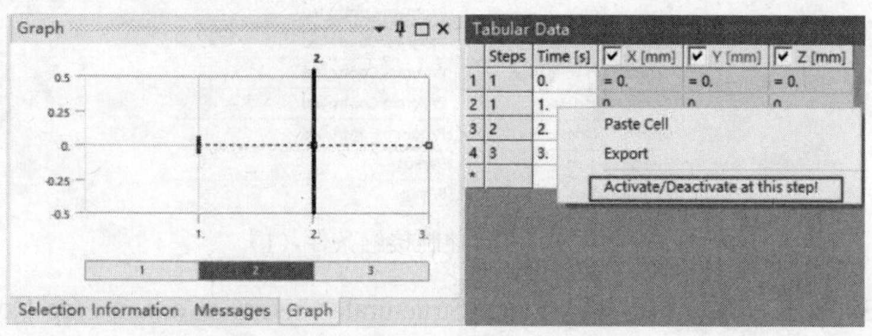

图 3.27　分步控制边界条件（3）

（2）分步控制载荷施加。载荷的分步控制方法同以上位移的控制，不同之处为设置的对象为所施加的载荷，操作载荷的 Tabular Data 如图 3.28 所示。

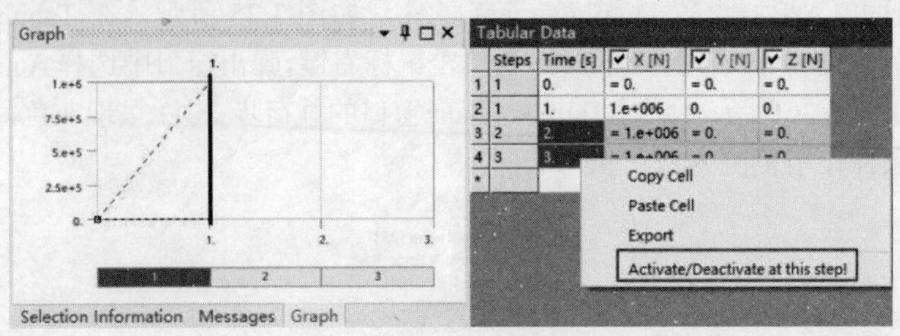

图 3.28　分步控制载荷施加

注意，在线弹性小变形分析中，以上两种控制的结果和拆分与独立的分析结果是一致的。在大变形分析中，两者的结果并不完全相同，且在大变形分析中，随着边界条件以及载荷条件的突然变化会引起结构的不稳定，应尽量减小载荷增量。

（3）分步控制接触条件的变化。在一些应用场合，需要在同一个分析中实现接触状态的改变，如载荷步 1 使用无摩擦接触（Frictionless），在载荷步 2、3 中使用绑定接触（Bonded）。

Mechanical 的接触单元为程序内部自动生成，执行接触单元状态的变化涉及控制内部所生成的接触单元及目标单元，因此有别于传统的单元生死技术（Element Birth and Death，将在第 9 章介绍），Mechanical 界面提供了 Contact Step Control 功能，实现接触对的生死控制。操作步骤如下：

1）同一位置的接触定义两个接触对，一个为无摩擦接触 A，另一个为 Bonded 接触 B，如图 3.29 所示。

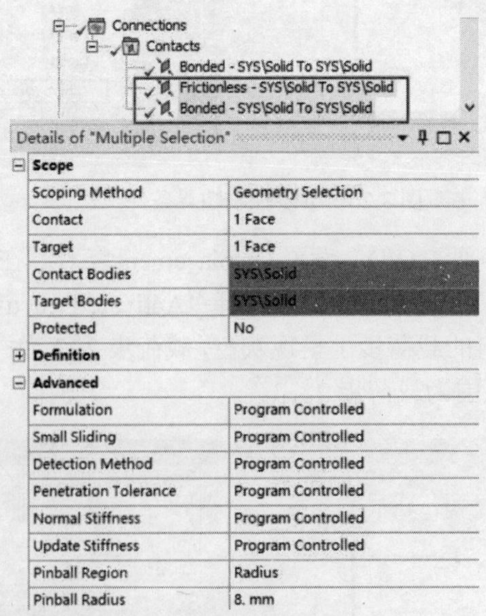

图 3.29　分步控制接触条件（1）

2）如图 3.30 所示，鼠标右键单击 Static Structural>>Insert>>Contact Step Control（或鼠标左键单击分析模块 Static Structural，然后单击功能区 Context>>Environment>>Conditions>> Contact

Step Control 按钮)。Details of “Contact Step Control”>>Contact Region 选择无摩擦接触对 A。在右侧的 Tabular Data 区域按 Ctrl 键鼠标分别单击 Step2 和 Step3 行，再单击鼠标右键，弹出窗口中选择 Swap Status，如图 3.31 所示，此时 Tabular Data 窗口的载荷步 2、3 呈现灰色。同时 Graph 窗口示意该控制条件作用范围为载荷步 1。

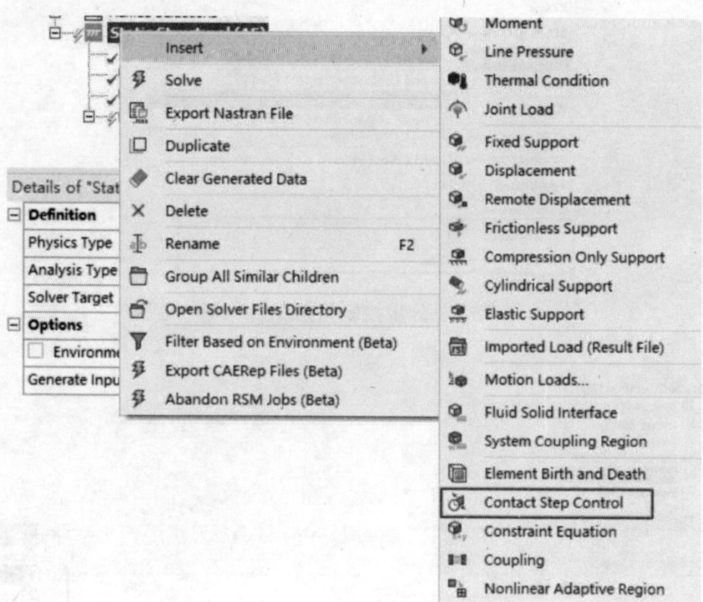

图 3.30 分步控制接触条件（2）

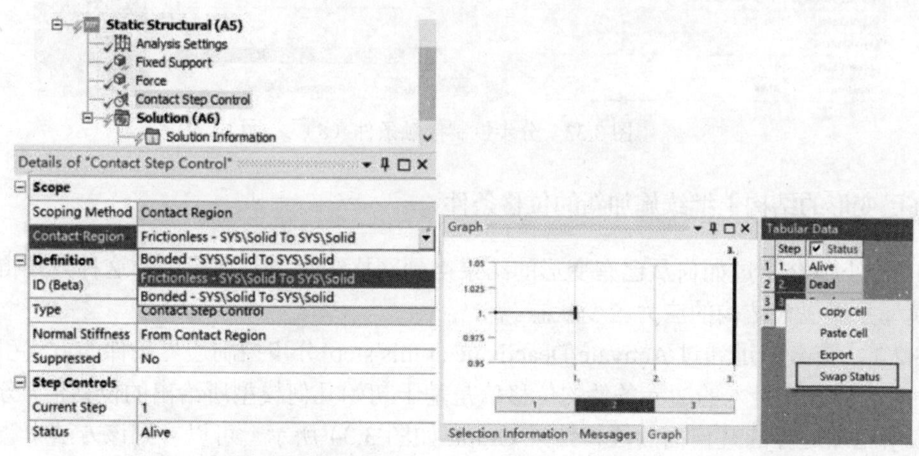

图 3.31 分步控制接触条件（3）

或者直接在 Details of “Contact Step Control”>>Step Controls 栏目中输入载荷步数目，Status 下拉框切换状态，这种方式需要对每个载荷步手动控制，效率不高，如图 3.32 所示。

3）同样的方法，选择绑定接触对 B，Contact Step Control 设置载荷步 1 为 Dead 状态，如图 3.33 所示。

注意，在非线性分析中，随着接触状态的突然变化会引起结构的不稳定，应仔细调试模型并尽量减小载荷增量。

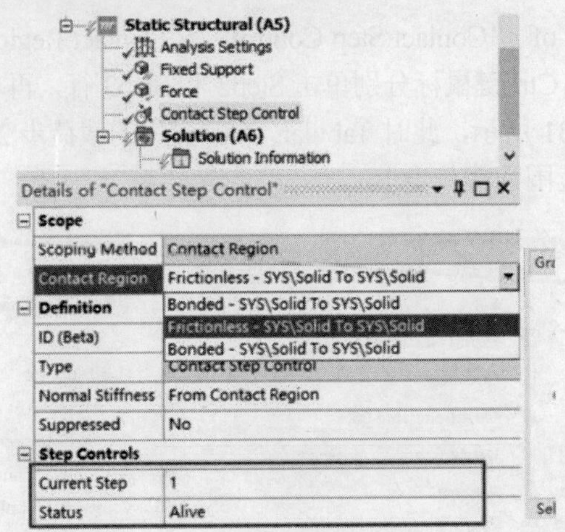

图 3.32　分步控制接触条件（4）

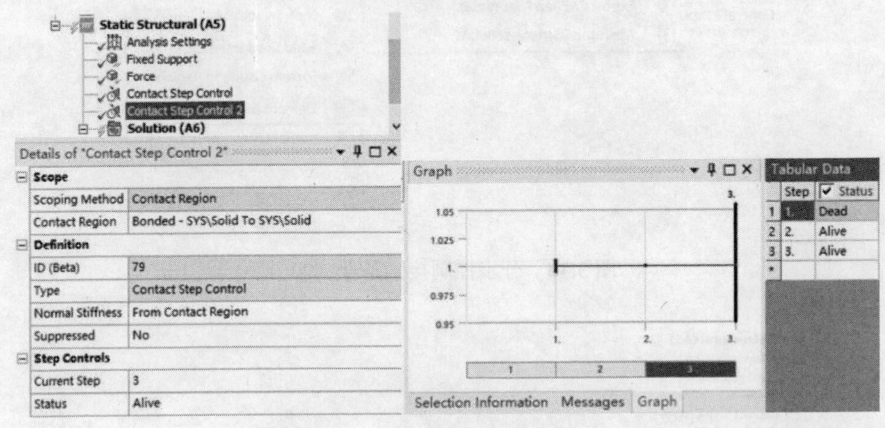

图 3.33　分步控制接触条件（5）

3.2.4　在已变形的结构上继续施加新的位移条件

在 1.5.6 小节介绍过如何从已有变形的结果得到网格模型或几何模型，这种方式得到的变形后的模型并不包含结构的应力应变状态。

在 3.2.3 小节介绍过通过 Activate/Deactivate at this step!分步控制边界条件的方式引入新的边界条件，这种方式引入的边界条件的位移值是基于初始几何模型所给出的位移值，分析完成后，提取所施加边界的几何面的位移结果 Graph 如图 3.34 所示，可以看到该方法本质上是一种针对初始模型的“组合工况”。

另一种使用场景是在已有的变形（假设为“状态 1”）结构上继续施加新的位移条件，且要求新的位移条件为基于“状态 1”变形的相对值。

用一个简单的模型来说明这个过程：在模型位置 A（几何面）作用固定约束，模型位置 B（几何面）作用恒定载荷 Fx=1.0e6N，结构在第一个载荷步变形后，模型位置 C（几何面）X 方向的变形为 Ucx，再在模型位置 C 上施加沿 X 方向 4mm 的相对变形，使模型位置 C X 方向的最终变形为 Ucx+4（mm）。

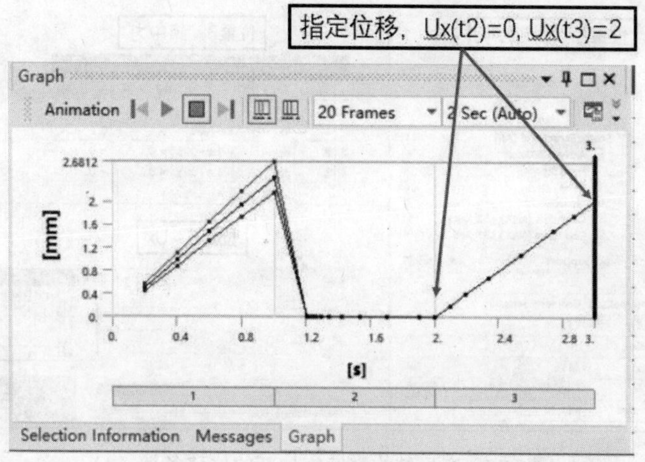

图 3.34　分步控制边界条件结果

实现方法如下：

（1）分析设置中指定 3 个载荷步。根据模型的非线性程度，第 1 个载荷步和第 3 个载荷步的 Maximum Substeps 适当设置大一些，以改善模型的收敛情况。第 1 个载荷步仅起保持作用，设置 1 个子步即可，如图 3.35、图 3.36 所示。

图 3.35　变形结构继续施加新的位移条件（1）

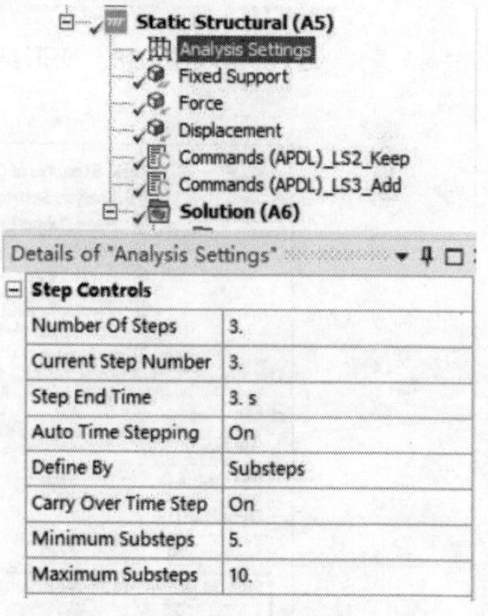

图 3.36　变形结构继续施加新的位移条件（2）

（2）按本章第 2 节介绍的方法，分别设置位置 A、B 及 C 的约束，加载及位移条件。位置 C 的 Ux 在载荷步 1、2 被 Deactive，载荷步 3 的值后续的步骤中被 MAPDL 命令覆盖，因此这里可以指定任意值，如图 3.37 所示。

（3）位置 C 对应面定义 Named Selection，命名为“mybc”，如图 3.38 所示。

（4）鼠标单击 Static Structural 右键 Insert>>Commands，命名为“Commands (APDL)_LS2_Keep”，Step Selection Mode 选择 By Number，Step Number 选择 2，表明该命令流在第 2 个载荷步起作用，在 Command 窗口中输入命令，如图 3.39 所示。

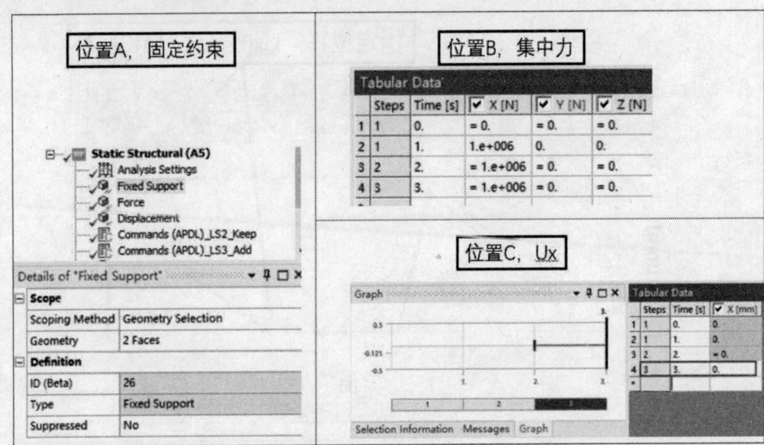

图 3.37　变形结构继续施加新的位移条件（3）

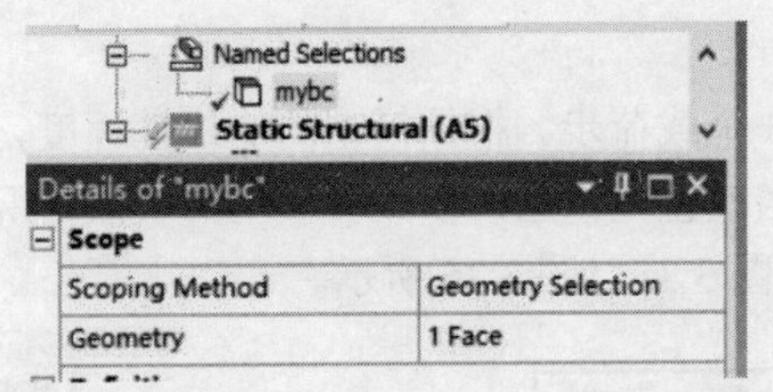

图 3.38　变形结构继续施加新的位移条件（4）

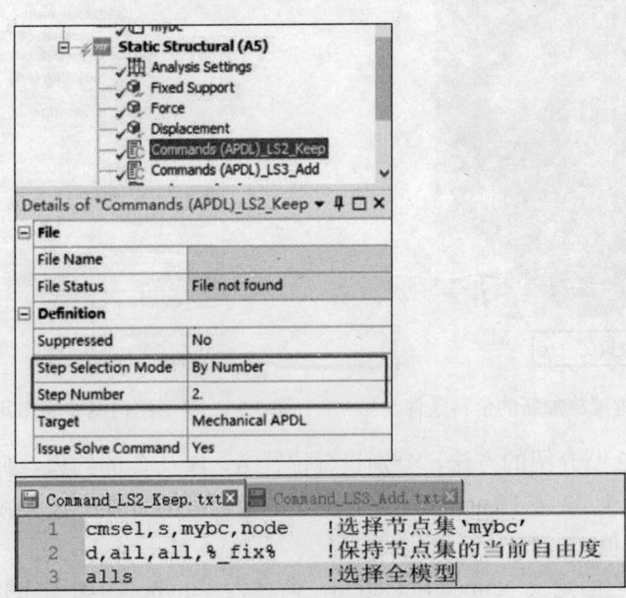

图 3.39　变形结构继续施加新的位移条件（5）

（5）鼠标单击 Static Structural 右键 Insert>>Commands，命名为“Commands (APDL)_LS3_Add”，Step Selection Mode 选择 By Number，Step Number 选择 3，表明该命令流在第 3 个载荷步起作用，在 Command 窗口中输入命令，如图 3.40 所示。

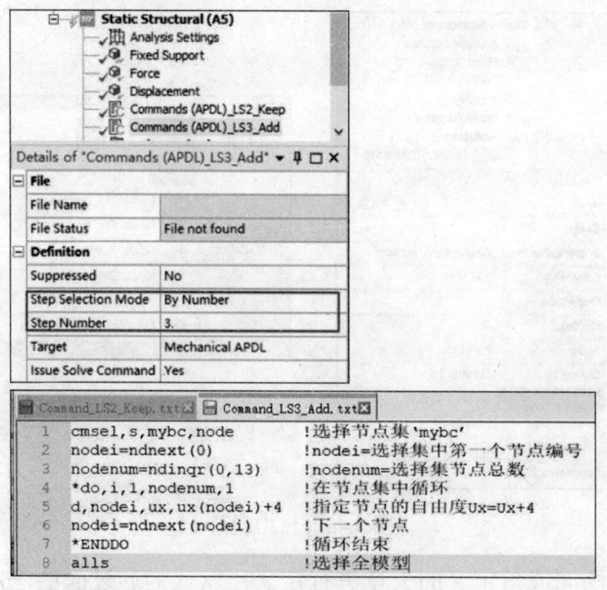

图 3.40　变形结构继续施加新的位移条件（6）

由于 MAPDL 命令流中的参数包括 4mm 的绝对数值，需要确认命令行窗口的单位是（mm，kg，N）的单位制。且模型提交求解时，也采用同样的单位制，如图 3.41 所示。

```
Commands
!   Commands inserted into this file will be executed just prior to the ANSYS SOLVE command.
!   These commands may supersede command settings set by Workbench.

!   Active UNIT system in Workbench when this object was created:  Metric (mm, kg, N, s, mV, mA)
!   NOTE:  Any data that requires units (such as mass) is assumed to be in the consistent solver unit system.
!               See Solving Units in the help system for more information.
```

图 3.41　变形结构继续施加新的位移条件（7）

（6）求解完成后，检查变形及应力结果（图略）。

提取位置 C 的 X 方向变形云图（图略）。

观察位置 C 在载荷步 1、2、3 的 X 方向变形的 Tabular Data，如图 3.42 所示。

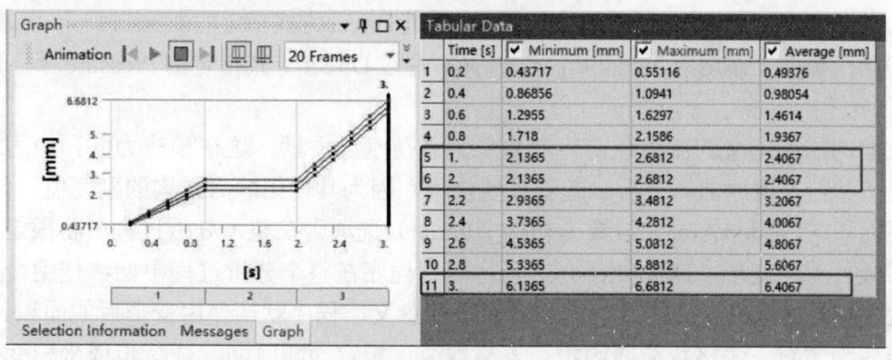

	Time [s]	Minimum [mm]	Maximum [mm]	Average [mm]
1	0.2	0.43717	0.55116	0.49376
2	0.4	0.86856	1.0941	0.98054
3	0.6	1.2955	1.6297	1.4614
4	0.8	1.718	2.1586	1.9367
5	1.	2.1365	2.6812	2.4067
6	2.	2.1365	2.6812	2.4067
7	2.2	2.9365	3.4812	3.2067
8	2.4	3.7365	4.2812	4.0067
9	2.6	4.5365	5.0812	4.8067
10	2.8	5.3365	5.8812	5.6067
11	3.	6.1365	6.6812	6.4067

图 3.42　变形结构继续施加新的位移条件（8）

3.2.5　压力载荷（Pressure）累加效应解析

压力载荷可以对几何模型进行施加，也可以对节点进行施加，如图 3.43 所示。

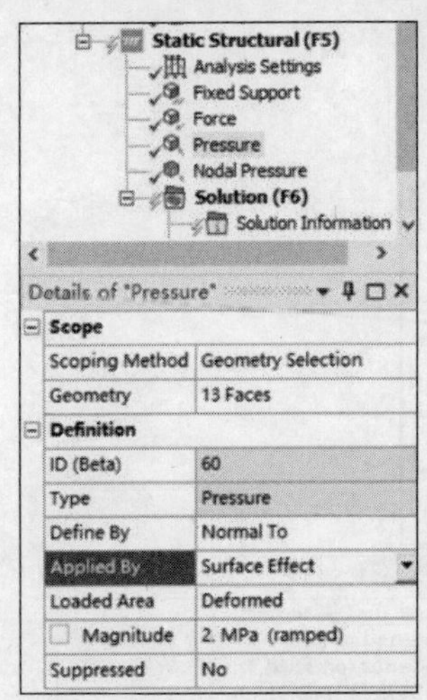

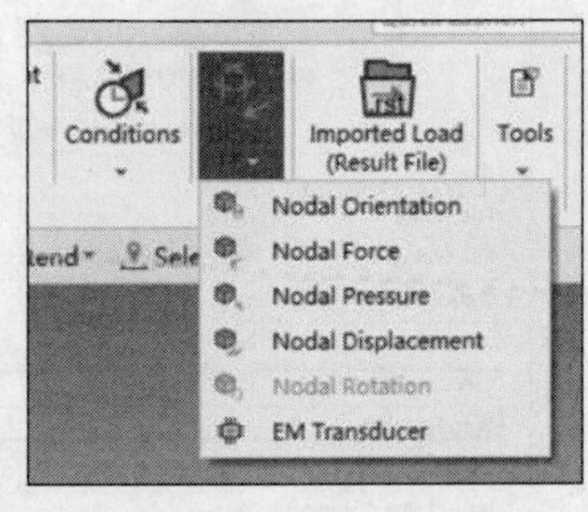

图 3.43　压力载荷

其方向通过面的法向或自定义的矢量进行定义，默认为通过面的法向定义。

在几何模型上通过 Surface Effect 或者 Direct 施加压力载荷，Surface Effect 优点在于它可以施加在任何方向，同时可以在一个面上施加多个载荷条件，如分别由于光照、对流、辐射引起的热流量等。使用 Surface Effect 加载，程序将自动在后台生成表面效应单元（如 surf154）。Direct 方式直接施加在模型的节点上，不生成表面效应单元。

压力的叠加效应根据以下规则确定：

（1）同一个面上 Surface Effect 方式施加的多组压力，产生累加效应。

（2）同一个面上 Direct 方式施加的多组压力，不产生累加效应，仅最后一个定义起作用。

（3）同一个面上如果既有 Surface Effect 方式施加的压力，又有 Direct 方式施加的压力，是可以叠加起作用的，但是 Direct 方式仍然遵循第二条。

（4）同一个面上如果有 Pressure、Force、Hydrostatic pressure 几种组合，为 Direct 方式施加，且方向相同，则最后一个定义的起作用。

（5）同一个面上作用有 Nodal force，又有通过 Direct 方式指定的 Pressure，产生累加效应。

（6）同一个面上作用有 Nodal Pressure，又有通过 Direct 方式指定的 Pressure，则 Mechanical 忽略后者。

通过面的法向定义的压力载荷将产生压力载荷刚度贡献，这在预应力（预应力谐响应、预应力模态和特征值屈曲）分析中起着重要作用，因为其使用静力结构的刚度值。

作用面积（Loaded Area）设置为初始（Initial）选项则在整个分析过程中将限定表面积作为一个常数。对于变形（Deformed）选项，应用程序在整个分析过程中始终使用变形后的表面积，这一特性的选择在大挠度问题中具有重要意义，程序默认使用变形后的面积。

载荷值为常数、表格载荷或函数。表格载荷可指定为随时间、载荷步或坐标变化，函数加载可指定载荷值随时间变化。

3.2.6　力载荷（Force）累加效应解析

类似于压力载荷，在几何模型上通过 Surface Effect 或者 Direct 施加，如图 3.44 所示。

力载荷叠加效应规则如下：

（1）同一个面 Surface Effect 方式施加的多组力，产生累加效应。

（2）同一个面 Direct 方式施加的多组力，仅最后定义的一个起作用。

（3）同一个面上作用有 Nodal force，又有通过 Direct 方式指定的力，产生累加效应。

（4）同一个面上如果既有 Surface Effect 方式施加的压力，又有 Direct 方式施加的压力，是可以叠加的起作用的，但是 Direct 方式仍然遵循第二条。

（5）同一个面上如果有 Pressure、Force、Hydrostatic pressure 几种组合，为 Direct 方式施加，且方向相同，则最后一个定义的起作用。

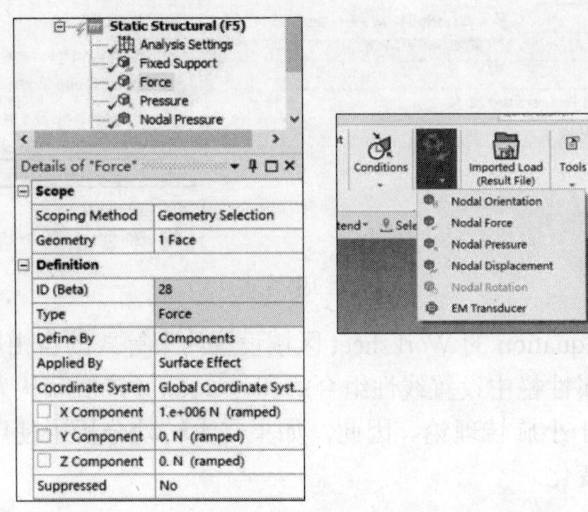

图 3.44　力载荷

3.2.7　建立约束等式

约束等式通过使用一个方程来关联模型的不同部分的运动。该方程考虑一个或多个远端点（Remote Point）的自由度（DOF），用于耦合场分析、谐响应、谐响应声学、模态、静态结构、或瞬态结构系统，或用于 Ansys 刚性动力学求解器的一个或多个运动副（Joint）。

例如，一个远端点 A 沿 X 方向的运动可以通过以下方法使其跟随远端点 B 沿 Z 方向的运动：

0=[1/mm·Remote Point A (X Displacement)] - [1/mm·Remote Point B (Z Displacement)]

该方程是自由度值的线性组合，方程中的每一项都由一个系数、一个远端点和一个自由度定义，线性组合的和可以为非零值。

$$\text{Constant} = \sum_{i=1}^{N} [\text{Coefficient}(l) \times U(l)]$$

举例说明，远端点 1 沿 X 方向位移的 2 倍与远端点 2 沿 X 方向位移的差值为 5mm。即 2×U1(x)-U2(x)=5mm。定义该约束等式的步骤如下：

（1）分别定义 Remote Point1 和 Remote Point2 驱动不同的几何特征（如几何面）。目录树 Model 右键 Insert>>Remote Point。

（2）目录树单击 Static Structural 右键 Insert>>Constraint Equation，或直接单击功能区 Context>>Environment>>Conditions>> Constraint Equation 按钮，进入设置界面，如图 3.45 所示。

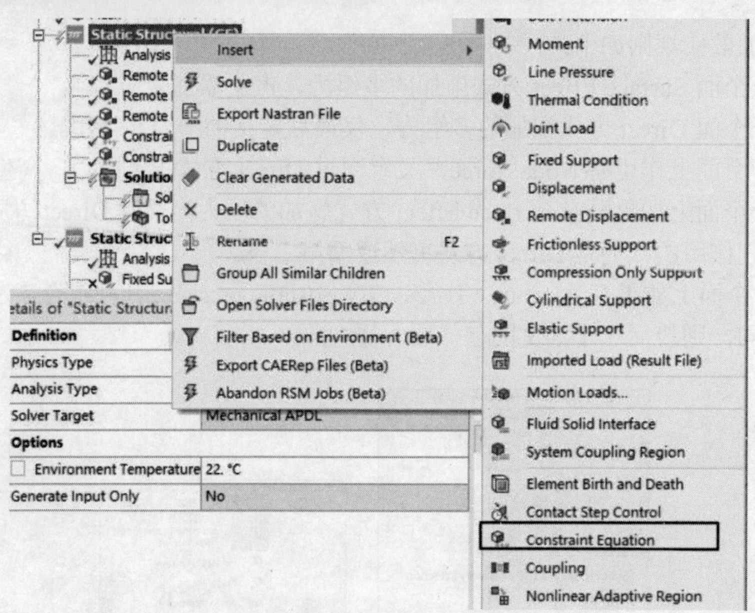

图 3.45　约束等式（1）

（3）在 Constraint Equation 的 Worksheet 区域设置约束等式的自由度以及系数，在 Details of "Constraint Equation"属性栏中设置线性组合的和为 5mm（该值默认为 0），如图 3.46 所示。

注意，约束方程基于小旋转理论。因此，如果在大转动分析中使用，约束方程中包含的自由度方向应该不显著变化。

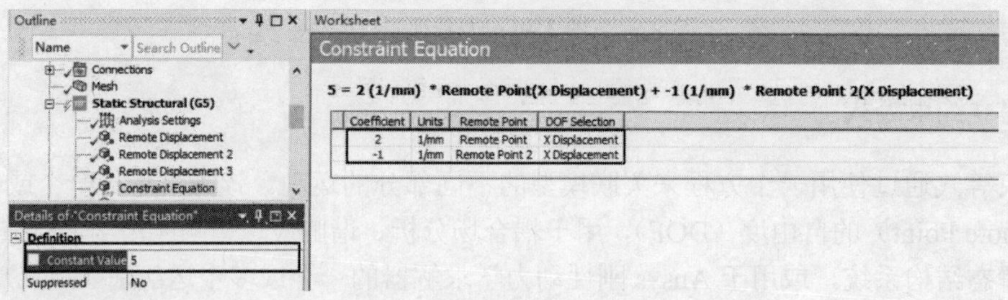

图 3.46　约束等式（2）

3.2.8　外部数据（External Data）解析

前几节介绍了在 Mechanical 界面直接对有限元模型或几何对象施加载荷，除此之外还有实验得到的外载荷数据、从 CFD 计算得到的压力数据、不同有限元模型上的温度结果、有限元模型的初始应力/应变结果以及 2D 计算结果等等，这些数据通过外部数据（External Data）引入到 Mechanical 中，External Data 使得用户可以将格式化的文本文件输入到 Mechanical 中。

外部数据流程如图 3.47 所示，在 Workbench 界面 Toolbox 栏 Component Systems 双击 External Data 模块，并将 sys-C2 的 Setup 按鼠标左键拖动至 Static Structural 的 Setup 栏。

以一组温度分布文本数据为例来说明，如图 3.48 所示，文本格式中第一行为标题，第二行开始为数据，第一列为节点号，第 2、3、4 列分别为节点所对应的 X、Y、Z 坐标，第 5 列为节点温度。

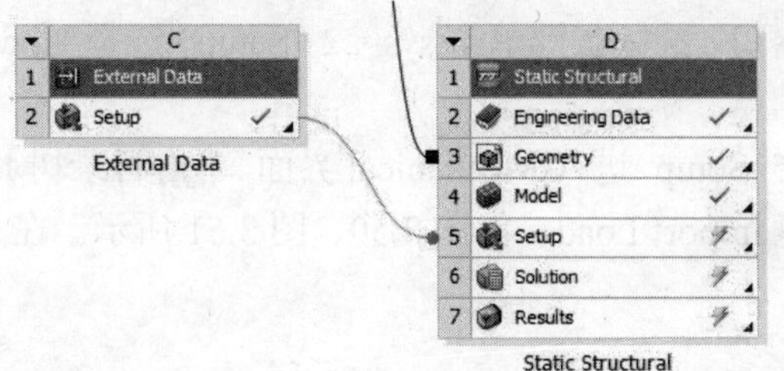

图 3.47 外部数据流程

ThermalExternal.txt

```
Node Number X Location (mm) Y Location (mm) Z Location (mm) Temperature (бyC)
1    62.5    -78.062 10. 60.364
2    62.5    -78.062 0.  60.368
3    62.5    78.062  10. 60.491
```

图 3.48 外部数据（1）

双击 Setup 后，选择数据文件（支持多组数据文件输入，这里仅展示了一组数据），在左下侧属性栏中进行数据的设置，Definition 依次设置 Dimension 为 3D，数据起始行为 2（注意文本中第一行为标题，数据映射并不使用），分割符类型、单位、坐标系（提供直角坐标系和圆柱坐标系选项）等。

Analytical Transformation 可以将数据的坐标进行变换处理，举个例子，如源数据生成的坐标与目标数据坐标不一致，源数据在柱坐标系下的半径为 10mm，而目标模型在柱坐标下半径为 8mm，直接应用到目标模型中，数据并不匹配。此时首先将坐标系类型设置为柱坐标系，Analytical Transformation 的 X Coordinate（即柱坐标系的 R 方向）输入 0.8*x，则源数据与目标模型实现匹配。同理，Rigid Transformation 实现源数据的平移和旋转。

在列表进行源数据列的选择，从下拉框中，注意到所支持的输入的外部数据源的类型，根据数据表中的内容进行选择，A、B、C、D、E 列依次为节点编号，X、Y、Z 坐标值及温度数据。右下方的列表对数据进行预览。如图 3.49 所示。设置完成后，关闭 Setup 窗口。

Reload Extensions

Outline of Schematic C2 :

	A	B	C	D	E
1	Data Source	Location	Identifier	Master	Description
2	C:…\ThermalExternal.txt	…	File1		
3	Click here to add a file	…			

Properties of File - C:\E_Drive\05 TEST\Thermal\ThermalExternal.txt

	A	B	C
1	Property	Value	Unit
2	Definition		
3	Dimension	3D	
4	Start Import At Line	2	
5	Format Type	Delimited	
6	Delimiter Type	Tab	
7	Delimiter Character	Tab	
8	Length Unit	mm	
9	Coordinate System Type	Cartesian	
10	Material Field Data		
11	Analytical Transformation		
12	X Coordinate	x	
13	Y Coordinate	y	
14	Z Coordinate	z	
15	Rigid Transformation		
16	Origin X	0	mm
17	Origin Y	0	mm
18	Origin Z	0	mm
19	Theta XY	0	radian
20	Theta YZ	0	radian
21	Theta ZX	0	radian

Table of File - C:\E_Drive\05 TEST\Thermal\ThermalExternal.txt : Delimiter - 'Tab'

	A	B	C	D	E
1	Column	Data Type	Data Unit	Data Identifier	Combined Identifier
2	A	Node ID			File1
3	B	X Coordinate	mm		File1
4	C	Y Coordinate	mm		File1
5	D	Z Coordinate	mm		File1
6	E	Temperature	C	Temperature1	File1:Temperature1

Preview of File - C:\E_Drive\05 TEST\Thermal\ThermalExternal.txt

	A	B	C	D	E
1	Node ID	X Coordinate	Y Coordinate	Z Coordinate	Temperature
2	1	62.5	-78.062	10.	60.364
3	2	62.5	-78.062	0.	60.368
4	3	62.5	78.062	10.	60.491
5	4	49.709	-86.77	10.	59.96
6	5	35.727	-93.4	10.	59.622
7	6	20.891	-97.794	10.	59.326
8	7	5.5537	-99.846	10.	59.011
9	8	-9.9163	-99.507	10.	58.755
10	9	-25.149	-96.786	10.	58.561
11	10	-39.779	-91.748	10.	58.397

图 3.49 外部数据（2）

返回 Workbench 主窗口，鼠标右键单击 sys-C2（Setup）选择 Update，鼠标右键单击 sys-D5（Setup）Refresh。

鼠标左键双击 sys-D5（Setup）进入 Mechanical 界面。单击目录树 Imported Body Temperature 属性栏设置完成后，右键 Import Load，如图 3.50、图 3.51 所示。在 Mechanical 界面查看温度映射结果（图略）。

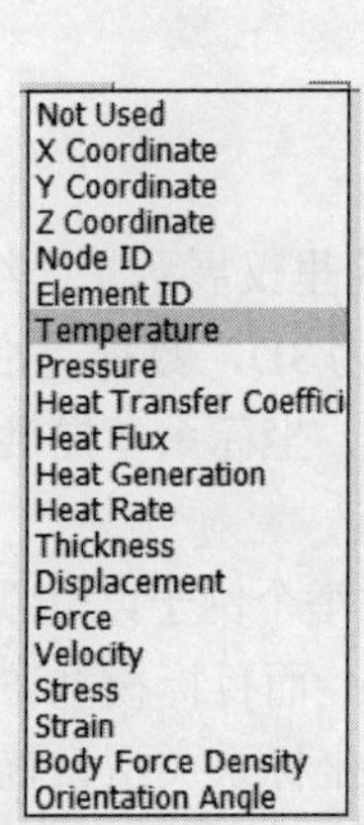

图 3.50　外部数据（3）

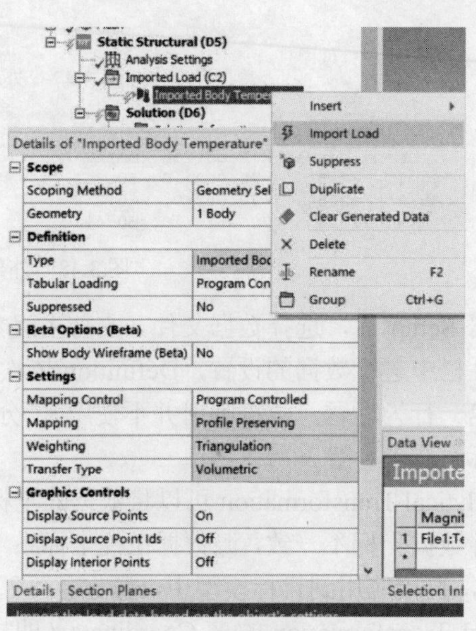

图 3.51　外部数据（4）

查看 Imported Load Transfer Summary 文本信息（图 3.52），源数据节点和目标节点数量相差过大以及未映射的节点会损失精度。

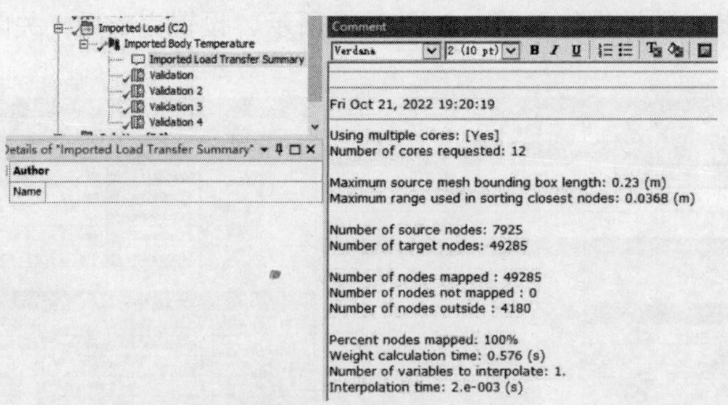

图 3.52　外部数据（5）

单击目录树 Imported Body Temperature 右键 Insert>>Validation 以云图方式验证数据的有效性。

3.3　求解

在有限元模型提交 Ansys 程序求解前，理解求解器、内存管理以及并行求解的相关知识将有助于用户最大限度利用计算软硬件资源，提高求解效率。

3.3.1　求解器类型

由有限元程序生成的联立线性方程组可以用直接消元法或迭代法求解。直接消去过程主要是高斯消去方法，求解变量$\{u\}$。

$$[K]\{u\}=\{F^a\}$$

式中，$[K]$为刚度矩阵；$\{u\}$为所求解未知自由度矢量；$\{F^a\}$为载荷矢量。

直接消元法是将矩阵$[K]$分解为下三角矩阵和上三角矩阵，$[K]=[L][U]$。然后用$[L]$和$[U]$进行前向和后向替换，计算向量$\{u\}$。下三角矩阵因子所需的空间通常比初始组合稀疏矩阵要大得多，因此直接方法需要大的磁盘空间或核内（In-Core）内存。

Mechanical 的直接求解器使用直接消元法，通过目录树 Analysis Settings 属性栏 Solver Controls>>Solver Type>>Direct 激活，如图 3.53 所示。MAPDL 通过 EQSLV，SPARSE 命令访问。

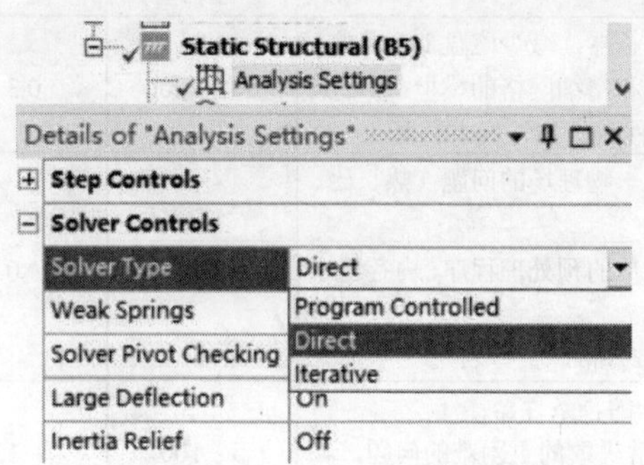

图 3.53　求解器类型

典型的迭代求解方法包括对解向量$\{u\}$的初始猜测$\{u\}1$，然后经过一系列迭代步骤，最终得到向量$\{u\}2$，$\{u\}3$，…使 n 趋于无穷时，在极限上$\{u\}n=\{u\}$。$\{u\}n+1$ 的计算涉及$[K]$，$\{F\}$，和来自之前迭代的一个或两个$\{u\}$向量。通常情况下，经过有限次迭代后，解收敛到指定的公差范围内。

Mechanical 的迭代求解器通过目录树 Analysis Settings 属性栏 Solver Controls>>Solver Type>>Iterative 激活，Mechanical 根据作业的类型选择合适的迭代求解器，若需要选择特定的求解类型，通过插入 MAPDL 命令行的方式控制。MAPDL 通过 EQSLV,*CG（*CG 表示 JCG、ICCG 或者 PCG）命令访问。

迭代求解器不需要矩阵分解，通常使用一系列非常稀疏的矩阵-向量乘法和预处理步骤迭代求解，这两种方法每次迭代所需的内存和时间都比直接分解要少。在许多情况下，迭代求解器可以减少磁盘 I/O 使用，减少总运行时间，提高并行效率性能。一般来说，迭代求解器不如直接求解器健壮。对于具有挑战性的数值问题，如近似奇异矩阵（具有主元的矩阵）或包含拉格朗日乘子的矩阵，直接求解器是一种有效的求解工具，而迭代求解器效果较差，甚至可能失败。

Jacobi 共轭梯度（JCG）求解器适用于条件良好的问题。条件良好的问题经常出现在传热、声学、磁场和固体二维/三维结构分析中。JCG 求解器可用于实数矩阵和复数矩阵、对称矩阵和非对称矩阵。预条件共轭梯度（PCG）求解器，它对所有类型的分析都是有效的和可靠的，包括病态梁/壳结构分析。PCG 求解器对实数对称矩阵和非对称矩阵都是有效的。对于病态矩阵，不完全 Cholesky 共轭梯度（ICCG）求解器比 JCG 求解器更健壮。ICCG 求解器可用于实数矩阵和复数矩阵、对称矩阵和非对称矩阵。

3.3.2 求解器选择指南

当选用不同的内存并行求解方式时，求解器的选择也有很大的不同，图 3.54 所示为共享内存并行（SMP）求解器的选择，图 3.55 所示为分布式内存并行（SMP）求解器的选择。

SMP 求解器选择指南

求解器	使用场景	理想的模型自由度数/万	内存用量/（GB/MDOF）	磁盘读写（I/O）/（GB/MDOF）
直接求解器	对非线性分析要求鲁棒性和求解速度时； 对线性分析，使用迭代求解器收敛速度较慢时（特别是病态矩阵，如形状不佳的单元）	≤10	核外：1 核内：10	核外：10 核内：1
PCG	相对于直接求解器，减少磁盘 I/O 需求； 大型实体单元和精细网格的模型； Ansys 中鲁棒性最好的迭代求解器	50～2000	0.3～1	0.5
JCG	最适合解决单一物理场的问题（热、磁、声、多物理）； 使用快速但简单的预处理程序，内存需求最小； 不如 PCG 求解器健壮	50～2000	0.5	0.5
ICCG	比 JCG 更复杂的预条件器； 用于 JCG 求解失败的更困难的问题，如不对称热分析	5～100	1.5	0.5
注：GB/MDOF 表示每百万自由度所用的内存 GB 数。				

图 3.54 SMP 求解器选择

核内（In-core）模式：在稀疏求解器中使用内存分配策略，该策略将尝试获得足够的内存，以在内存中运行整个矩阵分解。该选项使用最多的内存，并且避免了执行任何 I/O 操作，实现了最佳的求解器性能。但是，在这种模式下运行需要大量的内存，并且只建议在内存大的机器上使用。如果分配核内内存失败，求解器将自动恢复到核外内存（Out-of-core）模式。

核外内存模式：在稀疏求解器中使用内存的分配策略，尝试在内存中只分配足够的工作空间用于分解每个单独的波前矩阵，在磁盘上共享整个分解矩阵。这种内存模式会导致较差的性能，因为求解器对各种文件的 I/O 读写操作会造成潜在的瓶颈。

DMP 求解器选择指南

求解器	使用场景	理想的模型自由度数 / 万	内存用量 / (GB/MDOF)	磁盘读写（I/O）/(GB/MDOF)
直接求解器	与SMP相同，但是可以工作在DMP硬件系统;	50~1000	核外：1.5（头节点），1.0（子节点） 核内：15（头节点），10（子节点）	核外：10 核内：1
PCG	与SMP相同，但是可以工作在DMP硬件系统;	100~10000	1.5~2.0（所有处理器总和）	0.5
JCG	与SMP相同，但是可以工作在DMP硬件系统;	100~10000	0.5（所有处理器总和）	0.5

图 3.55 DMP 求解器选择

3.3.3 内存管理

1. 工作空间（Work space）和交换空间（Swap space）

MAPDL 程序需要驻留的内存和用作工作空间的内存。在 Linux 和 Windows 系统上，工作空间默认为 2GB（2048MB）。

程序所需的总内存量可能超过可用的物理内存量，超过物理内存的部分由系统从硬盘分配一部分空间作为虚拟内存。内存对比图如图 3.56 所示。

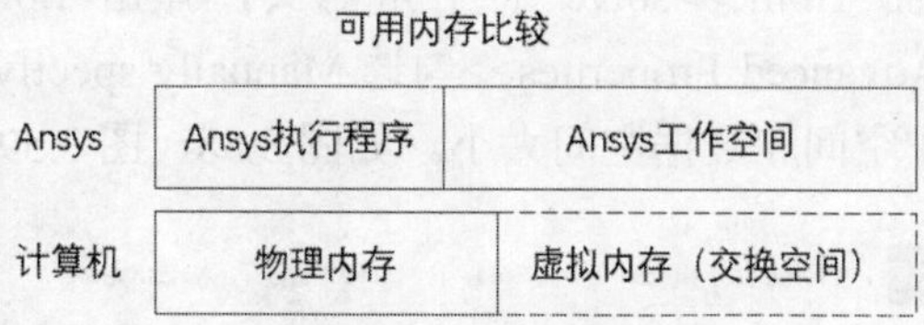

图 3.56 内存对比图

系统虚拟内存的磁盘空间称为交换空间，与其关联的隐藏系统文件称为交换文件（或页面文件）。程序所需的交换空间量主要取决于可用的物理内存量和分配的工作空间量。硬盘驱动器比系统内存慢得多，并且从内存写入数据到磁盘（或从磁盘读取数据到内存）会产生很大的开销，应尽可能避免使用虚拟内存，以免严重影响求解效率。

2. 程序如何使用工作空间

Mechanical 应用程序的工作空间分两部分使用，数据库空间（Database space）和临时空间（Scratch space）。数据库空间存放程序数据库（模型几何、材料属性、载荷等），临时空间用来完成所有内部计算（例如单元矩阵公式、方程求解和布尔计算）。

默认的工作空间是 2GB，其中一半分配给数据库空间，另一半分配给临时空间，这是程序启动时分配的内存量。

如果模型数据库太大，无法装入初始数据库空间，程序将尝试分配额外的内存。如果不能，则程序使用 MAPDL 虚拟内存，这是程序编写的用于数据溢出的文件。系统虚拟内存和 MAPDL 虚拟内存的主要区别在于前者使用系统函数在内存和磁盘之间交换数据，而后者使用 MAPDL 编程指令。Ansys 工作空间如图 3.57 所示。

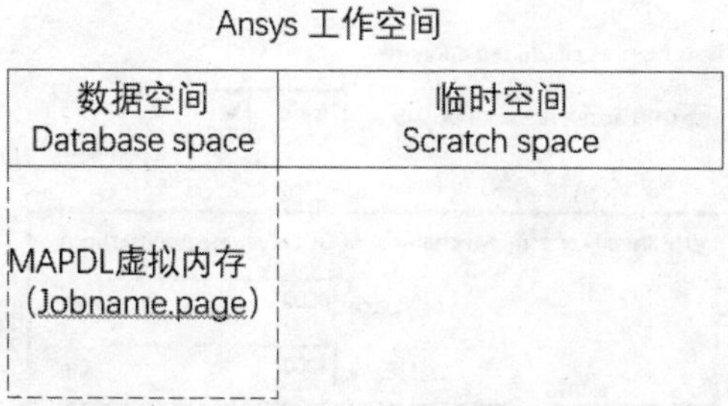

图 3.57 Ansys 工作空间

用于 MAPDL 虚拟内存的文件称为页面文件，其名称为 Jobname.PAGE。它的大小完全取决于数据库的大小。当页面文件第一次被写入时，程序发出一条消息。用户通常不希望使用页面文件，因为它是一种低效的处理数据的方式。用户可以通过分配更多的数据库空间（在如何和何时执行内存管理中讨论）来防止这种情况。

如果内部计算无法在初始的临时空间内进行，程序将尝试分配额外的内存以满足需求。如果成功，则会出现一条警报消息，表明已分配了额外的内存。

一般来说，用户应该有足够的物理内存来轻松地运行分析作业。如果只是临时使用虚拟内存或使用相对少量的虚拟内存，性能下降通常很小。当使用大量的虚拟内存，特别是在求解期间，可能会使性能下降近 10 倍。

3. Mechanical 中修改工作空间

单击 Mechanical 界面 Home>>solve 右下角箭头，弹出 Solve Process Settings>>My Computer>>Advanced…, Advanced Properties>>勾选 Manually specify Mechanical APDL solver memory settings，输入工作空间和数据空间大小。如图 3.58、图 3.59 所示。

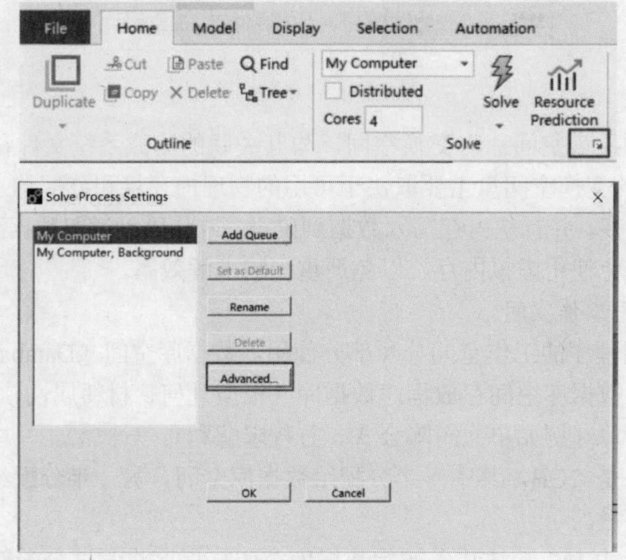

图 3.58　指定内存（1）

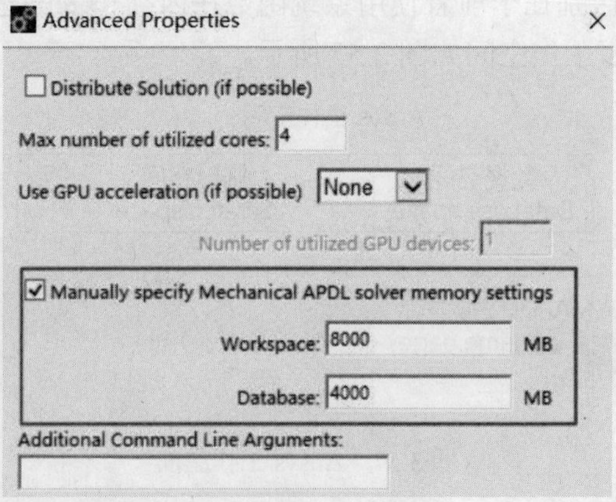

图 3.59　指定内存（2）

4. MAPDL 修改工作空间

打开开始菜单>>Ansys2021R2>>Mechanical APDL Product Launcher 2021R2 应用程序。Customization/Preferences 选项卡勾选 Use custom memory settings 设置计算所需内存，如不设置，程序默认为工作空间 2048MB，数据空间 1024MB。如图 3.60 所示。

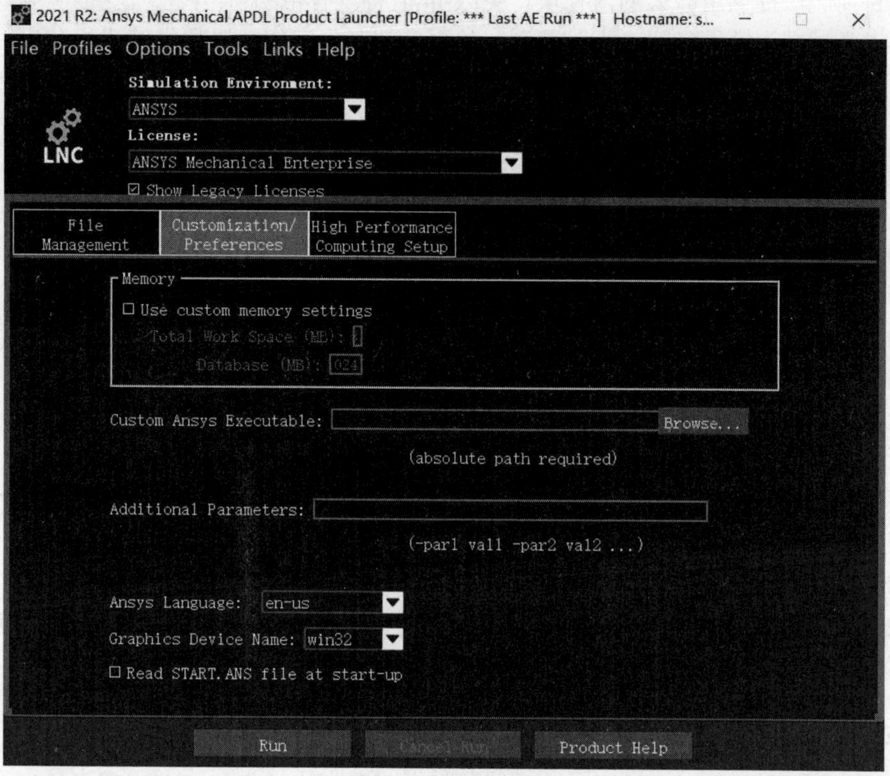

图 3.60　MAPDL 内存指定

按第 1 章 1.2 小节“输入文件 input.dat 在 MAPDL 环境下批量提交作业”命令行提交作业时，命令行中加入-m 加数值修改工作空间大小，-db 加数值修改数据空间大小。如设置为与 Mechanical 一致的工作空间及数据空间，其命令为：-m 8000 -db 4000。

3.3.4　内存管理报错或警告的原因及应对措施

1. 临时空间不足，内存（memory）不足

示例 1：This model requires more scratch space than available. Ansys has currently allocated xxMB and was not able to allocate enough additional memory in order to proceed. Please increase the virtual memory on your system, and/or increase the work space memory and rerun Ansys. Problem terminated.

示例 2：There is not enough memory for the Sparse solver to proceed. Please increase the virtual memory on your system and/or increase the work space memory and re-run Ansys. Memory currently allocated for the Sparse solver = xxMB. Memory currently required for the Sparse solver to continue =yyyMB.

可能原因及应对措施：

当在动态内存模式下运行程序，并且程序试图分配额外的内存，但由于找不到足够大的连续内存块进行操作而失败时，会提示该类消息。

在程序执行命令中指定更高的工作空间（-m）值并再次执行程序可能会有所帮助。但是，如果系统目前无法提供足够大的内存块，更改-m 值将没有帮助。

还可以尝试减小数据空间大小，帮助释放更多的工作空间，以便继续进行分析。

增加系统虚拟内存也可能有所帮助，使物理内存（RAM）加上虚拟内存完全超过故障点所需要的内存值。单击 Windows 开始菜单>>控制面板>>系统>>高级>>性能>>设置>>高级>>虚拟内存，增加虚拟内存的大小。

2. *请求的内存不可用*

示例 1：The memory (-m) size requested is not currently available. Reenter Ansys command line with less memory requested.

示例 2：The database (-db) space requested is not currently available. Reenter Ansys command line with less database space requested.

可能原因及应对措施：

这两种消息都可能在程序启动时出现。

程序使用的内存驻留在系统虚拟内存中。用户为程序（通过程序命令行或配置文件）的工作空间（-m）或数据库空间（-db）请求的内存量所需的系统虚拟内存当前不可用。

请求更少的工作空间或数据空间，然后再次执行程序。

如果初始请求的内存是必需的，等待直到有足够的系统虚拟内存可用，然后重试。

尝试增加系统的虚拟内存。

3.3.5 共享内存（SMP）和分布式内存（DMP）

单核求解存在很大的计算瓶颈，提高求解速度的最佳方法通常是使用更多的处理器内核。这是通过并行处理完成的。

共享内存并行 Shared Memory Parallel（SMP）与分布式内存并行 Distributed Memory Parallel（DMP）有不同的内存模型。SMP 和 DMP 可以指硬件和软件产品。在硬件方面，SMP 系统共享一个可由多个处理器寻址的全局内存映像。DMP 系统通常被称为集群，它涉及在网络上连接在一起的多台机器（即计算节点），每台机器都有自己的内存地址空间。机器之间的通信是通过互连处理的（例如千兆以太网）。

在软件方面，MAPDL 的共享内存并行是指在 SMP 系统上跨多个核心运行程序。分布式内存并行是指在 SMP 系统或 DMP 系统上的多个处理器上运行程序。

分布式内存并行处理假设每个进程的物理内存与所有其他进程是独立的。这种类型的并行处理需要某种形式的消息传递软件在核心之间交换数据。用于这种通信的软件称为 MPI（消息传递接口）。MPI 软件使用一组标准的例程来发送和接收消息以及同步进程。DMP 模型的一个主要吸引力在于，可以构建非常大的并行系统，且 DMP 模型往往比 SMP 模型能获得更好的并行效率。

图 3.61 中 Solve 默认为 SMP，勾选 Distributed 后切换为 DMP。通过指定 Cores 的数量实现并行求解。

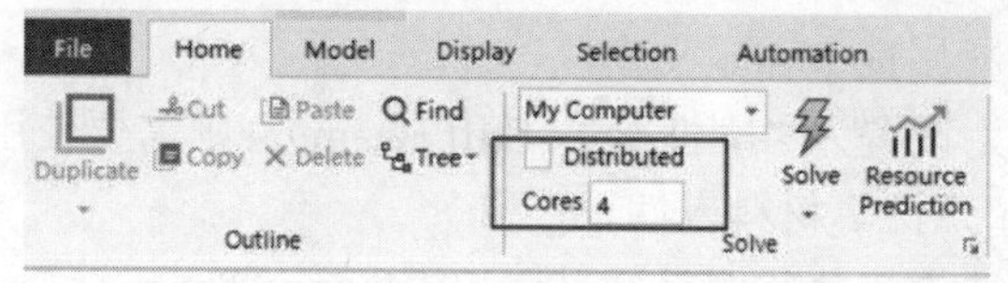

图 3.61 SMP 与 DMP

大型集群通常由企业 IT 部门进行部署，对作业的调度进行统一规划，这里不做讨论。

3.3.6 并行处理

有限元模型数值求解的计算量非常庞大，大多数计算都是在分析的求解阶段内执行的。在求解过程中，主要执行三个步骤：

（1）形成单元矩阵，并组合成全局方程组。

（2）求解全局方程组。

（3）使用全局结果来获得所有的单元和节点结果集。

这三个主要步骤涉及的很多计算工作通过并行处理，可以最大限度地利用更多计算机核心。求解阶段的三个步骤都可以利用 SMP 处理，包括大多数方程求解器，加速效果受到访问内存中的全局共享数据、I/O 操作和计算密集型求解器操作中的内存带宽需求的限制。

DMP 同样可以实现上述三个步骤的并行，DMP 获得的加速效果受到与 SMP 相似的限制（I/O，内存带宽），计算在进程之间的平衡情况、消息传递的速度，以及不能以并行方式完成的工作量的限制。

需要注意的是，SMP 只能在共享公共地址空间的配置上运行，它不能在不同的机器之间运行，甚至不能在集群中的节点之间运行。然而，DMP 可以在一台机器（SMP 硬件）上使用多个核心运行，也可以在多台机器（即集群）上使用每台机器（DMP 硬件）上的一个或多个核心运行。

用户可以选择使用标准许可的 4 核心 SMP 或 DMP 处理。为了最大的并行处理加速效果，则必须获得额外的 Ansys HPC 许可证。

3.4 常见求解报错或警告的原因及应对措施

有限元模型提交 Mechanical 求解后，用户需要通过 Solution Information 的输出信息来查看求解进程，本节列出常见的求解报错及警告信息产生的原因及应对措施。

3.4.1 无效的材料属性（Invalid Material Properties）

An Error Occurred Inside the SOLVER Module: Invalid Material Properties.

可能原因及应对措施：

（1）材料定义。

1）检查目录树每个几何 Part 的 Details 属性栏，查看是否选择了正确的材料。

2）转到 Workbench 界面 Engineering Data 编辑和检查所使用材料的数值及单位，并验证材料定义（包括数字和单位）。

（2）不同结果类型，所要求的材料属性设置。

1）动力学结果，材料属性中需定义密度。

2）梁单元的刚度行为设置为“刚性梁”（Stiff Beam），则需要使用各向同性弹性模量，不允许使用各向异性或者超弹性等材料属性。

3）热应力分析，需要定义热膨胀系数（Coefficient of Thermal Expansion 或 CTE）。

4）热分析需要定义导热率（Thermal Conductivity）。

5）瞬态热分析需要定义比热（Specific Heat）。

6）检查热分析中温度相关数据导热率和对流数据的“平滑性”。非光滑曲线将导致求解报错。

3.4.2 CAERep 损坏（CAERep is Corrupted）

An unknown error has occurred: The CAERep is Corrupted.

可能原因及应对措施：检查 Engineering Data 中定义的材料名称，是否有非法字符（如中文的逗号）。合法字符为大小写英文字母、数字、字符、下划线、中横线等。

3.4.3 磁盘空间不足（Insufficient Disk Space）

An Error Occurred While Solving Due To Insufficient Disk Space.

可能原因及应对措施：

（1）在 MAPDL 求解过程中，由于要写入大量的结果文件，可能会耗尽磁盘空间。确认求解文件夹所在的驱动器上是否有足够的空闲磁盘空间。

（2）没有求解文件夹目录的写权限。

（3）前一个 Mechanical 或 MAPDL 任务的文件已经驻留在求解文件夹。

3.4.4 求解器启动错误（Starting the Solver Module）

An Error Occurred While Starting the Solver Module.

可能原因及应对措施：

（1）内存不足。可能没有分配给系统足够的虚拟内存。单击 Windows 开始菜单>>控制面板>>系统>>高级>>性能>>设置>>高级>>虚拟内存，增加虚拟内存的大小。

（2）磁盘空间不足。可能没有足够的磁盘空间来支持虚拟内存和分析中创建的临时文件的增加。一定要保证求解所需的足够的磁盘空间。

（3）产品安装损坏。

（4）许可证（License）请求被拒绝。

（5）cmd.exe 的启动目录被 AUTORUN 选项覆盖，导致求解器无法找到求解器输入文件。

（6）如果 Workbench 数据文件驻留在具有写权限的 UNC 路径上（例如\\pghxpuser\Shares），则 Ansys 输入文件（Input file）将被成功写入，但将无法启动求解器。若要求解，应将驱动器映射到该位置，然后重新打开项目。如果没有写权限，Workbench 会将 Ansys 输入文件（Input file）写入用户的临时目录（%tmp%），并从该目录执行求解。

3.4.5 内部求解极值超限（Internal Solution Magnitude Limit）

An Internal Solution Magnitude Limit Was Exceeded. …Check your Environment for inappropriate load values or insufficient supports. See the Troubleshooting section of the Help System for more information.

可能原因及应对措施：

（1）在大多数情况下，如果模型约束不足，或者模型施加了非常大的载荷，就会出现此消息。首先检查边界条件及载荷是否正确。

（2）在某些情况下，可能需要在没有约束的情况下施加自平衡的载荷。考虑调整弱弹簧刚度或打开惯性释放。

（3）对于热分析，至少有一个散热器和一个热源。

3.4.6 迭代求解器（Iterative Solver）

An iterative solver was used for this analysis...However, a direct solver may enhance performance. Consider specifying the use of a direct solver.

可能原因及应对措施：

程序采用迭代求解器求解，为了得到收敛解，需要进行大量的迭代。

默认情况下，程序将根据分析类型和几何属性选择直接或迭代求解器。一般来说，小模型使用直接求解器性能更好，而大模型使用迭代求解器性能更好。然而，有时程序选择了迭代求解器，但直接求解器会表现得更好。用户可以在目录树 Analysis Settings 文件夹的 Details 视图中指定求解器类型，强制使用直接求解器。

3.4.7 几何体仅包含一个单元

At least one body has been found to have only 1 element...in at least 2 directions along with reduced integration. This situation can lead to invalid results. Consider changing to full integration element control or meshing with more elements. Refer to Troubleshooting in the Help System for more details.

可能原因及应对措施：

（1）可能出现在：

1）结构实体模型。

2）至少在两个方向上只有一个单元的六面体网格。

3）指定了减缩积分，如果几何对象中的单元控制设置为程序控制，默认情况下可能发生这种情况。减缩积分（Reduced Integration）的设置参考 2.5.4 小节。

如果满足上述条件，分析有可能引起沙漏模式。在这种情况下，求解器将报告小主元警告和出现不真实的变形。

（2）应对措施：

1）首先确定哪些实体在厚度仅有一个单元，在图形界面单击右键选择 Go To>>Bodies With One Element Through The Thickness 定位这些 Body，如图 3.62 所示。

2）修改网格，使其至少在两个方向上有两个及以上的单元，这将在大多数情况下避免沙漏模式。在极少数情况下，需要修改网格使得三个方向上都有两个及以上的单元。

3）对该实体几何使用完全积分。

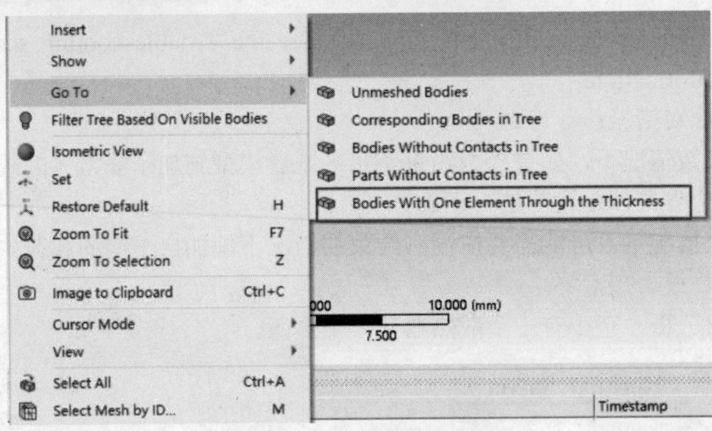

图 3.62 网格错误（1）

4）使用低阶单元。

图 3.63 演示了一个六面体网格控制的对比，右图通过控制使得在两个方向有多个单元。

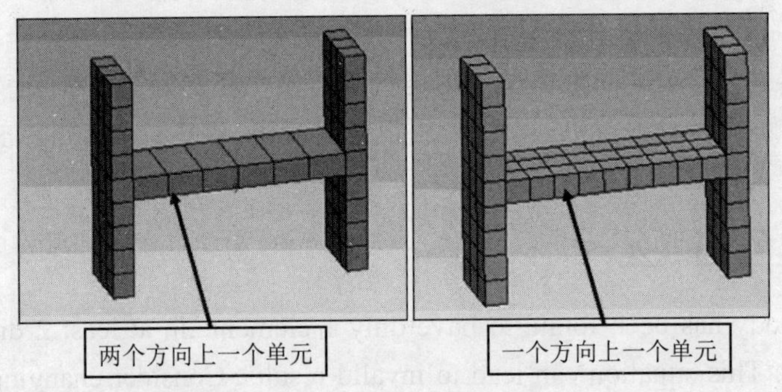

图 3.63 网格错误（2）

3.4.8 单元高度扭曲（Highly Distorted）

Element n located in body（and maybe other elements) has become highly distorted.

可能原因及应对措施：

在求解过程中一个或多个未能满足某些求解器标准，因此程序检测到单元扭曲错误。

（1）在求解文件夹中检查 file.err 文件的出错信息。

（2）提交计算前在“Solution Information”对象的“Identify Element Violations”属性指定识别单元错误的保存数目 n（默认为 0，不输出该信息），则求解过程中每个迭代步动态更新 file.nd00n。求解失败后，将最后 n 次迭代的单元错误的集合存放在 nd00n_HDST_Elements 的 Named Selection 中，鼠标单击 nd00n_HDST_Elements 右键 Export...>>Export Text Tile，程序自动打开 Excel 表格，列表显示集合中的单元，如图 3.64、图 3.65 所示。

（3）参考第 2.5.9 节找到这些单元所在 Part，对网格进行优化。

Identify Element Violations 识别以下单元错误。

1）单元扭曲过大。

2）非线性分析中包含 0（或接近 0）主元节点的单元。

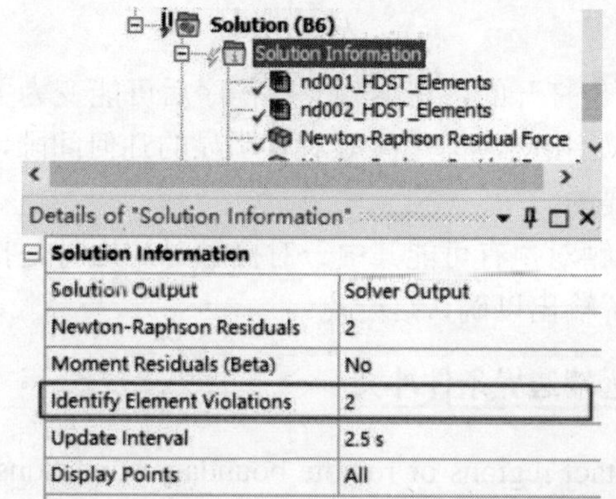

图 3.64　单元错误（1）

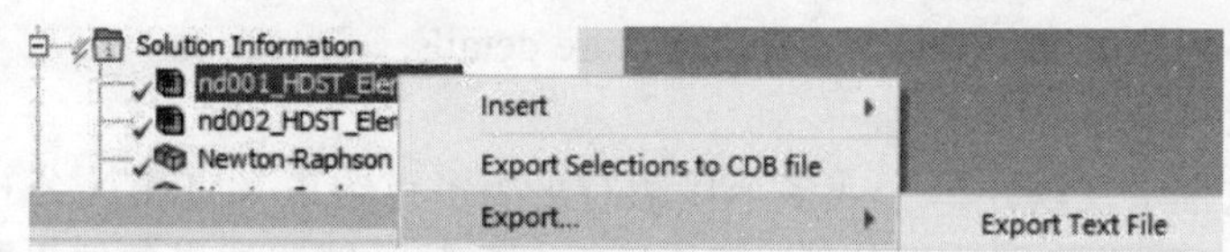

图 3.65　单元错误（2）

3）塑性/蠕变应变增量过大（EPPL/EPCR）。

4）不满足混合 u-P 约束的单元（仅针对使用了混合 u-P 选项的 18x 号实体单元）。

5）径向位移未收敛。

3.4.9　激活大变形选项

Large deformation effects are active, ... Which may have invalidated some of your applied supports such as displacement, cylindrical, frictionless, or compression only supports. Refer to Troubleshooting in the Help System for more details.

可能原因及应对措施：

在大变形分析中，随着求解的进行程序更新节点坐标直至最终构型。因此，仅约束节点的部分自由度而不是所有自由度（例如仅约束 UX=0）的支撑条件可能会随着模型节点坐标和节点旋转角度的更新而不再合适。即使旋转角度改变，强制的自由度位移方向也不会改变。一个典型的例子是杆件的简单扭转。最初，零度位置节点的周向为 UY，但旋转 90°后，周向为 UX。

仅固定部分节点的运动，而容易受到大变形影响的支撑条件包括：位移（Displacement），圆柱支撑（Cylindrical Support）以及无摩擦支撑（Frictionless）。

此外，仅压缩支撑（Compression Only Support）可能容易受到大变形影响，支撑面可能发生大的滑动。

3.4.10　接触对初始状态未接触

One or more contact regions may not be in initial contact.

可能原因及应对措施：

在求解过程中，程序探测到一个或多个接触对初始没有接触。

检查“Solution Information”对象的输出信息，以确定哪些接触对最初处于打开（Open）

状态，并采取适当的操作。

（1）如果接触对最初是打开的，在加载应用程序后可能变为关闭，则此信息是合理的。

（2）如果需要建立初始接触，但是接触对有明显的几何间隙，手动设置 Pinball 半径到一个足够大的值可能是必要的。

（3）如果激活对称接触对，有可能其中一对接触对初始时是打开的，而它的对称接触对初始时是接触的，检查求解输出以确认这一点。

3.4.11 MPC 接触区域或远端边界条件冲突

One or more MPC contact regions or remote boundary conditions may have conflicts. ...With other applied boundary conditions or other contact or symmetry regions. This may reduce solution accuracy. Tip: You can graphically display FE Connections from the Solution Information Object. Refer to Troubleshooting in the Help System for more details.

可能原因及应对措施：

程序在求解过程中发现，一个或多个接触对采用多点约束（MPC）公式与另一个接触区域或边界条件重叠。对于远端边界条件，若与另一个接触区域或边界条件重叠的也会提示该警告信息。

由于 MPC 公式可能会导致过度约束，如果应用到相同的节点集合不止一次，程序可能无法完全将所需的对象绑定在一起。检查“Solution Information”对象的输出信息，以确定哪些接触对和节点集合受到此条件的影响。具体来说，可能发生在以下情况。

（1）接触对对象（无论是边还是面）如果也有一个狄利克雷（规定的位移/温度）边界条件应用于它。在这种情况下，MPC 约束将不会在具有规定条件的节点上创建，从而可能导致部件失去接触。有时，这种警告可以被忽略，如一个大的面，其一个边上作用有固定约束，另外一个边上有一个接触对。如果确定重叠区域确实存在，则考虑应用新的支撑条件或使用 MPC 以外的公式。

（2）两个 MPC 接触对共享拓扑（例如一个面或边缘）。同样，有可能其中一对或两对失去接触。当程序自动生成边/面接触时，这条信息经常会发生，因为通常会创建两个互补的接触对（即 Part1 的边和 Part2 的面，Part1 的面和 Part2 的边）。在这种情况下，通常可以在验证结果正确性后忽略该消息，并在必要时删除/抑制其中一个接触对。当同一区域的一个部件（通常是面体）与两个或更多部件接触时，也可能发生这种情况。在这种情况下，一个或多个部件有可能失去接触。考虑减小 Pinball 半径以避免重叠，或更改有问题的区域，使用 MPC 以外的接触公式。

（3）当使用 MPC 接触连接刚体和运动副（Joint）时，有时会出现过度约束的情况。

（4）当远端边界条件与周期/循环对称区域的低/高区域重叠时，可能会遇到过度约束的情况。情况严重时，应用程序可能会终止。

模型中包含图 3.66 的设置，区域 1、区域 2 分别和区域 3 建立 MPC 接触，则区域 3 在第一个圆圈处既要满足 MPC1 的设置，也要满足 MPC2 的条件。同样地，区域 3 在第二个圆圈处，既要满足 MPC2 的条件，也需要满足位移约束的条件。把区域 3 与区域 1、2 的交界面以及位移约束所在面通过 SCDM 切分成 5 个面，从左至右依次为面 1、面 2、…、面 5。面 1 作为 MPC1 的接触面，面 2 不和任何面接触，面 3 作为 MPC2 的接触面，面 5 施加位移约束。

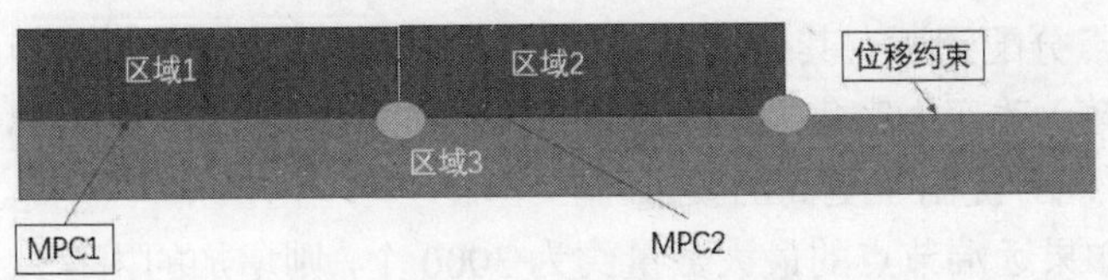

图 3.66 MPC 或边界条件冲突

3.4.12 欠约束（Underconstrained）

One or more parts may be underconstrained, ...and experiencing rigid body motion.

可能原因及应对措施：

程序检测到模型可能约束不足，弱弹簧将添加到有限元模型以获得解。

不稳定接触如无摩擦（Frictionless）、无分离（No-Separation）、粗糙（Rough）或仅压缩支撑（Compression Only Support）是激活的，程序将自动添加弱弹簧，以使问题在数值上更稳定。

由于弱弹簧（Weak Springs）相对于模型具有较低的刚度，它们不会对适当约束的模型产生影响。

弱弹簧仅仅是数值上帮助收敛的，物理中并不存在，为了模型更加真实地反映物理现象，通常在 Analysis Settings 对象的 Details 视图中将弱弹簧选项设置为 Off，添加合适的约束条件使得模型不产生刚体位移，如图 3.67 所示。

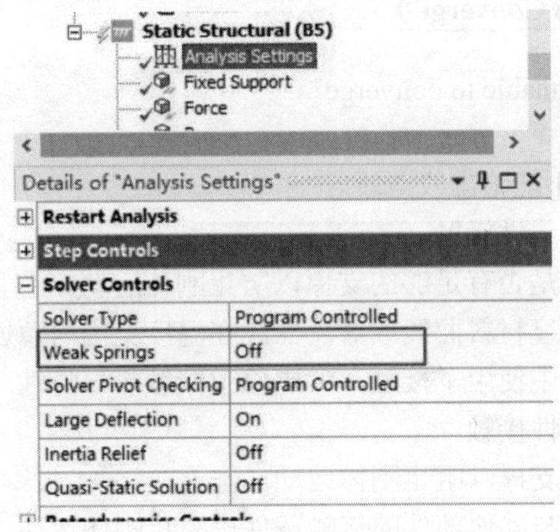

图 3.67 弱弹簧选项

3.4.13 远端边界条件（Remote Boundary Conditions）

One or more remote boundary conditions is scoped to a large number of elements, ...which can adversely affect solver performance. Consider using the Pinball setting to reduce the number of elements included in the solver.

可能原因及应对措施：

作用域为大量单元的远端边界条件可能导致求解器消耗过多的内存。包含质量点（Point Mass）和包含远端位移的分析对这种现象最敏感。

内存消耗过多的原因是，远端边界条件生成内部约束方程，将质量、远端位移或远端载荷从模型的一个节点分配到所有其他选择的节点。约束方程可以将稀疏矩阵（例如刚度矩阵、质量矩阵或阻尼矩阵）改变为密集矩阵，约束方程增加了最终矩阵的密度，使得程序在求解时对内存（或 CPU 时间）提出了更高的要求。

通常情况下，如果远端节点的最大数量约为 3000 个，则增加的内存使用量或 CPU 时间并不显著。应该注意不要在程序中使用太多的远端节点。

考虑修改 Pinball 设置，以减少求解器中包含的单元数量。

强制使用迭代求解器也会有所帮助。

使用其他方法可以分配载荷或质量。例如，要将一个点质量分布到整个模型中，可以考虑直接指定密度，而不是使用质量点方法。

3.4.14 变形大于模型的边界（Model Bounding Box）

The deformation is large compared to the model bounding box,… Verify boundary conditions or consider turning large deflection on.

可能原因及应对措施：程序一旦检测到节点变形超过 10%的模型对角线尺寸，即会提示该信息，表明模型当前的力学响应偏离了线性。应检查载荷大小、面体厚度和接触选项。如果检查无误，应进行非线性分析。在 Analysis Settings 对象的 Details 视图中将大变形（Large Deflection）设置为“打开”。

3.4.15 不收敛（Unable to Converge）

The solver engine was unable to converge.

可能原因及应对措施：

求解器对非线性问题不能给出收敛解。

（1）模型中不存在非线性接触。

1）对于结构分析检查是否有足够的支撑以防止刚体运动。

2）对于热分析检查温度材料曲线或对流曲线在温度范围内急剧上升和/或下降。

3）如果在热分析过程中使用了接触，考虑修改接触热导特性（Thermal Conductance）。

（2）模型中存在非线性接触。

1）检查是否有足够的支撑以阻止刚体运动。

2）检查是否有足够的与其他部件的接触条件以阻止刚体运动。

3）检查载荷是否合理。与线性问题不同，高级接触是非线性的，如果有不合适的加载，就可能出现收敛问题。

4）检查可能接触的表面的网格是否足够细。太粗的网格可能导致不准确的答案和收敛困难。

5）考虑将法向接触刚度（Normal Stiffness）KN 软化设置为 0.1。默认值是 1，较小的法向接触刚度（Normal Stiffness）系数将允许更多的接触穿透，这可能导致不准确，但可能帮助问题收敛。

6）如果接触行为是对称的（Symmetric），考虑使用非对称接触（Asymmetric）。这可能有助于解决接触振荡不收敛问题。

3.4.16 自由度约束冲突（Conflicting DOF Constraints）

The solver has found conflicting DOF constraints, ...at one or more nodes. Refer to the Troubleshooting section in the Help System.

可能原因及应对措施：

Mechanical 中的各种边界条件指导求解器对一个或多个节点应用特定的位移或旋转值。其中有固定约束、简支、旋转约束、无摩擦约束、圆柱约束、对称平面和位移。Mechanical 允许使用节点定位（Nodal Orientation）旋转节点。尽管 Mechanical 试图协调这些约束以及节点旋转，但在某些情况下，节点可能会从这些边界条件设置中获得不同的和不兼容的位移或旋转值，求解器将报告冲突。

一个简单的例子可以说明这一点，应用非零位移到一个模型的两个面，这两个面共线，特别是当位移并非垂直方向。共线的节点可能会发现相互冲突的指令，这些节点被要求沿着空间中相同的方向移动不同的数值。对于这种情况，考虑修改该非零位移，使它们作用于垂直方向。

另一个例子是，在 Mechanical 中添加一个或多个节点定位（Nodal Orientation），并将其他边界条件应用到相同的几何对象。每个节点定位规定了一个子集的节点坐标系，一个给定的节点只能指定一个节点坐标系。只要这个条件不满足，Mechanical 就会发送一个错误信息，即“求解器发现 DOF 约束与一个或多个节点上的直接有限元边界约束条件（Direct FE）加载存在冲突”。

Direct FE 不能应用于已经有几何约束的节点，这些约束可能修改节点坐标系，如图 3.68 所示。

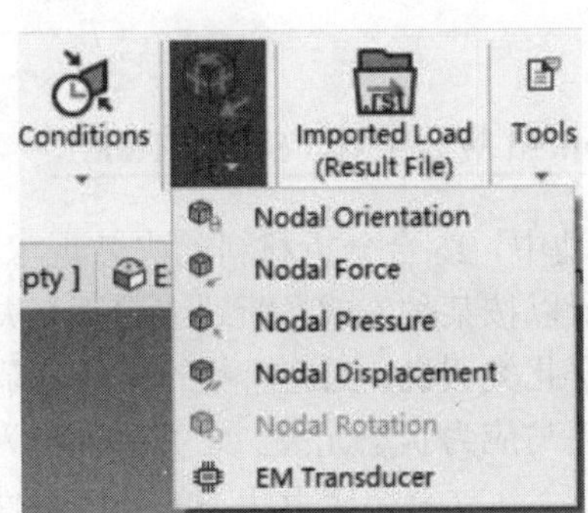

图 3.68 节点方向

第 4 章　Mechanical 后处理热点解析

后处理在 MAPDL 的/post 或者/post26 模块下进行，在 Mechanical 的交互式界面 Solution 下完成，如图 4.1 所示。通过后处理模块，用户可以提取有限元求解的未知量（如位移）及求解量的导出量（如应力、应变等）、自定义结果、组合结果等，对于特殊的结果类型，如接触、梁单元、应力线性化等可以通过专用的工具对结果进行处理。对模型的后处理需要考虑的因素包括：变形结果、反力结果、应力和应变结果、应力集中、应力奇异、误差来源等。

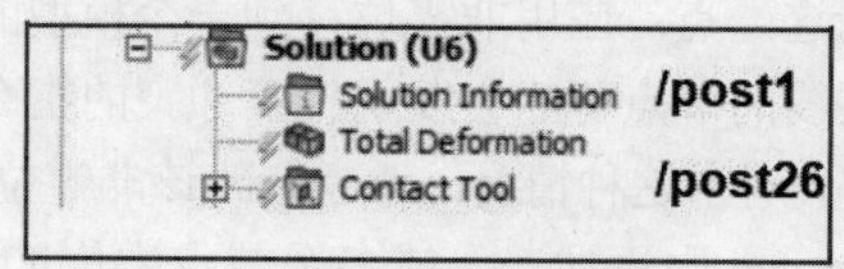

图 4.1　Mechanical 后处理

4.1　力学及有限元基础

本节讨论材料力学强度理论及其在 Mechanical 中的使用，同时讨论有限元分析中应力结果的精度。

4.1.1　第一强度理论与 Mechanical 应力工具（Stress Tool）

人们在长期的生产实践活动中，综合分析材料的失效现象及资料，对强度失效提出各种假说。这类假说认为，材料之所以按某种方式（断裂或屈服）失效，是应力、应变或变形能等因素中的某一因素引起的。根据此类假说，无论简单的还是复杂的应力状态，引起失效的因素都是相同的，即造成失效的原因与应力状态无关，此类假说称为强度理论。利用强度理论，可以通过简单应力状态的实验结果，建立复杂应力状态的强度条件。常用的四种强度理论和莫尔强度理论都是在常温、静载荷下，适用于均匀、连续、各向同性材料的强度理论。

解释断裂失效的理论有最大拉应力理论（第一强度理论）和最大伸长应变理论（第二强度理论），解释屈服失效的理论有最大剪应力理论（第三强度理论）和形状改变比能理论（第四强度理论）。

最大拉应力理论（第一强度理论）认为最大拉应力是引起断裂的主要因素。

$$\sigma_1 \leqslant [\sigma]$$

式中，σ_1 为最大拉应力；$[\sigma]$为极限应力除以安全系数得到的许用应力。

铸铁等脆性材料在单向拉伸条件下，断裂发生于拉应力最大的横截面。脆性材料的扭转沿拉应力最大的斜截面发生断裂，这是与最大拉应力理论相符的案例。这一理论没有考虑其他两个应力的影响，仅处于压应力（单向压缩及三向压缩等）状态也无法应用。

根据弹性理论，在固体表面或内部任意一点上的无穷小体积的材料通过旋转，使其只保留法向应力，而所有切向应力为 0，三个法向应力称为主应力，如图 4.2 所示。σ_1 为最大主应力，σ_2 为中间主应力，σ_3 为最小主应力。程序自动按 $\sigma_1>\sigma_2>\sigma_3$ 排列。

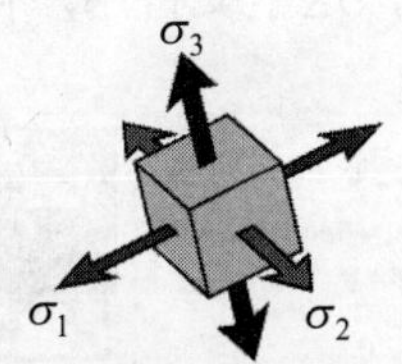

图 4.2　主应力

Mechanical 中单击功能区 Results>>Stress>> Maximum Principal 得到最大主应力（Maximum Principal Stress），此外，也可以输出 Middle/Minimum Principal Stress 云图。选择 Vector Principal 将输出三个主应力的方向，如图 4.3 所示。此时根据 Vector Display（图 4.4）进行矢量图的显示来直观地得到构件的三向应力状态及其比例。

同样的方法，功能区 Results>>Strain 可输出三个主应变。

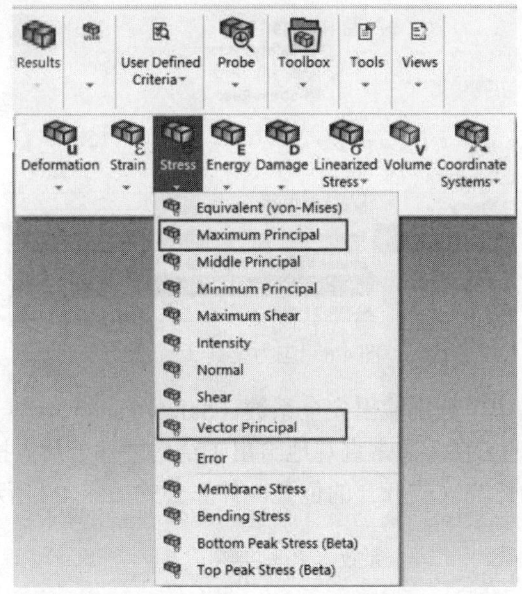

图 4.3　主应力及其方向

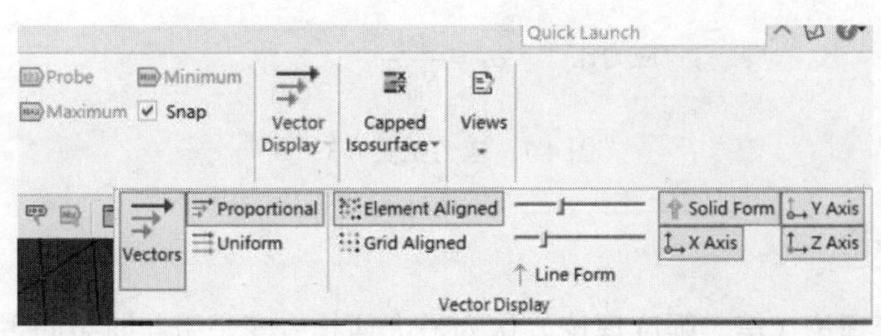

图 4.4　主应力矢量

最大拉应力安全工具（Maximum Tensile Stress Safety Tool）：在 Mechanical 中单击功能

区 Solution>>Toolbox>>Stress Tool，属性框“理论”（Theory）选择 Max Tensile Stress，“极限应力类型”（Stress Limit Type）选择使用 Engineering Data 中输入的材料拉伸强度极限（Tensile Ultimate Per Material）或拉伸屈服强度，这里支持用户自定义输入，如图 4.5 和图 4.6 所示。

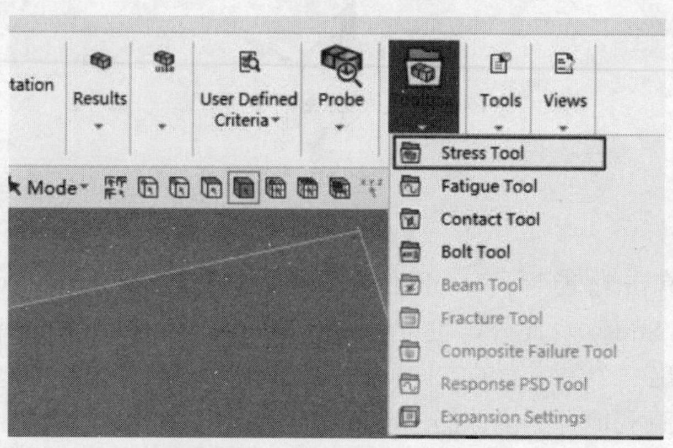

图 4.5　应力工具（1）

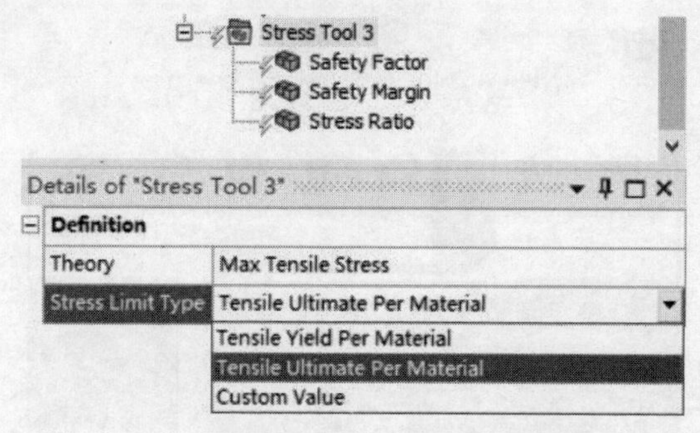

图 4.6　应力工具（2）

最大拉应力安全工具中可分别输出安全系数（Safety Factor）、安全裕度（Safety Margin）和应力比（Stress Ratio）的云图。非常直观地给出了结构中基于最大拉应力理论评估得到的安全系数、安全裕度及应力比高（或低）的位置。计算公式如图 4.7 所示。

安全系数　$F_s = \dfrac{S_{\text{limit}}}{\sigma_1}$

安全裕度　$M_s = F_s - 1 = \dfrac{S_{\text{limit}}}{\sigma_1} - 1$

应力比　$\sigma_1^* = \dfrac{\sigma_1}{S_{\text{limit}}}$

图 4.7　应力工具（3）

4.1.2　第二强度理论

最大伸长应变理论（第二强度理论）认为最大伸长应变是引起断裂的主要因素。

$$\sigma_1 - \mu(\sigma_2 + \sigma_3) \leqslant [\sigma]$$

式中，σ_1、σ_2、σ_3、$[\sigma]$的含义同图 4.2；μ 为泊松比。

该理论很好地解释了石料或混凝土等脆性材料受轴向压缩时的断裂。

4.1.3 第三强度理论与 Mechanical 应力工具

最大剪应力理论（第三强度理论）认为最大剪应力是引起屈服的主要因素。

莫尔应力圆如图 4.8 所示。

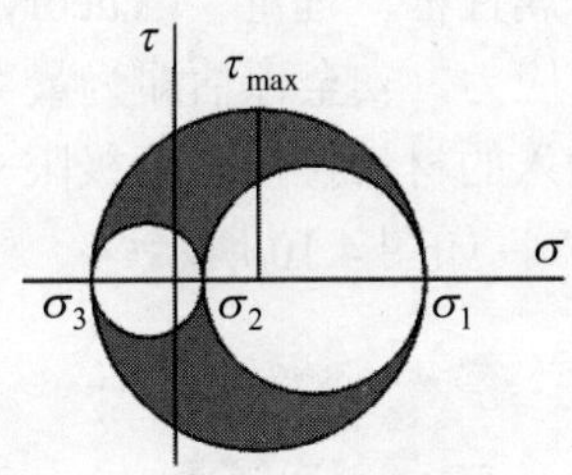

图 4.8 莫尔应力圆

由图 4.8 可知最大剪应力的表达式（屈服准则）为

$$\tau_{\max} = \frac{\sigma_1 - \sigma_3}{2} = \frac{\sigma_s}{2}$$

或

$$\sigma_1 - \sigma_3 = \sigma_s$$

式中，$\tau_{\max}$ 为最大剪应力；σ_s 为屈服强度。右端项除以安全系数用许用应力$[\sigma]$表示即可得到第三强度理论的强度条件：

$$\sigma_1 - \sigma_3 \leqslant [\sigma]$$

最大剪应力理论较为满意地解释了塑性材料的屈服现象，如低碳钢拉伸、二向应力状态下钢、铜、铝薄壁圆筒的试验结果等。且与试验数据相比，这一理论偏于安全。

Mechanical 功能区 Results>>Stress>>Maximum Shear 输出最大剪应力云图，Results>>Strain>>Maximum Shear 输出最大剪应变云图，如图 4.9 所示。

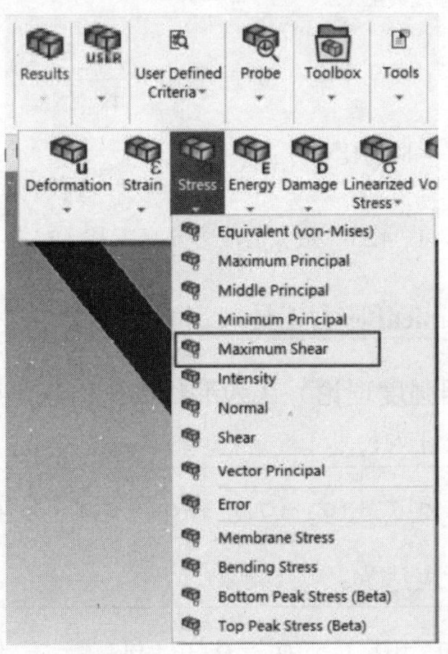

图 4.9 最大剪应力

常用的工程规范中将主应力的差值的最大值定义为应力强度（Stress Intensity）直接在第三强度理论中使用。Mechanical 也遵从同样的定义，注意到该值的大小为最大剪应力的 2 倍。Mechanical 功能区 Results>>Stress>>Intensity 输出应力强度。

$$\sigma_1 = \mathrm{MAX}(|\sigma_1-\sigma_2|,|\sigma_2-\sigma_3|,|\sigma_3-\sigma_1|)$$

最大剪应力安全工具（Maximum Shear Stress Safety Tool）：在 Mechanical 中单击功能区 Solution>>Toolbox>>Stress Tool，在属性框“理论”（Theory）中选择 Max Shear Stress。系数（Factor）与极限应力的乘积为许用应力，安全评估即为最大剪应力值与该许用应力的相对比较。选择使用 Engineering Data 中输入的材料拉伸强度极限（Tensile Ultimate Per Material）或拉伸屈服强度，支持用户自定义输入，如图 4.10 所示。

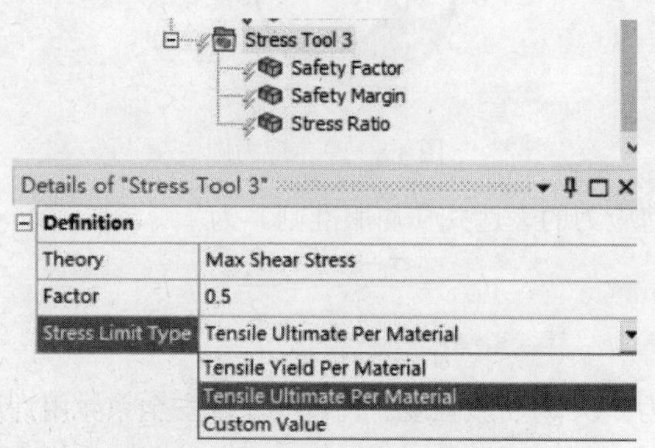

图 4.10　最大剪应力安全工具（1）

最大剪应力安全工具中可分别输出安全系数（Safety Factor）、安全裕度（Safety Margin）和应力比（Stress Ratio）的云图，直观地给出了结构中基于最大剪应力理论评估得到的安全系数、安全裕度及应力比高（或低）的位置。计算公式如图 4.11 所示。

安全系数　$F_s = \dfrac{fS_{\mathrm{limit}}}{\tau_{\max}}$

安全裕度　$M_s = F_s - 1 = \dfrac{fS_{\mathrm{limit}}}{\tau_{\max}} - 1$

应力比　$\tau_{\max}^* = \dfrac{\tau_{\max}}{fS_{\mathrm{limit}}}$

图 4.11　最大剪应力安全工具（2）

4.1.4　第四强度理论与 Mechanical 应力工具

形状改变比能理论（第四强度理论）认为形状改变比能是引起屈服的主要因素。第四强度理论用主应力表达时强度条件为：

$$\sqrt{\frac{1}{2}[(\sigma_1-\sigma_2)^2+(\sigma_2-\sigma_3)^2+(\sigma_3-\sigma_1)^2]} \leqslant [\sigma]$$

第四强度理论用应力分量表达为：

$$\sqrt{\frac{1}{2}[(\sigma_x-\sigma_y)^2+(\sigma_y-\sigma_z)^2+(\sigma_z-\sigma_x)^2+6(\tau_{xy}^2+\tau_{yz}^2+\tau_{zx}^2)]} \leqslant [\sigma]$$

几种塑性材料（钢、铜、铝）的薄管试验资料表明，形状改变比能与试验资料相当吻合，比第三强度理论更为符合试验结果。

需要注意的是，即使是同一种材料，在不同应力状态下也可能有不同的失效形式。无论是塑性材料还是脆性材料，在三向拉应力相近的情况下，都将以断裂形式失效，宜采用最大拉应力理论。在三向压应力相近的情况下，都可以引起塑性变形，宜采用第三强度理论或第四强度理论。

等式的左边为等效应力（也可以称为 von-Mises 应力或 Equivalent Stress）的表达式。在 Mechanical 功能区 Results>>Stress>>Equivalent（von-Mises）输出等效应力云图，Results>>Strain>>Equivalent（von-Mises）输出等效应变云图，如图 4.12 所示。

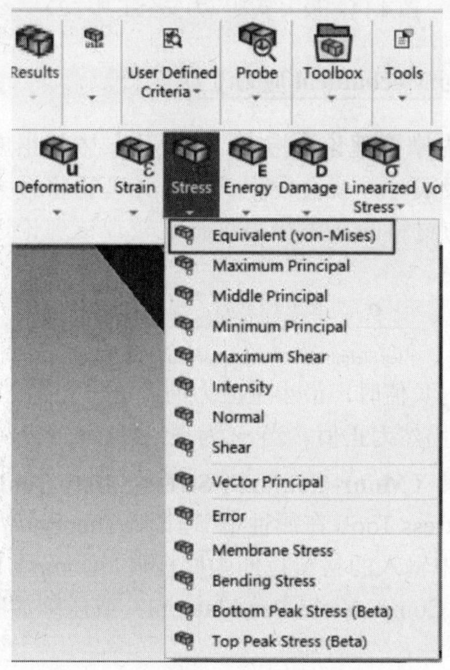

图 4.12　等效应力

最大等效应力安全工具（Maximum Equivalent Stress Safety Tool）：在 Mechanical 中单击功能区 Solution>>Toolbox>>Stress Tool，在属性框“理论”（Theory）中选择 Max Equivalent Stress。选择使用 Engineering Data 中输入的材料拉伸强度极限（Tensile Ultimate Per Material）或拉伸屈服强度，或自定义输入，如图 4.13 所示。

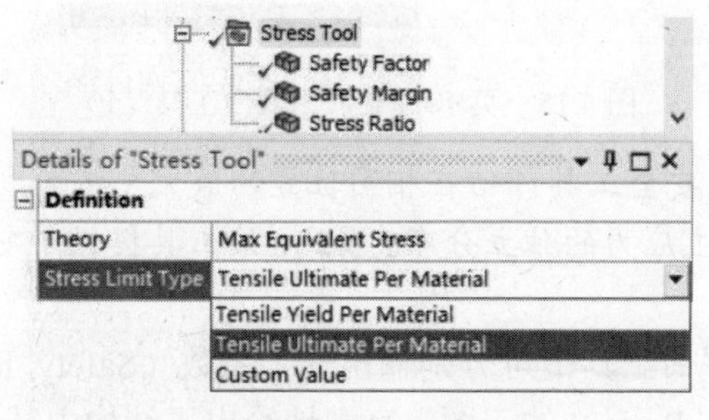

图 4.13　最大等效应力安全工具（1）

最大等效应力安全工具中可分别输出安全系数（Safety Factor）、安全裕度（Safety Margin）和应力比（Stress Ratio）的云图，直观地给出了结构中基于最大等效应力理论评估得到的安全系数，安全裕度及应力比高（或低）的位置。计算公式如图 4.14 所示。

$$\text{安全系数}\quad F_s=\frac{S_{\text{limit}}}{\sigma_e}$$

$$\text{安全裕度}\quad M_s=F_s-1=\frac{S_{\text{limit}}}{\sigma_e}-1$$

$$\text{应力比}\quad \sigma_e^*=\frac{\sigma_e}{S_{\text{limit}}}$$

图 4.14　最大等效应力安全工具（2）

4.1.5　莫尔–库仑强度理论与 Mechanical 应力工具

莫尔-库仑强度理论（内摩擦理论）指出，当最大、中间主应力和最小主应力的组合等于或超过它们各自的应力极限时，就会发生破坏。该理论将最大拉应力与材料的拉伸极限进行比较，将最小压应力与材料的压缩极限进行比较。该理论适用于对脆性材料的评估，其表达式为

$$\frac{\sigma_1}{S_{\text{tensilelimit}}}+\frac{\sigma_3}{S_{\text{compressivelimit}}}<1$$

式中，$\sigma_1>\sigma_2>\sigma_3$。当$\sigma_3$为负值时，最小主应力的评估才会起作用，此时程序内部自动对极限压应力赋为负值，第二项仍然为正值。当σ_3为正值时，与第一强度理论相同。

莫尔-库仑应力安全工具（Mohr-Coulomb Stress Safety Tool）：在 Mechanical 中单击功能区 Solution>>Toolbox>>Stress Tool，在属性框“理论”（Theory）中选择 Mohr-Coulomb Stress。选择使用 Engineering Data 中输入的材料拉伸强度极限（Comp Ultimate Per Material）或拉伸屈服强度，压缩强度极限（Comp. Yield Per Material）或压缩屈服强度，或自定义输入，如图 4.15 所示。

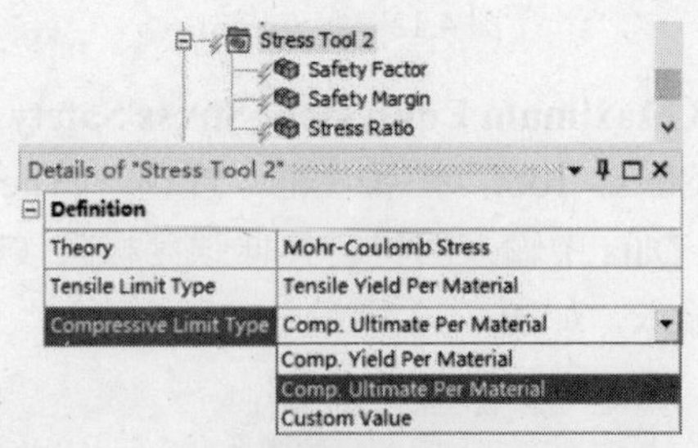

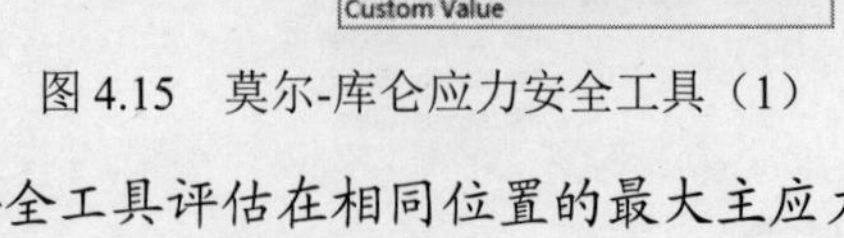

图 4.15　莫尔-库仑应力安全工具（1）

注意：莫尔-库仑应力安全工具评估在相同位置的最大主应力和最小主应力。该工具的计算基于最大主应力和最小主应力的独立分布。因此，该工具提供了安全系数或安全裕度在整个部件或总成中的分布。

莫尔-库仑应力安全评估工具中可分别输出安全系数（Safety Factor）、安全裕度（Safety Margin）和应力比（Stress Ratio）的云图，直观地给出了结构中基于莫尔-库仑应力理论评估

得到的安全系数、安全裕度及应力比高（或低）的位置。计算公式如图 4.16 所示。

$$\text{安全系数}\quad F_s=\left[\frac{\sigma_1}{S_{\text{tensilelimit}}}+\frac{\sigma_3}{S_{\text{compressivelimit}}}\right]^{-1}$$

$$\text{安全裕度}\quad M_s=F_s-1=\left[\frac{\sigma_1}{S_{\text{tensilelimit}}}+\frac{\sigma_3}{S_{\text{compressivelimit}}}\right]^{-1}-1$$

$$\text{应力比}\quad \sigma^*=\frac{\sigma_1}{S_{\text{tensilelimit}}}+\frac{\sigma_3}{S_{\text{compressivelimit}}}$$

图 4.16　莫尔-库仑应力安全工具（2）

4.1.6　应力奇异与圣维南原理

在结构分析中，我们主要关注位移及其导数-应力。应力奇异（Stress singularity）是网格中应力不向特定值收敛的点。当不断细化网格时，这一点的应力将一直增加，理论上，奇异点处的应力是无穷大的。

发生应力奇异的典型情况是使用点载荷、尖锐的凹角、接触物体的角和点约束。应力奇异是有限元分析中常见的情况。分析人员必须确定可能的应力奇异位置，并评估其对模型是否重要。

虽然在应力奇异点处的应力无穷大，但并不意味着模型结果是不正确的。首先，位移在应力奇异处是正确的。其次，在应力奇异点处的应力会影响其附近的应力结果，而在离应力奇异点一定距离处的应力结果却很好，这是圣维南原理的直接结果。

圣维南原理（St. Venant's Principle）指出，局部扰动对均匀应力场的影响仍然是局部的。离干扰越远，结果越不会受到干扰。圣维南原理是有限元分析中最重要的原则之一，它使得在存在奇点的情况下验证有限元分析结果成为可能。

圣维南原理允许分析人员对在奇点附近的应力不感兴趣时忽略应力奇异点，如图 4.17 所示，对试件施加均匀的张力载荷。施加载荷附近的应力分布是不均匀的，然而在施加载荷的一段距离外，应力变得均匀。

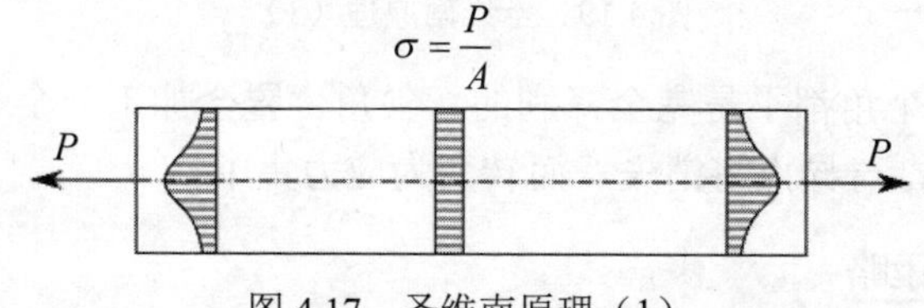

图 4.17　圣维南原理（1）

即使加载在一个点上产生应力奇点（$\sigma = P/A$ 和 $A=0\rightarrow\sigma=\infty$）的情况，应力分布远离施加点的载荷也将是正确的，如图 4.18 所示。因此，如果我们对奇异点附近的应力不感兴趣，只关心将合成载荷 P 传递给试件，不管是通过点加载还是压力加载完成的，只要结果被传递，中心截面的应力将是正确的。可以看到，远离点载荷奇异点的应力场是均匀的，尽管存在局部奇异点。压力以均匀的方式转换为沿边缘节点的一组点负载，因此压力负载不会导致奇异点。

尖锐的凹角是网格外角小于 180°的角，也会产生应力奇异点。在图 4.19 所示的 90°位置的网格，无论如何细化网格，应力都不会在该位置附近收敛。然而，圣维南原理指出，奇异点只会污染附近的应力结果，允许我们使用远离该位置的应力结果。局部奇异点及其效应如图 4.19 所示。L 结构为平面应力模型，最右边的边缘节点被约束。最大的压应力和拉应力都恰好发生在凹角处，最大应力和最小应力将始终随着网格的细化而增加。

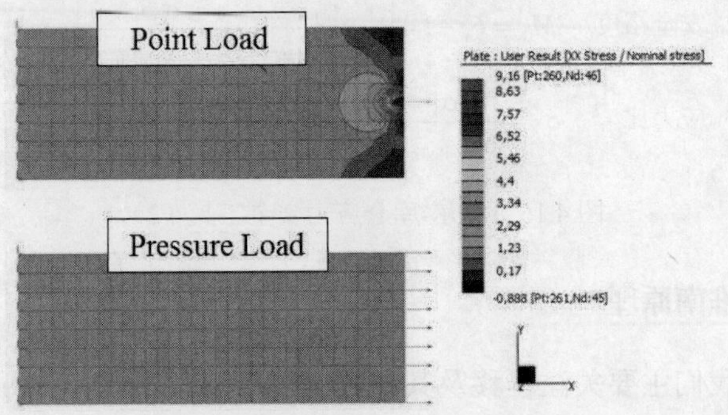

图 4.18　圣维南原理（2）

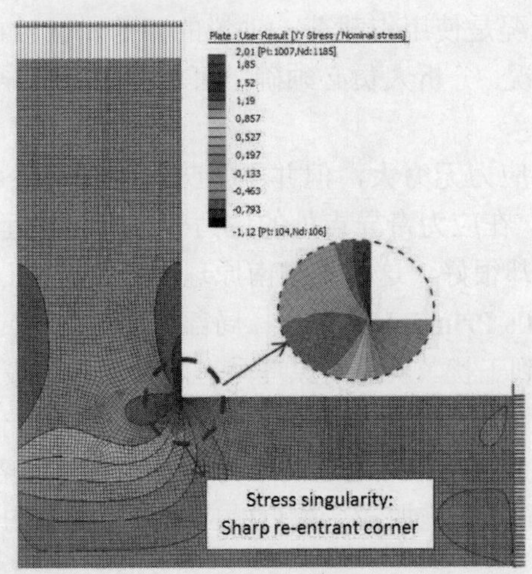

图 4.19　圣维南原理（3）

在现实中，任何一个角都不是完全锋利的，尖角位置会加工一个小的圆角半径。这意味着应力不再是无穷大的，奇异点将消失，而转变为应力集中。

4.1.7　应力集中及应对策略

当大的应力梯度发生在小的局部区域时，由此产生的高应力被称为应力集中。

应力集中（Stress Concentration）是有限元网格中应力高于施加的标称应力的地方，它与应力奇异点相似，但网格足够精细时，应力将收敛到一个有限的值。当载荷路径因刚（或柔）特征存在或几何形状的变化而偏离时，就会出现应力集中。这些特征可以是孔、倒角、横截面的变化等。接触力是另一种常见的应力集中。高应力梯度也发生在接触区域附近，当远离接触区域时，应力梯度迅速下降。

一个带小圆孔的无限平板，施加的应力称为名义应力。由于圆孔的存在，附近的应力将会增大。径向应力必须为 0，沿着孔的周长，切向应力不断增加，在 90°或 270°时切向应力达到最大值，为 3 倍的名义应力。最大应力与名义应力之比为 3，该比例就是应力集中系数，如图 4.20 所示。应力集中系数可以从手册中查到。

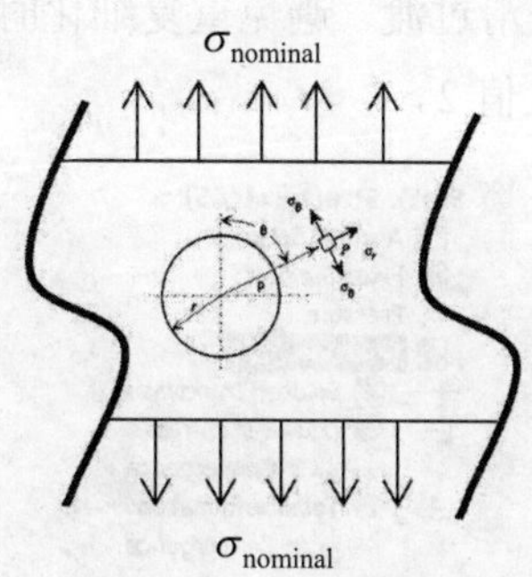

图 4.20　圆孔应力集中

对应力集中现象的有限元进行验证，可得到以下结论：粗糙网格不能捕捉局部效应，如应力集中；网格越细，得到的结果越准确。

处理应力奇异和应力集中的方法：

（1）忽略应力奇异点。如果仅仅对远离奇异点的应力感兴趣，根据圣维南原理，应力是正确的。

（2）应力奇异点位置的位移是正确的。

（3）几何模型的“defeaturing”。CAD 模型有很多不需要的细节特征，如果我们对捕捉模型每个圆角处的应力不感兴趣，可以通过将每个圆角转换为尖角来去除模型的细小特征，这将使得几何模型更加容易分网，求解效率也更高。

（4）圆角建模。如果应力奇异及应力集中位置很重要，必须对网格局部细化以捕获该效果。尖锐的凹角通过圆角建模来避免应力奇异，而转换为应力集中问题。

（5）利用弹塑性材料模型而不是线性弹性模型。在现实中，即使在奇异点上也不存在无限的应力，弹塑性材料使得应力在达到屈服强度后沿着给定本构模型增加。

（6）网格无关性验证。网格无关性验证是检查模型是否存在应力奇异点的一种简单方法。

4.1.8　Mechanical 的网格无关性验证（Convergence）

用户在 Mechanical 中通过两种方式控制求解的精度：第一种方式是在求解之前使用网格工具细化网格；第二种方式是使用收敛工具（Convergence）作为求解过程的一部分，在模型的指定区域上自动细化网格并执行多次求解（自适应求解过程）。这里讨论第二种方式，通过收敛工具，程序可以完全自动化求解过程，内部控制所选结果的准确性水平。用户可以寻求近似的结果或收敛的结果。

对于自适应求解，首先在基础网格上求解，然后查询单元的求解信息（如变形、应力等）。如果单元的结果有很高误差，单元将被放入队列中进行细化，然后程序继续细化网格并执行求解。如果初始网格是四面体的，适应性会更强。六面体主导网格开始的自适应细化将自动重新划分为四面体网格，因此建议在开始自适应求解之前使用全四面体网格方法。

使用网格无关性验证（或 Convergence）工具时，执行以下两个步骤：

（1）在 Mechanical 目录树 Solution>>Adaptive Mesh Refinement 中设置 Max Refinement Loops 的次数，即执行几次网格细化。对于结构分析，Refinement Depth 默认值为 2，程序将细化到 2 个单元的深度，以确保平滑过渡，避免重复细化时过渡的单元失真，如图 4.21 所示。对于力学分析，强烈建议使用默认值 2。

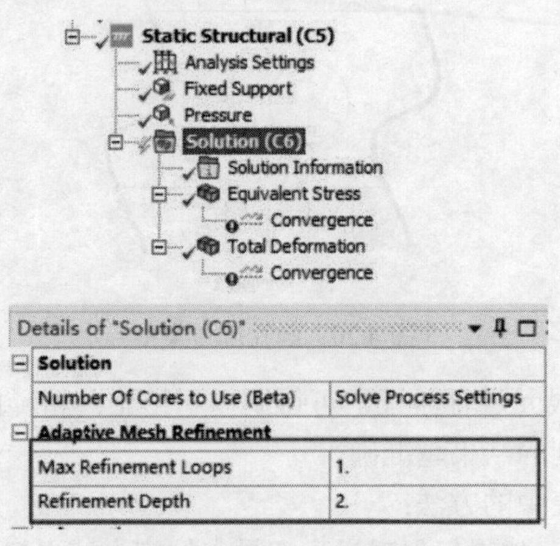

图 4.21　网格无关性验证（1）

（2）对需要进行网格无关性验证的结果，如某一表面的应力 Equivalent Stress，右键插入 Convergence。设置 Type 为最大值或最小值。允许改变百分比（Allowable Change），即当前第 i+1 次迭代求解的结果与第 i 次结果的差值与第 i 次迭代的结果的比值所满足的百分比范围。若在指定次数 Max Refinement Loops 之内满足该百分比，则 Convergence 前显示绿色对钩，表示达到收敛，否则为红色感叹号，如图 4.22 所示。

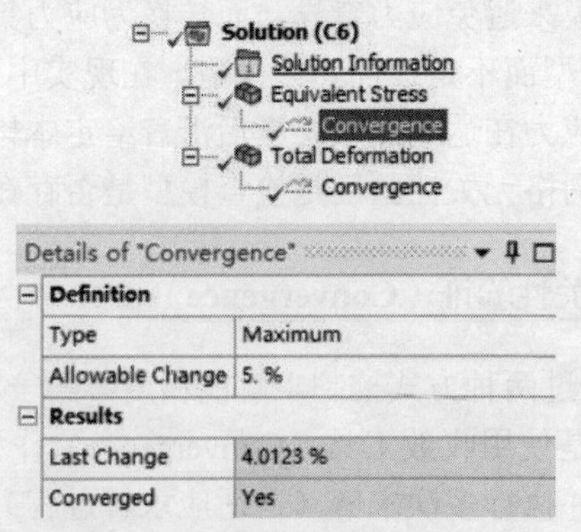

图 4.22　网格无关性验证（2）

求解完成后，单击 Convergence，右侧的 Worksheet 界面显示出网格细化的迭代历史及每步迭代后该对象的百分比，如图 4.23 所示。

不同的结果类型，如应力、变形以及不同载荷步下的多组结果都可以同时在所关心的结果上插入 Convergence 对象进行网格无关性研究。

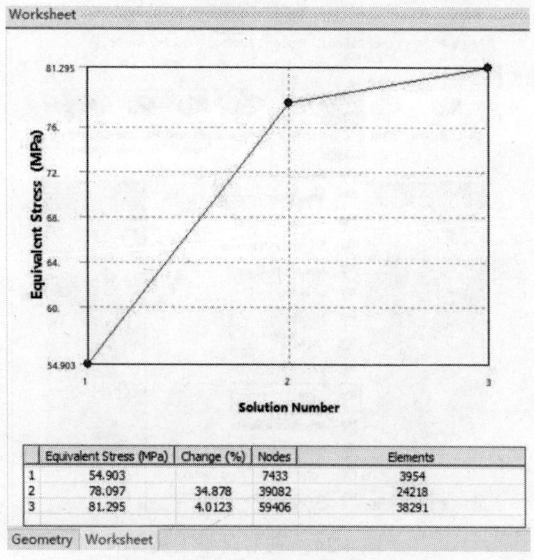

	Equivalent Stress (MPa)	Change (%)	Nodes	Elements
1	54.903		7433	3954
2	78.097	34.878	39082	24218
3	81.295	4.0123	59406	38291

图 4.23　网格无关性验证（3）

用一个简单的例子说明，用户已经对应力奇异点位置的面进行了圆角处理，现研究该位置的网格无关性情况。指定对该圆角在初始网格的基础上进行 4 次网格细化，该圆角的最大等效应力两次迭代结果之差小于 2%即认为是工程上可接受的等效应力值。完成如下设置即可：

在 Mechanical 目录树 Solution>>Adaptive Mesh Refinement 中设置 Max Refinement Loops 为 4，目录树 Solution 下插入等效应力（选择几何对象为该圆弧面）。右键单击 Equivalent Stress，插入 Convergence，设置 Type 为 Max。允许改变百分比（Allowable Change）为 2%。

Convergence 工具不支持：

（1）当前分析链接了一个上游的分析或下游的分析。

（2）当模型中存在网格连接时（Mesh Connection）。

（3）使用结果组合（Solution Combination）。

（4）混合网格划分（高阶和低阶）。

（5）超弹性材料。

（6）各项正交材料。

（7）实体壳单元（SOLSH190 单元）。

（8）模型激活了非线性自适应区域（Nonlinear Adaptive Region）。

4.1.9　应力误差工具

后处理插入基于应力的误差结果（Structural Error），以帮助用户识别高误差区域，从而显示模型在什么地方从精细的网格中受益，以便获得更准确的求解结果，如图 4.24 所示。

Structural Error 反映了每个单元的能量误差。通过该指标能较好地定位到需要网格细化的区域。如果能量误差占总能量的很大一部分，则应使用更细的网格重复分析，以获得更精确的解。能量误差在不同问题之间是相对的，但随着网格的细化，能量误差会收敛到 0。

Structural Error 仅仅针对线性问题，模型为同一种材料适用。

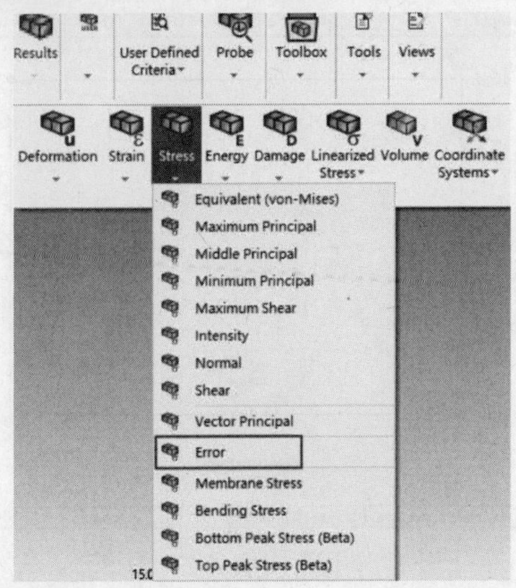

图 4.24　应力误差工具

4.2　后处理结果提取

后处理结果提取是有限元分析的最后一步工作，直接关系到分析结果是否正确有效以及如何根据结果指导工程项目的顺利进行，本节讨论结果读取的主要技术方法和使用技巧。

4.2.1　查看求解结果量汇总表（Solution Worksheet）

程序一旦完成求解，用户即可以在目录树 Solution 单击右键选择 Worksheet: Result Summary 或者单击功能区 Home>>Tools>>Worksheet，弹出 Solution Worksheet 查看求解结果汇总表，如图 4.25 和图 4.26 所示。

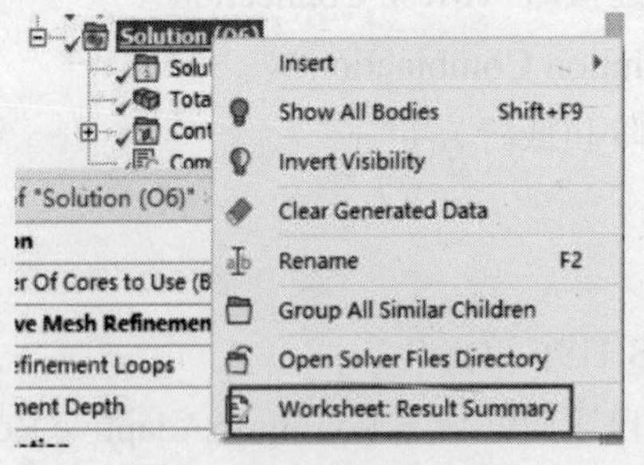

图 4.25　结果查看（1）

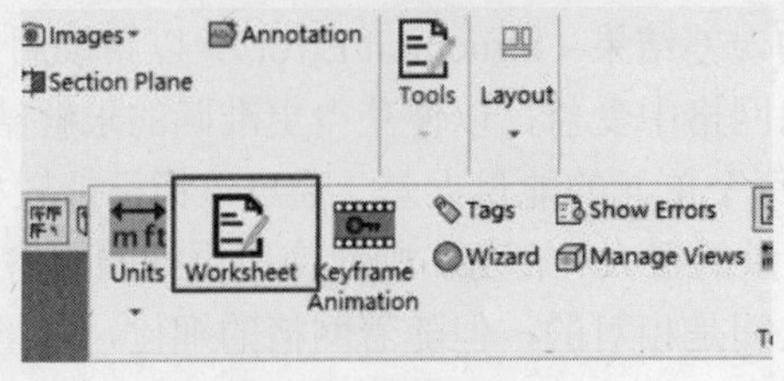

图 4.26　结果查看（2）

该窗口对应 4 组数据，Available Solution Quantities，Material and Element Type Information，Solver Component Names，Result Summary，如图 4.27 所示。

结果求解量（Available Solution Quantities）列表提供了 Mechanical 可以直接将结果通过单击右键选择 Create User Defined Result（或 UDR）发送至求解目录树的用户自定义结果。Mechanical 内置了后处理常用的结果。列表第 5 列 Expression 为自定义结果的表达式。当使用自定义结果（也可以通过单击 Solution 功能区 User Defined Result 图标完成）时，其属性栏的 Expression 支持常用的数学运算、三角函数、取极值、对数等。如 Scope 对象选择一个零件，表达式（Expression）为 sqrt(ux^2+uy^2+uz^2)将给出该零件的位移云图。该云图与表达式为 USUM 的用户自定义结果，以及后处理 Total Deformation 结果完全一致，如图 4.28 所示。

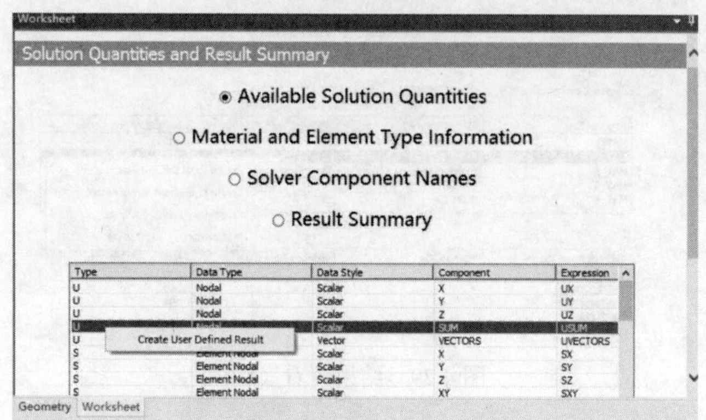

图 4.27 结果查看（3）

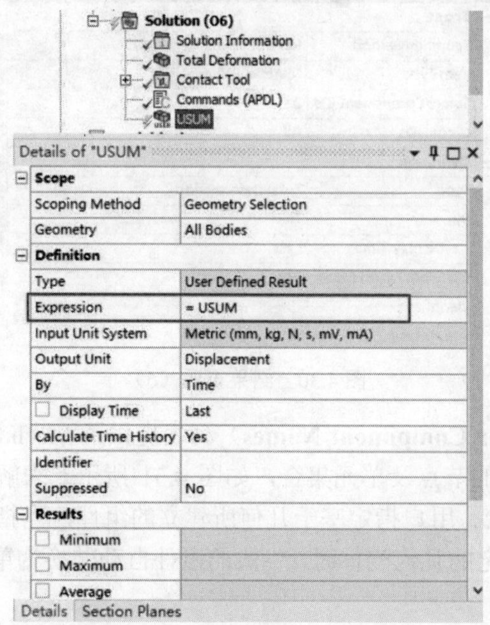

图 4.28 结果查看（4）

材料和单元类型信息（Material and Element Type Information）列表提供了 Mechanical 求解器内部所使用的材料编号、单元编号、单元类型、网格类型、节点及单元数量等信息，如

图 4.29 所示。用户通过单击右键可以选择将感兴趣的材料编号所对应单元的应力及变形结果以云图方式显示，目录树结果属性栏内容提示当前结果对象为基于材料 ID/单元 ID 提取的结果，如图 4.30 所示。也可以通过单击右键生成对应的 UDR 结果。单击右键显示所选对象[Plot Item(s)]，Worksheet 左下角切换至 Geometry 窗口后，将图形显示当前材料 ID/单元 ID 所对应的单元（图略）。该功能与 Solution Information 文本信息结合起来，使得模型调试以及识别程序内部所使用的单元及材料编号非常便捷。

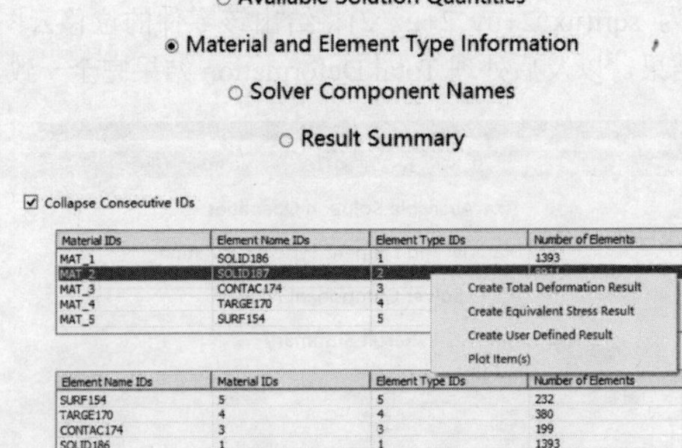

图 4.29　结果查看（5）

Total Deformation 5

Details of "Total Deformation 5"

Scope	
Scoping Method	Result File Item
Item Type	Material IDs
Solver Component IDs	2
Global IDs	All
Definition	
Type	Total Deformation
By	Time
Display Time	Last
Calculate Time History	Yes
Identifier	
Suppressed	No

图 4.30　结果查看（6）

求解器组件名（Solver Component Names）列表提供了 Mechanical 求解器内部生成的节点及单元集合，用户定义的节点及单元集合，如图 4.31 所示。求解器内部生成的组件名，如约束、接触等以“_”开始。用户指定基于几何所建立的组件，当指定几何为面时，生成的组件自动转换为节点，当指定的几何为体时，生成的组件自动转换为单元。单击鼠标右键可以进行前述操作。

当采用本书 1.3 小节“MAPDL 中检查 Mechanical 模型”中的方式检查 Mechanical 模型时，通过 MAPDL 菜单 Select>>Component Manager…显示组件管理器时，可以查看用户自定义的组件名，系统内部生成的含下划线的组件名不显示在管理器中，但是可以通过命令引用，如图 4.32 所示。通过菜单 List>>Components>>All Defined（或 cmlist 命令）将包括系统定义的所有组件名称列出。如该小节提示，Mechanical 中的 Named Selection 命名不能重复，否则只有最后一个重复命名的 Named Selection 被读入 MAPDL，如图 4.33 所示。

○ Available Solution Quantities

○ Material and Element Type Information

◉ Solver Component Names

○ Result Summary

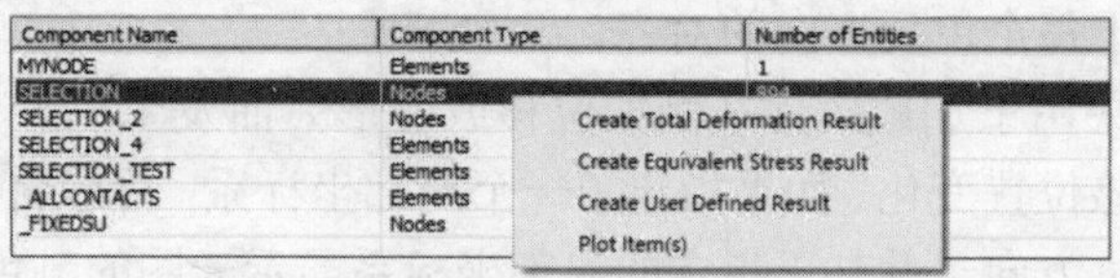

Component Name	Component Type	Number of Entities
MYNODE	Elements	1
SELECTION	Nodes	894
SELECTION_2	Nodes	
SELECTION_4	Elements	
SELECTION_TEST	Elements	
_ALLCONTACTS	Elements	
_FIXEDSU	Nodes	

图 4.31 结果查看（7）

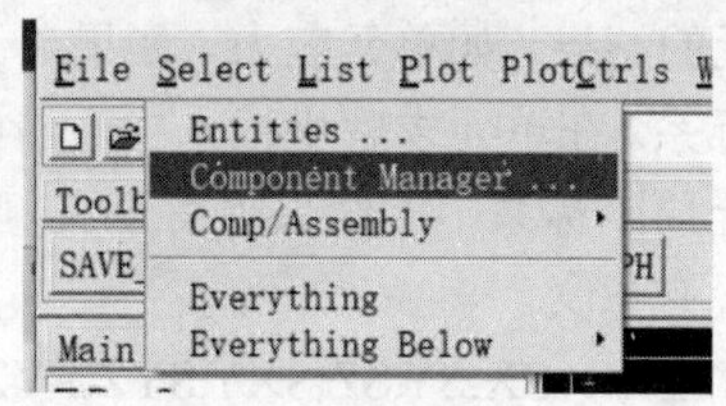

图 4.32 结果查看（8）

Component Manager

Components

Name	Type	Count
MYNODE	Element	1
SELECTION	Node	894
SELECTION_2	Node	1
SELECTION_4	Element	2
SELECTION_TEST	Element	384

图 4.33 结果查看（9）

结果汇总（Result Summary）：列出目录树 Solution 下的求解结果汇总，如图 4.34 所示。

◉ Result Summary

Results	Minimum	Maximum	Units	Time (s)
Total Deformation	0.	9.9309e-005	mm	1.
Status	1.	3.	Units Unavailable	1.
Pressure	0.	0.38109	MPa	1.
Equivalent Stress	0.	0.	MPa	1.
Total Deformation 2	5.7029e-005	9.8773e-005	mm	
Total Deformation 3	3.3572e-006	4.5767e-005	mm	
Equivalent Stress 2	0.	0.	MPa	1.
Total Deformation 4	0.	4.5767e-005	mm	1.
Total Deformation 5	1.7233e-006	9.9309e-005	mm	1.
Equivalent Stress 3	2.0198e-003	0.278	MPa	1.
USUM	0.	9.9309e-005	mm	1.
USUM 2	0.	9.9309e-005	mm	1.
USUM 3	0.	9.9309e-005	mm	1.
MESH_ELEMENT_QUALITY	0.23154	0.99999	Units Unavailable	1.

Go To Selected Items in Tree

图 4.34 结果查看（10）

4.2.2 结果坐标系（Result Coordinate Systems）

默认情况下，程序在导入模型时创建全局坐标系。各种对象在分析过程中使用全局坐标系选项。

提取结果时，“坐标系统”属性（Coordinate System）可用于提取根据坐标系变化的结果，例如法向应力。对于该类结果类型，坐标系统属性提供坐标系选项的下拉列表，其中包括：默认的全局坐标系（Global Coordinate System）、用户自定义的局部坐标系（Coordinate System）以及求解坐标系（Solution Coordinate System），如图 4.35 所示。另外，求解坐标系选项可用于检查壳和梁单元基于每个单元方向的对齐。

如果所提取的结果由于加载条件（例如位移或变形）而发生位置变化，则几何窗口总是在全局坐标系中显示该位置变化。如果指定了一个局部坐标系，程序将在图形界面显示该局部坐标系以方便用户定位方向，并基于指定的局部坐标系显示云图的颜色。

求解坐标系（Solution Coordinate System）对应于 APDL 命令 RSYS,SOLU，为每个单元生成一个坐标系，从而得到单元的结果，如单元应力。如果单元的坐标系方向是随机的，用户需要将它们重新对齐到局部坐标系。在单元求解坐标系中查看结果是有价值的。与壳法向对齐的局部坐标系中的结果通常比全局坐标系中的结果更有意义。弯曲和平面内应力在局部坐标系中有意义，但在全局坐标系中没有意义。

对于梁/管单元，正应力/剪应力（SX,SY,SZ,SXY,SYZ,SYZ）分量总是在单元坐标系中显示，即使指定了全局坐标系。Mechanical 目录树 Solution 属性栏 Post Processing>>Beam Section Results 设置为“Yes”后，可查看梁/管单元的应力结果，如图 4.36 所示。

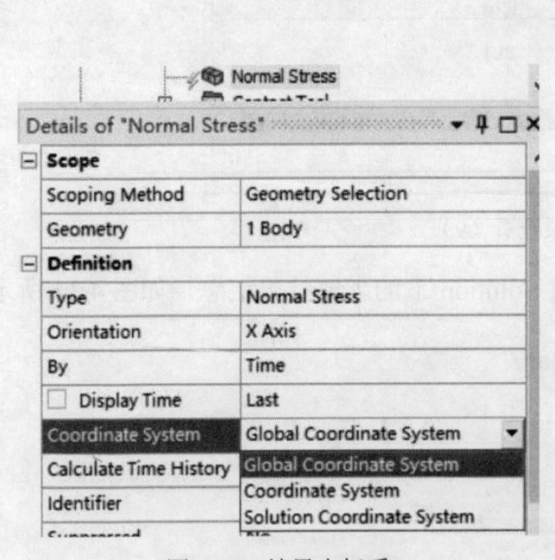

图 4.35 结果坐标系

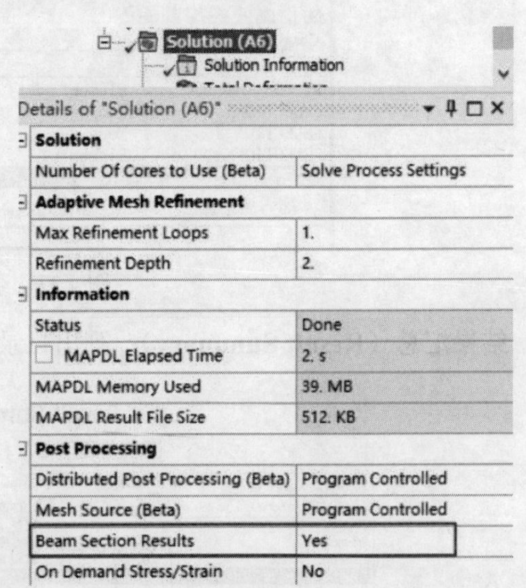

图 4.36 梁单元求解坐标系

对于壳及实体壳（SOLSH190）查看沿其法向或平面内的应力结果更加有意义，由于其结果坐标系方向是基于单元的形状随机分布的，在结果处理时，对每一个方向不同的几何 part 指定局部坐标系，基于该局部坐标系提取应力结果。

4.2.3　不规则曲面的应力提取

形状规则的几何体用 4.2.2 小节所述的方法，通过定义局部坐标系，在局部坐标系下进行应力结果的提取，但是对于如图 4.37 所示的形状不规则的曲面，用这种方法就非常困难。

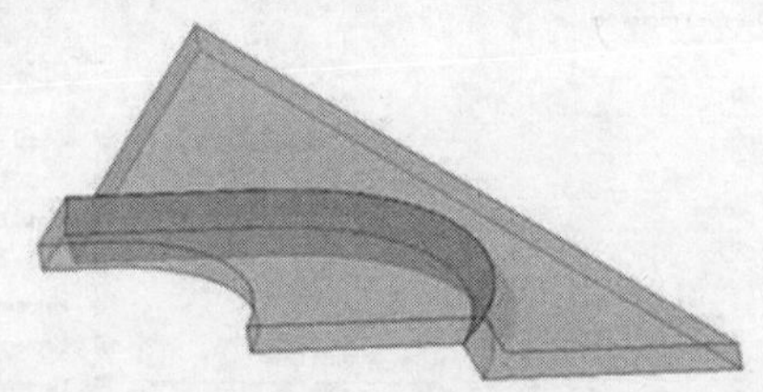

图 4.37　不规则曲面

不规则曲面沿曲面的法向应力、剪切应力等通过以下步骤进行提取：

（1）修改曲面所在单元的单元坐标系。按“2.5.11 修改单元坐标系的方向”所述，通过 Surface and Edge Guide 指定曲面作为法向参考面和沿曲面的边作为定位方向。

（2）提取曲面的应力分量，Coordinate System 选择 Solution Coordinate System，如图 4.38 所示。

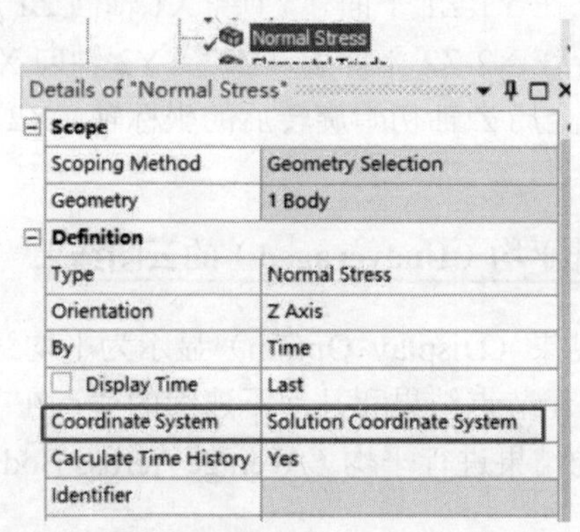

图 4.38　不规则曲面求解坐标系

4.2.4　节点与单元坐标系结果显示

1. 节点坐标系结果显示

模型中的每个节点都与一个坐标系相关联，节点坐标系默认与全局笛卡儿坐标系对齐。用户可以根据需要在前处理中旋转节点坐标系，在节点坐标系中进行加载、自由度以及约束方程的定义，节点坐标系不随求解过程而改变。

后处理可以通过云图显示节点坐标系及欧拉角，设置方法为在 Mechanical 目录树 Solution 单击右键选择 Insert>>Coordinate Systems>>Nodal Triads, Nodal Euler XY Angle, Nodal Euler YZ Angle, Nodal Euler XZ Angle（或者在 Solution 菜单功能区直接单击图标），如图 4.39 所示。

2. 单元坐标系结果显示

模型中的每个单元都与一个坐标系相关联，单元坐标系默认与全局笛卡儿坐标系对齐。在大变形分析中，单元坐标系随时间而变化。

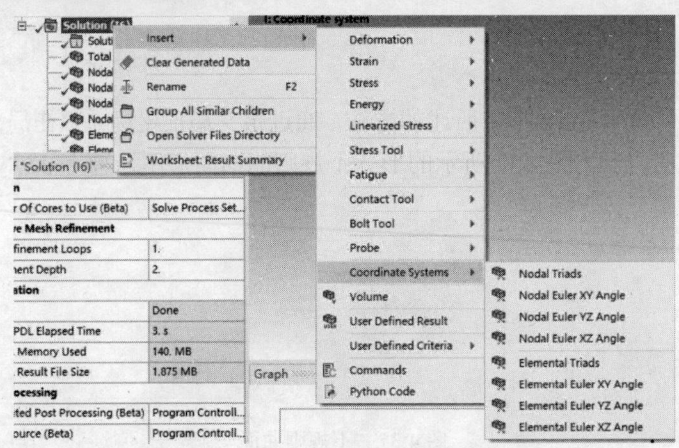

图 4.39 节点/单元坐标系显示

类似地，后处理可以通过云图显示单元坐标系及欧拉角（Elemental Triads，Elemental Euler XY Angle，Elemental Euler YZ Angle，Elemental Euler XZ Angle）。

3. 节点及单元坐标系结果的旋转顺序

第一次旋转为 Euler XY，在 X-Y 平面上（X 绕 Z 轴向 Y 旋转）。

第二次旋转为 Euler YZ，在 Y1-Z1 平面（Y1 绕 X1 轴向 Z1 旋转）。

第三次旋转为 Euler XZ，在 X2-Z2 平面上（Z2 绕 Y2 轴向 X2 旋转）。

其中，X1、Y1、Z1 为绕全局 Z 轴初始旋转后的坐标轴，X2、Y2、Z2 为绕全局 Z 轴初始旋转和绕 X1 旋转后的坐标轴。

4.2.5 平均（Averaged）和非平均（Unaveraged）的云图结果

通常，Mechanical 云图结果（Display Option）显示为平均结果，有些结果可以显示为非平均结果。平均云图结果将单元节点结果和几何不连续的节点在节点上平均。允许用户控制是否对共享节点的不同体边界的结果进行平均（Average Across Bodies），默认设置为在该位置不平均，如图 4.40 所示。

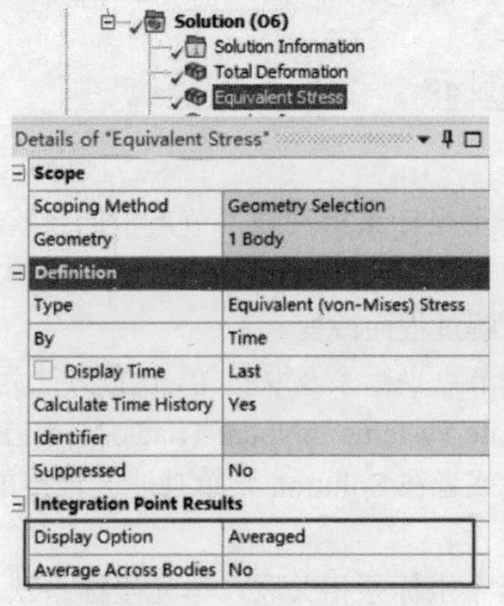

图 4.40 平均/非平均云图结果

非平均云图结果显示非连续变化的单元节点云图，这些云图是由每个单元内的线性插值确定的，不受周围单元的影响。

单元结果量（如应力或应变）包含非平均云图显示选项。自由度结果如位移则无该选项。

4.2.6 单元角节点 / 中节点（Corner/Midside Nodes）的平均

单元结果量的角节点（Corner Nodes）平均为各单元在共节点位置上角节点值的直接平均。

对于大多数单元节点结果（如应力和应变），Mechanical 求解器仅将未平均的角节点值写入结果文件，并没有将中节点（Midside Nodes）写入单元节点结果，了解这一点至关重要。

Mechanical 后处理器必须使用角节点上的值计算得到中节点上的值，这个过程分三种不同的技术：

（1）梁单元中节点的处理：中节点平均结果使用未平均的角节点平均值，如图 4.41 所示。

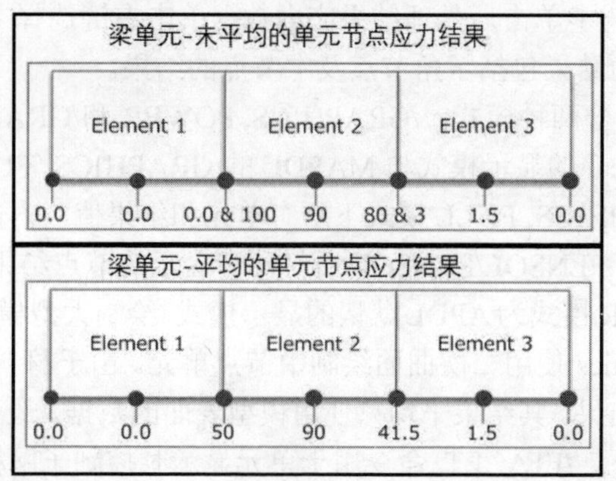

图 4.41　梁单元中节点结果

（2）实体单元中节点的处理：中节点平均结果使用平均后的角节点的平均值，如图 4.42 所示的箭头位置。

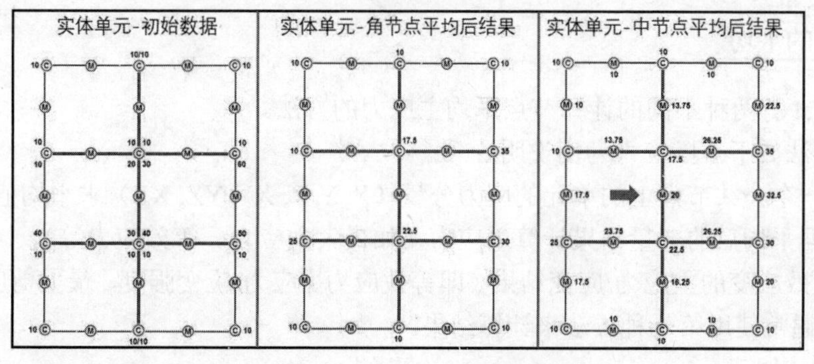

图 4.42　实体单元中节点结果

（3）接触单元的处理：通过对相邻角节点的非平均值求平均值来计算中节点的结果如图 4.43 所示的箭头位置。

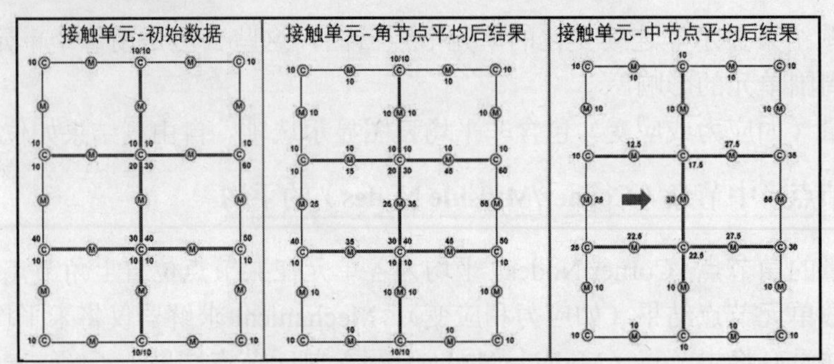

图 4.43　接触单元中节点结果

4.2.7　MAPDL 角节点 / 中节点结果的输出

在 Mechanical 目录树中单击后处理结果应力数据单击右键选择 Export>>Export Text File 后检查输出列表，其应力结果包括了角节点及中节点的结果。

MAPDL 后处理显示分两种模式：/GRAPHICS, POWER 和/GRAPHICS, FULL。

Workbench Mechanical 的显示模式与 MAPDL 的/GRAPHICS, FULL 等效，两者在 Corner 的结果是一致的，/GRAPHICS, FULL 模式下所有单元和结果值（内部和表面）都包括在内进行处理，但是该模式下，PLNSOL/PRNSOL 所打印和显示的节点结果不包括中节点结果。

/GRAPHICS, POWER 模式为 APDL 默认的显示模式，绘制大型模型的显示速度要比 FULL 方法快得多。PowerGraphics 使用二次曲面绘制中节点单元。由于材料类型和实常数的不连续，该方法可以显示不连续结果。其结果平均只使用模型表面的数据，最小值和最大值仅对模型表面的数据有效。该模式下，/EFACET 命令用于单元显示时控制子网格的细度。单元被细分为更小的部分（小面），称为 facet。小面是实际单元表面的分段线性近似。一般的形式中，facet 是三维空间中的弯曲平面。更多的小面将导致单元显示时表面更平滑。/EFACET 可能影响结果平均。该模式通过 PLNSOL/PRNSOL 所打印和显示的节点结果仅包含模型表面的角节点以及中节点结果。

4.2.8　主应力的平均

Mechanical 有两种不同的计算节点平均主应力的方法。

第一种方法如下（以应力为例说明）：

（1）对一个公共节点上的单元的应力分量（X, Y, Z, XY, YZ, XZ）求平均值。

（2）根据平均后的分量结果计算主应力（如最大主应力、等效应力等）。

对于除等效应变的主应力/应变结果（即等效应力、应力/应变强度、最大剪应力/应变和主应力/应变），通常使用第一种方法来计算结果。

第二种方法如下：

（1）在每个单元上从六个应变分量计算主应力值。

（2）在公共节点上对主应力值取平均。

对于等效应变（由 MAPDL 求解器计算），采用第二种方法。在随机振动分析中，等效应力（由 MAPDL 求解器用 Segalman 方法计算）也采用了第二种方法。

4.2.9　节点和单元的其他非平均结果

非平均结果设置界面如图 4.44 所示。

Nodal Difference：计算共节点的所有单元的未平均计算结果之间的最大差值。

Nodal Fraction：计算节点差值与节点平均值的比值。

Elemental Difference：计算单元中所有节点（包括中节点）的未平均计算结果之间的最大差值。

Elemental Fraction：计算单元差和单元平均值的比值。

Elemental Mean：从分量结果计算单元平均值。

平均及非平均结果示意如图 4.45 所示，对于 Y1，Y2，Y3 为基于节点的结果，同一单元内的云图为渐变过渡，对于 Y4，Y5，Y6 为基于单元的结果，同一单元的云图不变，为一定值。

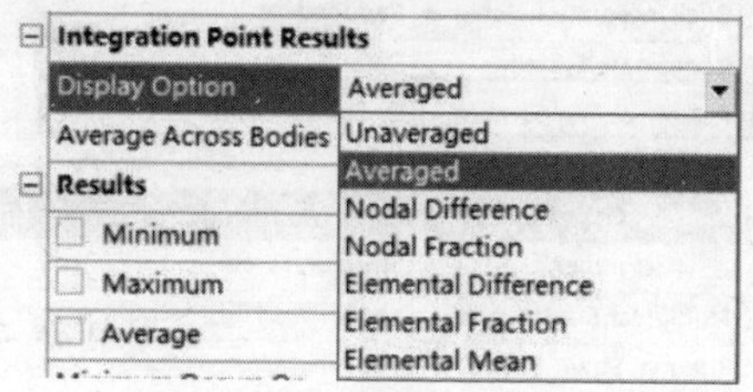

图 4.44　非平均结果设置界面

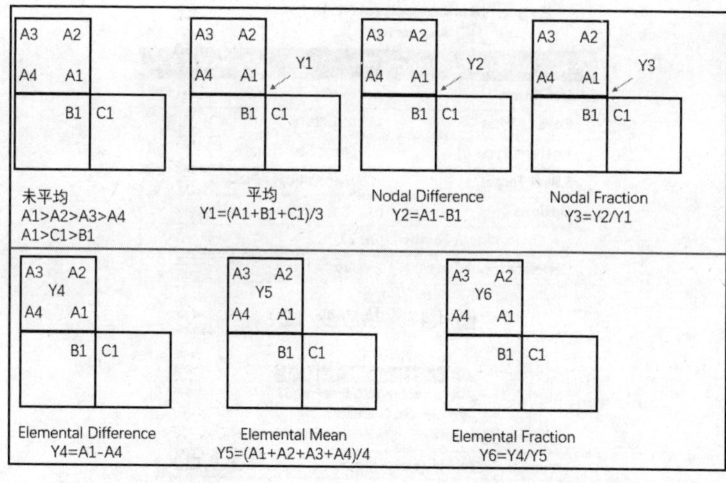

图 4.45　非平均结果计算方法

4.2.10　各种应变结果及其关系

1. 热应变（Thermal Strain）

在结构分析中，当材料属性包含热膨胀系数并施加温度载荷时，可以求解热应变。

热应变的计算公式为

$$\varepsilon_{\text{th}} = \alpha_{\text{se}}(T - T_{\text{ref}})$$

式中，ε_{th} 为 X、Y 或 Z 方向的热应变；α_{se} 为材料数据中定义的割线热膨胀系数；T_{ref} 为参考温度或“无应力”温度。参考温度可以指定为与环境温度保持一致，环境温度为静力分析或瞬态分析中全局指定，如图 4.46 所示。也可以为每个几何 part 指定不同的参考温度，如焊缝、焊球的冷却过程分析，如图 4.47 和图 4.48 所示。

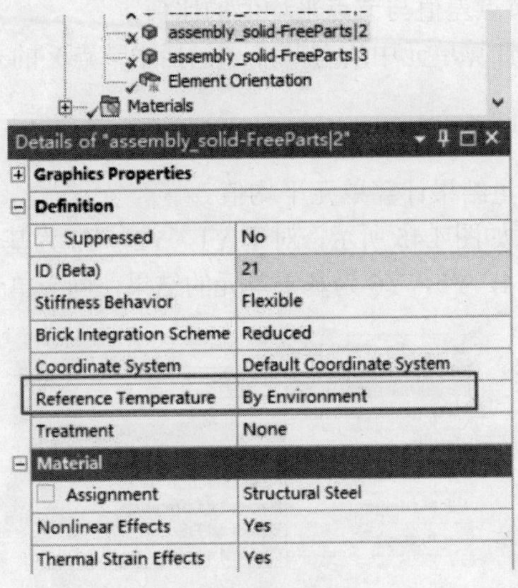

图 4.46　热应变（1）

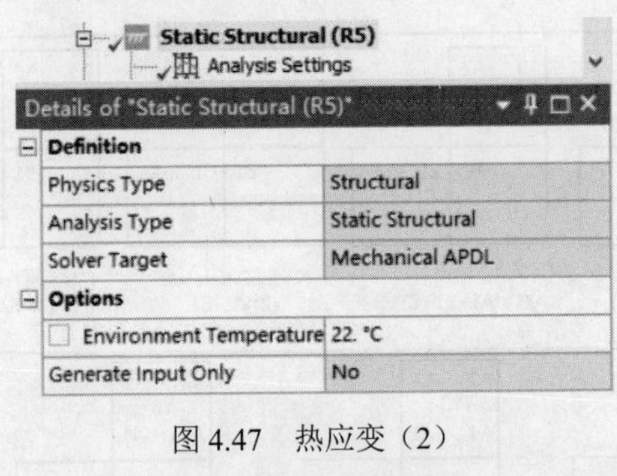

图 4.47　热应变（2）

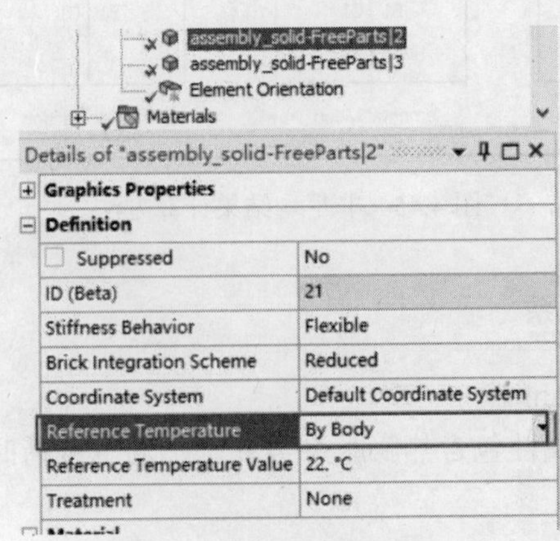

图 4.48　热应变（3）

将 Mechanical 目录树 Geometry 中每一个 Part 的属性栏 Material>>Thermal Strain Effects 设置为 Yes，即激活热应变求解，如图 4.49 所示。在目录树中单击 Geometry 中每一个 part 并与键盘组合键 Ctrl/Shift 结合多选后，实现批量设置。也可单击 Mechanical 窗口右上角 Option…修改该选项的默认值，如图 4.50 所示。

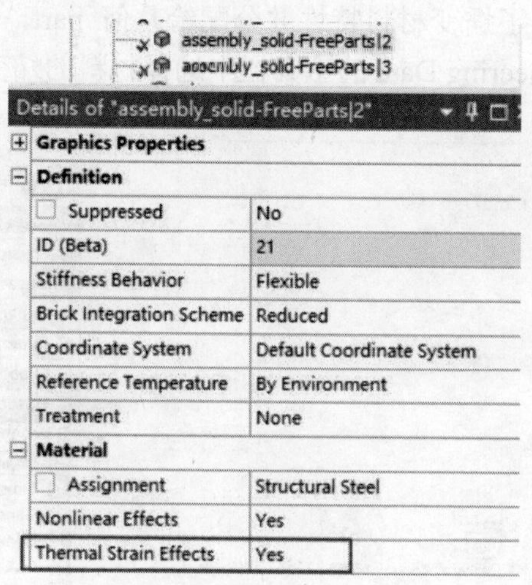

图 4.49　热应变（4）

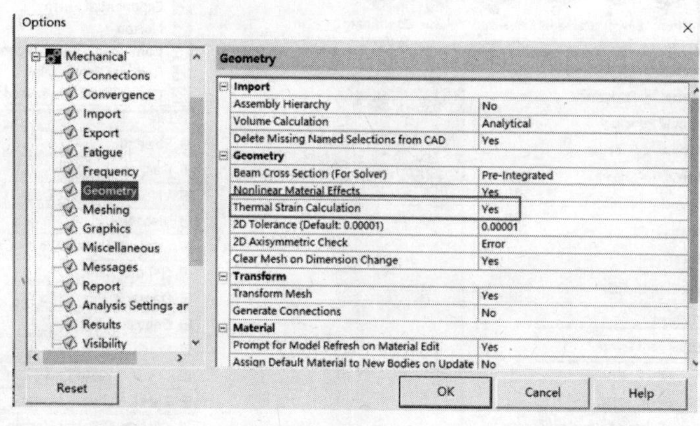

图 4.50　热应变（5）

2. 等效塑性应变（Equivalent Plastic Strain）

等效塑性应变是工程中永久应变的一种度量方法。与等效应力的计算类似，等效塑性应变也是由塑性应变分量组合得到。通过菜单 Solution 功能区 Results>>Strain>>Equivalent Plastic 输出，如图 4.51 所示。

3. 累积等效塑性应变（Accumulated Equivalent Plastic Strain）

累积等效塑性应变的结果是每一子步等效塑性应变增量的总和。等效塑性应变直接由塑性应变分量计算得到，而累积等效塑性应变是由沿变形路径等效塑性应变增量积分得到，该结果是工程结构硬化程度的一个指标。累积等效塑性应变用于交变加载工况，其数值像塑性功一样总是在增加。对于单调加载的工况，累积等效塑性应变应与等效塑性应变一致。

4. 等效蠕变应变（Equivalent Creep Strain）

蠕变是一种率相关的材料非线性，材料在恒定载荷下继续变形。材料在初始施加载荷下变形，随着时间的推移，随着变形或蠕变应变的增加，载荷逐渐减小。等效蠕变应变是工程结构蠕变应变量的一种度量方法，通过蠕变应变分量计算得到等效蠕变应变。

只有在工程数据中定义了蠕变材料特性并分配给几何 part，结果才可以提取得到蠕变应变。从 Workbench 界面 Engineering Data 的工具栏中选择材料的蠕变模型并定义蠕变材料特性，如图 4.52 所示。

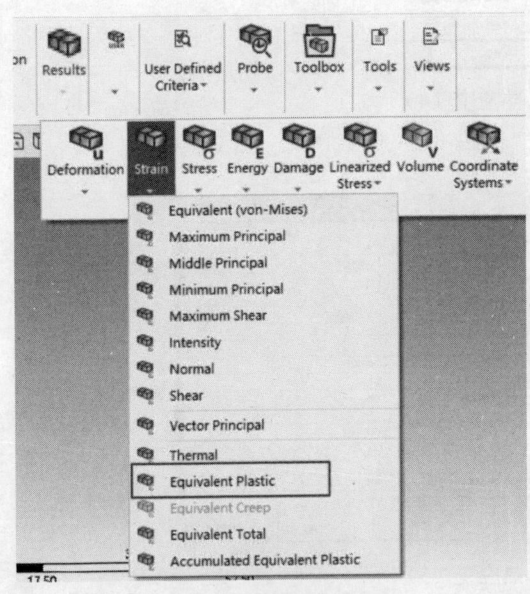

图 4.51　等效塑性应变

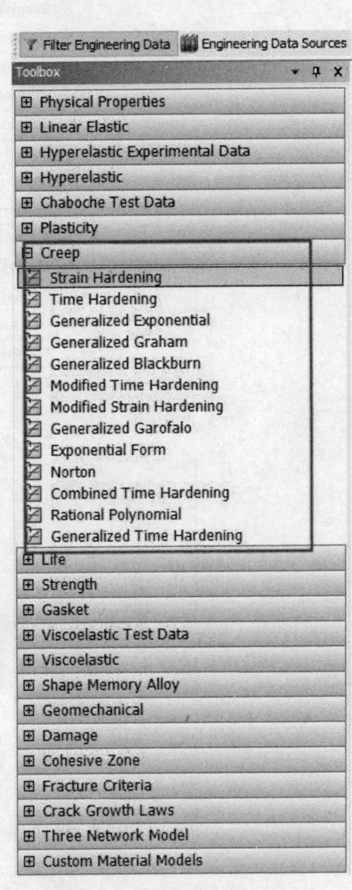

图 4.52　蠕变材料模型

5. 等效总应变（Equivalent Total Strain）

Mechanical 将弹性应变、塑性应变、热应变和蠕变应变分量相加计算出总应变分量，再由总应变分量计算出等效总应变。

6. MAPDL 的等效总应变和等效机械应变

在 MAPDL 中等效总应变也称为总机械和热应变（Total Mechanical and Thermal Strain）。如果用 User Defined Results 提取，其表达式为 EPTTEQV_RST。

在 MAPDL 中等效总机械应变（Equivalent Total Mechanical Strain）由弹性应变分量、塑性应变分量和蠕变应变分量叠加得到总机械应变分量，再由总机械应变分量计算出等效总机械应变。如果用 User Defined Results 提取，其表达式为 EPTOEQV_RST，如图 4.53 所示。

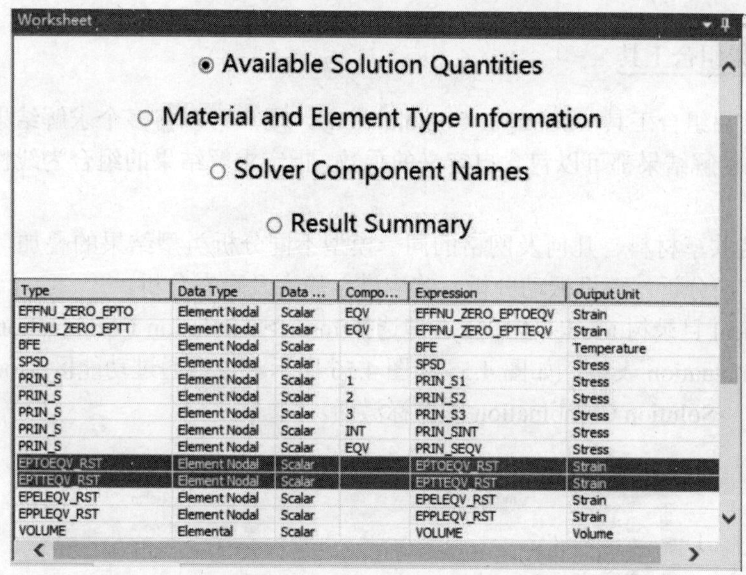

Type	Data Type	Data ...	Compo...	Expression	Output Unit
EFFNU_ZERO_EPTO	Element Nodal	Scalar	EQV	EFFNU_ZERO_EPTOEQV	Strain
EFFNU_ZERO_EPTT	Element Nodal	Scalar	EQV	EFFNU_ZERO_EPTTEQV	Strain
BFE	Element Nodal	Scalar		BFE	Temperature
SPSD	Element Nodal	Scalar		SPSD	Stress
PRIN_S	Element Nodal	Scalar	1	PRIN_S1	Stress
PRIN_S	Element Nodal	Scalar	2	PRIN_S2	Stress
PRIN_S	Element Nodal	Scalar	3	PRIN_S3	Stress
PRIN_S	Element Nodal	Scalar	INT	PRIN_SINT	Stress
PRIN_S	Element Nodal	Scalar	EQV	PRIN_SEQV	Stress
EPTOEQV_RST	Element Nodal	Scalar		EPTOEQV_RST	Strain
EPTTEQV_RST	Element Nodal	Scalar		EPTTEQV_RST	Strain
EPELEQV_RST	Element Nodal	Scalar		EPELEQV_RST	Strain
EPPLEQV_RST	Element Nodal	Scalar		EPPLEQV_RST	Strain
VOLUME	Elemental	Scalar		VOLUME	Volume

图 4.53 等效总应变和等效机械应变

7. 材料屈服后等效应力与应变的关系

率无关塑性材料屈服后等效应力等于杨氏模量与等效弹性应变的乘积［参考本书 2.2.4 节弹塑性材料应力应变数据输入注意事项（5）图示］。

4.2.11 结果输出列表中的平均结果（Average Results）

提取结果时，Mechanical 在属性栏以及 Tabular Data 数据表中，以只读方式报告求解得到结果的最大值、最小值以及随时间变化的最小值及最大值。同时显示了平均值 Average Results，如图 4.54 所示。该平均值指所提取结果的算术平均，以节点变形为例，该值为所有节点变形求和除以节点总数。

Total Deformation

Details of "Total Deformation"

Scope	
Scoping Method	Geometry Selection
Geometry	1 Body
Definition	
Results	
Minimum	0. mm
Maximum	3.2448 mm
Average	0.41475 mm
Minimum Occurs On	Pump_housing-FreeParts|1
Maximum Occurs On	Pump_housing-FreeParts|1
Minimum Value Over Time	
Minimum	0. mm
Maximum	0. mm
Maximum Value Over Time	
Minimum	0. mm
Maximum	3.2448 mm

图 4.54 平均结果

4.2.12 求解结果组合工具

使用求解结果组合工具（Solution Combination），用户可以将多个求解结果组合得到一个组合结果。每个求解结果都可以包含自定义的乘数。指定求解结果的组合为线性或平方和开平方（SRSS）。

该功能支持共享材料、几何及网格的同一模型不同分析类型结果的叠加，所支持的分析类型包括：谐响应分析、随机振动分析、响应谱、静力及瞬态分析。

在 Mechanical 目录树 Model 上单击右键选择 Insert>> Solution Combination 后，主窗口弹出 Solution Combination 表格，如图 4.55 和图 4.56 所示。也可通过功能区 Model>>Context>> Model>>Results>>Solution Combination 的图标激活。

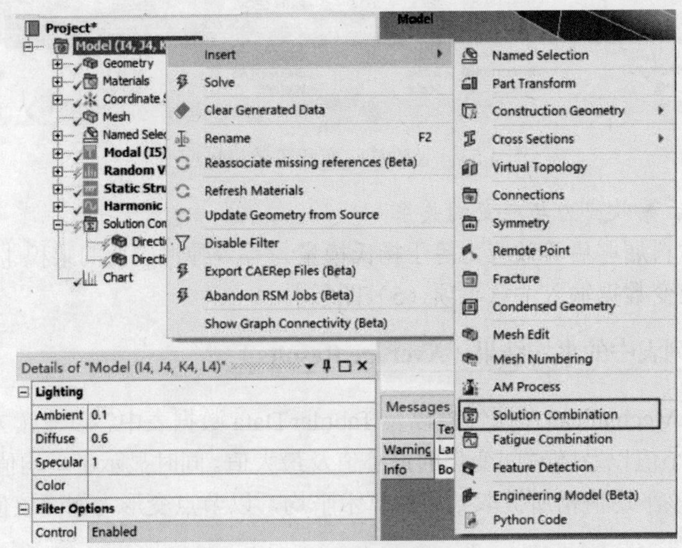

图 4.55 结果组合工具（1）

Worksheet

Solution Combination

*Right click on the grid to add/delete a row or a column.

	A	B	C	D
1		Environment	Static Structural	Harmonic Response
2		Time/Frequency	End Time	8000
3		Phase Angle		0
4				
5	Combination Name	Type		
6	Combination 1	Linear	1	1
7	Combination 2	Linear	0	2

Add Combination　Add Base Case

图 4.56 结果组合工具（2）

增加基础分析结果（Add Base Case），将在表中增加列，根据不同的分析类型选择所叠加的时间点/频率点，相位角下的结果。在组合结果的类型中选择线性叠加或者 SRSS 叠加，在所对应的基础分析结果栏目中输入系数。

增加结果组合（Add Combination）将在表中增加行。当执行多组叠加后，将输出各个结果组合下的表格结果，通过属性栏设置云图对应的输出结果，如图 4.57 所示。

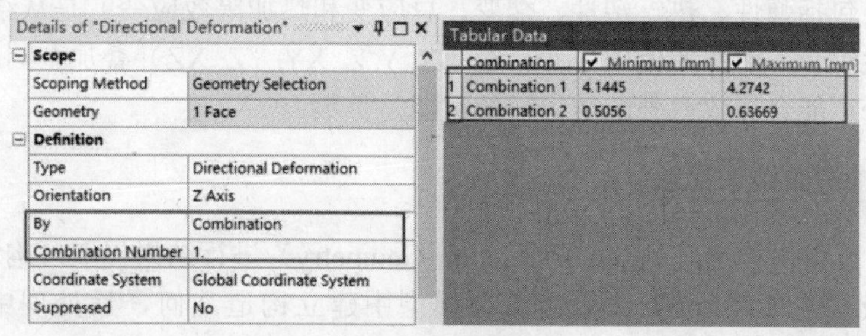

图 4.57　结果组合工具（3）

图 4.58 为设置完成的三个组合结果，其中 C 列为静力分析时间步为 1 的结果；D 列为静力分析时间步为最终时间步的结果；E 列为谐响应频率 85Hz，相位角为 270°的结果；F 列为瞬态分析时间步为 2 的结果。

Worksheet

Solution Combination

*Right click on the grid to add/delete a row or a column.　Import...　Export...

	A	B	C	D	E	F
1		Environment	Static Structural	Static Structural	Harmonic Response	Transient
2		Time/Frequency	1	End Time	85	2
3		Phase Angle			270	
4						
5	Combination Name	Type				
6	Combination 1	Linear	1	1	0	1
7	Combination 2	SRSS	0	0.5	0.5	0
8	Combination 3	Linear	-1	2	0	0.5

Add Combination　Add Base Case

Geometry　Worksheet

图 4.58　结果组合工具（4）

组合结果 1 为线性组合：1×C+1×D+1×F

组合结果 2 为 SRSS 组合：$\sqrt{(0.5\times \mathrm{D})^2+(0.5\times \mathrm{E})^2}$

组合结果 3 为线性组合：(−1×C)+2×D+0.5×F

组合结果支持提取的结果类型为应力、弹性应变、变形、应力工具、Beam 及 Beam Tool（静力和瞬态）、疲劳工具（Fatigue Tool）、接触工具（Contact Tool）和自定义结果（UDR）。

1. 结果组合中结果量的计算步骤

（1）计算基础分析结果（Base Cases）的分量结果。

（2）分量结果进行线性/SRSS 组合。

（3）空间插值（如路径结果、Surface 结果等）。

（4）根据组合后的分量结果计算主应力结果（如等效应力等）。

基于以上计算步骤，用户在检查主应力结果时，应理解在组合结果的主应力输出中，其数值并非是基础分析结果主应力的线性叠加，而是分量结果叠加完成后再求解主应力。

2. 随机振动及响应谱分析结果组合注意事项

（1）其结果对象的坐标系默认设置为求解坐标系（Solution Coordinate System），不能更改，因为其结果只有在求解坐标系中查看才有意义。

（2）在应力和应变结果的下拉菜单中，仅正应力和剪应力结果可用于组合。

3. 结果组合中的等效应变

等效应变（包括弹性、热、塑性、蠕变、总应变和热加等效应变）是从结果文件中读取，并直接用于线性组合，而并非使用应变分量（X, Y, Z, XY, YZ, XZ）叠加。因此，提取结果组合中的等效应变可能会导致意外的结果（如可能是负数）。

4.2.13 路径及构造面结果提取

Mechanical 支持对构造几何（Construction Geometry）进行结果提取，构造几何主要指路径（Path）以及构造面（Surface）。首先在模型中建立构造几何，后处理中提取对象选择 Path/Surface。

1. 路径的建立

在 Mechanical 目录树 Model 中单击右键选择 Insert>> Construction Geometry>>Path 插入路径，如图 4.59 所示。路径的定义通过两点，即模型的边（Edge），或者通过所选坐标轴 X 轴与模型的交点定义。

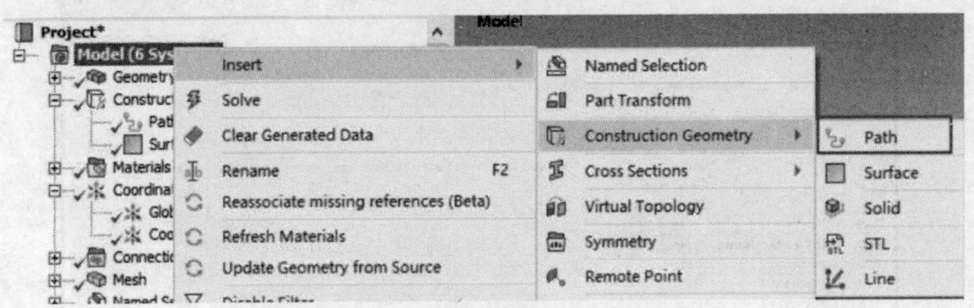

图 4.59 路径定义（1）

当路径所使用的坐标系（Path Coordinate System）为笛卡儿坐标系时，路径为直线，若路径所使用坐标系为柱坐标系时，路径为曲线。取样点数（Number of Sampling Points）在路径上平均排布，最多 200 个点，默认为 47 个。路径起点（Start）、终点（End）选择方式为几何点、边、面、网格节点以及坐标位置等，如图 4.60 所示。当选择对象为边或面时，定位到其几何中心。

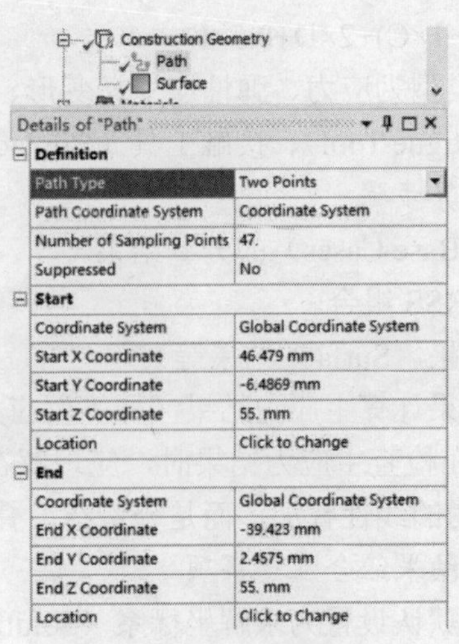

图 4.60 路径定义（2）

当选择的位置无硬点（Vertex）时，可以切换为依据坐标位置选择（图 4.61），单击模型外表面任意位置后，属性栏 Location>>Click To Change 位置 Apply 的 Start X/Y/Z Coordinate 的坐标自动更新为所单击位置的坐标，在这三行坐标值的数据中手动输入其他数据后，起点位置自动偏移至新位置。

图 4.61 路径定义（3）

图 4.62 所示路径依据坐标系为圆柱坐标系，通过模型两个节点指定的圆柱路径。

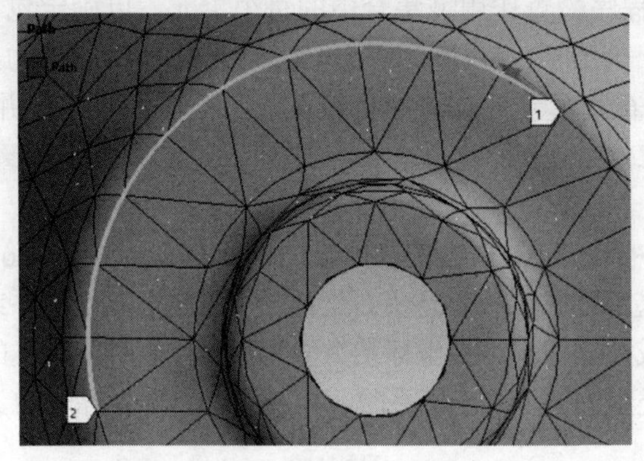

图 4.62 路径定义（4）

在求解应力线性化（Linearized Stresses）时，为了确保求解的精度，通常需要将所定义的路径的起点及终点精确定位到几何模型所对应的节点。在 Mechanical 目录树已定义完成的路径上右键单击 Snap to mesh nodes，实现起点与终点与网格节点的重合，如图 4.63 所示。

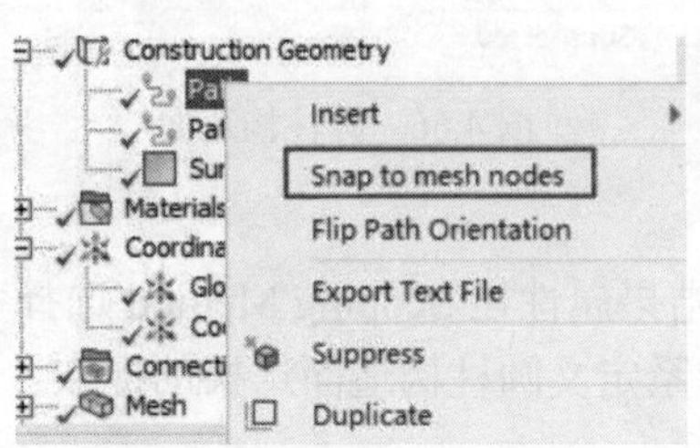

图 4.63 路径定义（5）

通过边定义路径时，支持多条连续的边作为路径。

通过 X 轴与模型的交点（X Axis Intersection）定义时，程序创建一个从所选坐标系原点到所选坐标系 X 轴与几何边界相交点的路径。

2. 路径结果的提取

路径定义完成后，提取结果属性栏 Scoping Method 选择 Path 即完成所选路径的结果提取。

当后处理结果提取 Scoping Method 为 Geometry Selection 并且选择了边（Edge）时，在该结果上单击鼠标右键选择 Convert to Path Result 支持将 Edge 结果转换为路径结果，结果更为精细，此时目录树的路径定义中，将自动生成基于该 Edge 的路径，如图 4.64 和图 4.65 所示。

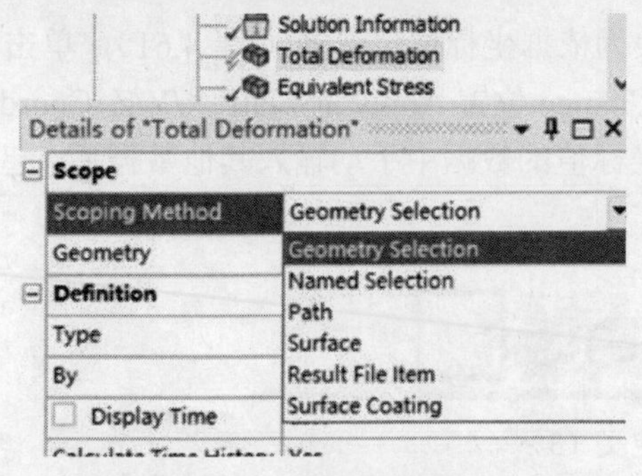

图 4.64　路径结果提取（1）

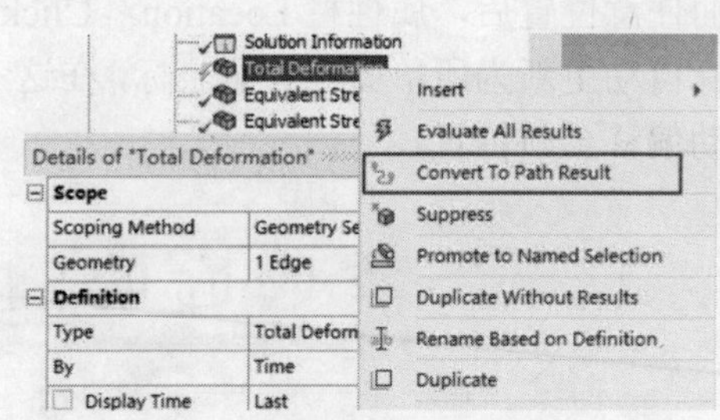

图 4.65　路径结果提取（2）

对于给定的路径，程序检查作用域集合中的每个单元，以确定包含路径上点的单元集合。路径点的集合本质上是一组插值点。例如，提取路径上 X 轴法向应力结果 SX，对于给定插值点(X,Y,Z)，Mechanical 查找单元内该点的自然（或归一化）坐标，并使用自然坐标和形状函数插值得到 SX 在(X,Y,Z)处的值。

3. 构造面的建立

在 Mechanical 目录树 Model 单击右键选择 Insert>> Construction Geometry>>Surface 插入构造面，如图 4.66 所示。构造面通过坐标系定义。坐标系可以是全局坐标系或局部坐标系，坐标系类型可以是笛卡儿坐标系或柱坐标系。当坐标系类型为柱坐标系时，定义的构造面需指定半径，以得到圆柱面。当坐标系类型为笛卡儿坐标系时，构造面为所选坐标轴的 XY 平面。

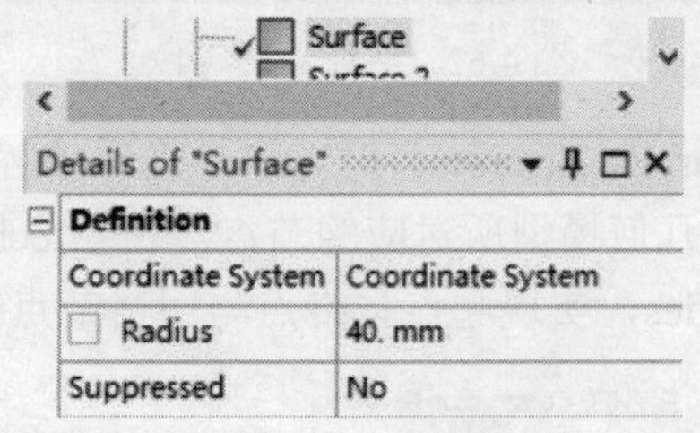

图 4.66　圆柱构造面

4. 构造面结果的提取

构造面定义完成后，提取结果属性栏 Scoping Method 选择 Surface 即完成所选构造面的结果提取。图 4.67 为基于柱坐标系定义圆柱构造面结果的提取。

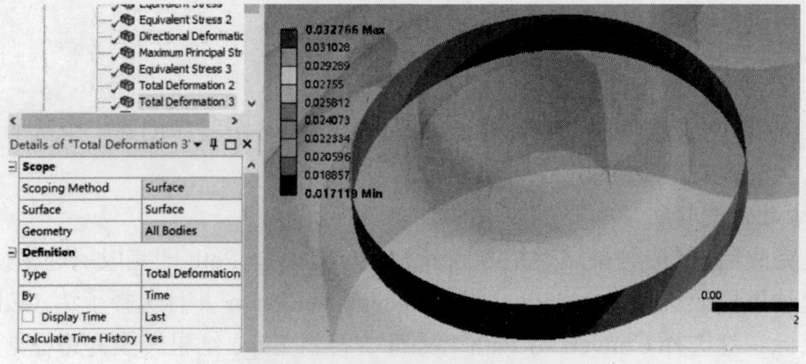

图 4.67　圆柱构造面结果提取

构造面的反力可以帮助用户更好地理解有限元模型力的传递规律，与选取隔离体做受力分析的原理一致。构造面反力结果如图 4.68 所示。

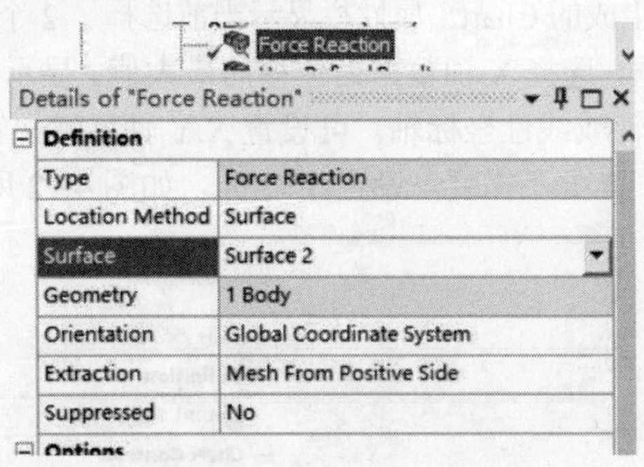

图 4.68　构造面反力结果

4.2.14　使用图表比较数据

图表（Chart）功能能够将载荷和结果数据与时间以及其他结果数据进行比较并放在一张图表中，以帮助用户更好地理解结果随载荷的变化、不同结果（载荷）随时间的变化、同一结果随不同分析工况的变化、多组谐响应曲线随频率的变化等。例如，比较两种不同的具有多个阻尼特性的瞬态分析的位移响应、屈曲分析中的载荷位移曲线等。

通过单击 Mechanical 界面 Home 菜单 Insert>>Chart 使用图表功能，如图 4.69 所示。

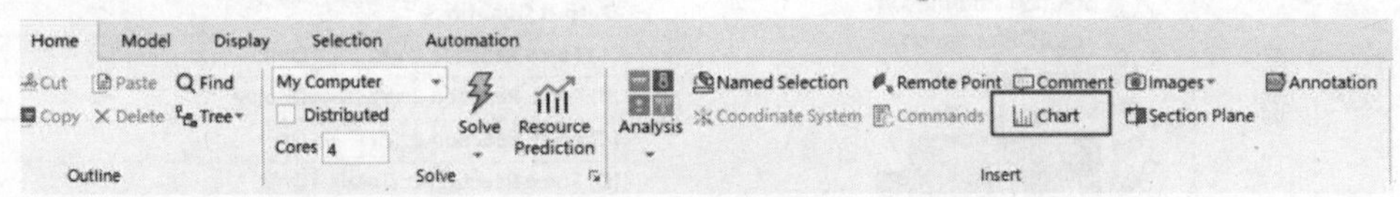

图 4.69　Chart 功能

下面以非线性屈曲分析的载荷-位移曲线来说明 Chart 功能的使用。

两端约束的 L 形梁，平面内施加图 4.70 所示的集中力，进行平面内的屈曲分析。屈曲分析提取加载点的竖直方向的位移值，以及约束位置的反力。通过 Chart 功能作出 X 轴为竖直位移，Y 轴为约束反力的图表。步骤如下：

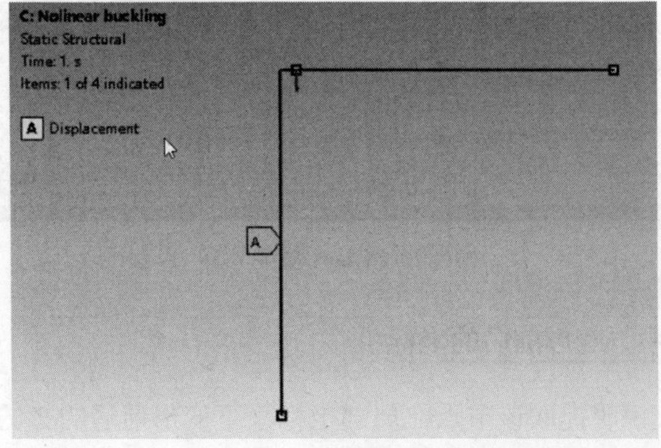

图 4.70　L 形梁屈曲分析

（1）在目录树中按 Ctrl+鼠标左键单击需要作图的两个后处理数据。

（2）单击功能区 Chart 图表，如图 4.71 所示。

（3）单击目录树上新生成的 Chart。属性栏显示当前选择了 2 个目标对象，Outline Selection 为“2 Objects”。通过下拉框，选择 X 轴数据为位移的最大值。显示类型为线及数据点（Both）。Scale 可以选择为对数坐标轴或线性坐标轴。可设置 X,Y 轴标签，输出表格内容等。时间输入量为两组数据的共用输入，此处不需要，设置为 Omit，如图 4.72 所示。输出量 Y 轴设置为竖直方向的反力，其他忽略。

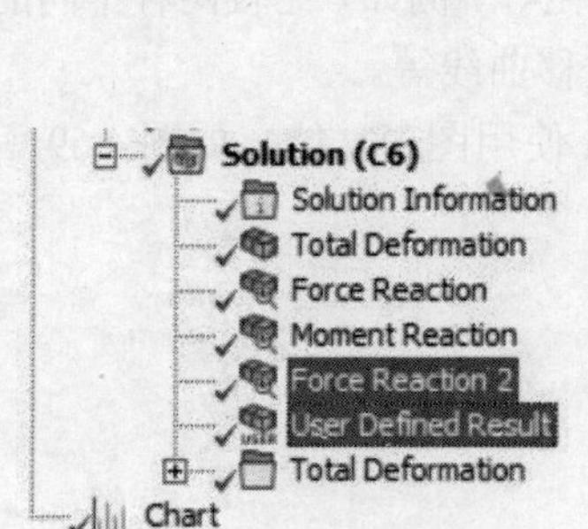

图 4.71　Chart 功能（1）

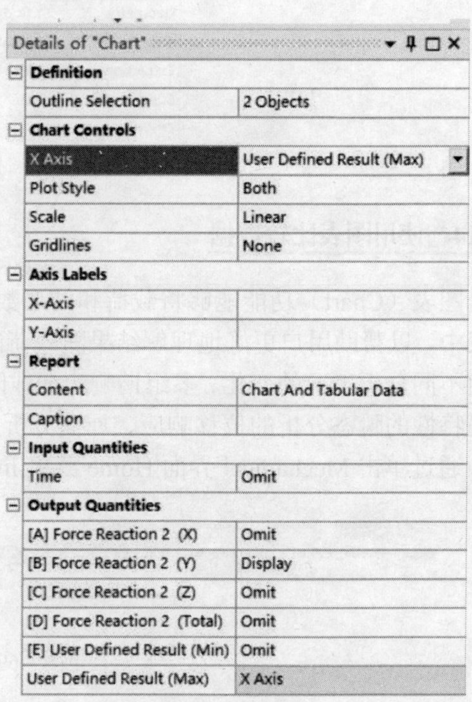

图 4.72　Chart 功能（2）

（4）图表设置完成后，在右侧同时显示 Chart 和 Tabular Data，如图 4.73 所示。

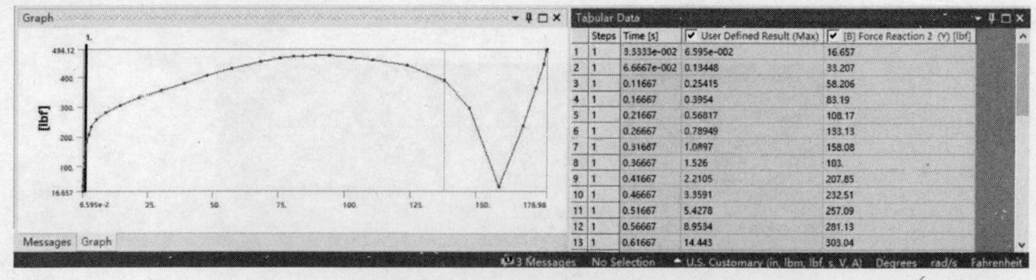

图 4.73　Chart 功能（3）

4.2.15　提取局部坐标系下变形前后的坐标

以一个节点为例，说明提取该节点在局部坐标系下变形前后的 Z 方向的坐标。

（1）首先定义局部坐标系。

（2）在目录树中插入自定义结果，表达式为 locz，得到该节点在局部坐标系下变形前的 Z 向位置坐标，如图 4.74 所示。

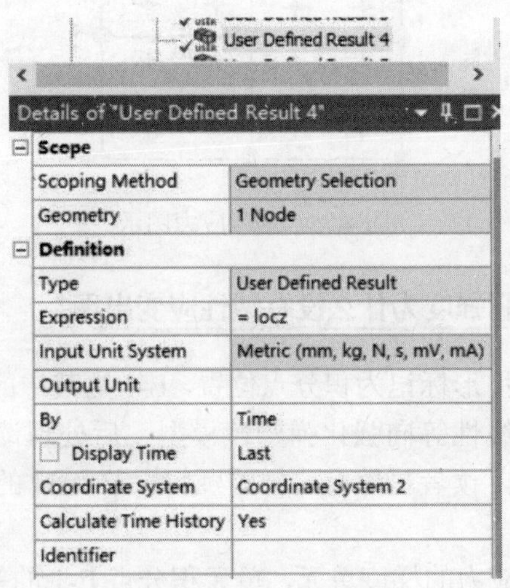

图 4.74　局部坐标系下变形前后的坐标提取

（3）目录树中插入自定义结果，表达式为 Loc_defz，得到该节点在局部坐标系下变形后的 Z 向位置坐标。

4.3 答疑解惑

在比较节点的等效应力和塑性应变结果时，用户偶尔会观察到 Mechanical 的计算结果和工程经验判断并不一致，如本节所讨论的两个具体案例。

4.3.1 节点等效应力低于屈服强度为什么有塑性应变出现?

图 4.75 中的 E1～E4 为 4 个单元，E1-3、E2-2、E3-1、E4-4 分别为各单元所对应的积分点，节点 N 为 4 个单元共用节点，已知材料的屈服强度为 235MPa，使用双线性等向强化弹塑性模型，后处理查询节点 N 的等效应力为 223MPa，等效塑性应变为 0.014。读者显然有这样的疑问：节点 N 的等效应力低于屈服强度为什么会有塑性应变出现？

我们知道，有限元求解积分点 E1-3、E2-2、E3-1、E4-4 的结果，对于线弹性分析，节点 N 的应力由每个单元根据形函数外插得到，而对于材料非线性分析，节点 N 的应力值则直接将积分点的结果拷贝到节点上（参考 MAPDL 命令 ERESX 说明）。读取查询单元 E1～E4 在节点 N 的等效应力和塑性应变，E1-N（260MPa, 0.02），E2-N（200MPa, 0），E1-N（180MPa, 0），E1-N（220MPa, 0），数据显示仅 N 所位于的 E1 单元发生屈服，其他单元并没有屈服。根据前面几节的介绍，节点 N 的平均等效应力值为应力分量求和并平均后，再根据等效应力的公式（后处理程序内部计算）求得，读取其值为 223MPa，其值并不等于直接将 4 个节点位置的等效应力求和取平均即(260+200+180+220)/4=215MPa，节点 N 的平均等效塑性应变也遵循这样的计算规则。

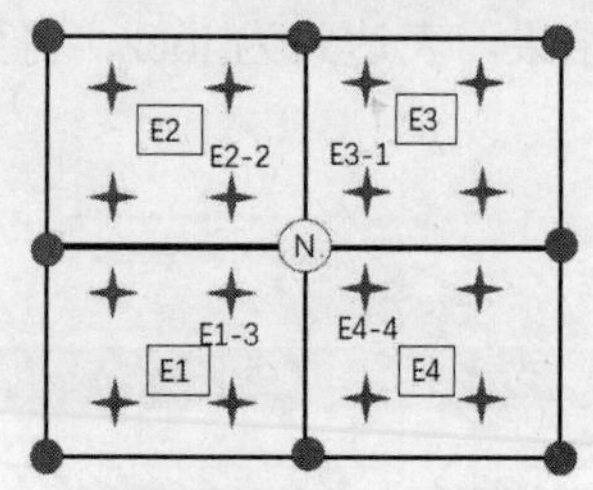

图 4.75　等效应力图示

4.3.2　节点等效应力高于屈服强度为什么没有塑性应变出现？

图 4.76 为单元示意图，星形标记为积分点位置，E-1 为其中的一个积分点，已知材料的屈服强度为 235MPa，使用双线性等向强化弹塑性模型，后处理读取角节点 N 的等效应力为 250MPa，等效塑性应变为 0，读者显然有这样的疑问：节点 N 的等效应力高于屈服强度为什么没有塑性应变出现？

这种情况可能出现在高应力的梯度单元，单元积分点 E-1 的等效应力为 230MPa，低于屈服强度，因此并无塑性应变出现，程序将根据单元形函数外插应力值至角节点 N，外插得到的等效应力值可能高于屈服强度。读者可以在 Static Structural 下插入命令行 ERESX,NO（即执行拷贝积分点应力至节点而非插值）来确认这一点，在该区域细化网格可以避免出现这种情况。

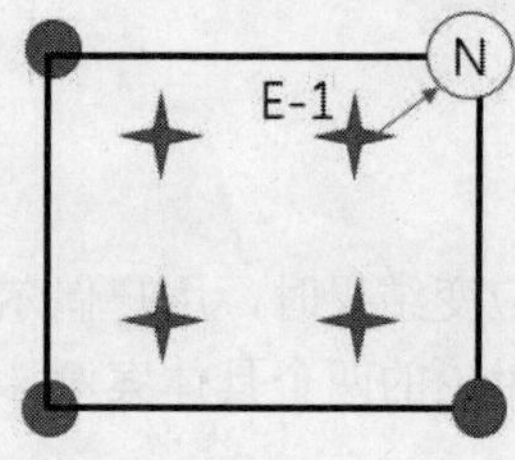

图 4.76　单元示意图

第 5 章　Mechanical 分析模块热点解析

Mechanical 结构分析根据是否包含惯性和阻尼效应分为结构静力学分析和结构动力学分析，其中结构动力学分析又分为模态分析（Modal）、谐响应分析（Harmonic Response）、响应谱分析（Response Spectrum）、随机振动分析（Random Vibration）和瞬态动力学（Transient Structural）等。Mechanical 热分析模块包括稳态热分析（Steady-Static Thermal）和瞬态热分析（Transient Thermal）。本章讨论各分析模块的热点问题，屈曲分析将在第 9 章阐述。

5.1　静力学和完全法瞬态分析

在结构静力学和完全法瞬态分析中，非线性模型极其常见，为了得到收敛的数值解，用户往往需要花费大量的精力对非线性模型进行诊断，在模型诊断的同时，利用重启动控制技术将加速模型的调试工作。

5.1.1　重启动控制（Restart Control）

求解过程通常由一系列载荷步及子步组成，每个子步预测了结构在特定加载条件下的响应。Mechanical 求解重启动功能提供了程序继续进行求解的能力，以节省求解时间，主要应用于：

（1）暂停或停止作业以检查结果，然后重新启动作业。

（2）检查并修改不收敛的求解。调整分析设置中的求解参数后继续求解，同时保留之前的求解结果。类似地，可以修改载荷继续执行求解。

（3）扩展已经完成的求解。例如，在已完成载荷步的基础上新增载荷步。

本节讲解重启动控制的设置，并通过案例演示其步骤。

1. 重启动点

求解的重启动基于重启动点（Restart Points）进行。每一个重启动点都可以看作求解序列的一个离散点上系统求解状态的快照，求解器将该状态存储在磁盘上的一个重启动文件中。磁盘上的每个重启动文件在图形界面 Graph 及 Tabular Data 上都有相应的重启点。

2. 重启动控制

重启动控制通过 Mechanical 分析设置属性中 Restart Controls 栏目进行设置。

当生成重启动点（Generate Restart Points）设置为程序控制（Program Controlled）时，如图 5.1 所示，重启动文件按以下规则生成：

（1）完成求解的线性分析无重启动文件生成。

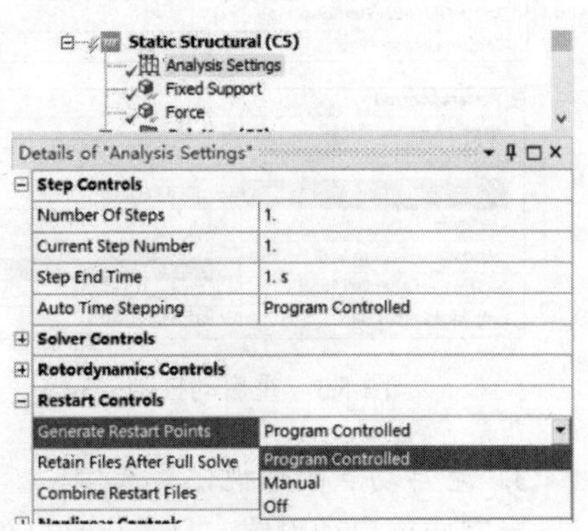

图 5.1　重启动控制（1）

（2）完成求解的非线性分析无重启动文件生成。

（3）非线性分析由于收敛原因未成功求解保留最后一个收敛子步的重启动文件。

（4）非线性分析由于用户手动终止（Interrupt Solution）求解保留最后一个收敛子步的重启动文件，如图 5.2 所示。

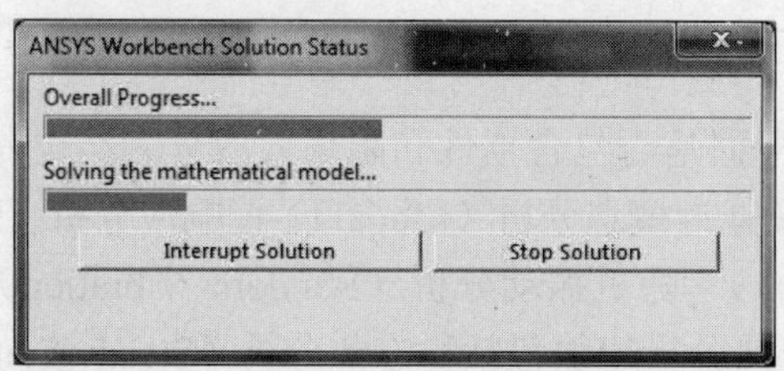

图 5.2　重启动控制（2）

Retain Files After Full Solve 的默认设置为 No，即完成非线性分析的结果不保留重启动文件，通过修改为 Yes，将完成非线性分析的结果保留重启动文件，可以实现增加载荷步，修改载荷等后续操作。

生成重启动点（Generate Restart Points）设置为手动控制（Manual）后，可实现载荷步及子步按指定规律保存重启动文件，如每个子步保存 5 个重启动点等，最多支持每个载荷步保存 999 个重启动点，如图 5.3 所示。

Combine Restart Files 的默认设置为程序控制，当求解采用分布式并行 DMP 时，默认不合并每个 Core 求解所生成的重启动文件，如图 5.4 所示。举例说明，一个分析采用分布式 4 Core 求解，设置了 4 个重启动点，则生成的重启动文件为：file0.r001、file0.r002、file0.r003、file0.r004、file1.r001、file1.r002、file1.r003、file1.r004、file2.r001、file2.r002、file2.r003、file2.r004、file3.r001、file3.r002、file3.r003、file3.r004，共 16 个文件。当选择“Yes”时，求解器将各核心求解的结果进行合并，即将 fileX.r00X 合并为 file.r00X。此时除了上述的 16 个文件外，另外生成了 4 个合并的重启动文件 file.r001、file.r002、file.r003、file.r004。

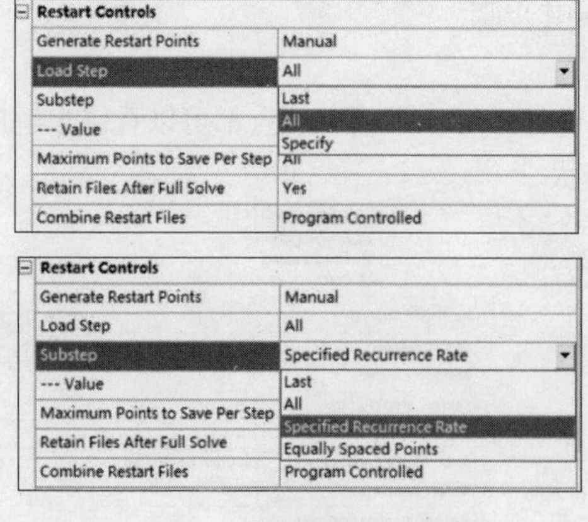

图 5.3　重启动控制（3）

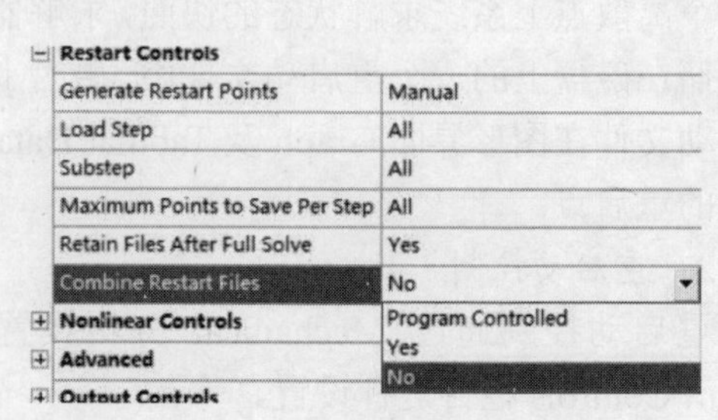

图 5.4　重启动控制（4）

3. 重启动点的可视化及选择

当完成重启动设置，且重启动文件依据前述的规则生成后，鼠标单击分析设置（Analysis

Settings），如图 5.5 所示，即可在 Mechanical 界面右下方的 Graph 图示及 Tabular Data 表格显示重启动数据，如图 5.6 所示。

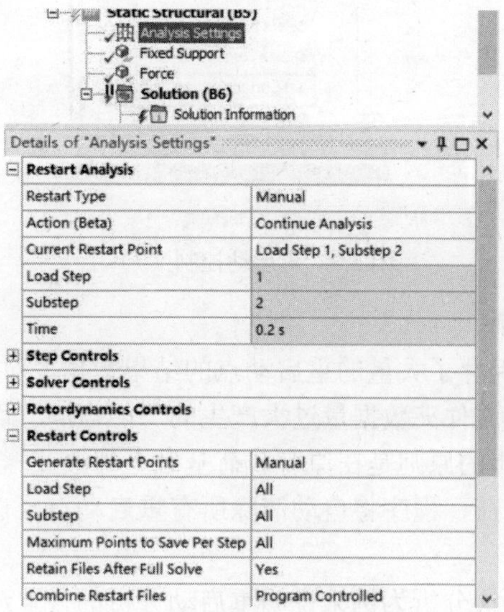

图 5.5　重启动控制（5）

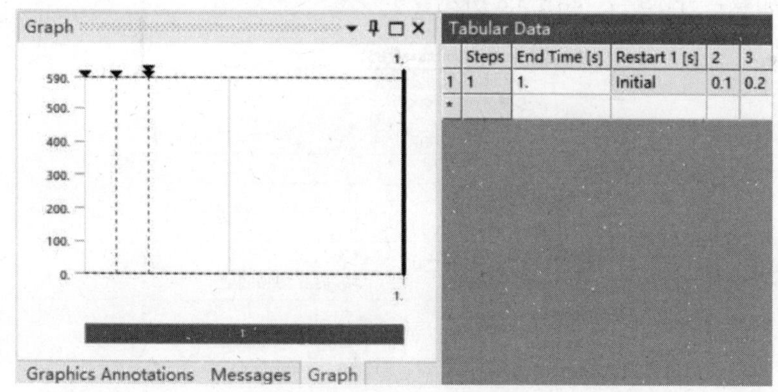

图 5.6　重启动控制（6）

Graph 图中向下的三角符号表示模型中存在的重启动点，两个三角符号表示当前继续分析时所使用的重启动点。可以在分析设置的属性栏中当前重启动点（Current Restart Point）下拉框进行选择，也可直接在 Graph 中单击三角符号，单击右键选择 Set Current Restart Point 设置，如图 5.7 所示，或者在 Tabular Data 的表格中右键选择，通过这种方式也可以删除重启动点。

4. 重启动的输入、输出文件

重启动分析提交求解时，程序将生成最新的输入文件 ds.dat 及求解器随后生成最新的输出文件 solve.out。而之前求解完成的 ds.dat 以及 solve.out 被重新命名，命名规则为 filename_loadstep_substep.ext（文件名_载荷步_子步.dat 或.out）。如某个求解发生在 loadstep = 3 和 substep = 4，则该分析的输入文件名及输出文件名分别为：ds_3_4.dat 和 ds_3_4.out。初始分析的输入及输出文件名分别为 ds_0_0.dat 和 ds_0_0.out。

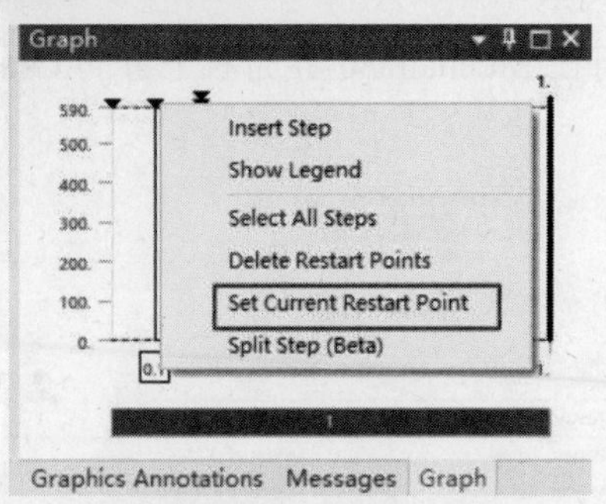

图 5.7　重启动控制（7）

5. *重启动控制注意事项*

（1）由于重启动控制保存了大量的重启动点的结果数据，对于大型的工程文件，要合理优化磁盘空间，避免因求解文件夹数据量过大产生的“磁盘满”而使得求解失败。

（2）重启动插入载荷步的原则是在原有载荷基础上修改或增加新的载荷历史，如果在新增的载荷步中引入了新的载荷，程序将自动清除所有重启动点，进行一个全新的求解。

6. *重启动练习*

以一个简单的非线性结构分析为例来说明重启动分析的设置流程。

（1）模型初始化，开启大变形选项，重启动设置打开，非线性时间步采用默认设置，施加约束条件及加载，并求解，如图 5.8 所示。

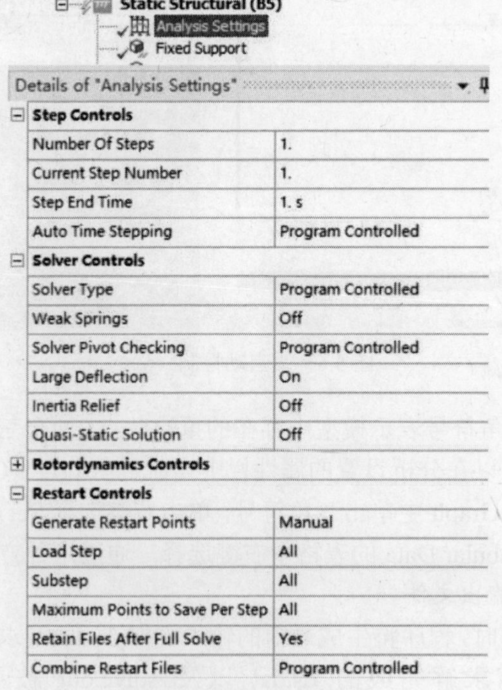

Step Controls	
Number Of Steps	1.
Current Step Number	1.
Step End Time	1. s
Auto Time Stepping	Program Controlled
Solver Controls	
Solver Type	Program Controlled
Weak Springs	Off
Solver Pivot Checking	Program Controlled
Large Deflection	On
Inertia Relief	Off
Quasi-Static Solution	Off
Rotordynamics Controls	
Restart Controls	
Generate Restart Points	Manual
Load Step	All
Substep	All
Maximum Points to Save Per Step	All
Retain Files After Full Solve	Yes
Combine Restart Files	Program Controlled

图 5.8　重启动控制（8）

（2）观察不收敛模型的结果，如图 5.9 所示。

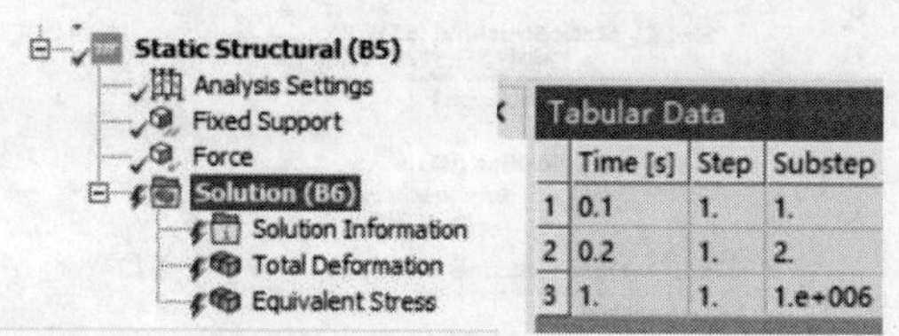

图 5.9　重启动控制（9）

（3）单击分析设置，查看 3 个重启动点。说明当前分析可以从 Initial、0.1s 和 0.2s 进行重启动，如图 5.10 所示。

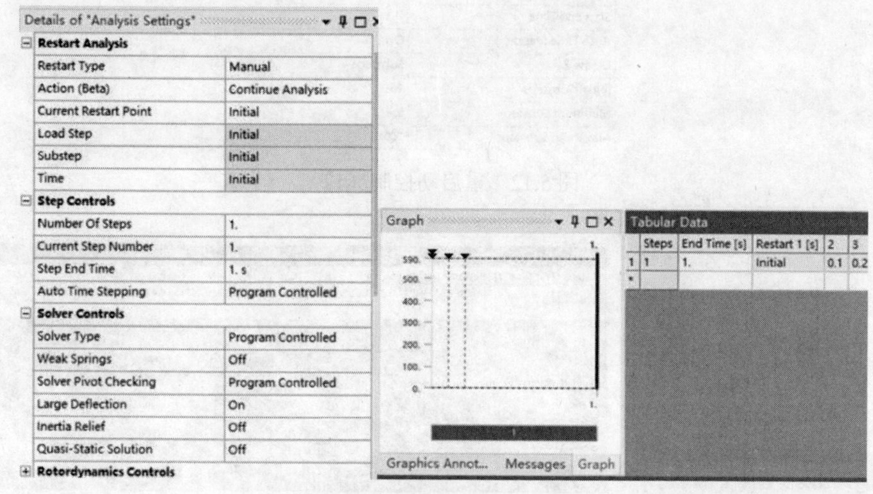

图 5.10　重启动控制（10）

（4）减小时间步，并从 0.2s 重启动点继续求解，尝试使模型达到收敛。设置自动时间步、初始时间步、最小时间步及最大时间步。将 0.2s 设置为重启动点并提交求解，如图 5.11 所示。

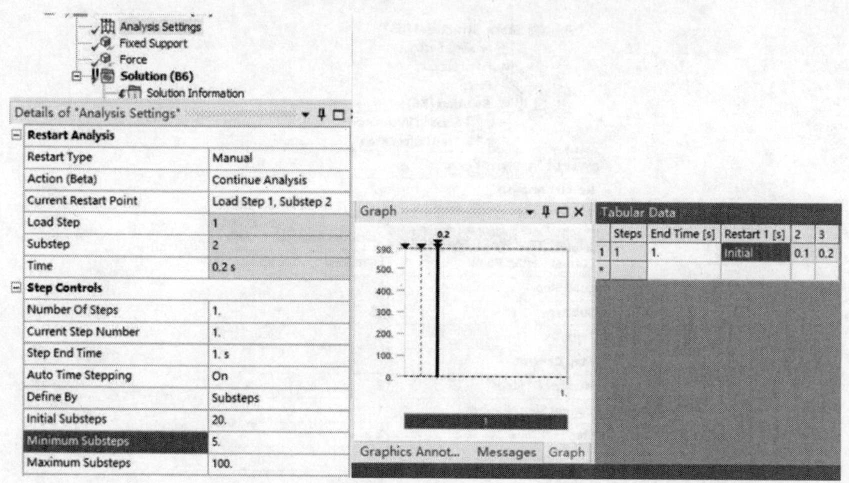

图 5.11　重启动控制（11）

（5）检查收敛结果的重启动点及结果。每个载荷子步都保存了重启动点，如图 5.12 和图 5.13 所示。

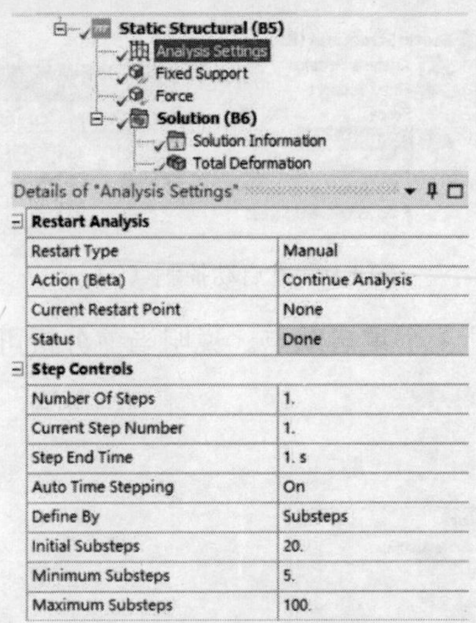

图 5.12　重启动控制（12）

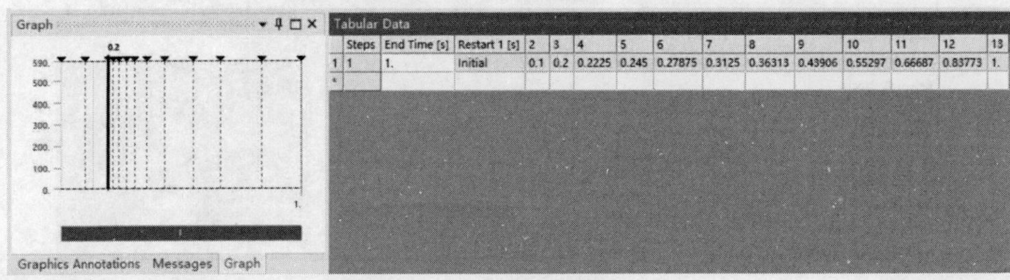

	Steps	End Time [s]	Restart 1 [s]	2	3	4	5	6	7	8	9	10	11	12	13
1	1	1.	Initial	0.1	0.2	0.2225	0.245	0.27875	0.3125	0.36313	0.43906	0.55297	0.66687	0.83773	1.
*															

图 5.13　重启动控制（13）

（6）增加一个载荷步，将 Number Of Steps 设置为 2，并从第一个载荷步的最后一个子步 1s 重启动点，如图 5.14 所示。载荷设置中添加第二个载荷步的载荷值。设置完成后，继续求解。

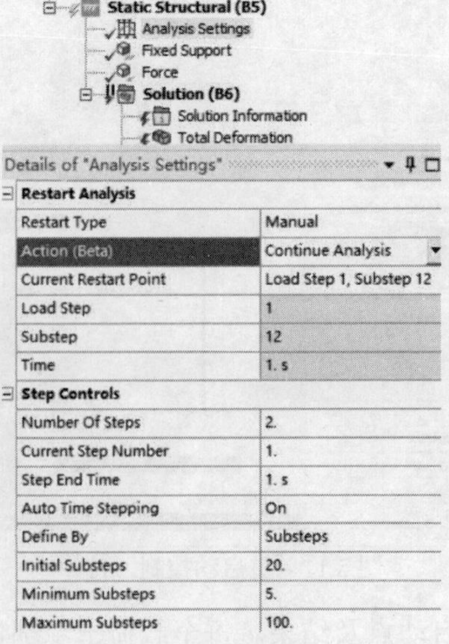

图 5.14　重启动控制（14）

（7）检查第二次重启动完成后的结果。

5.1.2　非线性模型收敛诊断

Mechanical 提供了丰富的技术手段及求解信息输出，帮助用户以尽可能少的代价得到合理的结果。常用的非线性模型收敛诊断技术和方法包括：

（1）非线性材料输入数据的检查。材料特性是结构产生非线性的一个重要因素，应首先检验参数的合理性，并注意 Mechanical 对数据输入的要求，参考第 2 章“材料属性”的讨论。

首先尝试使用线弹性材料模型以定位引起求解不收敛的材料属性。

对于率相关材料属性，如蠕变，还要注意本构模型所采用的单位系统，不同单位制下的本构关系的表达式及系数是不同的，用户有时会碰到求解器“刚度超限”的病态矩阵错误提示，模型诊断排查发现输入材料本构模型时采用的单位制有误。

（2）网格细化。参考第 2 章“复杂模型网格划分应对策略”，改善模型的网格质量。

（3）接触工具的使用。第 3 章“不收敛”讨论了关于非线性接触的应对措施。结合接触工具“Contact Tool”的使用，检查模型中的接触是否合理。接触工具将在第 6 章进行讨论。

（4）自动时间步的设置。参考第 3 章“载荷步、子步、平衡迭代及自动时间步”，使非线性加载的载荷增量尽可能小，避免求解器因最小子步达到所设定阈值而停止计算。

（5）设置重启动控制。参考本章“重启动控制”中的讨论，利用“重启动技术”当求解中断后，可以从某个子步继续求解，以节省程序从 0 时刻重新计算所花费的大量时间。

（6）力/位移收敛曲线。参考第 3 章“牛顿-拉弗森迭代”和“收敛准则”，并根据求解输出信息进行模型的调试。

检查收敛曲线（即力残差矢量与收敛准则）的趋势，当趋于平缓时，意味着需要更小的载荷增量或者需要减小接触的法向刚度，如图 5.15 所示。Mechanical 通过二分法减小时间步长来改善收敛。用户通过手动设置调整接触的法向刚度。

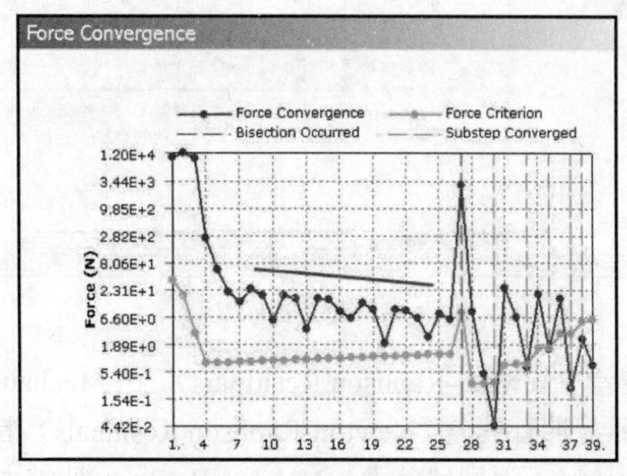

图 5.15　收敛诊断（1）

（7）结果跟踪（Result Tracker）。在 Mechanical 目录树上右键单击 Solution Information 后单击 Insert>>Deformation/Contact 可以插入几何点、网格的节点位移分量或者接触对，如图 5.16 所示，来分别监控模型在求解过程中的变形情况以及接触对的情况。

对于接触对选项，提供了丰富的选项，如接触压力（Pressure）、穿透（Penetration）、间隙

（Gap）、摩擦应力（Frictional Stress）、滑动距离（Sliding Distance）、粘接状态单元个数（Number Sticking）、接触单元个数（Number Contacting）、振荡（Chattering）、弹性滑动（Elastic Slip）、最大/最小接触刚度（Max/Min Normal Stiffness）等。其中接触单元个数为默认选项。

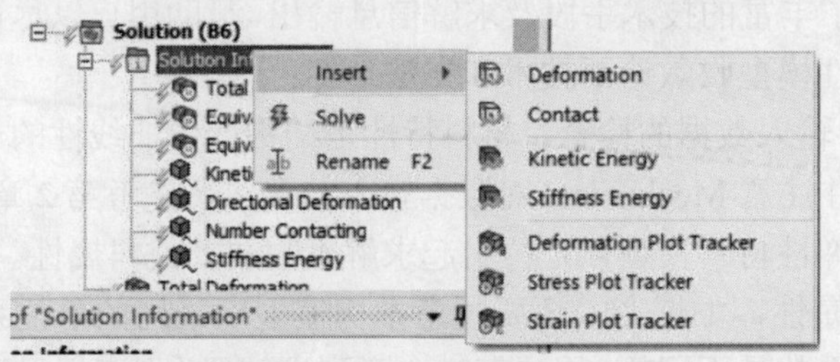

图 5.16 收敛诊断（2）

按键盘上的 Ctrl 键，并在目录树上鼠标左键单击多个跟踪接触对，可以在 Worksheet 窗口比较这些接触对随求解时间的变化的接触状态（如穿透量、接触单元数量等），如图 5.17 所示，结合分析模型的加载历史判断各时刻接触对状态是否合理，一旦发现可疑的结果，立即终止求解并检查模型。

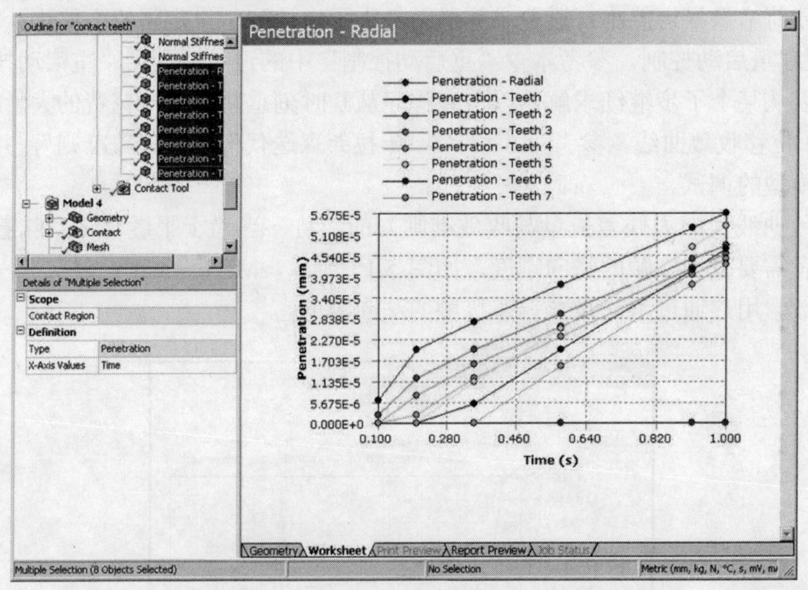

图 5.17 收敛诊断（3）

（8）牛顿-拉弗森残差（Newton-Raphson Residuals）。在 Mechanical 目录树中的 Solution Information 属性栏，牛顿-拉弗森残差（Newton-Raphson Residuals）指定返回的牛顿-拉弗森残差力的最大数量。默认值为 0（不返回残差力）。Newton-Raphson 残差力从每次 Newton-Raphson 迭代中计算得到，它可以帮助用户知道模型在什么地方不能满足平衡。如果选择 4 个残差力，当求解不收敛时，最后的 4 个残差力会被显示在模型中，如图 5.18 所示。

程序无法预测哪一步不收敛并且输出牛顿-拉弗森残差力（求解文件夹下对应文件为 file.nr00x，x 为编号），因此每一个平衡迭代都会动态输出该文件，一直到最后一个不收敛子步出现，此时保存了最新的 *x* 个数据文件供求解诊断，输出该文件会增加一些磁盘空间。

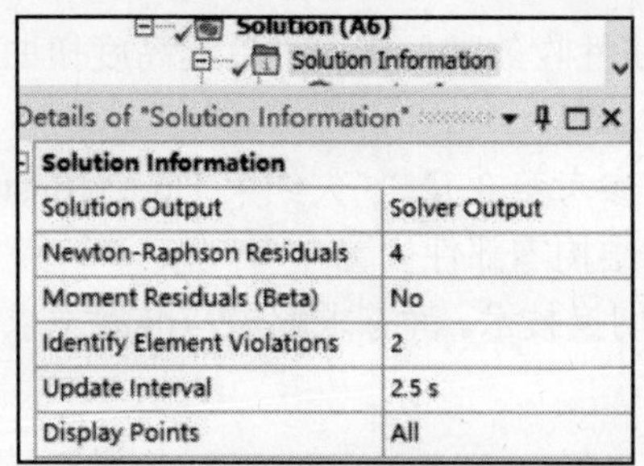

Solution Information	
Solution Output	Solver Output
Newton-Raphson Residuals	4
Moment Residuals (Beta)	No
Identify Element Violations	2
Update Interval	2.5 s
Display Points	All

图 5.18　收敛诊断（4）

求解信息输出 solve.out 中的关于残差力的显示，如图 5.19 所示。

```
EQUIL ITER  22 COMPLETED.  NEW TRIANG MATRIX.  MAX DOF INC= -0.3238E-03
 NONLINEAR DIAGNOSTIC DATA HAS BEEN WRITTEN TO  FILE: file.nd002
 DISP CONVERGENCE VALUE    =  0.3238E-03  CRITERION=  0.4774E-01 <<< CONVERGED
 LINE SEARCH PARAMETER =   1.000      SCALED MAX DOF INC = -0.3238E-03
 FORCE CONVERGENCE VALUE   =   3.454      CRITERION=  0.9572E-01
 MOMENT CONVERGENCE VALUE =  0.2548E-04  CRITERION=  0.2232      <<< CONVERGED
Writing NEWTON-RAPHSON residual forces to file: file.nr002
EQUIL ITER  23 COMPLETED.  NEW TRIANG MATRIX.  MAX DOF INC= -0.8778E-01
 NONLINEAR DIAGNOSTIC DATA HAS BEEN WRITTEN TO  FILE: file.nd001
 DISP CONVERGENCE VALUE    =  0.6538E-01  CRITERION=  0.4872E-01
 LINE SEARCH PARAMETER =  0.7448     SCALED MAX DOF INC = -0.6538E-01
 FORCE CONVERGENCE VALUE   =   8.217      CRITERION=  0.1126E-01
 MOMENT CONVERGENCE VALUE =  0.2086E-01  CRITERION=  0.8528E-01 <<< CONVERGED
Writing NEWTON-RAPHSON residual forces to file: file.nr003
EQUIL ITER  24 COMPLETED.  NEW TRIANG MATRIX.  MAX DOF INC= -0.1528E-01
 NONLINEAR DIAGNOSTIC DATA HAS BEEN WRITTEN TO  FILE: file.nd002
 DISP CONVERGENCE VALUE    =  0.1528E-01  CRITERION=  0.4971E-01 <<< CONVERGED
 LINE SEARCH PARAMETER =   1.000      SCALED MAX DOF INC = -0.1528E-01
 FORCE CONVERGENCE VALUE   =  0.5404      CRITERION=  0.1931E-01
 MOMENT CONVERGENCE VALUE =  0.6817E-02  CRITERION=  0.1603      <<< CONVERGED
Writing NEWTON-RAPHSON residual forces to file: file.nr004
```

图 5.19　收敛诊断（5）

依次单击指定输出的残差力输出对象，根据 Information 判断哪一组数据文件为不收敛时生成的最新的残差力文件，如图 5.20 所示。同时在云图中查看最大残差力产生的位置。根据该位置指示来进行模型的进一步调整。

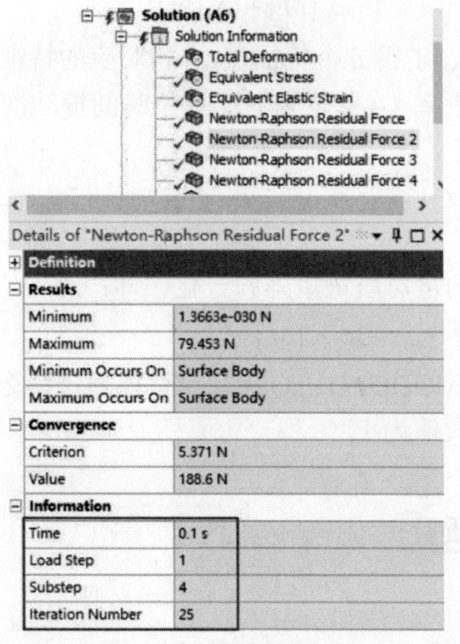

Results	
Minimum	1.3663e-030 N
Maximum	79.453 N
Minimum Occurs On	Surface Body
Maximum Occurs On	Surface Body
Convergence	
Criterion	5.371 N
Value	188.6 N
Information	
Time	0.1 s
Load Step	1
Substep	4
Iteration Number	25

图 5.20　收敛诊断（6）

（9）识别问题单元。非线性收敛常见错误“单元高度扭曲”，参考第 3 章“单元高度扭曲”定位并优化模型的网格。

（10）识别欠约束位置。参考第 3 章“（欠约束 Underconstrained）”的讨论。必要时执行自由模态分析识别频率为 0 的结构零部件位置。

（11）准静态求解器自动切换技术。静态求解器与准静态求解器的自动切换将在第 9 章进行介绍。

5.2 模态分析（Modal）

模态分析是结构动力学分析的基础，本节讨论无阻尼、有阻尼的模态分析以及预应力模态分析和特征值求解器。

5.2.1 无阻尼模态分析

无阻尼振动的基本方程为

$$[M]\{\ddot{u}\}+[K]\{u\}=0 \tag{5.1}$$

式中，$[M]$为质量矩阵；$[K]$为刚度矩阵；$\{u\}$、$\{\ddot{u}\}$ 分别为位移和加速度矢量。

对于线性系统，自由振动为以下的简谐形式：

$$\{u\}=\{\phi_i\}\cos\omega_i t \tag{5.2}$$

式中，$\{\phi_i\}$ 为第 i 阶固有频率所对应的振型；ω_i 为第 i 阶振动的圆频率，弧度每秒；t 为时间，秒。

将式（5.2）代入式（5.1）得到：

$$(-\omega_i^2[M]+[K])\{\phi_i\}=\{0\} \tag{5.3}$$

式（5.3）成立需要使等式左边系数行列式为 0，即：

$$|-\omega_i^2[M]+[K]|=0 \tag{5.4}$$

式（5.4）为特征值问题，求得 n 个特征值 ω_i^2 和对应的特征向量 $\{\phi_i\}$。

Mechanical 求解输出的频率 f_i（单位为 Hz，单位时间振动次数）与以上公式求解得到的 ω_i 换算关系为

$$f_i=\frac{\omega_i}{2\pi}$$

Mechanical 默认为特征向量对质量矩阵归一化，即：

$$\{\phi_i\}^T[M]\{\phi_i\}=1 \tag{5.5}$$

对应的 MAPDL 命令为 MODOPT,,,,,,OFF。也可以通过命令 MODOPT,,,,,,ON 对振型归一化，此时模态振型输出的最大值为 1。

5.2.2 模态参与因子与有效质量

第 i 阶模态参与因子为

$$\gamma_i=\{\phi_i\}^T[M]\{D\} \tag{5.6}$$

式中，$\{\phi_i\}^T$ 为第 i 阶的振型转置；$\{D\}$ 为笛卡儿坐标系以及绕各轴旋转的单位位移向量。

模态参与因子用来衡量每个模态在每个方向上所移动的质量大小，某一方向的值越大，表示该模态越容易被该方向的力所激励。在每个方向上的最大值所对应的频率表明结构在该方向被激励时很大程度上会以该频率响应。

第 i 阶模态的有效质量 M_{ei}（激励方向的函数）为

$$M_{ei} = \frac{\gamma_i^2}{\{\phi_i\}^T[M]\{\phi_i\}} \tag{5.7}$$

根据式（5.5）特征向量的归一化，式（5.7）简化为

$$M_{ei} = \gamma_i^2 \tag{5.8}$$

理想情况下，各方向有效质量之和应等于结构的总质量。有效质量与总质量之比可以用来确定是否提取了足够数量的模态。

Mechanical 提供两种方式查看模态参与因子和有效质量。

（1）鼠标单击目录树 Solution Information，在右侧 Worksheet 窗口的 Solve Output 信息中，查找“PARTICIPATION FACTOR”关键字，即可定位相关信息，其中 PARTIC.FACTOR 列为各阶模态沿不同方向的模态参与因子，EFFECTIVE MASS 列为各阶模态沿不同方向的有效质量，如图 5.21 所示。

***** PARTICIPATION FACTOR CALCULATION ***** X DIRECTION

MODE	FREQUENCY	PERIOD	PARTIC.FACTOR	RATIO	EFFECTIVE MASS	CUMULATIVE MASS FRACTION	RATIO EFF.MASS TO TOTAL MASS
1	230.918	0.43305E-02	0.43402E-03	0.006021	0.188370E-06	0.311222E-04	0.249374E-04
2	308.365	0.32429E-02	0.72089E-01	1.000000	0.519689E-02	0.858652	0.687991
3	473.001	0.21142E-02	-0.24398E-02	0.033844	0.595246E-05	0.859635	0.788016E-03
4	1656.58	0.60365E-03	0.31028E-03	0.004304	0.962727E-07	0.859651	0.127451E-04
5	2525.37	0.39598E-03	-0.72167E-03	0.010011	0.520804E-06	0.859737	0.689467E-04
6	3220.18	0.31054E-03	0.17715E-01	0.245739	0.313828E-03	0.911587	0.415461E-01
7	3878.48	0.25783E-03	0.11610E-01	0.161047	0.134787E-03	0.933856	0.178439E-01
8	4663.02	0.21445E-03	-0.19554E-01	0.271251	0.382372E-03	0.997031	0.506204E-01
9	4939.06	0.20247E-03	-0.21196E-02	0.029403	0.449288E-05	0.997774	0.594790E-03
10	5358.10	0.18663E-03	0.36709E-02	0.050922	0.134756E-04	1.00000	0.178396E-02

Geometry　Worksheet

图 5.21　模态参与因子（1）

（2）鼠标单击目录树 Solution Information，在属性栏 Solution Output 中选择“Participation Factor Summary”，如图 5.22 所示，可在右侧 Worksheet 窗口列表显示模态参与因子与有效质量，如图 5.23 所示。

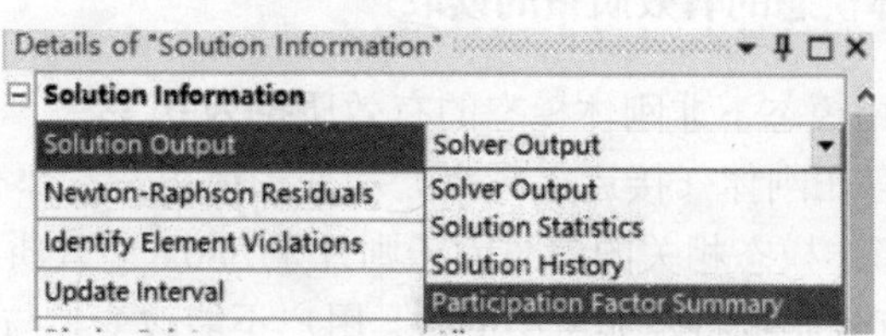

图 5.22　模态参与因子（2）

Participation Factor

Mode	Frequency [Hz]	X Direction	Y Direction	Z Direction	Rotation X	Rotation Y	Rotation Z
1	230.92	4.3402e-004	-2.4345e-002	7.0191e-002	3.0794	-0.21487	-2.4761e-002
2	308.37	7.2089e-002	1.2487e-003	6.6346e-004	-0.10447	3.3443	-2.8309
3	473.	-2.4398e-003	-1.6885e-003	2.3727e-003	0.11183	-4.5259	-1.7581
4	1656.6	3.1028e-004	5.4497e-002	-1.1916e-002	0.34887	-1.2105e-003	0.35861
5	2525.4	-7.2167e-004	5.5122e-002	4.5042e-002	-3.9318	-0.30888	0.36037
6	3220.2	1.7715e-002	-3.4027e-003	-1.3796e-003	0.12961	0.3201	1.6306
7	3878.5	1.161e-002	7.2418e-003	-4.5603e-003	0.31277	6.8858e-002	1.0089
8	4663.	-1.9554e-002	1.0113e-002	-5.0421e-003	0.31388	-6.1089e-002	-1.5676
9	4939.1	-2.1196e-003	-1.5326e-002	6.2252e-003	-0.34481	-6.1691e-002	-0.30046
10	5358.1	3.6709e-003	1.3666e-003	7.0192e-003	-0.56562	-1.7095e-002	0.30602

Effective Mass

Mode	Frequency [Hz]	X Direction [tonne]	Y Direction [tonne]	Z Direction [tonne]	Rotation X [tonne mm mm]	Rotation Y [tonne mm mm]	Rotation Z [tonne mm mm]
1	230.92	1.8837e-007	5.9269e-004	4.9268e-003	9.4828	4.617e-002	6.1311e-004
2	308.37	5.1969e-003	1.5592e-006	4.4017e-007	1.0914e-002	11.184	8.0142
3	473.	5.9525e-006	2.851e-006	5.6295e-006	1.2506e-002	20.484	3.091
4	1656.6	9.6273e-008	2.9699e-003	1.4199e-004	0.12171	1.4653e-006	0.1286
5	2525.4	5.208e-007	3.0384e-003	2.0288e-003	15.459	9.5408e-002	0.12987
6	3220.2	3.1383e-004	1.1579e-005	1.9033e-006	1.6798e-002	0.10246	2.6587
7	3878.5	1.3479e-004	5.2444e-005	2.0797e-005	9.7823e-002	4.7414e-003	1.0178
8	4663.	3.8237e-004	1.0228e-004	2.5422e-005	9.852e-002	3.7319e-003	2.4572
9	4939.1	4.4929e-006	2.349e-004	3.8753e-005	0.11889	3.8058e-003	9.0276e-002
10	5358.1	1.3476e-005	1.8676e-006	4.9269e-005	0.31992	2.9224e-004	9.3649e-002
Sum		6.0526e-003	7.0085e-003	7.2398e-003	25.739	31.925	17.682

图 5.23　模态参与因子与有效质量

5.2.3　自由模态的前六阶频率

自由模态的前六阶频率不为 0 的情况通常出现在模型中存在 Bonded 接触的情况，如图 5.24 所示，且接触公式 Formulation 设置为 Program Controlled 时，当接触公式采用默认的程序控制时，内部采用基于罚函数的 Augmented Lagrange 算法，罚函数算法会引起附加的刚度，尝试修改接触公式为 MPC 算法。

Details of "Bonded - assembly_solid-FreeParts|2 To as

Scope	
Definition	
Type	Bonded
Scope Mode	Manual
Behavior	Asymmetric
Trim Contact	Program Controlled
Suppressed	No
Object ID (Beta)	479
Advanced	
Formulation	Program Controlled
Small Sliding	Program Controlled
Detection Method	Program Controlled
Penetration Tolerance	Program Controlled
Elastic Slip Tolerance	Program Controlled
Normal Stiffness	Program Controlled
Update Stiffness	Program Controlled
Pinball Region	Program Controlled

图 5.24　模态分析中的 Bonded 接触

5.2.4　自由模态下非刚体模态的有效质量的读取

如图 5.25 所示，自由模态下非刚体模态的有效质量为 0。

如果在模态分析中存在刚体（接近零频率）和变形体模态，那么与刚体模态相关的参与因子将非常大，而与变形体模态相关的参与因子则几乎为 0。有效质量是参与因子的平方，因此，可变形模态的计算有效质量将是非常小的数，用户不能改变参与因子的计算，假如指定提取的频率范围不包括刚体模态，也不会影响计算出的可变形模态的参与因子。

此时如果需要比较有效质量来评估变形模态的相对行为，可以使用*GET 命令（*GET,,mode,N,pfact）提取模态参与因子，取平方以获得有效质量，即使计算的参与因子接近于 0 值，也可以通过该方法获得。

Effective Mass

Mode	Frequency [Hz]	X Direction [tonne]	Y Direction [tonne]	Z Direction [tonne]	Rotation X [tonne mm mm]	Rotation Y [tonne mm mm]	Rotation Z [tonne mm mm]
1	0.	1.5907e-003	1.4616e-003	4.1285e-003	39.44	8.8697e-002	7.5138
2	0.	1.6472e-003	5.5035e-003	8.8325e-008	31.616	12.879	27.016
3	1.3622e-003	1.2046e-003	2.9871e-004	1.099e-003	42.438	0.50718	2.9231
4	2.4065e-003	4.1002e-003	1.0225e-003	3.3767e-003	10.25	127.38	3.9435
5	4.2757e-003	9.8951e-006	1.8977e-004	3.8666e-008	3.0262	31.546	0.66482
6	5.2195e-003	5.1919e-005	1.2848e-004	2.8175e-007	0.35639	0.31899	25.311
7	3656.4	2.691e-025	4.4288e-024	4.553e-025	7.048e-018	5.6721e-019	3.35e-016
8	4819.6	2.826e-025	1.2572e-024	2.3134e-024	4.9277e-020	7.481e-017	3.0802e-020
9	8221.8	1.7575e-025	2.0091e-024	4.9362e-026	1.3917e-020	1.3165e-018	2.7374e-016
10	8990.6	8.7716e-028	2.1783e-026	1.1348e-025	2.1387e-018	1.444e-020	4.1104e-017
11	9164.9	1.1724e-025	1.7147e-025	2.5629e-025	1.3556e-018	1.014e-018	5.8101e-020
12	9343.9	7.9393e-025	1.3742e-026	3.9434e-025	7.1804e-020	6.767e-017	4.6462e-019
13	10209	4.551e-026	1.3632e-025	2.1294e-025	2.0061e-018	2.0558e-019	2.5911e-017
14	11242	2.6263e-026	1.0166e-026	2.3086e-025	3.0283e-020	1.153e-016	2.2799e-019
15	11773	3.6523e-026	9.6734e-027	2.5667e-027	1.0556e-019	4.6108e-022	2.032e-017
16	11885	1.2192e-027	5.0933e-026	2.1929e-027	2.7674e-019	1.8573e-020	5.9354e-019
17	12748	2.2501e-025	7.2178e-026	2.1914e-025	4.0745e-020	3.2953e-017	7.4172e-020
18	13784	1.2869e-027	1.75e-026	1.0608e-026	8.3883e-020	1.1477e-020	2.3116e-018
19	14105	1.899e-024	9.8777e-026	2.6579e-025	2.0374e-019	1.9642e-017	2.7392e-018
20	14390	6.4264e-026	6.9309e-026	1.4327e-026	4.5368e-020	1.0009e-019	8.1191e-018
Sum		8.6046e-003	8.6046e-003	8.6046e-003	127.13	172.72	67.373

图 5.25　非刚体模态的有效质量

例子：模态分析无约束，共提取 15 阶模态，前 6 阶为刚体模态，输出后 9 阶模态 X,Y,Z 方向的模态有效质量。

在 Mechanical 目录树 Solution 下插入命令行，如图 5.26 所示，此处使用了命令行属性中的两个参数 ARG1、ARG2，其中 ARG1 为模态分析提取的总阶数，ARG2 为第一阶非 0 模态的阶数。命令流将 3 个方向的模态有效质量存放于数组 eff_m 中，并输出至 c:\temp\eff_m.txt 文本文件。

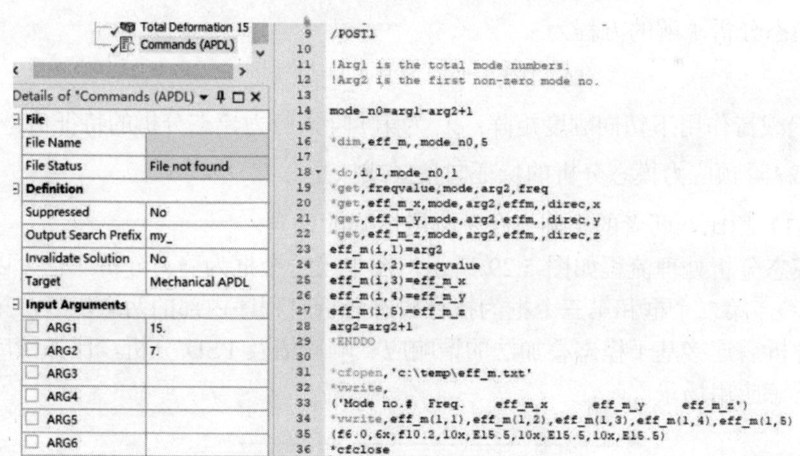

图 5.26　有效质量文本输出（1）

输出文件 eff_m.txt 的文本内容如图 5.27 所示。

eff_m.txt

```
Mode no.#  Freq.     eff_m_x       eff_m_y      eff_m_z
    7.      2692.30          0.73968E-27          0.93061E-27          0.17441E-27
    8.      3170.82          0.18662E-26          0.97943E-28          0.31727E-27
    9.      5925.01          0.75659E-29          0.71044E-29          0.84807E-31
   10.      6262.89          0.11959E-28          0.14443E-28          0.38069E-29
   11.      6374.61          0.31551E-28          0.38708E-28          0.24810E-29
   12.      6534.38          0.16713E-29          0.20101E-28          0.15678E-28
   13.      7875.87          0.30757E-28          0.12523E-30          0.23859E-28
   14.      8095.06          0.11490E-28          0.12288E-28          0.22362E-28
   15.      8621.66          0.72614E-28          0.54278E-28          0.16337E-30
```

图 5.27　有效质量文本输出（2）

5.2.5 预应力模态分析

预应力结构的振动特性与该结构在自由状态下的动态特性有着显著的差异，这方面的例子有很多，比如张紧弦的吉他、预应力斜拉索桥等。

Mechanical 的预应力分析流程如图 5.28 所示，静力分析和模态分析共享材料数据，几何模型及网格，静力分析的结果数据传递至模态分析作为后者线性摄动分析的输入条件，其中静力分析可以是线性分析，也可以是非线性分析。静力分析的任何一个载荷步都可以作为摄动分析的起始点。

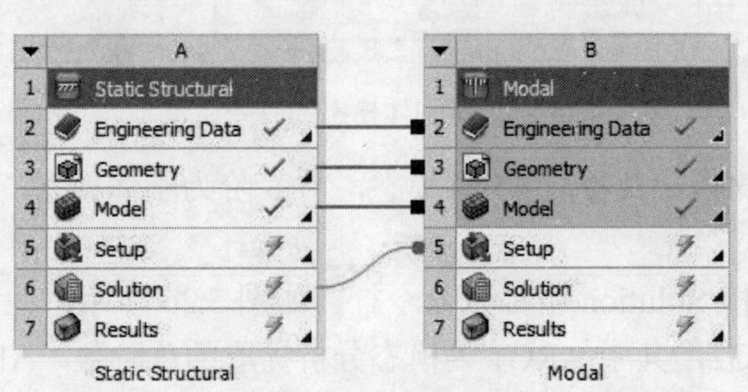

图 5.28 预应力分析流程

预应力模态分析求解的方程为

$$[K_i^T]\{\phi_j\} - \lambda_j [M]\{\phi_j\} = 0 \tag{5.9}$$

式中，$[K_i^T]$为载荷作用下切向刚度矩阵；λ_j为第j阶预应力模态分析的特征值；$[M]$为刚度矩阵；$\{\phi_j\}$为第j阶预应力模态分析的特征向量（或振型）。

与式（5.3）相比，两者的不同点在于刚度矩阵的差异。

预应力模态分析处理流程如图 5.29 所示，图中第一个框为静力分析（也可以为瞬态分析的某个时间步），第二个框和第三个框为执行模态分析时程序内部的两个步骤，第四个框表示可以在模态分析后连接基于模态叠加法的谐响应、响应谱及 PSD 分析，比如预应力斜拉索桥的响应谱分析等应用场景。

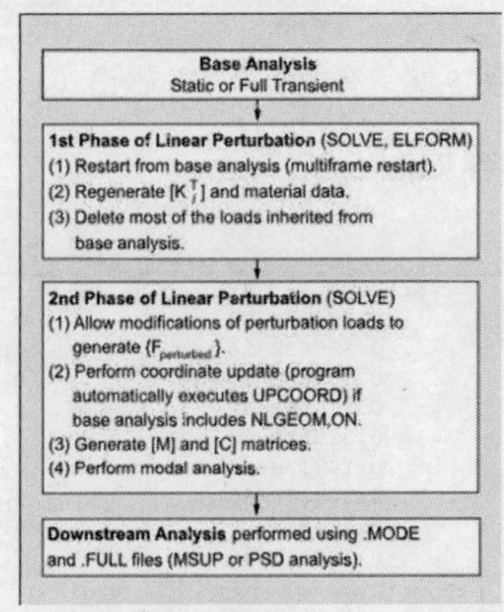

图 5.29 预应力模态分析处理流程

线性摄动模态分析的第一个步骤（Phase 1）命令为（SOLVE,ELFORM），分为 3 步：

（1）从基础分析（静力分析）重启动。

（2）生成切向刚度矩阵。

（3）删除基础分析中的载荷。

线性摄动模态分析的第二个步骤（Phase 2）命令为（SOLVE），分为 4 步：

（1）生成新的摄动载荷向量并存储在 file.full 和 file.mode 文件中，用于后续的模态叠加或 PSD 分析。

（2）对于基础分析为大变形的分析使用 UPCOORD 命令更新节点坐标。

（3）计算质量、阻尼矩阵（对有阻尼模态分析）。

（4）求解模态。

5.2.6 预应力模态分析读取变形几何的模态振型结果

读者需要注意，当基础分析大变形打开时，Mechanical 预应力模态分析提取模态振型基于初始的未变形的几何结构，如果需要提取基于变形后结构的振型结果，返回 MAPDL 里读取模态结果是一个常用的方法，可以直接输出的振型动画即为节点坐标更新后的振型动画，同时我们可以观察到模态频率的结果与 Mechanical 的模态频率是完全一致的。

以下步骤用 Mechanical 里插入命令行的方式实现显示变形几何的模态振型的云图结果。

（1）在模态分析中修改目录树 Analysis Settings 属性栏 Details of “Analysis Settings”>>Analysis Data Management>>Save MAPDL db 为“Yes”，如图 5.30 所示。

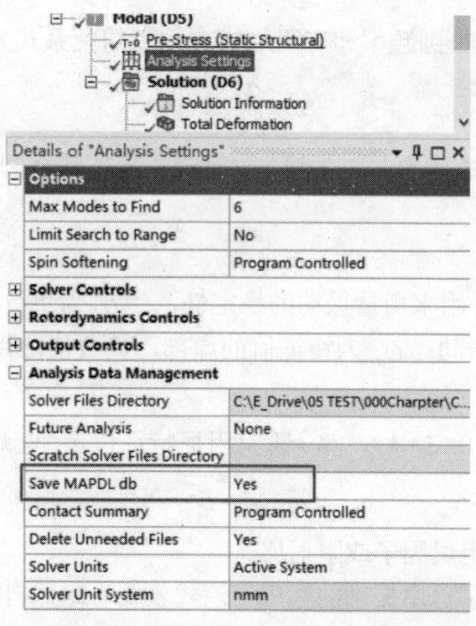

图 5.30 变形几何模态振型结果读取（1）

（2）在目录树 Solution 上单击鼠标右键插入命令行，如图 5.31 所示。图中使用了 ARG1 参数，即在 Input Arguments 中输入提取模态的个数，示例中提取了 6 阶模态，ARG1 输入 6。读者可根据模态的阶数自行修改 Input Arguments 中 ARG1 的数值，命令行可以直接使用，不需做任何改动。

（3）在 Commands（APDL）3 上单击鼠标右键选择 Solve。即可在 Commands 对象下插入各阶振型位移云图。

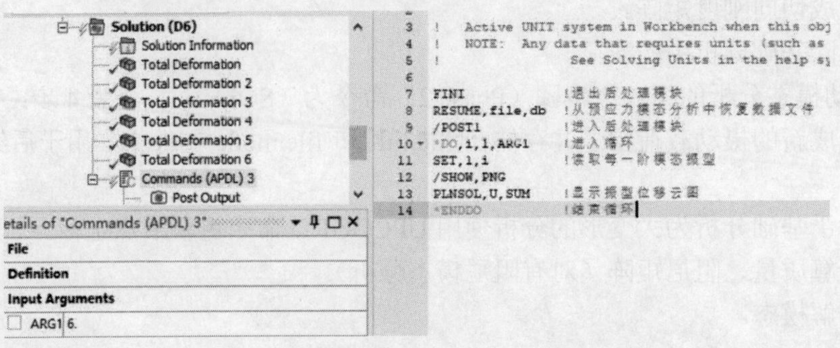

图 5.31　变形几何模态振型结果读取（2）

5.2.7　有阻尼模态分析

阻尼广泛存在实际的工程结构中，适当的阻尼对振动能量可起到耗散作用，能够有效降低共振所带来的危害。有阻尼模态分析的动力学方程为

$$[M]\{\ddot{u}\}+[C]\{\dot{u}\}+[K]\{u\}=0 \tag{5.10}$$

式中，$[M]$、$[C]$、$[K]$分别为质量、阻尼和刚度矩阵；$\{\ddot{u}\}$、$\{\dot{u}\}$、$\{u\}$ 分别为加速度、速度和位移矢量。

1. 有阻尼模态频率

类似地，有阻尼模态特征圆频率和有阻尼模态频率的关系式为

$$f_i=\frac{\overline{\lambda}_i}{2\pi} \tag{5.11}$$

式中，f_i 为第 i 阶有阻尼模态频率；$\overline{\lambda}_i$ 为第 i 阶有阻尼模态特征圆频率，是共轭复根，表达式如下：

$$\overline{\lambda}_i=\sigma_i\pm j\omega_{di} \tag{5.12}$$

式中，σ_i 为特征值的实部，用来衡量振动的稳定性，当 σ_i 为负数时，是稳定的衰减振动，当为 σ_i 正数时，是不稳定的振动；ω_{di} 为特征值的虚部，其数值除以 2π 得到有阻尼模态频率，$j=\sqrt{-1}$。

在小阻尼比的情况下（$0<\xi<1$），第 i 阶有阻尼特征值 ω_{di} 与无阻尼特征值 ω_{ni} 的关系式为

$$\omega_{di}=\omega_{ni}\sqrt{1-\xi_i^2} \tag{5.13}$$

式中，ξ_i 为第 i 阶模态黏滞阻尼因子或阻尼比。

式（5.13）的取值决定了自由振动的频率，该式表明有阻尼自振圆频率低于无阻尼自振圆频率。

2. 模态阻尼比 ξ_i（Modal Damping Ratio）

第 i 阶模态阻尼比为实际阻尼与临界阻尼的比值，其表达式如下：

$$\xi_i=\frac{-\sigma_i}{|\overline{\lambda}_i|}=\frac{-\sigma_i}{\sqrt{\sigma_i^2+\omega_{di}^2}} \tag{5.14}$$

3. 对数衰减率 δ_i（Logarithmic Decrement）

对数衰减率表示动态响应中两个连续峰值之比的对数，其表达式如下：

$$\delta_i = \ln\left(\frac{u_i(t)}{u_i(t+T_i)}\right) = 2\pi\frac{\sigma_i}{\omega_{di}} \tag{5.15}$$

式中，T_i 为有阻尼模态的振动周期。

通过在模态分析中将目录树 Analysis Settings 属性栏 Solver Controls>> Damped 设置为“Yes”激活有阻尼模态求解，如图 5.32 所示。Damping Controls 输入常结构阻尼系数或 Alpha、Beta 阻尼，Engineering Data 中的材料阻尼如果有输入，也会在模型求解时叠加考虑。

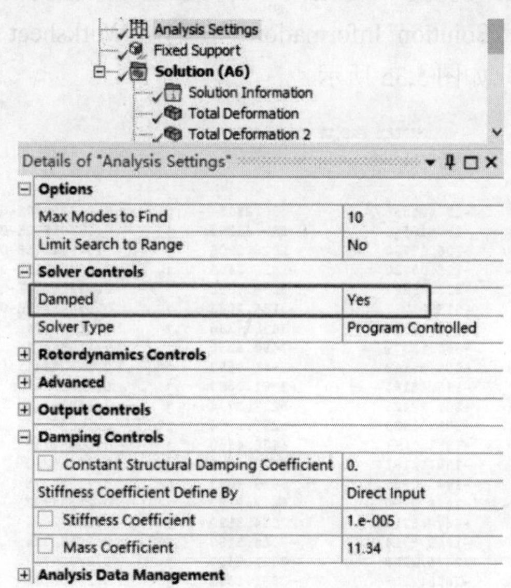

图 5.32 有阻尼模态分析（1）

程序求解完成后，单击目录树 Solution 可以在右侧窗口的 Tabular Data 中读取有阻尼模态的各阶模态特性，如有阻尼模态频率（Damped Frequency）即式（5.11）f_i 的虚部，稳定性（Stability）为式（5.11）f_i 的实部，模态阻尼比（Modal Damping Ratio）即式（5.14）的 ξ_i，对数衰减率（Logarithmic Decrement）即式（5.15）的 δ_i，如图 5.33 所示。

Tabular Data

	Mode	Damped Frequency [Hz]	Stability [Hz]	Modal Damping Ratio	Logarithmic Decrement
1	1.	680.23	-15.447	2.2702e-002	-0.14268
2	2.	1826.3	-106.04	5.7964e-002	-0.36481
3	3.	3136.7	-313.08	9.9318e-002	-0.62714
4	4.	3498.4	-390.18	0.11084	-0.70077
5	5.	3981.1	-506.88	0.1263	-0.79999
6	6.	5277.4	-901.38	0.16836	-1.0732
7	7.	6428.5	-1357.	0.20654	-1.3264
8	8.	6619.9	-1443.1	0.21299	-1.3697
9	9.	7054.5	-1649.9	0.22773	-1.4695
10	10.	8831.5	-2676.2	0.29001	-1.904

图 5.33 有阻尼模态分析（2）

当在主窗口显示图形模态振型动画时，激活图示振型动画的时间衰减，此时直观显示 3 个周期随时间衰减的振型动画，如图 5.34 所示。

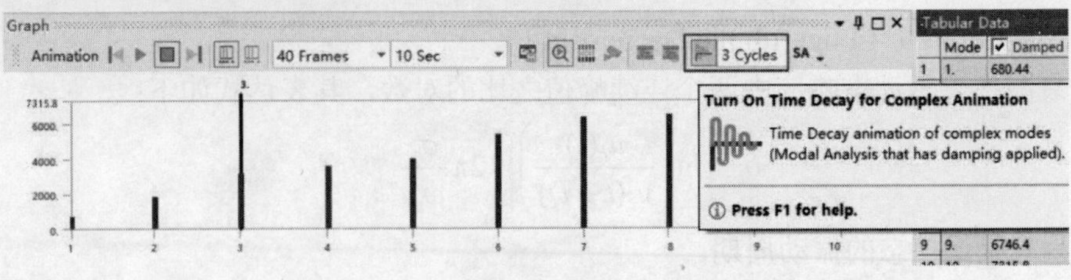

图 5.34　有阻尼模态分析（3）

与无阻尼模态分析类似，用户可以在求解完成后，检查振型参与因子及模态质量等信息。

式（5.11）和式（5.12）说明了有阻尼模态的特征值为共轭复根，在 Tabular Data 窗口中仅列出了正频率值，单击“Solution Information”在输出 Worksheet 窗口中查看求解信息，可得到共轭复根的所有信息，如图 5.35 所示。

MODE	COMPLEX FREQUENCY (HERTZ) STABILITY	FREQUENCY		MODAL DAMPING RATIO
1	-15.446566	680.23254	j	0.22701920E-01
2	-15.446566	-680.23254	j	0.22701920E-01
3	-106.03720	1826.2805	j	0.57964215E-01
4	-106.03720	-1826.2805	j	0.57964215E-01
5	-313.08077	3136.7063	j	0.99318449E-01
6	-313.08077	-3136.7063	j	0.99318449E-01
7	-390.18379	3498.4236	j	0.11084404
8	-390.18379	-3498.4236	j	0.11084404
9	-506.88143	3981.0657	j	0.12630341
10	-506.88143	-3981.0657	j	0.12630341
11	-901.38423	5277.3794	j	0.16836330
12	-901.38423	-5277.3794	j	0.16836330
13	-1357.0191	6428.4550	j	0.20654390
14	-1357.0191	-6428.4550	j	0.20654390
15	-1443.0708	6619.9087	j	0.21298773
16	-1443.0708	-6619.9087	j	0.21298773
17	-1649.8714	7054.5190	j	0.22772924
18	-1649.8714	-7054.5190	j	0.22772924
19	-2676.2288	8831.5391	j	0.29000787
20	-2676.2288	-8831.5391	j	0.29000787

图 5.35　有阻尼模态分析（4）

5.2.8　特征值求解器

1. *超节点方法*（Supernode Method）

超节点（SNODE）方法用于求解模态数量多（10000 阶或以上）的大型对称特征值问题。超节点是来自一组单元的节点集，由求解器自动生成。通常对于模态数量超过 100 阶的 2D 平面模型或 3D 壳/梁模型以及模态数量超过 250 阶的 3D 实体模型，这种方法比 Block Lanczos 或 PCG Lanczos 求解速度更快。

满足以下条件选择超节点方法是有效的：

（1）该模型非常适合使用稀疏求解器进行静态分析或完全法瞬态分析（即梁/壳模型或薄结构）。

（2）请求提取模态数量大于 200 阶。

（3）通过 MODOPT 输入的起始频率为 0（或接近 0），如图 5.36 所示。

2. *分块的兰索斯方法*（Block Lanczos）

分块的兰索斯方法是功能强大的算法，可以在大多数场合使用，特别适用于 3D 实体单元和有大量约束方程的大型对称特征值模型（如大于 100 万自由度）。该方法需要大量的计算机内存。

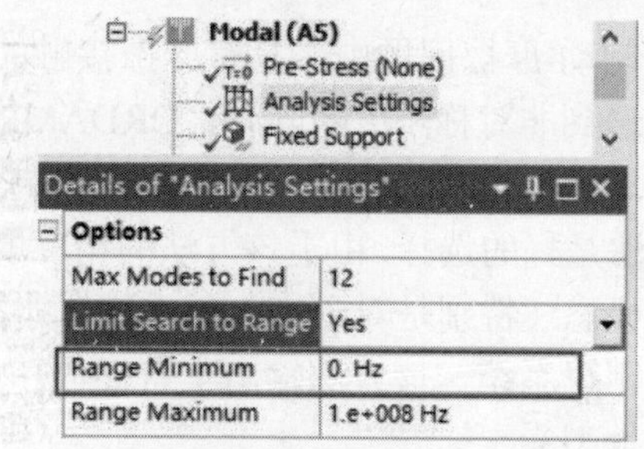

图 5.36 起始频率

3. PCG 兰索斯方法（PCG Block Lanczos）

PCG 兰索斯方法是分块的兰索斯方法的替代方法，内部使用 PCG 求解器，可以节省内存和计算时间。对于病态矩阵或者提取大量模态（如超过 100 阶）需要花费较长的时间。该方法仅适合模态分析而不适合特征值屈曲分析。

以下情况选择 PCG 兰索斯方法是有效的：

（1）该模型非常适合使用 PCG 求解器进行静态分析或完全法瞬态分析。

（2）请求提取模态数量小于 100 阶。

（3）通过 MODOPT 输入的起始频率为 0（或接近 0）。

4. 非对称求解器（Unsymmetric Method）

非对称求解器适用于系统矩阵不对称的情况。例如使用 FLUID30 单元的声学流固相互作用问题会导致不对称矩阵、自定义矩阵单元 MATRIX27/COMBI214 单元得到的非对称矩阵以及制动尖叫问题（brake squeal problems）产生的不对称系统矩阵。

5. 子空间方法（Subspace Method）

子空间方法比较适合提取中型到大型模型且振型较少的情况，内存需求量较小，一般要求实体单元和壳单元应当具有较好的单元形状。子空间方法是一种迭代算法，适用于系统矩阵对称的屈曲分析和模态分析。

特别适用于分布式并行模式下（DMP）运行的大型模型获得中等数量的特征值。

6. 阻尼方法（Damped Method）

阻尼方法（MODOPT,DAMP）是指阻尼不能被忽视的问题，如转子动力学应用。它使用完全的【K】、【M】和【C】矩阵。在有阻尼的系统中，特征解是复数，不同节点的响应可以是异相的。除了系统矩阵不对称和存在结构阻尼的情况外，复频率通常是复共轭对。

7. QR 阻尼方法（QR Damped Method）

QR 阻尼方法（MODOPT,QRDAMP）结合了对称特征求解方法和复数 Hessenberg 方法的优点，利用无阻尼系统的大量特征向量，通过模态变换近似地表示复数阻尼特征值。

这种方法对轻阻尼系统给出了良好的结果，也可以应用于任何任意阻尼类型：比例或非比例对称阻尼，非对称陀螺仪阻尼矩阵或结构阻尼。

当复特征值不是共轭对时，建议使用阻尼方法求解器（MODOPT,DAMP），因为只有一半的复特征值是由 QRDAMP 特征求解器输出的。这种情况包括但不限于：

（1）结构阻尼和非对称系统矩阵。

（2）粘性和结构阻尼混合。

QRDAMP 特征求解器适用于具有非对称全局刚度矩阵的模型，其中只有少数单元贡献非对称单元刚度矩阵。例如，在制动-摩擦问题中，具有摩擦接触的模型的局部部分在接触单元中生成了不对称刚度矩阵。当遇到非对称刚度矩阵时，QRDAMP 特征求解器得到的特征频率和模态振型需要用非对称特征求解器重新进行分析来验证。

较大模型使用 QR 阻尼方法是好的选择，由于该方法的精度取决于计算中使用的模态的数量，因此必须有足够数量的基模态（特别是对于高阻尼系统）才能提供良好的结果。QR 阻尼方法不推荐用于临界阻尼或过阻尼系统，该方法输出实特征值和虚特征值（频率），默认情况下，只输出实特征向量（模态振型）。

5.3 谐响应分析

Mechanical 谐响应分析根据计算原理的不同，分为完全法（Full）谐响应分析和模态叠加法（MSUP）谐响应分析。

5.3.1 概述

在结构体系中，任何持续的简谐载荷都会产生持续的简谐响应。谐响应分析（Harmonic Response）用于确定线性结构对随时间呈正弦（谐波）变化的载荷的稳态响应，以验证产品设计及工程结构是否能够避免有害的共振、疲劳和强迫振动。

谐响应分析只计算结构的稳态强迫振动，未考虑激励初始状态产生的瞬态效应。所有载荷以及结构的响应在相同的频率下呈正弦变化。典型的谐响应分析计算结构在一个频率范围内对循环载荷的响应，并求解响应量（如位移）与频率的关系图（位移频率响应曲线），然后确定峰值响应，并且在峰值频率上检查应力。

谐响应分析是线性分析，即使定义了非线性材料属性（如塑性）也将被忽略。

谐响应分析常见的求解方法分为模态叠加法（Mode Superposition，或 MSUP）和完全法（Full 方法）。

5.3.2 完全法谐响应分析

多自由度系统的运动方程为

$$[M]\{\ddot{u}\}+[C]\{\dot{u}\}+[K]\{u\}=\{F^a\} \tag{5.16}$$

式中，$[M]$、$[C]$、$[K]$分别为质量、阻尼和刚度矩阵；$\{\ddot{u}\}$、$\{\dot{u}\}$、$\{u\}$分别为加速度、速度和位移矢量；$\{F^a\}$为外载荷矢量。

如前所述，系统对简谐激励的响应为同频率不同相位的简谐响应，同时阻尼的存在也会导致相位差的存在。因此位移矢量为

$$\{u\}=\{u_{\max}e^{i\phi}\}e^{i\Omega t} \tag{5.17}$$

式中，$u_{\max}$为位移的最大值；ϕ为位移的相位偏移量（弧度）；Ω为激励圆频率（弧度/时间），等于 $2\pi f$，f即输入的谐响应分析的频率范围内的频率点。

式（5.17）也可以写为

$$\{u\}=(\{u_1\}+i\{u_2\})e^{i\Omega t} \tag{5.18}$$

同理，外载荷矢量也可以写为

$$\{F^a\} = (\{F_1\} + i\{F_2\})e^{i\Omega t} \tag{5.19}$$

将式（5.18）、式（5.19）代入式（5.16）并化简得到：

$$([K] - \Omega^2[M] + i\Omega[C])(\{u_1\} + i\{u_2\}) = \{F_1\} + i\{F_2\} \tag{5.20}$$

式（5.20）写为更简便的形式：

$$[K_c]\{u_c\} = \{F_c\} \tag{5.21}$$

式中，下标 c 表示复数矩阵或向量。

完全法谐响应方法使用求解静力分析方程的方法求解式（5.21），与静力分析的不同点在于存在复数项，其直接求解运动方程得到简谐响应。

完全法谐响应分析上游可以链接静态结构分析以求解预应力结构的简谐响应。

完全法谐响应分析的流程如图 5.37 所示。

如图 5.38 所示，此时 Harmonic Response 模块中目录树 Analysis Settings 属性栏 Options>> Solution Method 下拉框选择 Full，则求解 Full 方法的谐响应分析，如不做设置，程序默认仍然为模态叠加法。

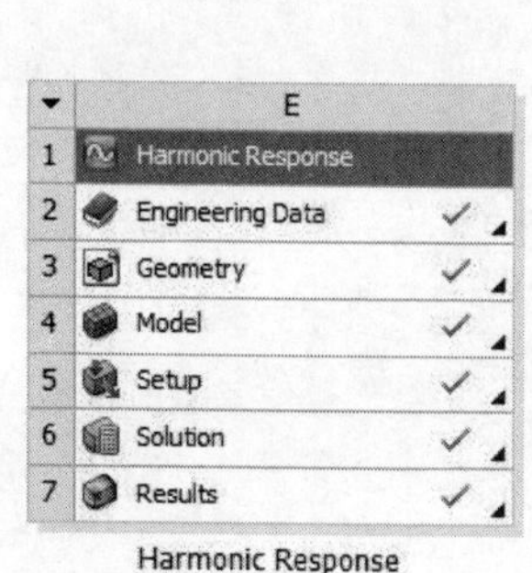

图 5.37　完全法谐响应分析（1）

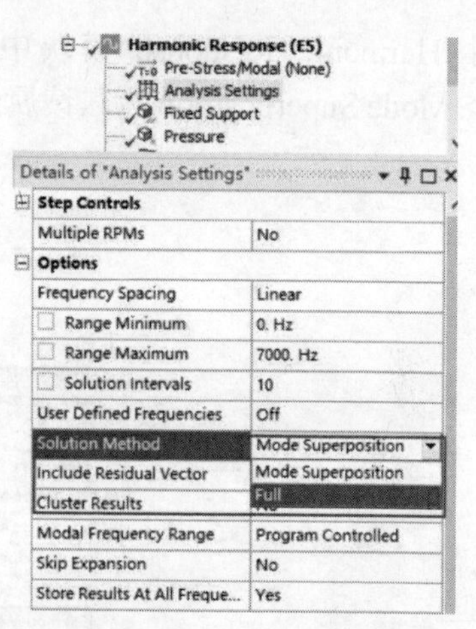

图 5.38　完全法谐响应分析（2）

5.3.3　模态叠加法（MSUP）谐响应分析

模态叠加法通过对模态分析中得到的特征解进行线性组合来获得给定加载条件下的简谐响应。

定义结构的简谐响应为一系列模态振型的线性组合：

$$\{u\} = \sum_{i=1}^{n} \{\phi_i\} y_i \tag{5.22}$$

式中，$\{\phi_i\}$ 为第 i 阶振型向量；y_i 为第 i 阶模态坐标。

将式（5.22）代入式（5.16），并左乘 $\{\phi_j\}^T$，根据振型正交性及式（5.5）。在模态叠加法中仅使用瑞利（Rayleigh）阻尼或常阻尼，可得到：

$$\ddot{y}_j + 2\omega_j \xi_j \dot{y}_j + \omega_j^2 y_j = \{\phi_j\}^T \{F\} \tag{5.23}$$

式中，ω_j、ξ_j 分别为第 j 阶无阻尼振动圆频率和阻尼比。

式（5.23）为 n 个解耦的独立方程，求解得到模态坐标 y_j，代回式（5.22）即可求解系统的响应。

使用上游模态分析链接的谐响应分析是高效的，因为计算特征向量通常是计算成本最高的部分，不同加载条件下的多个谐响应分析可以重复利用特征值分析结果（即上游的模态分析）。模态叠加法谐响应分析流程如图 5.39 所示。

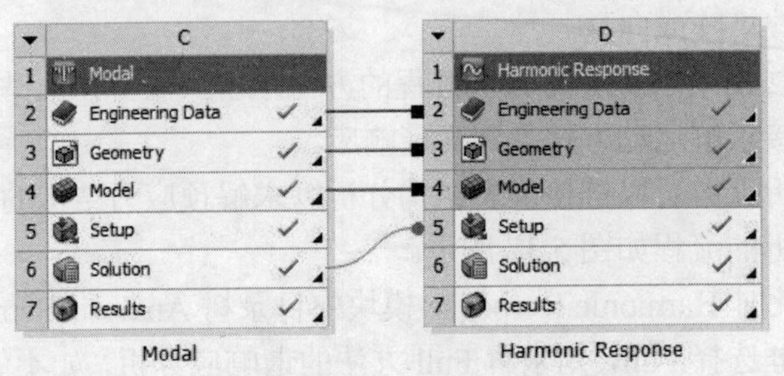

图 5.39　模态叠加法谐响应分析（1）

此时 Harmonic Response 模块中目录树 Analysis Settings 属性栏 Options>>Solution Method>> Mode Superposition 为只读属性，如图 5.40 所示。

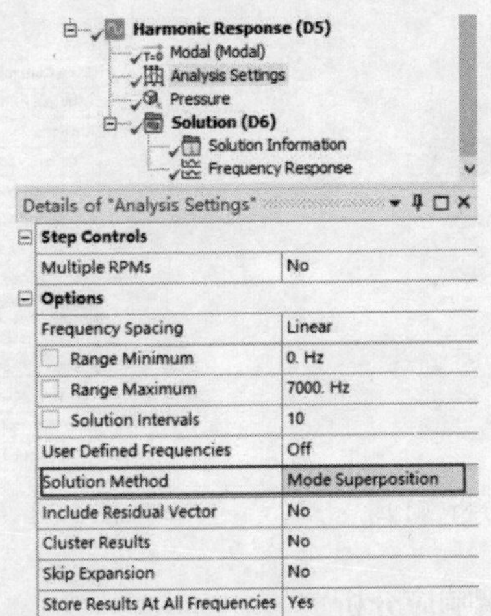

图 5.40　模态叠加法谐响应分析（2）

5.3.4　频率/相位响应曲线

频率/相位响应曲线（图 5.41）可以显示响应如何随频率变化的频率响应图，也可以显示响应在一段时间内滞后于施加载荷的相位响应图。频率响应曲线支持应力、应变、位移、速度、加速度和反力输出。相位响应支持应力、应变和位移的输出。

Mechanical 利用位移结果计算应变，利用弹性模量和应变结果计算应力结果。因此，应力和应变结果与位移结果一致。

需要注意的是，等效应力（von-Mises Stress）是应力分量的合成结果，而分量的响应为简谐响应，但其合成量并非简谐响应，无法输出频率响应曲线。类似地，还有总变形（Total deformation）结果。

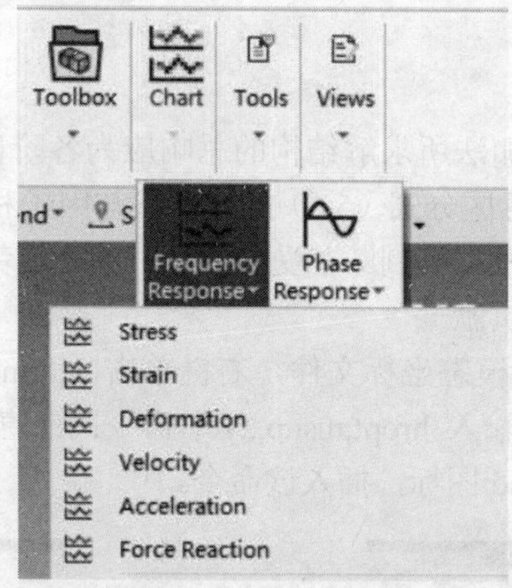

图 5.41　频率/相位响应曲线

5.3.5　两种 MSUP 谐响应分析的异同

如图 5.42 所示，方法一为独立的模态叠加法谐响应分析，采用默认设置时，其 Solution Method 为模态叠加法，方法二为上游链接模态分析的谐响应分析。

通过查看 ds.dat 文件的 MODOPT 命令行可以发现，方法一与方法二的区别在于，前者为了提高求解的准确性，程序自动指定模态提取的范围为谐响应分析施加激励最高频率的 2 倍。而后者的模态分析以及谐响应分析的频率范围均需要用户手动指定，这一点应引起重视。为了提高谐响应分析的准确性，通常要求模态分析所提取最高频率应大于谐响应激励最高频率的 1.5 倍以上。显然，当后者模态分析的频率范围为 2 倍的谐响应激励最高频率时，两种方法得到的结果应是一致的。

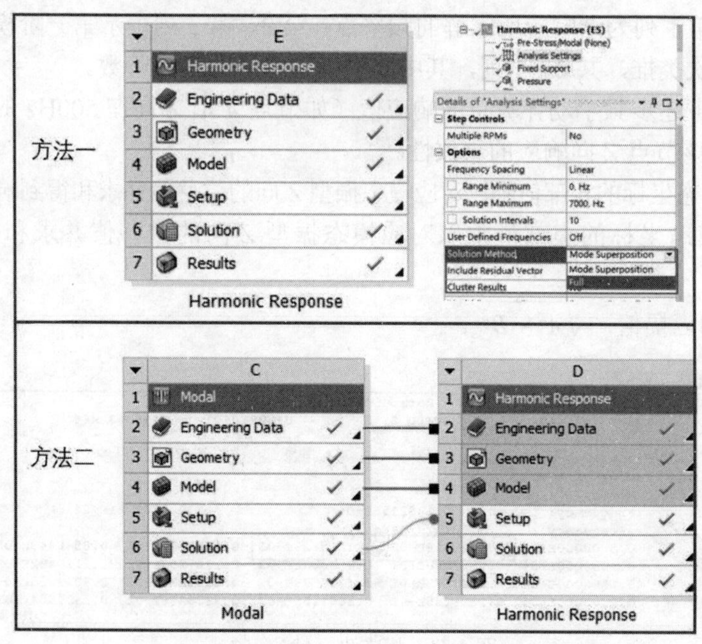

图 5.42　不同分析方法比较

5.3.6 模态坐标输出

式（5.22）给出了模态叠加法所求解结构的总响应为各阶模态振型的线性组合，其中 y_i 为第 i 阶模态坐标。读者应注意区分式（5.6）的模态参与因子和式（5.22）的模态坐标。前者表示系统动态特性的参数以及根据其判断在受到激励时的“趋势”，后者表示实际施加载荷后该阶模态对整体响应的真实“贡献”。

Mechanical 中默认不输出模态坐标文件，右键单击 Harmonic Response，选择 Insert>>Commands，如图 5.43 所示，输入 hropt,msup,,,yes 命令；或直接单击 Harmonic Response>>Environment>>Insert>>Command 图标，插入该命令。

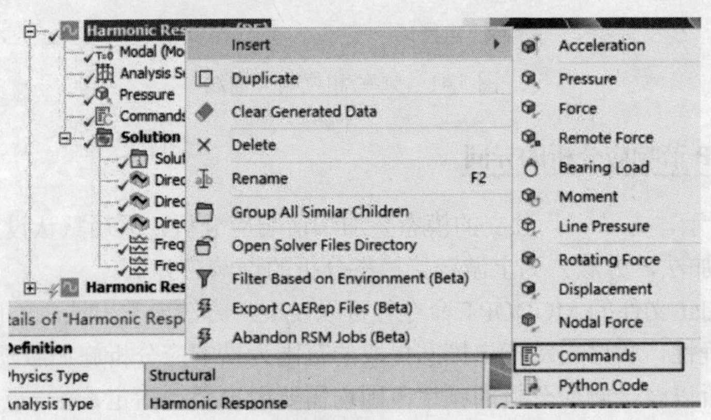

图 5.43 模态坐标输出（1）

求解完成后，鼠标右键单击 Solution 选择 Open Solver Files Directory，在该文件夹中获取 file.mcf，如图 5.44 所示。第 6 行和第 7 行标明了模态求解的各阶频率及其数值。第 9 行起，数据格式如下：第 1 列为谐响应所求解的频率点，第 2、第 3 列表示第一阶模态的模态坐标的实部和虚部，以次类推，共 2n+1 列，其中 n 为模态求解的频率阶数。

读者可以用下述步骤手动计算总的响应值（如节点 A 沿 Z 向在 500Hz 的位移响应）比较与 Mechanical 的该节点 Z 向响应的一致性。

（1）各阶模态坐标的实部值乘以对应模态振型 Z 向的位移值并求和得到响应值的实部 A。

（2）各阶模态坐标的虚部值乘以对应模态振型 Z 向的位移值并求和得到响应值的虚部 B。

（3）求解响应幅值：$\sqrt{A^2+B^2}$ 。

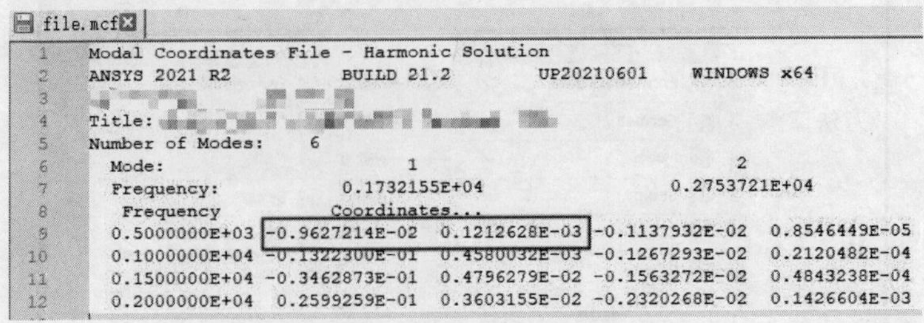

```
file.mcf
1   Modal Coordinates File - Harmonic Solution
2   ANSYS 2021 R2          BUILD 21.2        UP20210601     WINDOWS x64
3
4   Title:
5   Number of Modes:      6
6     Mode:                        1                                  2
7     Frequency:              0.1732155E+04                    0.2753721E+04
8      Frequency              Coordinates...
9     0.5000000E+03 -0.9627214E-02  0.1212628E-03 -0.1137932E-02  0.8546449E-05
10    0.1000000E+04 -0.1322300E-01  0.4580032E-03 -0.1267293E-02  0.2120482E-04
11    0.1500000E+04 -0.3462873E-01  0.4796279E-02 -0.1563272E-02  0.4843238E-04
12    0.2000000E+04  0.2599259E-01  0.3603155E-02 -0.2320268E-02  0.1426604E-03
```

图 5.44 模态坐标输出（2）

5.3.7　最大等效应力读取

因等效应力的谐响应结果为应力分量的合成，无法直接从频响曲线中得到其最大值出现的频率及相位，可通过以下步骤获取模型中等效应力的最大值位置、频率和相位信息。该步骤同样适用于其他主应力最大值的云图显示。

（1）在 Equivalent Stress 属性栏 Definition 中设置 Type>> Equivalent (von-Mises) Stress，By>>Maximum Over Frequency，Amplitude>>Yes。得到所有频率点中等效应力的最大值及出现的位置，如图 5.45 所示。

（2）识别最大等效应力值出现的频率。选择步骤（1）中所定位的最大等效应力值所在几何特征，如 Face。插入 Equivalent Stress，属性栏中设置 By>>Frequency Of Maximum，Amplitude>>Yes。得到所关心区域最大值出现的频率值（如 1500Hz），如图 5.46 所示。此时云图上反映的结果是该几何特征每个节点最大值出现的频率，但是我们知道，除了所关心的最大位置外，其他位置的应力都很小。

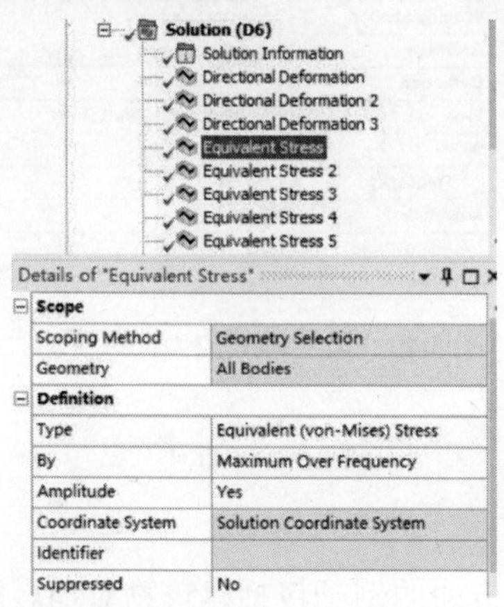

图 5.45　最大等效应力读取（1）

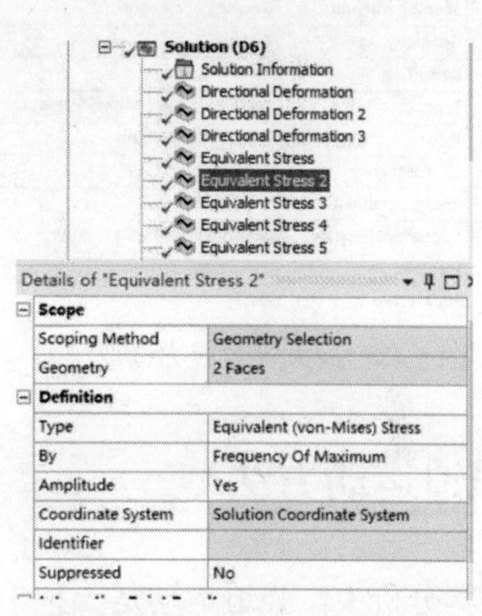

图 5.46　最大等效应力读取（2）

（3）云图显示。插入 Equivalent Stress，属性栏中设置 By>> Frequency，Frequency >>输入步骤（2）识别出的频率值（如 1500Hz），Amplitude>>Yes，得到该频率下的最大等效应力值及云图，如图 5.47 所示。

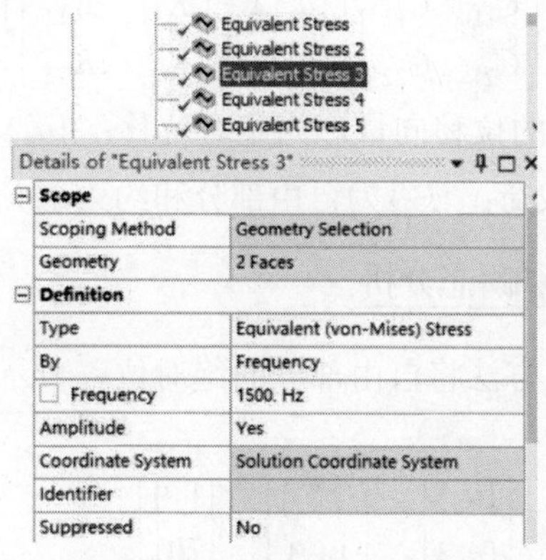

图 5.47　最大等效应力读取（3）

（4）（可选）识别最大等效应力值对应的相位角。插入 Equivalent Stress，属性栏中设置 By>> Phase Of Maximum，Frequency >>输入步骤（2）识别出的频率值（如 1500Hz），Phase Increment>>1°（或者输入更小的相位角度数，得到精度更高的相位角），然后在云图中使用 Probe 查询该位置的相位角（如 188°），如图 5.48 所示。

（5）（可选）根据步骤（2）得到的频率值和步骤（4）得到的相位角输出等效应力云图。插入 Equivalent Stress，属性栏中设置 By>> Frequency，Frequency >> 1500Hz，Amplitude>>No，Sweeping Phase>>188°，如图 5.49 所示。

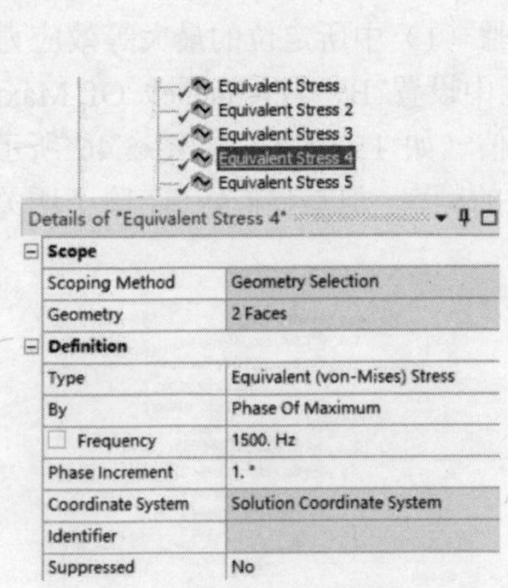

Scope	
Scoping Method	Geometry Selection
Geometry	2 Faces
Definition	
Type	Equivalent (von-Mises) Stress
By	Phase Of Maximum
Frequency	1500. Hz
Phase Increment	1. °
Coordinate System	Solution Coordinate System
Identifier	
Suppressed	No

图 5.48　最大等效应力读取（4）

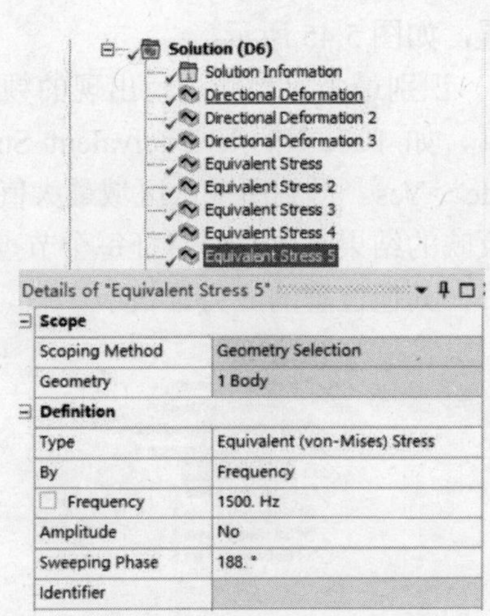

Scope	
Scoping Method	Geometry Selection
Geometry	1 Body
Definition	
Type	Equivalent (von-Mises) Stress
By	Frequency
Frequency	1500. Hz
Amplitude	No
Sweeping Phase	188. °
Identifier	

图 5.49　最大等效应力读取（5）

5.4　强迫运动方法

在结构分析中，强迫运动是一种常见的激励，这方面的例子包括建筑物对地震的响应、车辆携带的设备的振动、产品置于振动台测试等。

5.3 节为外载荷激励直接作用于结构上，然而当结构所受外载荷为 0，且约束位置受到强制的位移和加速度激励时，Ansys 采用强迫运动方法（Enforced Motion Method）求解结构的响应。

系统的运动方程可以写为以下形式：

$$\begin{bmatrix} M_{11} & M_{12} \\ M_{21} & M_{22} \end{bmatrix}\begin{Bmatrix} \{\ddot{u}_1\} \\ \{\ddot{u}_2\} \end{Bmatrix}+\begin{bmatrix} C_{11} & C_{12} \\ C_{21} & C_{22} \end{bmatrix}\begin{Bmatrix} \{\dot{u}_1\} \\ \{\dot{u}_2\} \end{Bmatrix}+\begin{bmatrix} K_{11} & K_{12} \\ K_{21} & K_{22} \end{bmatrix}\begin{Bmatrix} \{u_1\} \\ \{u_2\} \end{Bmatrix}=\begin{Bmatrix} \{0\} \\ \{F_2\} \end{Bmatrix} \tag{5.24}$$

式中，$\{u_1\}$ 为结构中自由部分的位移向量，为绝对位移；$\{u_2\}$ 为结构中施加强迫运动的位移向量；{0}为自由部分无外加载荷；$\{F_2\}$ 为自由部分和约束部分之间的反力。

5.4.1　模态叠加法谐响应分析和瞬态分析

Enforced Motion Method 方法将自由部分的绝对位移表示为准静态响应与动态响应的叠加，即：

$$\begin{Bmatrix} \{u_1\} \\ \{u_2\} \end{Bmatrix}=\begin{Bmatrix} \{u_1^{qs}\} \\ \{u_2\} \end{Bmatrix}+\begin{Bmatrix} \{y\} \\ \{0\} \end{Bmatrix} \tag{5.25}$$

式中，$\{u_1^{qs}\}$ 为自由部分的准静态响应；$\{y\}$ 为自由部分的动态响应，它是自由部分相对于约束部分的相对运动。

这里给出两者的表达式：

$$\{u_1^{qs}\} = -[K_{11}]^{-1}[K_{12}]\{u_2\} \tag{5.26}$$

$$[M_{11}]\{\ddot{y}\} + [C_{11}]\{\dot{y}\} + [K_{11}]\{y\} = ([M_{11}][K_{11}]^{-1}[K_{12}] - [M_{12}])\{\ddot{u}_2\} \tag{5.27}$$

式（5.27）是一组解耦的线性方程，$\{u_2\}$ 为已知向量，代入式（5.25）即可得到系统的响应。

图 5.50 为模态叠加法谐响应分析输入强制加速度求解系统绝对运动的案例。通过设置 Absolute Result 为“Yes”或“No”来激活是否求解绝对响应（DVAL 的 Keycal 字段）。

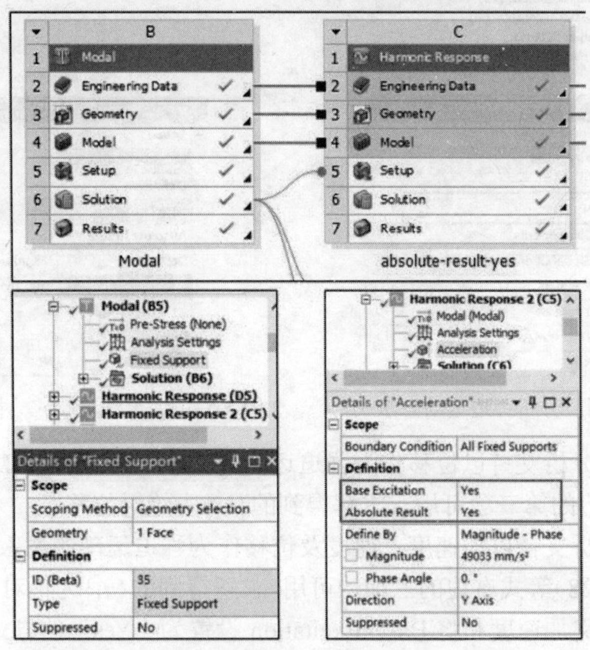

图 5.50　模态叠加法谐响应分析的强迫运动

当所采用的阻尼为基于刚度的比例阻尼（BETAD 命令）时（图 5.51），式（5.25）～式（5.27）所求得响应与式（5.28）的解完全一致。采用其他阻尼时，两者的结果接近。由于模态叠加法的谐响应分析求解绝对响应时支持输入加速度而不支持输入位移，完全法的谐响应分析求解绝对响应时支持输入位移而不支持输入加速度，读者可根据式（5.29）的转换关系将前者输入的加速度值转换为强迫运动位移值来验证该结论。

Damping Controls	
Constant Structural ...	0.
Stiffness Coefficient Defi...	Direct Input
Stiffness Coefficient	3.4155e-005
Mass Coefficient	0.

图 5.51　基于刚度的比例阻尼

5.4.2 完全法谐响应分析和瞬态分析

完全法谐响应分析和瞬态分析直接求解式（5.24）的第一行，即：

$$[M_{11}]\{\ddot{u}_1\}+[C_{11}]\{\dot{u}_1\}+[K_{11}]\{u_1\}=-[M_{12}]\{\ddot{u}_2\}-[C_{11}]\{\dot{u}_2\}-[K_{12}]\{u_2\} \tag{5.28}$$

在完全法的谐响应分析中，加速度载荷仅可以用来求解系统的相对运动，即将 Base Excitation 设置为“No”，如图 5.52 所示，此时强迫运动的加速度并非式（5.28）的右端加速度。

当定义加速度输入，将 Base Excitation 设置为“Yes”时，如图 5.53 所示，在 Mechanical 中自动显示“欠定义”且提示 Error：Acceleration can be a base excitation only in mode superposition harmonic/transient analysis。

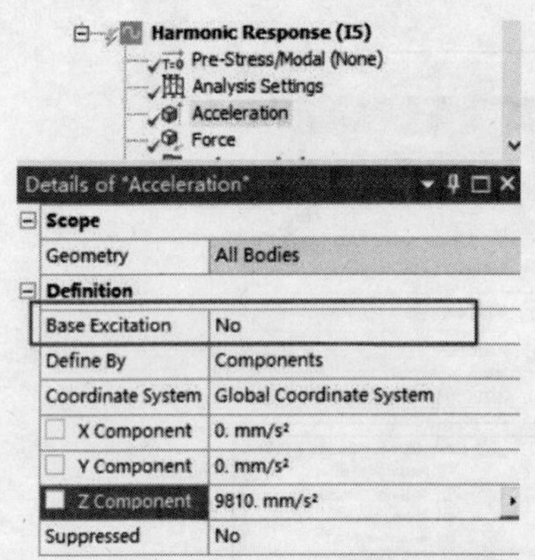

图 5.52 完全法谐响应分析强迫运动方法（1）

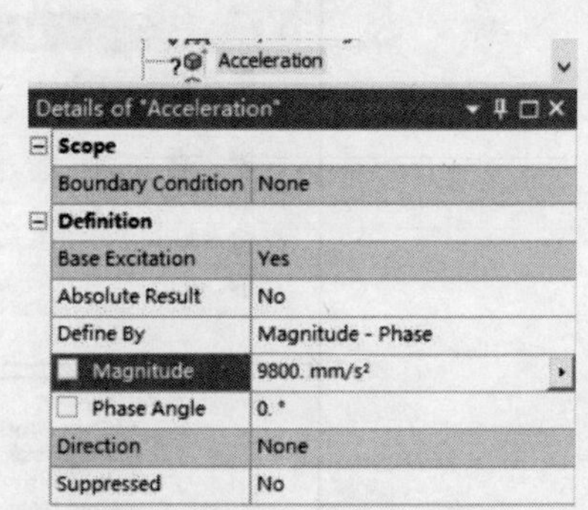

图 5.53 完全法谐响应分析强迫运动方法（2）

完全法的谐响应分析支持以位移作为强迫运动的输入，对应 MAPDL 命令（D 命令），因此式（5.28）等式右边的第三项可用，求解得到的$\{u_1\}$为绝对位移。

完全法的瞬态分析支持以加速度、速度及位移作为强迫运动的输入，对应 MAPDL 命令（D 命令），因此式（5.28）等式右边的三项均可用，求解得到的$\{u_1\}$为绝对位移。在 Ansys 2021R2 版本中，直接通过定义加速度和将 Base Excitation 设置为“Yes”的方式仍然是不可行的，需要通过插入 MAPDL 命令流的方式来实现对节点集施加加速度（D 命令 Lab=ACCX, ACCY, ACCZ）及速度（Lab=VELX, VELY, VELZ）。位移的施加直接通过功能区的按钮 Transient>>Environment>>Structural>>Displacement 实现。

5.4.3 强迫运动的形式

当结构受到来自不同约束位置以及不同方向的激励（即不同的基础激励）时，模态叠加法的谐响应分析及瞬态分析需要首先在模态分析中将$\{u_2\}$分别约束，且在模态分析中通过位移约束（D 命令）分别施加单位载荷，并将每个位移约束作为一组子集，对应下游的谐响应分析和瞬态分析的一组强迫运动子集（DVAL 命令施加）。

模态叠加法谐响应分析的强迫运动加速度$\{\ddot{u}_2\}^s$和强迫运动位移$\{u_2\}^s$内部使用如下关系式：

$$\{\ddot{u}_2\}^s=-\Omega^2\{u_2\}^s \tag{5.29}$$

式中，Ω为施加强制激励的圆频率。

在瞬态分析中，程序内部使用 Newmark 时间积分方法来计算指定强迫运动加速度时的强迫运动位移。相反，当指定强迫运动位移时，使用相同的方法来计算强制加速度。

5.5 响应谱分析

响应谱分析（Response Spectrum）主要用于代替时间历程分析，以确定结构对随机或随时间变化的加载条件的响应，例如地震、风载荷、海浪载荷、喷气发动机推力、火箭发动机振动等。响应谱分析在建筑等民用结构设计及地震载荷下的核电站设计等领域得到了广泛应用。

5.5.1 概述

响应谱分析根据输入响应谱和模态响应的组合方法计算给定激励下结构的最大响应。组合方法有平方和的平方根（SRSS）、完全二次组合（CQC）和 Rosenblueth's Double Sum Combination（ROSE）方法。与随机振动分析（Random Spectrum）不同，响应谱分析求得的响应是确定的极大值。

响应谱分析上游必须链接模态分析，利用模态分析的求解结果，分析流程如图 5.54 所示。

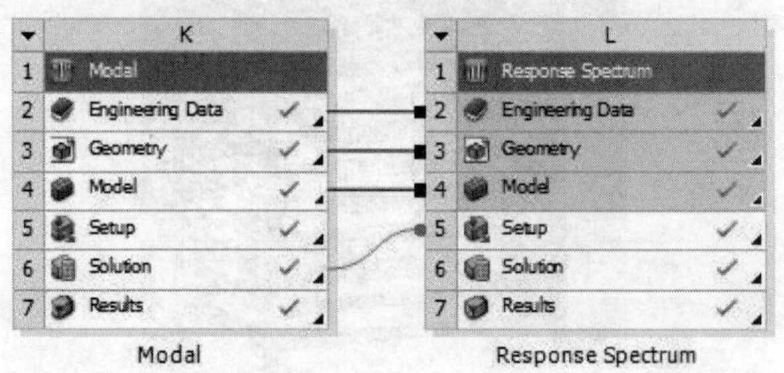

图 5.54　响应谱分析流程

激励以响应谱的形式施加，响应谱可以是位移、速度或加速度谱，每个谱值都对应一个频率。激励必须施加在固定的自由度上。如果对响应的应变/应力感兴趣，则需要在模态分析中输出模态应变和模态应力。

位移谱、速度谱和加速度谱的转换关系见式（5.30），不同的频谱图曲线也不相同，如图 5.55 所示。在所定义的频率范围之外的谱值，不进行插值，使用最近频率点所对应的谱值。

$$S_d = \frac{S_v}{2\pi f} = \frac{S_a}{(2\pi f)^2} \tag{5.30}$$

式中，S_d、S_v、S_a 分别为位移谱、速度谱和加速度谱值；f 为横坐标轴的频率值。

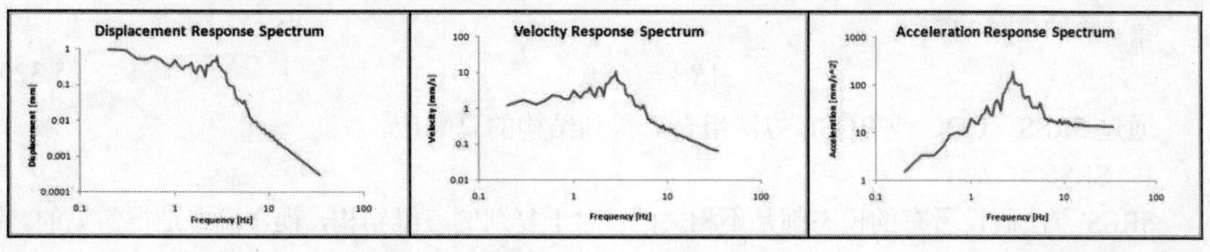

图 5.55　位移谱、速度谱及加速度谱

Mechanical 支持单点响应谱分析（Single Point Response Spectrum，SPRS）和多点响应谱分析（Multi-Point Response Spectrum，MPRS）。通过目录树 Response Spectrum>>Analysis Settings 属性栏的 Spectrum Type 进行选择，如图 5.56 所示。

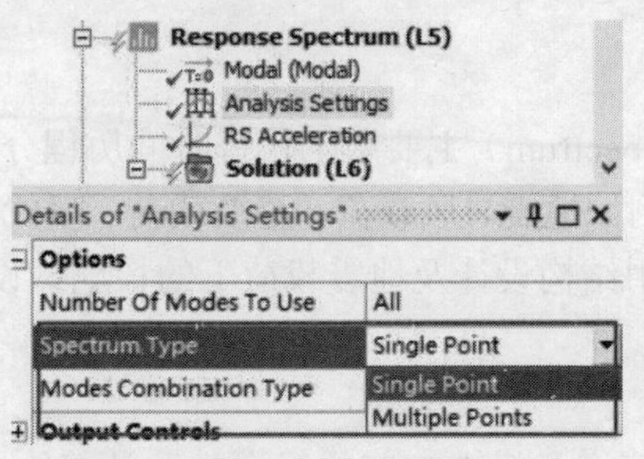

图 5.56　响应谱分析类型（1）

如图 5.57 所示，在 A、B、C、D 四个约束位置施加同样的响应谱（SPRS）或各位置施加不同的响应谱（MPRS）。

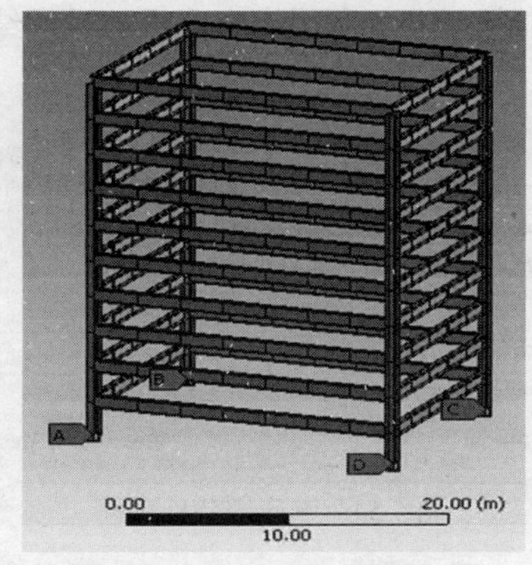

图 5.57　响应谱分析类型（2）

5.5.2　模态组合方法

本章中，式（5.6）给出了第 i 阶模态参与因子 γ_i。

定义第 i 阶模态系数（Mode Coefficient）A_i 为

$$A_i = S_i \gamma_i \tag{5.31}$$

式中，S_i 为位移谱值。

读者注意理解这里的模态系数 A_i 与式（5.22）模态坐标的 y_i 的区别。

第 i 阶的位移响应为

$$\{R_i\} = A_i \{\phi_i\} \tag{5.32}$$

通过 SRSS、CQC 或 ROSE 方法组合后得到结构的总响应。

1. SRSS 方法

SRSS 方法假设所有的模态都是不相关的。对于复杂的三维结构，耦合模态是很常见的。该假设高估了总响应，与其他方法相比通常更加保守。SRSS 方法通过式（5.33）计算最大响应：

$$\{R\} = \left(\sum_{i=1}^{N} \{R_i\}^2 \right)^{\frac{1}{2}} \tag{5.33}$$

SRSS 方法不支持阻尼输入。

2. CQC 方法

CQC 方法通过式（5.34）计算最大响应：

$$\{R\} = \left(\left| \sum_{i=1}^{N} \sum_{j=i}^{N} k\varepsilon_{ij} \{R_i\}\{R_j\} \right| \right)^{\frac{1}{2}} \tag{5.34}$$

式中，k 当 $i=j$ 时为 1，否则取 2；ε_{ij} 为模态耦合系数，取值为 0 时，完全不耦合，取值为 1 时，模态完全耦合。根据用户输入的阻尼值程序内部求解模态耦合系数。

3. ROSE 方法

ROSE 方法通过式（5.35）计算最大响应：

$$\{R\} = \left(\sum_{i=1}^{N} \sum_{j=1}^{N} \varepsilon_{ij} \{R_i\}\{R_j\} \right)^{\frac{1}{2}} \tag{5.35}$$

CQC 方法和 ROSE 方法弥补了 SRSS 方法的不足，为响应谱分析提供了评价模态相关性的方法。在数学上，该方法建立在随机振动理论的基础上，假设白噪声激励的持续时间是有限的，考虑模态耦合的能力使得 CQC 和 ROSE 方法的响应估计更加真实，更接近准确的时程解。

Mechanical 中组合方法通过目录树 Response Spectrum>>Analysis Settings 属性栏 Options>>Modes Combination Type 进行选择，如图 5.58 所示。用户根据行业规范及标准选择合适的方法。

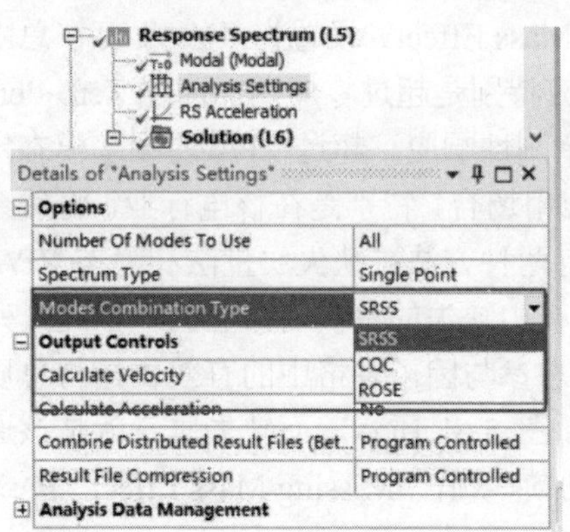

图 5.58　模态组合方法

5.5.3　响应谱输入

Mechanical 支持的基础激励即响应谱输入包括加速度激励（RS Acceleration）、速度激励（RS Velocity）和位移激励（RS Displacement），如图 5.59 所示，这三者的输入数值可以相互转换，转换关系参考式（5.30）。

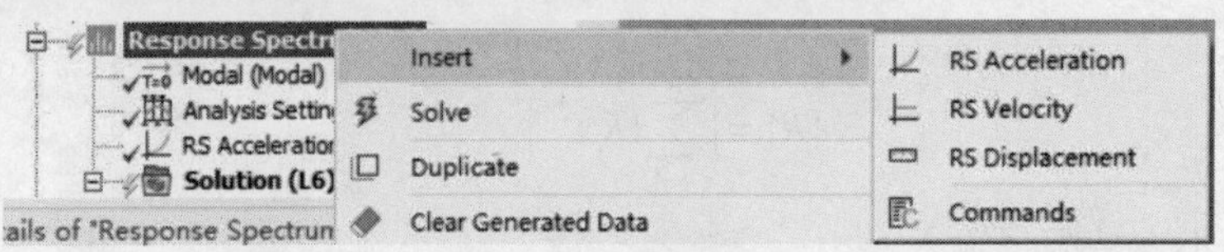

图 5.59　响应谱输入（1）

RS Acceleration/Velocity/Displacement 属性栏 Boundary Condition 选择所施加响应谱的边界条件（该边界条件在模态分析中设置），仅支持固定约束自由度的边界条件。通过 Definition>> Load Data 定义响应谱的表格参数，如图 5.60 所示。

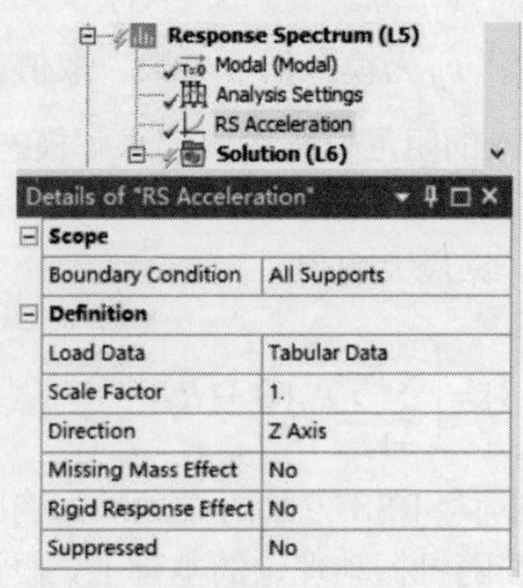

图 5.60　响应谱输入（2）

比例系数（Scale Factor）针对单点响应谱的表格输入参数乘以大于 0 的系数，默认为 1。

方向（Direction）：每一个输入的基础激励需要指定全局坐标系方向。典型的用法是在 *X*、*Y* 和 *Z* 方向上施加 3 种不同的响应谱输入，如图 5.61 所示。不支持相关性响应谱的输入。

缺失质量影响（Missing Mass Effect）设置为“Yes”可在总响应计算中包括高频模态的贡献，如图 5.62 所示。高频响应特别是超过零周期加速度 Zero Period Acceleration（ZPA）的频率模态所产生的响应称为残余刚性响应。超过 ZPA 的频率模态定义为谱加速度返回到零周期加速度的频率模态。在一些应用场合，特别是在核电行业，将残余刚性响应纳入总响应是至关重要的。计算剩余刚性响应有两种方法：缺失质量法和静态 ZPA 法。缺失质量法是基于与高于 ZPA 频率模态的质量在分析中缺失的事实而命名的。因此，残余刚性响应有时被称为缺失质量响应。本章 5.2.2 节中模态参与因子表格中的有效质量与总质量比值表最后一行求和表示参与分析模态的模态质量，如图 5.61 所示，而缺失质量就是该选项需要考虑的因素。考虑该因素时，需要指定输入 ZPA 加速度值（Missing Mass Effect ZPA），如图 5.62 所示。

Ratio of Effective Mass to Total Mass

Mode	Frequency [Hz]	X Direction	Y Direction	Z Direction
1	180.09	0.28052	2.2659e-002	5.6037e-005
2	208.39	3.5778e-003	0.49808	5.1925e-002
3	295.82	2.0599e-003	0.20983	0.16269
4	390.9	8.8629e-002	2.9912e-002	1.481e-003
5	441.91	0.41811	4.9148e-003	3.282e-004
6	533.38	5.6619e-003	2.6269e-002	2.3887e-003
7	764.9	1.2904e-005	3.3971e-004	2.6758e-002
8	816.39	4.2024e-006	7.1281e-005	9.1368e-007
9	919.42	5.4028e-005	1.0979e-003	1.5054e-003
10	1009.4	5.0605e-004	4.5757e-003	5.9962e-002
Sum		0.79914	0.79775	0.30709

图 5.61　响应谱输入（3）

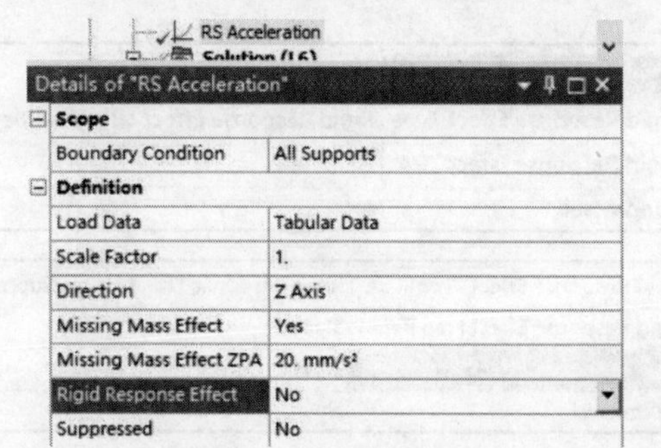

图 5.62 响应谱输入（4）

图 5.63 为零周期加速度 ZPA=20mm/s^2 的示例。

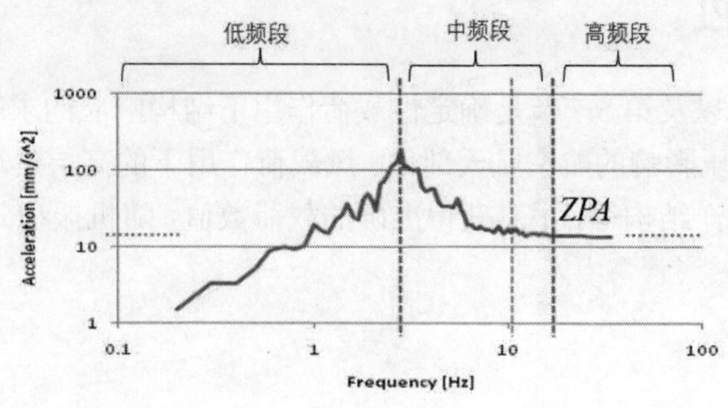

图 5.63 响应谱输入（5）

刚性响应影响（Rigid Response Effect）：设置为“Yes”，可在总响应计算中包括刚性响应，如图 5.64 所示。刚性响应通常发生在高于周期响应但低于缺失质量响应的频率范围。在多数情况下，将所有固有频率和振型用于响应谱评估是不切实际和困难的。对于高频模态，刚性响应基本占主导地位。为了补偿高频模态对响应的贡献，刚性响应与周期响应进行代数组合。计算刚性响应最广泛采用的方法是 Gupta 方法和 Lindley-Yow 方法。

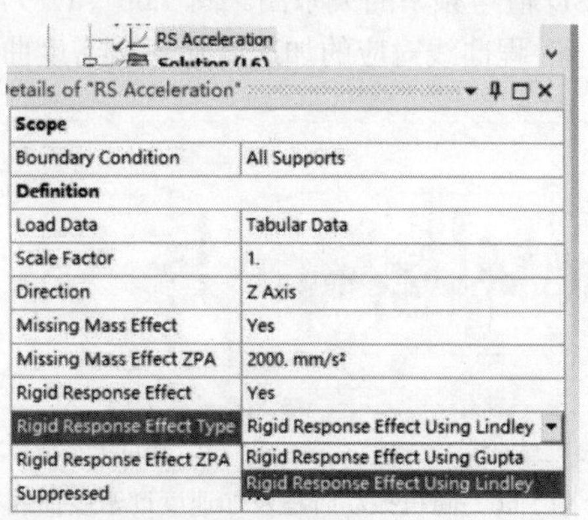

图 5.64 刚性响应计算方法（1）

Rigid Response Effect Type 设置为“Rigid Response Effect Using Lindley”方法时，需要输入零周期加速度 ZPA。设置为“Rigid Response Effect Using Gupta”方法时，需要输入起止频率，如图 5.65 所示。

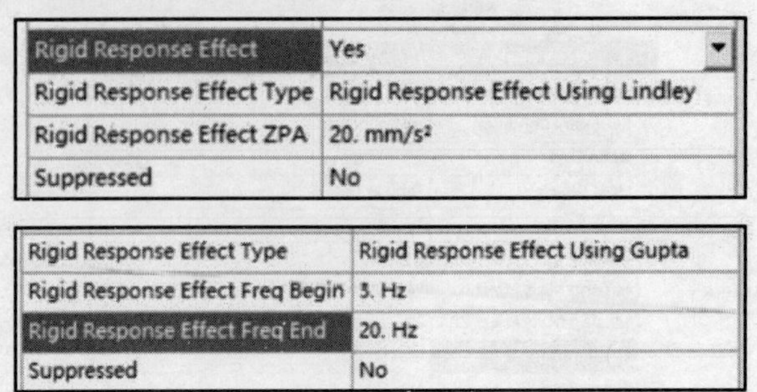

Rigid Response Effect	Yes
Rigid Response Effect Type	Rigid Response Effect Using Lindley
Rigid Response Effect ZPA	20. mm/s²
Suppressed	No

Rigid Response Effect Type	Rigid Response Effect Using Gupta
Rigid Response Effect Freq Begin	5. Hz
Rigid Response Effect Freq End	20. Hz
Suppressed	No

图 5.65　刚性响应计算方法（2）

5.6　随机振动分析

本书第 5.3～5.5 节以及第 5.7 节是确定性载荷作用下结构响应的求解，然而很多结构如受发动机振动、湍流和声压影响的航空航天部件、风载荷作用下的高层建筑、地震作用下的结构以及承受海浪荷载的海洋结构等，很难获得准确的载荷数值，随机振动分析可以很好地应用于这些场合。

5.6.1　概述

结构系统上的载荷不一定总是可以确定或量化的。例如，安装在汽车上的电子器件受到发动机振动及路面平整度等影响，即使每次汽车行驶在同一段道路上，由路面平整度引起的加速度载荷也是不确定的，不可能精确地预测某一时刻的加速度值。然而，这样的载荷历程可以用统计方法（平均，均方根，标准偏差）进行表征。而且随机载荷是非周期性的，包含多种频率。时程数据包含的频率信息（频谱）与统计数据一起被捕获，可以用作随机振动分析（Random Vibration）中的输入载荷，该频谱被称为功率谱密度（Power Spectral Density，PSD）。功率谱密度是一种统计度量，是 PSD 值与频率的关系图。图 5.66（a）为试验测得的一组随机加速度时程曲线，图 5.66（b）为该时程曲线对应的加速度功率谱密度曲线。

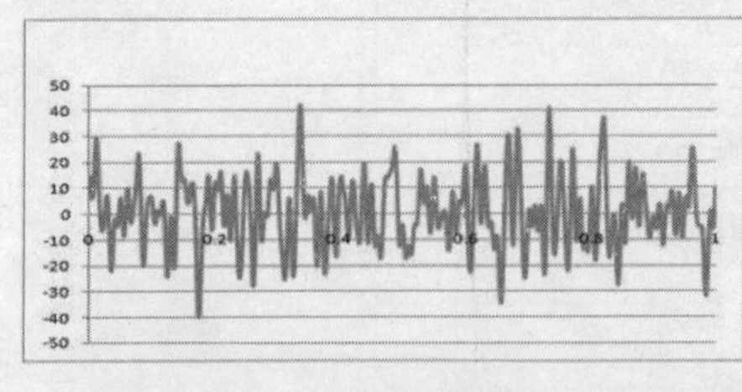

（a）加速度时程曲线

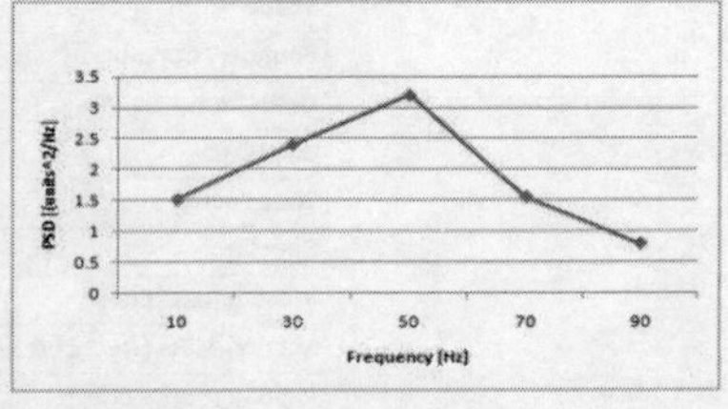

（b）加速度功率谱密度曲线

图 5.66　随机振动时程及加速度谱密度曲线

在随机振动分析中，由于输入激励在本质上是具有统计意义的值，因此输出响应（如位移、应力等）也是统计意义的结果，响应的瞬时幅值只能由概率分布函数确定，即该瞬时幅值为取某一特定值的概率。

随机振动分析的假设条件：

（1）结构刚度、阻尼及质量特性不随时间变化。

（2）轻阻尼结构，即阻尼力相比惯性力及弹性力要小得多。

（3）输入激励是平稳的（其均方值不随时间变化），且均值为 0，符合高斯分布或正态分布。

（4）随机激励是各态历经的（一个样本可以反映随机过程的所有特性）。

Mechanical 随机振动分析利用模态分析的结果，上游必须链接模态分析，其流程如图 5.67 所示。

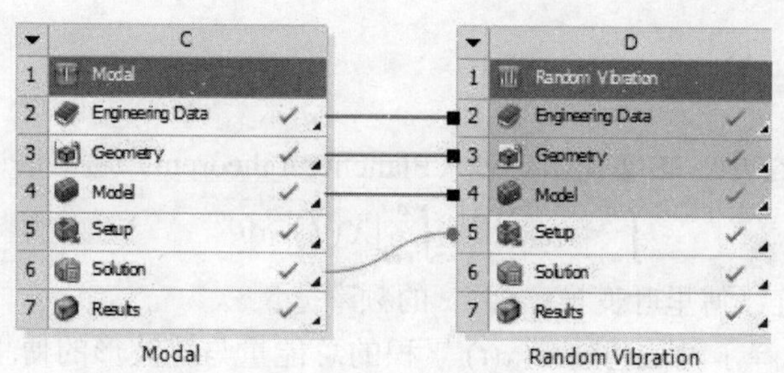

图 5.67　随机振动分析流程

5.6.2　高斯分布

高斯分布（Gaussian Distribution）也被称作正态分布，广泛应用于连续型随机变量的分布中，在数据分析领域中高斯分布占有重要地位。

若随机变量 X 服从一个位置参数为 μ、尺度参数为 σ 的概率分布，且其概率密度函数为

$$f(x)=\frac{1}{\sqrt{2\pi}\sigma}\exp\left(\frac{-(x-\mu)^2}{2\sigma^2}\right) \tag{5.36}$$

则这个随机变量就称为正态随机变量，正态随机变量服从的分布就称为正态分布，记作 $X \sim N(\mu,\sigma^2)$，读作 X 服从 $N(\mu,\sigma^2)$，或 X 服从正态分布。

式中，$\mu=\dfrac{x_1+x_2+\cdots+x_n}{N}$ 为总体均值（N 为样本总数）；$\sigma^2=\dfrac{1}{N}\sum\limits_{i=1}^{N}(x_i-\mu)^2$ 为总体方差，σ 为标准差。

图 5.68 为概率密度函数图，图中“倒钟形”曲线峰值对应的 X 轴数值为均值 μ。当 x 位于 $\mu\pm\sigma$ 时，曲线围成的面积（概率密度函数的积分）表示 x 取值在该范围的概率约为 68.27%。当 x 位于 $\mu\pm2\sigma$ 时，曲线围成的面积表示 x 取值在该范围的概率约为 95.45%。当 x 位于 $\mu\pm3\sigma$ 时，曲线围成的面积表示 x 取值在该范围的概率约为 99.73%，即 x 取 $\mu\pm3\sigma$ 之外的概率小于千分之三，称之为正态分布的“3σ”原则。对于工业生产中提出的“六西格玛（6σ）”原则，考虑 $\pm1.5\sigma$ 的偏移量后，产品的不良率小于 0.00034%（3.4ppm 或百万分之 3.4）。

当均值 μ=0 时，曲线沿 Y 轴对称。

若线性系统的激励是高斯过程，其响应也呈正态分布。

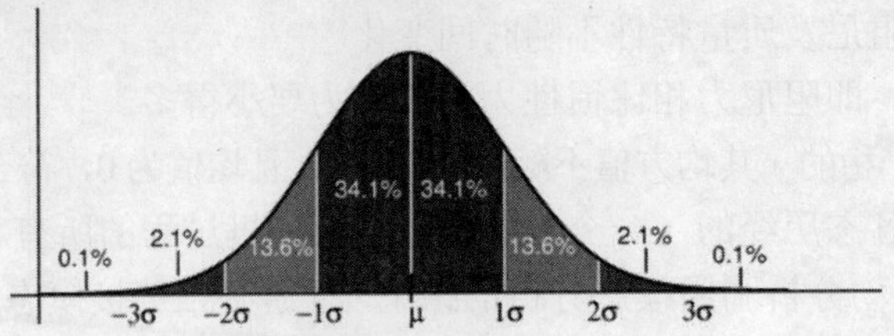

图 5.68　概率密度函数图

5.6.3　帕塞瓦尔定理

在物理学和工程学中，帕塞瓦尔定理（Plancherel theorem）通常描述如下：

$$\int_{-\infty}^{\infty}|x(t)|^2\,\mathrm{d}t=\int_{-\infty}^{\infty}|X(f)|^2\,\mathrm{d}f \tag{5.37}$$

式中，$X(f)$ 为 $x(t)$ 连续傅里叶变换；f 为 x 的频率分量。

帕塞瓦尔定理解释了时域内波形 $x(t)$ 累积的总能量与该波形的傅里叶变换 $X(f)$ 在频率域 f 累积的总能量相等。

$S_x(f)=|X(f)|^2$ 表示了信号的平均功率（或能量）在频域上的分布，即单位频带的功率随频率变化的情况，故称之为信号的自功率谱密度函数。$S_x(f)$ 与 f 轴包围的面积等于信号 $x(t)$ 的平均功率，即 $x(t)$ 的幅值分布的方差或均方值。

5.6.4　PSD 分析的输入要求

Mechanical 支持的 PSD 输入类型包括加速度 PSD（PSD Acceleration）、速度 PSD（PSD Velocity）、重力加速度 PSD（PSD G Acceleration）、位移 PSD（PSD Displacement），如图 5.69 所示。它反映的是输入振动的功率或强度在频率范围内的变化。PSD 值的单位为加速度/速度/重力加速度/位移单位的平方除以频率 Hz，如$(mm/s^2)^2$/Hz。

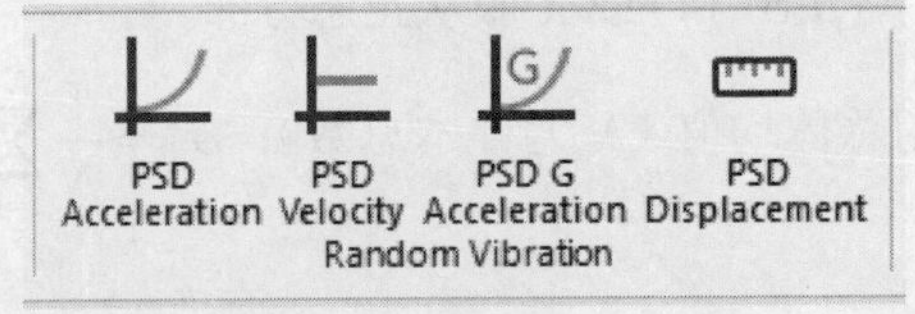

图 5.69　PSD 分析输入（1）

PSD 的图示为分段线性，通常使用双对数坐标（Log-Log），如图 5.70 所示。

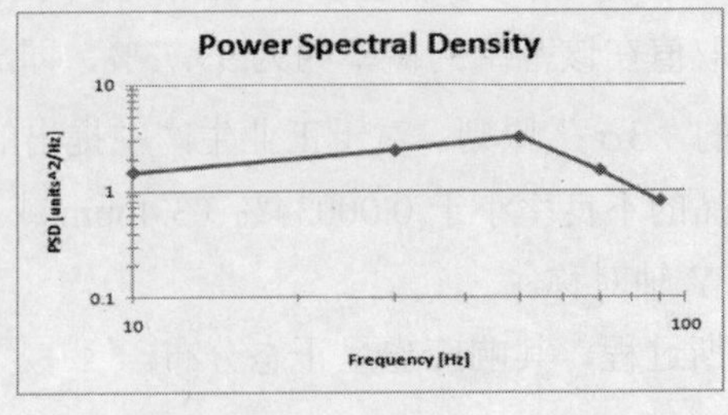

图 5.70　PSD 分析输入（2）

手动输入的 PSD 表格自动在 Graph 中绘制图像，并通过颜色显示输入数据的有效性，如图 5.71 所示。绿色段表示数据是可靠和准确的，黄色段表示数据是不可靠的，红色段表示数据是不可信的，黄色段和红色段的数据在使用之前应进行修改。

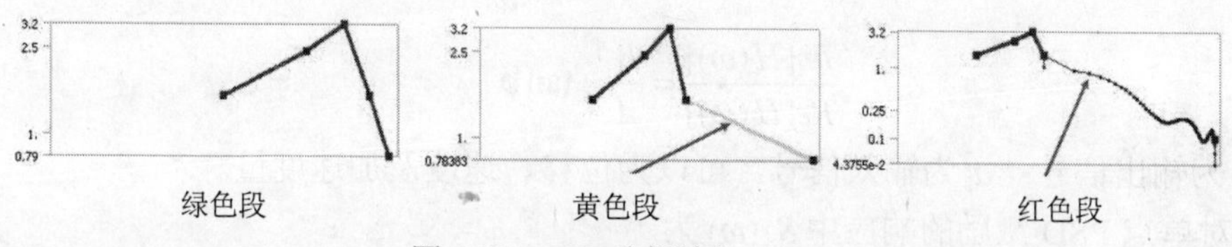

图 5.71　PSD 分析输入（3）

当出现黄色及红色段数据时，考虑使用 Mechanical 提供的多项式曲线拟合技术，在目录树上所定义的PSD激励属性栏Details of “PSD Acceleration”下 Definition>>Load Data>>Tabular Data 右侧三角按钮单击 Improved Fit，如图 5.72 所示。程序自动拟合为绿色段组成的数据，并插值合适的数据到 Tabular Data 中，如图 5.73 所示，以保证输入数据的可靠性。

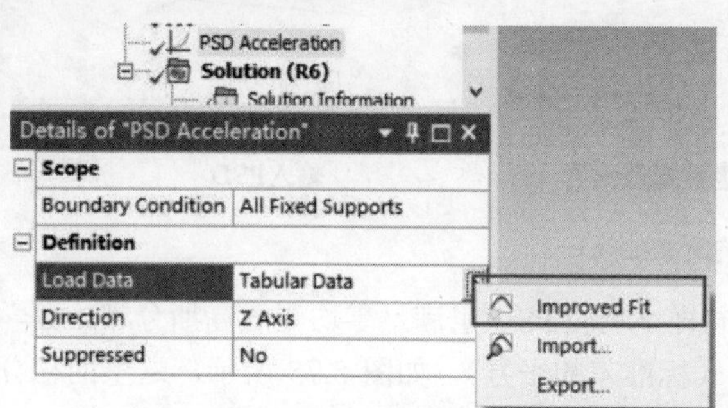

图 5.72　PSD 分析输入（4）

Tabular Data

	Frequency [Hz]	Acceleration [(mm/s²)²/Hz]
1	20.	50.
2	40.	70.711
3	282.84	84.09
4	2000.	100.
5	6000.	100.
6	6480.7	44.721
7	7000.	20.
8	7500.	20.
*		

图 5.73　PSD 分析输入（5）

与响应谱分析类似，随机振动分析可以是单点分析，也可以是多点分析。在单点随机振动分析中，在模型中的一组约束条件上指定一个 PSD 谱。在多点随机振动分析中，在模型的多组约束条件上分别指定不同的 PSD 谱。

5.6.5　不同 PSD 输入类型的转换

位移谱、速度谱和加速度谱的转换关系如下，不同的频谱图曲线也不相同。

$$S_d = \frac{S_v}{(2\pi f)^2} = \frac{S_a}{(2\pi f)^4} \tag{5.38}$$

$$S_G = \frac{S_a}{g^2} \tag{5.39}$$

式中，S_d、S_v、S_a、S_G 分别为位移、速度、加速度和重力加速度 PSD 谱值；f 为横坐标轴的频率值；g 为重力加速度。

5.6.6　响应 PSD（RPSD）及 1-σ 响应

考虑单自由度系统的频率响应函数（Frequency Response Function，FRF）为

$$H(\omega) = A(\omega) - iB(\omega) \tag{5.40}$$

式中，$A(\omega)$、$B(\omega)$ 分别为实部和虚部。

表达为幅值和相位的形式为

$$|H(\omega)| = \sqrt{A^2 + B^2} = \frac{a_o}{a_i} \tag{5.41}$$

$$\frac{Im[H(\omega)]}{Re[H(\omega)]} = \frac{B}{A} = \tan\phi \tag{5.42}$$

式中，a_o 为输出信号；a_i 为输入信号，可以为位移、速度及加速度量。

系统对单点 PSD 激励的响应中 $S_o(\omega)$ 为

$$S_o(\omega) = |H(\omega)|^2 S_i(\omega) = \left(\frac{a_o}{a_i}\right)^2 S_i(\omega) \tag{5.43}$$

式中，$S_i(\omega)$ 为输入的 PSD 谱；$S_o(\omega)$ 也称为响应 PSD 或 RPSD，示意如图 5.74 所示。

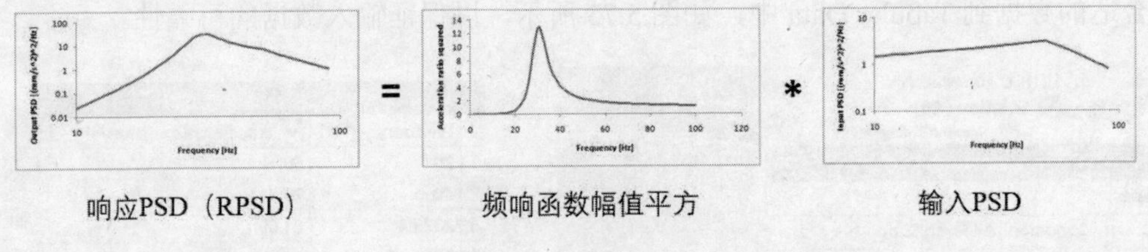

图 5.74　响应 PSD（1）

激励 PSD 输入满足零均值的高斯分布，同样，响应 PSD 也满足零均值的高斯分布。数学上，响应 PSD 曲线下的面积等于响应的方差（标准差的平方），如图 5.75 所示，这里的积分公式是对数坐标 Log-Log 下的积分，即

$$\sigma^2 = \int_0^\infty S_o(\omega)\mathrm{d}\omega \tag{5.44}$$

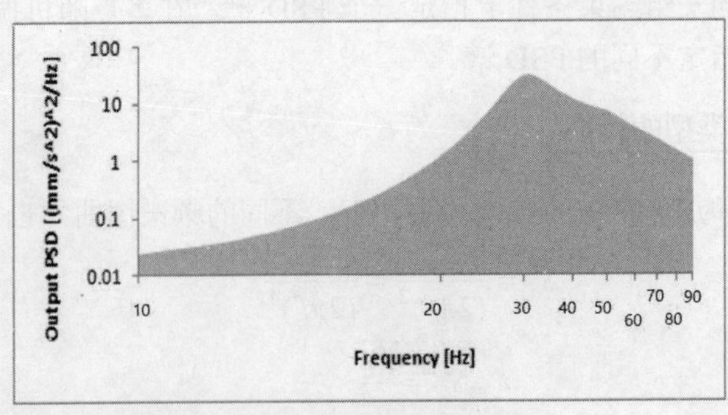

图 5.75　响应 PSD（2）

1 个标准差（或 1-σ 响应，或 RMS）即上式开方：

$$\sigma = \sqrt{\int_0^\infty S_o(\omega)\mathrm{d}\omega} \tag{5.45}$$

多自由度系统多点 PSD 响应的一般形式这里未列出，感兴趣的读者参考 Ansys 理论手册式（15.219）～式（15.221）。

Mechanical 支持位移、速度、加速度、应变、应力分量形式的结果输出，如图 5.76 所示，这些输出符合高斯分布，所输出值默认为 1-σ 的位移、速度、加速度、应变、应力分量以及等效应力。后处理输出的位移值为相对于激励位置的相对值，而速度及加速度为绝对值（包含了激励位置的刚体运动）。

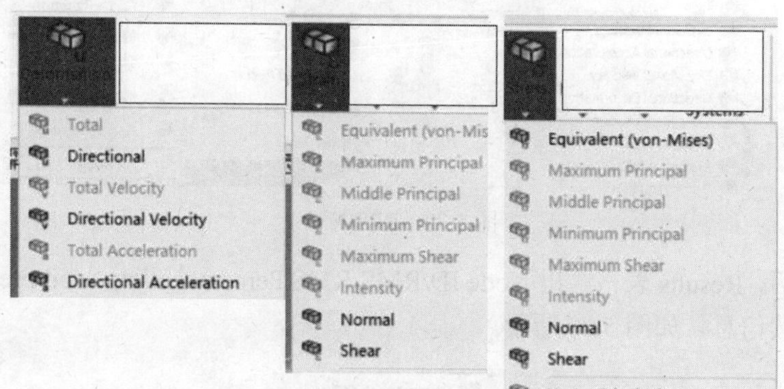

图 5.76　PSD 分析结果输出（1）

当需要输出速度及加速度结果时，需要激活 Mechanical 中目录树的“Analysis Settings”属性 Output Controls>>Calculate Velocity/Acceleration 为“Yes”，如图 5.77 所示。

如几何面 A 的 Z 方向 Deformation 最大值（Maximum）为 1.7348e-005mm，如图 5.78 所示，表明该几何面沿 Z 方向变形低于 1.7348e-005mm 的概率为 68.3%。当切换 Scale Factor 为 2 Sigma, 3 Sigma 后，得到沿 Z 方向变形低于 3.4697e-005mm 及 5.2045e-005mm 的概率分别为 95.45%和 99.73%（图略）。此处支持用户自定义 Sigma 级别。

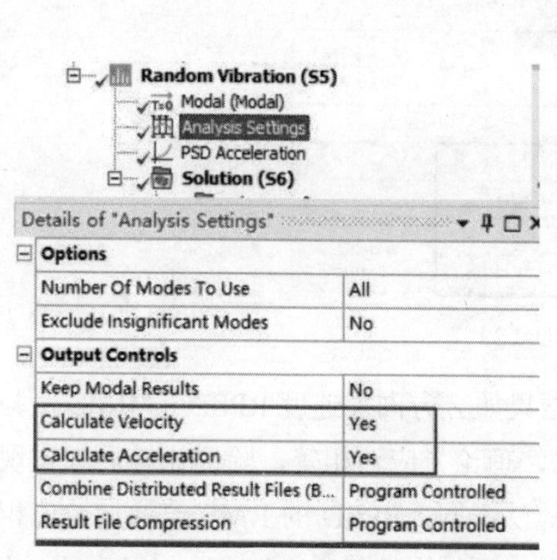

图 5.77　PSD 分析结果输出（2）

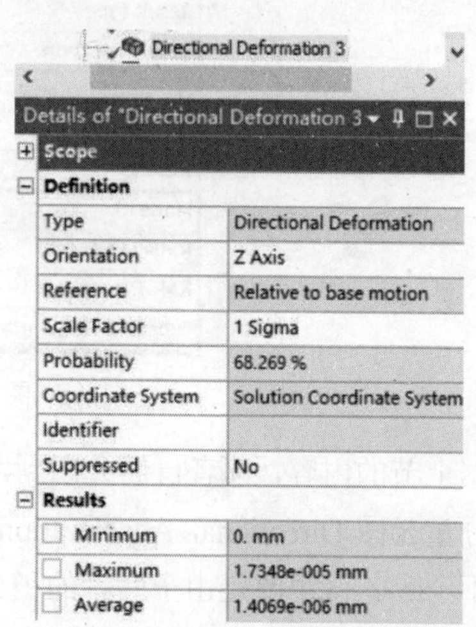

图 5.78　PSD 分析结果输出（3）

5.6.7　响应 PSD 的 RMS 值与 1-σ 结果比较

用户通过鼠标右键单击 Mechanical 中目录树 Solution>>Insert>>Probe>>Response PSD 后，在 Response PSD 属性栏 Definition>>Location Method 选择提取几何点、坐标位置以及 Remote Points 的 RPSD。也可以通过功能区按钮直接单击 Probe>>Response PSD，如图 5.79 所示。

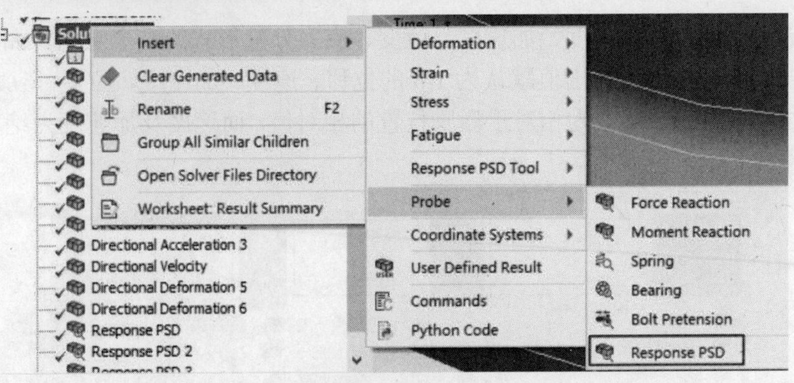

图 5.79　RPSD（1）

提取结果后，Results 表格给出 Node ID/RMS/RMS Percentage/Expected Frequency（统计平均频率）等只读信息，如图 5.80 所示。

Details of "Response PSD 3"

Definition	
Type	Response PSD
Location Method	Geometry Selection
Geometry	Geometry Selection
Orientation	Coordinate System
Reference	Remote Points / Absolute (including base motion)
Suppressed	No
Options	
Result Type	Acceleration
Result Selection	Z Axis
Selected Frequency Range	Full
Acceleration in G	No
Results	
Node ID	333
RMS Value	2507.8 mm/s²
RMS Percentage	100. %
Expected Frequency	3379.3 Hz

图 5.80　RPSD（2）

根据上节的内容，读者自然会想到，某一点结果如 Z 方向加速度 RPSD 的 RMS 值与该点的结果分量云图 Directional Acceleration（1-σ 值），理论上应该相等，验证比较后却发现两者结果并不一致。这主要是由于两者的积分求解的算法不同，RPSD 的 RMS 值通过数值积分得到，其精度与积分区域内所使用的频率点数量有关。而结果分量如 Directional Acceleration 等使用封闭式积分技术，该方法通常是精确的。Response PSD Tool 工具弥补了这个不足。

用户通过鼠标右键单击 Mechanical 中目录树 Solution>>Insert>>Response PSD Tool>>Response PSD Tool 后，如图 5.81 所示，在 Response PSD Tool 属性栏 Options>>Clustering Frequency Points 输入数值积分的频率点数，取一个较大值，例如 1000，得到与 1-σ 值一致的结果，如图 5.82 所示。

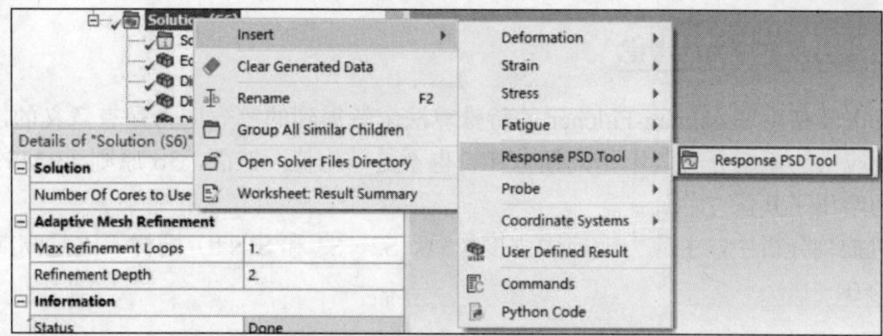

图 5.81　Response PSD Tool（1）

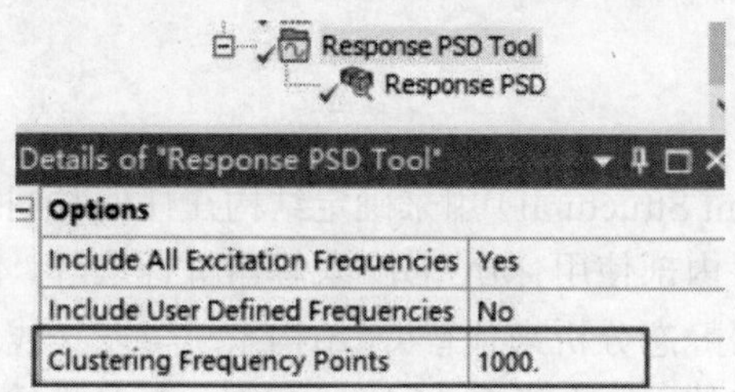

图 5.82　Response PSD Tool（2）

图 5.83 显示了两者的比较可以得到一致的结果。

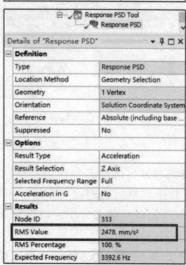

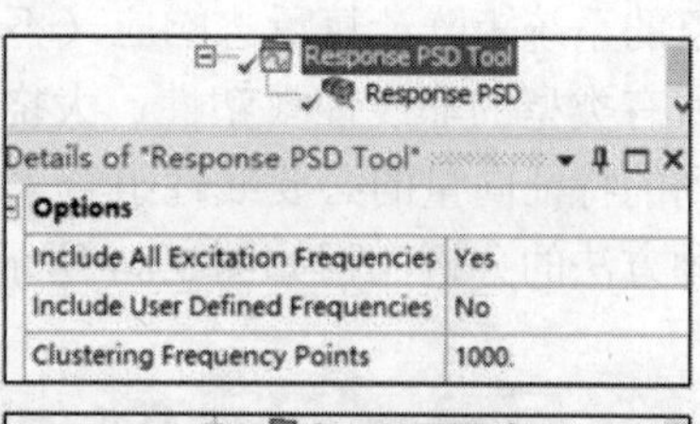

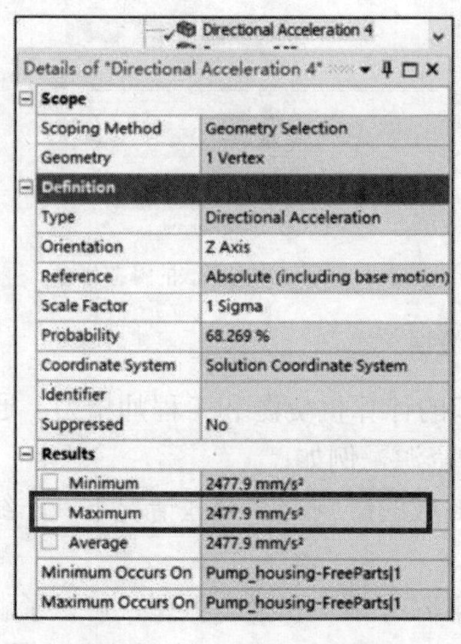

（a）加速度分量云图结果（1-σ 值）

Response PSD Tool
Response PSD

Details of "Response PSD"

Definition	
Type	Response PSD
Location Method	Geometry Selection
Geometry	1 Vertex
Orientation	Solution Coordinate System
Reference	Absolute (including base ...
Suppressed	No
Options	
Result Type	Acceleration
Result Selection	Z Axis
Selected Frequency Range	Full
Acceleration in G	No
Results	
Node ID	333
RMS Value	2478. mm/s²
RMS Percentage	100. %
Expected Frequency	3392.6 Hz

（b）加速度 RPSD 的 RSM 值

图 5.83　Response PSD Tool（3）

5.6.8 等效应力及主应力的考虑

Mechanical 使用 Segalman-Fulcher 的特殊算法求解得到的等效应力是有意义的，需要注意的是，等效应力的概率分布既不是高斯分布，也不是零均值。然而，3σ 原则（RMS 值乘以 3）的等效应力给出了其保守估计。

在随机振动分析中，主应力或应力强度（S1、S2、S3 和 SINT）同样不满足高斯分布，这些值被设为 0。

5.7 瞬态结构分析

5.7.1 概述

瞬态结构分析（Transient Structural）用来确定结构在任何时间相关的载荷作用下的动力响应，也称为时程分析，程序内部使用 MAPDL 求解器进行求解。瞬态结构分析中，惯性或阻尼效应是重要的（否则可用静态分析来代替），结构系统可以是线性的，也可以是非线性的，所有类型的非线性都是允许的，如大变形、塑性、接触、超弹性等。瞬态结构分析可以用来确定结构中随时间变化的位移、应变、应力和力。

Mechanical 提供了完全法（Full）和模态叠加法（MSUP）来求解此类问题。完全法（Full）使用完整的系统矩阵计算瞬态响应（不进行矩阵的简化），这是一种更通用的方法，因为它可以包括所有类型的非线性（塑性、大挠度、大应变等）。模态叠加法（MSUP）通过对模态分析中得到的特征向量的必要线性组合来获得给定加载条件下的瞬态响应。

两种方法的分析流程如图 5.84 所示。

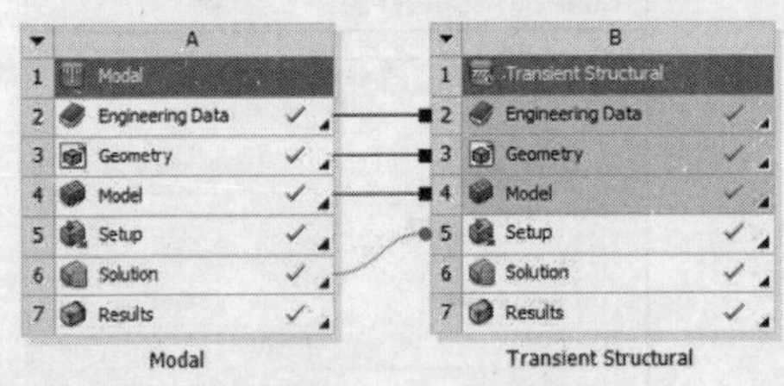

（a）模态叠加法的瞬态分析

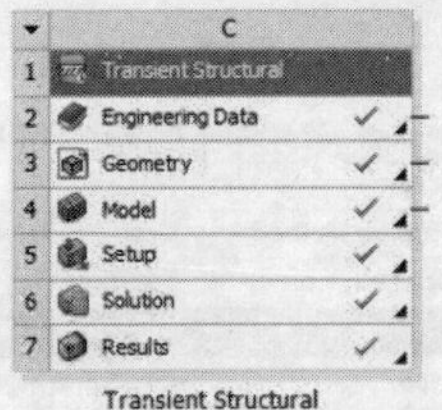

（b）完全法的瞬态分析

图 5.84 瞬态分析流程

瞬态动态分析比静态分析更复杂，通常需要更多的计算机资源和工程师精力。通过一些前期的工作来理解问题的物理原理，可以节省大量的资源，例如：

（1）首先进行静态分析，以理解非线性对结构响应的影响。在某些情况下，非线性并不要包括在动态分析中。

（2）理解系统的动态特性。通过模态分析，计算固有频率和模态振型，可以了解当这些模态被激发时，结构是如何响应的。固有频率对于计算正确的积分时间步长也很有用。

（3）从简化的模型入手。

（4）考虑将模型的线性部分子结构化（Substructuring），以降低分析成本。

5.7.2 完全法（Full）

对线性系统而言，内力与节点位移成线性比例，结构刚度矩阵保持不变，将式（5.16）的运动方程写为迭代形式：

$$[M]\{\ddot{u}_{n+1}\}+[C]\{\dot{u}_{n+1}\}+[K]\{u_{n+1}\}=\{F_{n+1}^{a}\} \tag{5.46}$$

式中，$[M]$、$[C]$、$[K]$分别为质量、阻尼和刚度矩阵；$\{\ddot{u}_{n+1}\}$、$\{\dot{u}_{n+1}\}$、$\{u_{n+1}\}$分别为t_{n+1}时刻的节点加速度、速度和位移矢量；$\{F_{n+1}^{a}\}$为t_{n+1}时刻的外载荷矢量。

1. Newmark 积分方法

MAPDL 默认使用 Newmark 积分方法求解系统方程，对应 MAPDL 命令 TRNOPT,,,,,,TINTOPT，其中 TINTOPT 为 NMK 或 0。

Newmark 方法的$\dot{u}_{n+1}$、u_{n+1}表达式为

$$\{\dot{u}_{n+1}\}=\{\dot{u}_{n}\}+[(1-\delta)\{\ddot{u}_{n}\}+\delta\{\ddot{u}_{n+1}\}]\Delta t \tag{5.47}$$

$$\{u_{n+1}\}=\{u_{n}\}+\{\dot{u}_{n}\}\Delta t+\left[\left(\frac{1}{2}-\alpha\right)\{\ddot{u}_{n}\}+\alpha\{\ddot{u}_{n+1}\}\right]\Delta t^{2} \tag{5.48}$$

式中，α、δ为 Newmark 积分参数；$\{\ddot{u}_{n}\}$、$\{\dot{u}_{n}\}$、$\{u_{n}\}$分别为t_{n}时刻的节点加速度、速度和位移矢量。

将式（5.47）和式（5.48）代入式（5.46）并整理得：

$$\begin{aligned}(a_0[M]+a_1[C]+[K])\{u_{n+1}\}=\{F_{n+1}^{a}\}&+[M](a_0\{u_n\}+a_2\{\dot{u}_n\}+a_3\{\ddot{u}_n\})\\&+[C](a_1\{u_n\}+a_4\{\dot{u}_n\}+a_5\{\ddot{u}_n\})\end{aligned} \tag{5.49}$$

式中：

$$a_0=\frac{1}{\alpha\Delta t^2},\ a_1=\frac{\delta}{\alpha\Delta t},\ a_2=\frac{1}{\alpha\Delta t},\ a_3=\frac{1}{2\alpha}-1,\ a_4=\frac{\delta}{\alpha}-1,\ a_5=\frac{\Delta t}{2}\left(\frac{\delta}{\alpha}-2\right)$$

程序根据式（5.49）计算求得$\{u_{n+1}\}$后，再根据式（5.50）和式（5.51）求解$\{\dot{u}_{n+1}\}$和$\{\ddot{u}_{n+1}\}$。

$$\{\dot{u}_{n+1}\}=a_1(\{u_{n+1}\}-\{u_n\})-a_4\{\dot{u}_n\}-a_5\{\ddot{u}_n\} \tag{5.50}$$

$$\{\dot{u}_{n+1}\}=a_0(\{u_{n+1}\}-\{u_n\})-a_2\{\dot{u}_n\}-a_3\{\ddot{u}_n\} \tag{5.51}$$

引入幅值衰减系数$\gamma \geqslant 0$，Newmark 方法为无条件稳定算法，此时直接用数值γ来得到 Newmark 的积分参数。

$$\delta=\frac{1}{2}+\gamma \tag{5.52}$$

$$\alpha=\frac{1}{4}(1+\gamma)^2 \tag{5.53}$$

当然，用户也可以通过 TINTP 命令手动输入α、δ这两个积分参数。在低频模态下，$\delta=\frac{1}{2}$，Newmark 方法无法保证二阶精度。Newmark 隐式方法不考虑数值阻尼，即$\gamma=0$时，$\delta=\frac{1}{2}$、$\alpha=\frac{1}{4}$，它是无条件稳定和二阶精确的。但是在不引入数值阻尼的情况下，结构的较高频率会产生不可接受的数值噪声水平。

Newmark 积分方法既可以用于完全法的瞬态分析，也可以用于模态叠加法的瞬态分析。

2. 广义的 HHT-α 积分方法（Generalized HHT-α Method）

为了克服 Newmark 方法的缺点，Mechanical 提供广义的 HHT-α 积分方法，该方法通过在高频中引入可控数值耗散来充分抑制杂散高频响应，同时保持二阶精度。引入 α_f 和 α_m 两个参数，将式（5.46）的迭代形式写为

$$[M]\{\ddot{u}_{n+1-\alpha_m}\}+[C]\{\dot{u}_{n+1-\alpha_f}\}+[K]\{u_{n+1-\alpha_f}\}=\{F^a_{n+1-\alpha_f}\} \tag{5.54}$$

式中：

$$\{\ddot{u}_{n+1-\alpha_m}\}=(1-\alpha_m)\{\ddot{u}_{n+1}\}+\alpha_m\{\ddot{u}_n\}$$

$$\{\dot{u}_{n+1-\alpha_f}\}=(1-a_f)\{\dot{u}_{n+1}\}+a_f\{\dot{u}_n\}$$

$$\left\{u_{n+1-\alpha_f}\right\}=(1-a_f)\left\{u_{n+1}\right\}+a_f\left\{u_n\right\}$$

$$\left\{F^a_{n+1-\alpha_f}\right\}=(1-a_f)\left\{F^a_{n+1}\right\}+a_f\left\{F^a_n\right\}$$

将式（5.47）、式（5.48）的 $\dot{u}_{n+1}$、u_{n+1} 表达式代入式（5.54），并整理得到：

$$\begin{aligned}\left(a_0[M\ +a_1[C]+[K]\right)\{u_{n+1}\}=&(1-a_f)\left\{F^a_{n+1}\right\}+a_f\left\{F^a_n\right\}-a_f[K]\{u_n\}\\&+[M]\left(a_0\left\{u_n\right\}+a_2\left\{\dot{u}_n\right\}+a_3\left\{\ddot{u}_n\right\}\right)+[C]\left(a_1\left\{u_n\right\}+a_4\left\{\dot{u}_n\right\}+a_5\left\{\ddot{u}_n\right\}\right)\end{aligned} \tag{5.55}$$

其中：

$$a_0=\frac{1-\alpha_m}{\alpha\Delta t^2},\ a_1=\frac{(1-\alpha_f)\delta}{\alpha\Delta t},\ a_2=a_0\Delta t,\ a_3=\frac{1-\alpha_m}{2\alpha}-1,\ a_4=\frac{(1-\alpha_f)\delta}{\alpha}-1$$

$$a_5=(1-\alpha_f)\left(\frac{\delta}{2\alpha}-1\right)\Delta t$$

程序根据式（5.55）计算求得 $\{u_{n+1}\}$ 后，再根据式（5.50）和式（5.51）求解 $\{\dot{u}_{n+1}\}$ 和 $\{\ddot{u}_{n+1}\}$。

对于广义的 HHT-α 积分方法引入幅值衰减系数 γ：

$$\alpha_f=\gamma\geqslant 0 \tag{5.56}$$

$$\alpha_m=0 \tag{5.57}$$

式（5.52）、式（5.53）、式（5.56）、式（5.57）简化为通过幅值衰减系数 γ 来确定所有的 HHT 积分参数，且广义的 HHT-α 积分方法是无条件稳定和具有二阶精度。

Mechanical Transient 模块中目录树 Analysis Settings 属性栏 Solver Controls>>App. Based Settings 下拉框选择 User defined，在—Amplitude Decay Factor（幅值衰减系数）栏目中指定 γ 值，如图 5.85 所示。

当用户希望自定义 α、δ、α_f、α_m 时，使用 TINTP 命令手动输入这四个积分参数，此时 TINTP 命令中的 GAMMA 应为 0，给出命令中的 ALPHA、DELTA、ALPHAF、ALPHAM 即可，如图 5.86 所示。

对于非线性系统，Mechanical 使用牛顿-拉弗森方法求解满足收敛准则的每一个增量位移，Newmark 积分方法和广义的 HHT-α 积分方法同样需要输入上述积分参数。

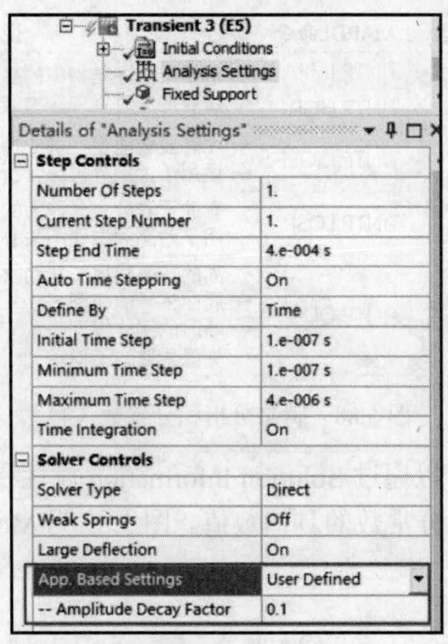

图 5.85　瞬态分析积分参数（1）

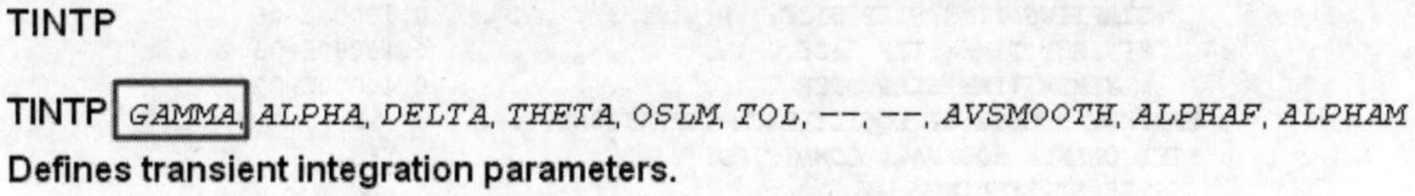

TINTP

TINTP *GAMMA*, *ALPHA*, *DELTA*, *THETA*, *OSLM*, *TOL*, --, --, *AVSMOOTH*, *ALPHAF*, *ALPHAM*

Defines transient integration parameters.

图 5.86　瞬态分析积分参数（2）

广义的 HHT-α 积分方法仅可以用于完全法的瞬态分析。

5.7.3　基于应用场景的积分参数

除了用户根据使用场景自定义积分参数（γ）外，Mechanical 内置了基于应用条件的积分参数。Mechanical Transient 模块中目录树 Analysis Settings 属性栏 Solver Controls>>App. Based Settings 下拉框提供以下几种应用场景：Impact（冲击）、High Speed Dynamics（高速仿真）、Moderate Speed Dynamics（中速仿真）、Low Speed Dynamics（低速仿真）和 Quasi-Static（准静态仿真），如图 5.87 所示。

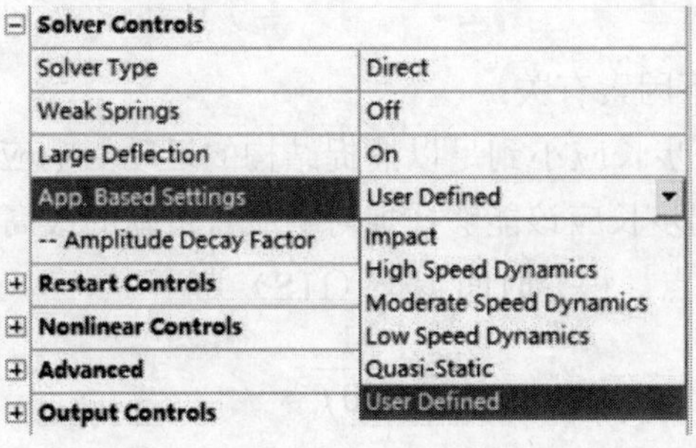

Solver Controls	
Solver Type	Direct
Weak Springs	Off
Large Deflection	On
App. Based Settings	User Defined
-- Amplitude Decay Factor	Impact
Restart Controls	High Speed Dynamics
	Moderate Speed Dynamics
Nonlinear Controls	Low Speed Dynamics
Advanced	Quasi-Static
Output Controls	User Defined

图 5.87　瞬态分析积分参数（3）

不同应用场景下的时间积分参数及说明如图 5.88 所示。

应用场景	积分参数γ	MAPDL命令	说　明
Impact	0	TINTP,IMPA	• 适用于关注结构中的高频振动 • 研究冲击过程中应力波在结构中的传播
High Speed	0.005	TINTP,HISP	
Moderate Speed	0.1	TINTP,MOSP	• 没有显著能量损失的情况下，帮助收敛 • 适用于大部分瞬态分析
Low Speed	0.414	TINTP,LOSP	• 有助于收敛，允许大的时间增量 • 用于对高频振动不关心的场合，如金属的成型过程
Quasi-Static	向后的欧拉算法	TINTP,QUAS	• 高的数值阻尼，帮助收敛 • 屈曲主导的模型 • 临时的刚体模型 • 失稳导致的不稳定

图 5.88　瞬态分析积分参数（4）

模型提交求解后，用户可以通过 Solution Information 属性栏 Solve Output 的 Worksheet 窗口的输出信息中，查看这些积分常数的具体数值。图 5.89 为 Moderate Speed Simulation（中速仿真）所使用的积分参数。

```
                L O A D   S T E P   O P T I O N S

LOAD STEP NUMBER. . . . . . . . . . . . . . . . .      1
TIME AT END OF THE LOAD STEP. . . . . . . . . . . 0.40000E-03
AUTOMATIC TIME STEPPING . . . . . . . . . . . . .     ON
   STARTING TIME STEP SIZE. . . . . . . . . . . . 0.10000E-06
   MINIMUM TIME STEP SIZE . . . . . . . . . . . . 0.10000E-06
   MAXIMUM TIME STEP SIZE . . . . . . . . . . . . 0.40000E-05
MAXIMUM NUMBER OF EQUILIBRIUM ITERATIONS. . . .       15
STEP CHANGE BOUNDARY CONDITIONS . . . . . . . .      YES
STRESS-STIFFENING . . . . . . . . . . . . . . . .     ON
TRANSIENT (INERTIA) EFFECTS
   STRUCTURAL DOFS. . . . . . . . . . . . . . . .     ON
TRANSIENT INTEGRATION PARAMETERS
   GAMMA. . . . . . . . . . . . . . . . . . . . . 0.10000
   ALPHA. . . . . . . . . . . . . . . . . . . . . 0.30250
   DELTA. . . . . . . . . . . . . . . . . . . . . 0.60000
   USING HHT TIME INTEGRATION
   ALPHAF . . . . . . . . . . . . . . . . . . . . 0.10000
   ALPHAM . . . . . . . . . . . . . . . . . . . .  0.0000
```

图 5.89　瞬态分析积分参数（5）

5.7.4　积分步长（Integration Step Size）

瞬态解的精度取决于积分时间步长，时间步长越小，精度越高，时间步长过小会浪费计算机资源。过大的时间步长会引入误差，影响结构对高阶模态的响应（从而影响整体响应）。通常用户需要权衡两者。

积分步长的选取与以下因素有关：

（1）响应频率。时间步长应小到足以捕捉结构的运动（响应）。由于结构的动力响应可以认为是模态的组合，时间步长应该能够捕捉对响应有贡献的最高模态。经验法则是在响应频率上每周期使用大约 20 个点。积分时间步长（ITS）为

$$ITS=\frac{1}{20f} \tag{5.58}$$

式中，f 为所关注的结构最高频率。用户可以在瞬态分析求解的前期，预先运行模态分析，来确定所关注最高频率数值 f。

在整个瞬态分析过程中使用该最小时间步长是非常低效的。例如，在求解冲击问题中，只需要在冲击期间和冲击后的短时间内使用小的时间步长，而在其他的时间段，用更大的时间步长得到准确的结果。

因此在 Mechanical 中对完全法的瞬态分析建议采用自动时间步（Auto Time Stepping 设置为“ON”）。初始积分时间步（Initial Time Step）使用式（5.58）的建议值，将最小时间步（Minimum Time Step）设置为初始时间步的 1/100 或 1/1000 以避免程序无限制地减小时间步。Step End Time 为瞬态分析的真实的物理上的结束时间，如图 5.90 所示。

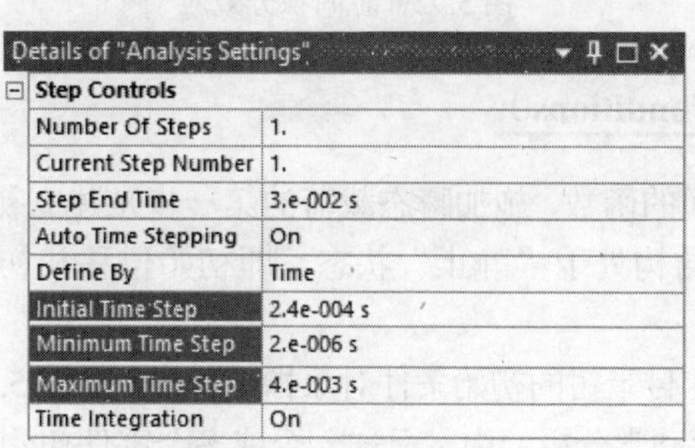

Details of "Analysis Settings"

Step Controls	
Number Of Steps	1.
Current Step Number	1.
Step End Time	3.e-002 s
Auto Time Stepping	On
Define By	Time
Initial Time Step	2.4e-004 s
Minimum Time Step	2.e-006 s
Maximum Time Step	4.e-003 s
Time Integration	On

图 5.90　积分步长（1）

（2）加载-时间曲线。时间步长应该足够小，以“跟随”加载函数。例如，阶梯式负载在阶跃变化时需要小的 *ITS*，以便能够跟踪阶跃变化，如图 5.91 所示，直线段表示输入负载，曲线段表示结构响应，有时可能需要 *ITS* 值小到 1/180*f* 以跟随阶梯式负载。

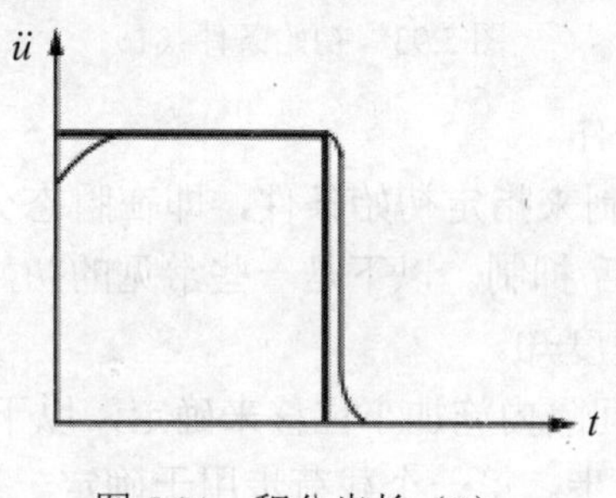

图 5.91　积分步长（2）

5.7.5　时间积分效应（Time Integration）

时间积分效应表示当前载荷步是否包括了瞬态效应如结构惯性，还是仅仅是一个静态的载荷步。Mechanical 默认为激活时间积分（设置为 On），即考虑动态效应，如图 5.92 所示。对于多载荷步分析中，用户经常希望在瞬态分析的初始状态引入结构静载荷，比如螺栓预紧力下结构的动载荷分析，则需要用该选项，将施加预紧力的第一个载荷步 Time Integration 设置为 Off，而在随后的载荷中设置为 On，以考虑动载荷影响。当关闭时间积分效应后，Mechanical 求解时，不计算该载荷步的加速度及速度项，即无惯性力和阻尼力。

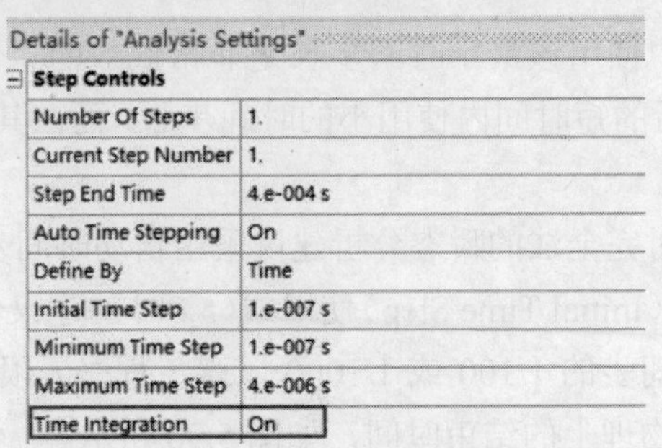

图 5.92　时间积分效应

5.7.6　初始条件（Initial Conditions）

瞬态分析的载荷是时间的函数，施加瞬态载荷的第一步是建立初始条件，即 T=0 时的条件。程序默认初始条件是结构处于“静止”状态，即初始位移和初始速度均为 0。

1. *初始条件*

用户可通过 Mechanical 目录树的初始条件对象指定速度，如图 5.93 所示。在许多分析（如跌落测试、金属成形分析或运动学分析）中，已知一个或多个零件初始速度，则用该方法恒定的速度初始条件。结构中未指定初速度的其余部分将保持“静止”初始条件。

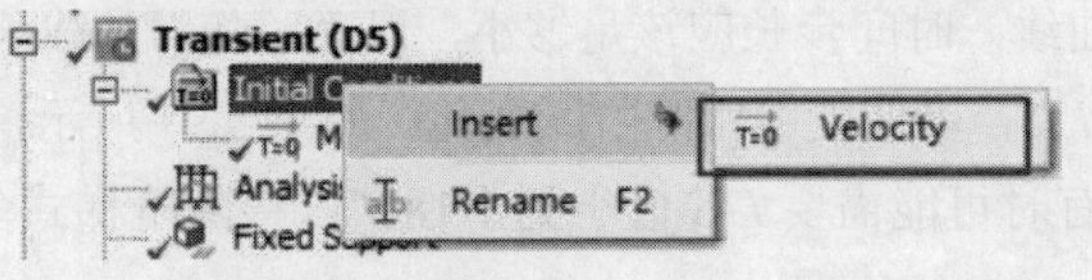

图 5.93　初始条件（1）

2. *使用载荷步定义初始条件*

用户也可以使用载荷步控制来指定初始条件，即在瞬态分析中指定多个载荷步，同时控制时间积分效应以及载荷的激活/抑制。以下是一些常见的初始条件场景的处理方法：

（1）初始位移=0，初始速度≠0。

非 0 速度通过在短的时间间隔内施加小位移来确定，以下是详细步骤：

1）在分析中指定 2 个载荷步。第一个载荷步用于确定一个（或多个）部件的初速度。

2）第一个载荷步使用与瞬态分析的总时间跨度相比较小的结束时间，第一个载荷步的时间积分效应设置为 Off。第二个载荷步使用瞬态分析的总时间跨度，时间积分效应设置为 On。

3）指定零件一个或多个面在第一个载荷步结束时间所对应的“小”位移，且位移是从 0 值开始倾斜加载的。位移数值除以第一个载荷步的时间等于所要施加的初速度。

4）在第二个载荷步中单击右键抑制位移负载（Deactivate at this step!），使零件可以自由地以指定的初始速度移动。

举例说明，如果要指定零件上的初始 *X* 方向速度为 5mm/s，分析的总时间为 30s。则分析设置和载荷步设置如图 5.94 和图 5.95 所示。

（2）初始位移≠0，初始速度≠0。该初始条件类似于场景（1），除了施加的位移是实际值而不是“小”值。

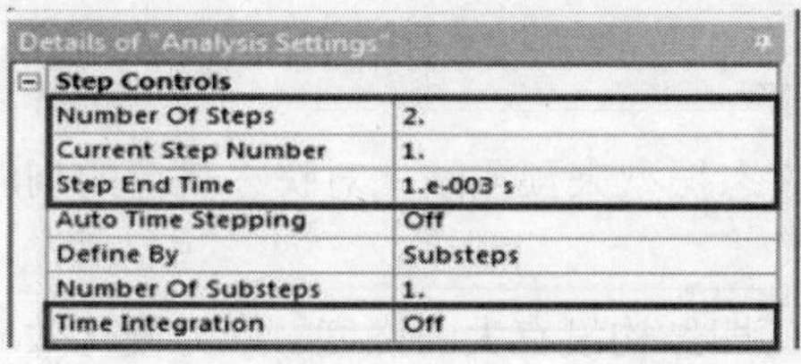

Details of "Analysis Settings"	
Step Controls	
Number Of Steps	2.
Current Step Number	2.
Step End Time	30. s
Auto Time Stepping	On
Define By	Substeps
Carry Over Time Step	Off
Initial Substeps	10.
Minimum Substeps	5.
Maximum Substeps	20.
Time Integration	On

图 5.94　初始条件（2）

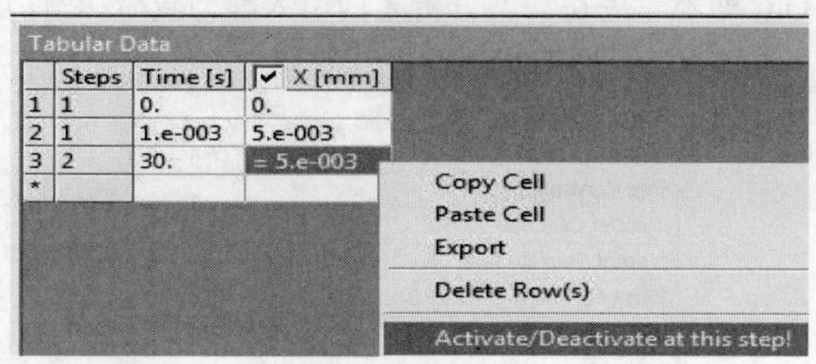

图 5.95　初始条件（3）

举例说明，如果要指定零件上的初始 *X* 方向初始位移为 0.1mm，初始速度为 0.5mm/s，分析的总时间为 5s。则分析设置和载荷步设置如图 5.96 所示。

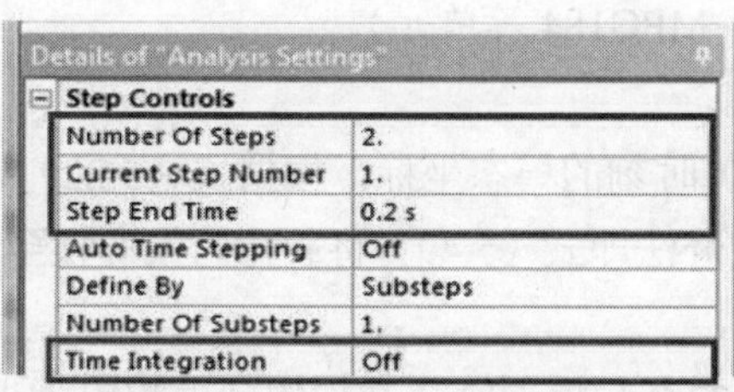

Tabular Data

	Steps	Time [s]	X [mm]
1	1	0.	0.
2	1	0.2	0.1
3	2	5.	= 0.1

图 5.96　初始条件（4）

（3）初始位移≠0，初始速度=0。该情况和场景（2）之间的主要区别是，第一个载荷步中的位移载荷不是从 0 倾斜的，而是阶跃加载。同时应包含至少 2 个子步，以确保在第一步结束时速度为 0。

举例说明，如果要指定零件上的初始 *X* 方向初始位移为 0.1mm，初始速度为 0mm/s，分析的总时间为 5s。则分析设置和载荷步设置如图 5.97 所示。

Details of "Analysis Settings"	
Step Controls	
Number Of Steps	2.
Current Step Number	1.
Step End Time	1.e-003 s
Auto Time Stepping	Off
Define By	Substeps
Number Of Substeps	3.
Time Integration	Off

Tabular Data

	Steps	Time [s]	X [mm]
1	1	0.	0.1
2	1	1.e-003	0.1
3	2	5.	= 0.1

图 5.97　初始条件（5）

5.7.7 模态叠加法（MSUP）

模态叠加法利用线性结构的固有频率和模态振型来预测结构对瞬态载荷的响应。该方法引入了以下假设和限制条件：

（1）刚度矩阵$[K]$和质量矩阵$[M]$为常数。即结构没有大的挠度、应力硬化效应、塑性、蠕变或膨胀等。

（2）时间步长为常数，即不允许使用自动时间步（程序已经内置，只读属性）。

（3）时间积分为 On，即不考虑在动态分析之前引入静力载荷（程序已经内置，只读属性），如图 5.98 所示。

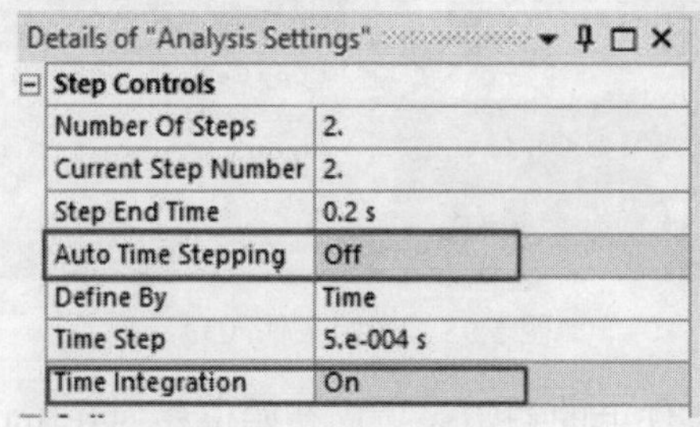

图 5.98 模态叠加法瞬态结构分析时间积分

（4）无单元阻尼矩阵（如 COMBIN14、MPC184 等单元）。

（5）不允许施加随时间变化的位移条件。

模态叠加法首先通过式（5.23）求解 t=0 时刻的模态坐标，根据式（5.22）求得结构 t=0 时刻的响应，并对每一个时刻用 Newmark 积分法即式（5.49）将载荷向量变换至模态空间后，用模态叠加法求解结构在该时刻总的响应。

在模态叠加分析中，当外载荷激发结构的高频模态时，结构的动力响应为近似值。为了提高动力响应的精度，残差向量法在模态变换特征向量的基础上，采用了额外的模态变换向量（残差向量），将 Include Residual Vector 设置为 On，以改善 MSUP 分析对高频响应的精度，如图 5.99 所示。

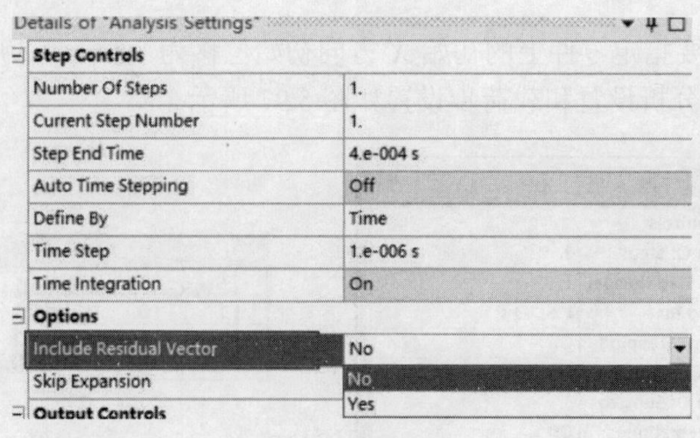

图 5.99 残差向量

5.8 阻尼（Damping）

5.8.1 定义及分类（Definitions and Types）

阻尼是一种能量耗散机制，是指任何系统在振动中，由于外界作用（如流体阻力、摩擦力等）或系统本身固有的原因引起的振动幅值逐渐下降的特性。振动系统的能量通过阻尼衰减后，转换为热、声音等形式。汽车上的减震器，地毯、闭门器等都是阻尼利用的例子。

振动系统的阻尼特性及阻尼模型是振动分析中最困难的问题之一，机械阻尼包括多种类型，主要有黏性阻尼、结构阻尼、库仑阻尼、流体阻尼和数值阻尼等。

1. 黏性阻尼（Viscous Damping）

黏性阻尼所产生的阻尼力是振动速度的函数，对于广泛使用的线性阻尼器，阻尼力与振动速度成正比，即

$$F_d = c\dot{u} \tag{5.59}$$

式中，c 为阻尼系数，N·s/m，即产生单位速度所需要的力。

2. 结构阻尼

由材料内部摩擦所产生的阻尼及结构各部件连接中的阻尼统称为结构阻尼，结构阻尼系数产生的阻尼力与位移（或应变）成正比。图 5.100 中回线所围面积表示一个循环中单位提交的材料所消耗的能量，这部分能量以热能的形式耗散掉，从而对结构的振动产生阻尼，因此结构阻尼也称为滞后阻尼。

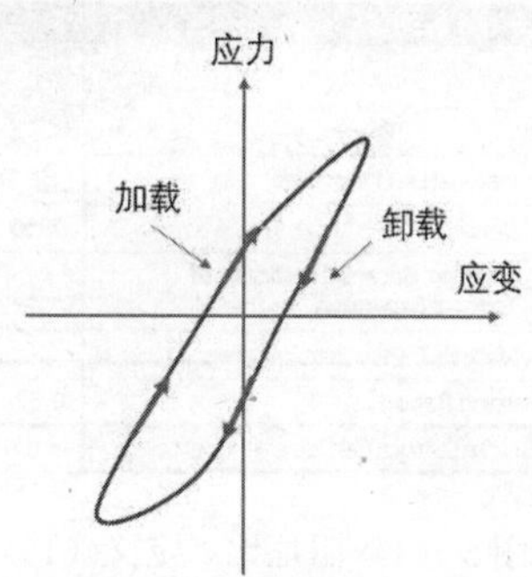

图 5.100 结构阻尼

3. 库仑阻尼（Coulomb Damping）

库仑阻尼也称为干摩擦阻尼，主要产生于滑动表面之间的吸引静电力，并将运动的机械能或动能转化为热量。库仑阻尼力始终与运动速度方向相反而保持为常数。当初速度为 0 时，库仑阻尼力是不定的，取决于合外力的大小，方向与之相反。

4. 流体阻尼

当物体以较大速度在黏性较小的流体（如气体、液体）中运动时，由流体介质所产生的阻尼力始终与运动速度方向相反，而其大小与速度的二次方成正比，也被称为速度平方阻尼。

5. 数值阻尼

数值阻尼并非物理意义上真实存在的阻尼，见本书 5.7.2 节中瞬态分析的幅值衰减系数 γ。

一个系统中可能同时存在多种阻尼，Mechanical 中讨论的阻尼包括黏性阻尼和结构阻尼。

5.8.2 阻尼比（Damping Ratio）与临界阻尼（Critical Damping）

单自由度有阻尼模态分析的动力学方程为

$$m\ddot{u} + c\dot{u} + ku = 0 \tag{5.60}$$

式中，m、c、k 分别为质量、阻尼系数和刚度；$\ddot{u}$、$\dot{u}$、u 分别为加速度、速度和位移。

式（5.60）也可以写为如下形式：

$$\ddot{u} + 2\xi\omega_n\dot{u} + \omega_n^2 u = 0 \tag{5.61}$$

式中，$\omega_n = \sqrt{\dfrac{k}{m}}$，为单自由度无阻尼自振圆频率；$\xi = \dfrac{c}{c_c} = \dfrac{c}{2m\omega_n} = \dfrac{c}{2\sqrt{mk}}$，为黏滞阻尼因子或阻尼比，与式（5.13）中的 ξ_i 含义一致。

（1）$\xi = 0$ 时，为无阻尼系统。

（2）$0 < \xi < 1$ 时，系统为小阻尼系统，是绝大多数工程分析所采用的阻尼模型。

（3）$\xi = 1$ 时，为临界阻尼情况。$c_c = 2\sqrt{mk}$ 称为临界阻尼系数，由系统自身的参数确定。临界阻尼刚好足以让物体在最短的时间内回到其静止位置。

（4）$\xi > 1$ 时，为过阻尼情况，当阻尼较大时，由初始激励输入给系统的能量很快就被消耗掉了，而系统来不及产生往复振动。

在模态叠加法的分析环境（如 MSUP 谐响应分析、MSUP 瞬态分析、响应谱分析、随机振动分析）下，阻尼比 ξ 可以在材料数据和分析环境中分别输入，如图 5.101 和图 5.102 所示。

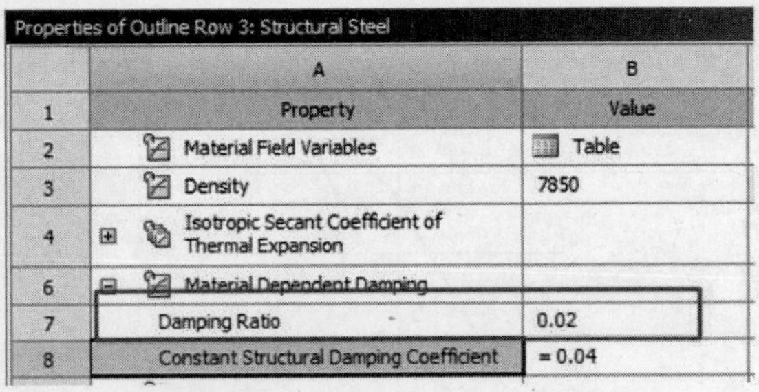

Properties of Outline Row 3: Structural Steel

	A	B
1	Property	Value
2	Material Field Variables	Table
3	Density	7850
4	Isotropic Secant Coefficient of Thermal Expansion	
6	Material Dependent Damping	
7	Damping Ratio	0.02
8	Constant Structural Damping Coefficient	= 0.04

图 5.101 阻尼比 ξ 定义（1）

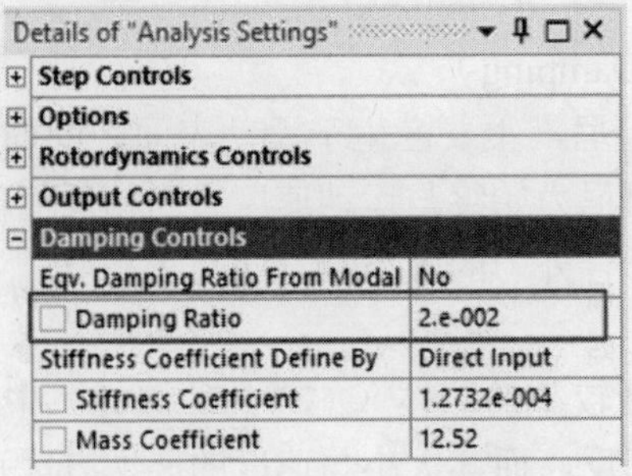

Details of "Analysis Settings"

Step Controls	
Options	
Rotordynamics Controls	
Output Controls	
Damping Controls	
Eqv. Damping Ratio From Modal	No
Damping Ratio	2.e-002
Stiffness Coefficient Define By	Direct Input
Stiffness Coefficient	1.2732e-004
Mass Coefficient	12.52

图 5.102 阻尼比 ξ 定义（2）

5.8.3　瑞利阻尼（Rayleigh Damping）

经典的瑞利阻尼是黏性阻尼，它与质量和刚度的线性组合成正比。瑞利阻尼提供了一定的数学便利，并被广泛用于阻尼模型。

$$[C]=\alpha[M]+\beta[K] \tag{5.62}$$

式中，α、β 分别为瑞利阻尼质量比例系数与刚度阻尼系数。

瑞利阻尼系数与阻尼比的关系式为

$$\xi_i=\frac{\alpha}{2\omega_i}+\frac{\beta\omega_i}{2} \tag{5.63}$$

式中，下标 i 表示第 i 阶自振频率。

瑞利阻尼不太让人满意的一点是得到的阻尼比 ξ_i 随自振频率而变化，如图 5.103 所示。质量比例系数项贡献的阻尼与自振圆频率成反比，而刚度比例系数项贡献的阻尼与自振圆频率成正比。

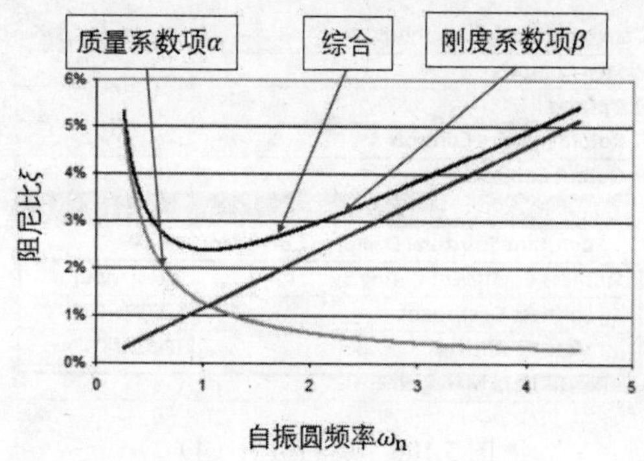

图 5.103　瑞利阻尼（1）

已知阻尼比 ξ 和自振圆频率区间 $[\omega_1,\omega_2]$ 求瑞利阻尼系数 α、β 的关系式见式（5.64）和式（5.65），关系示意图如图 5.104 所示。

$$\alpha=2\xi\frac{\omega_1\omega_2}{\omega_1+\omega_2} \tag{5.64}$$

$$\beta=\frac{2\xi}{\omega_1+\omega_2} \tag{5.65}$$

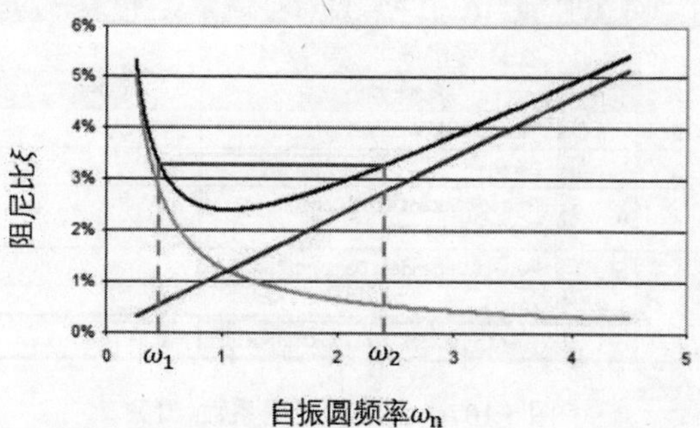

图 5.104　瑞利阻尼（2）

瑞利阻尼可以在材料数据和分析环境中分别输入，如图 5.105 和图 5.106 所示。

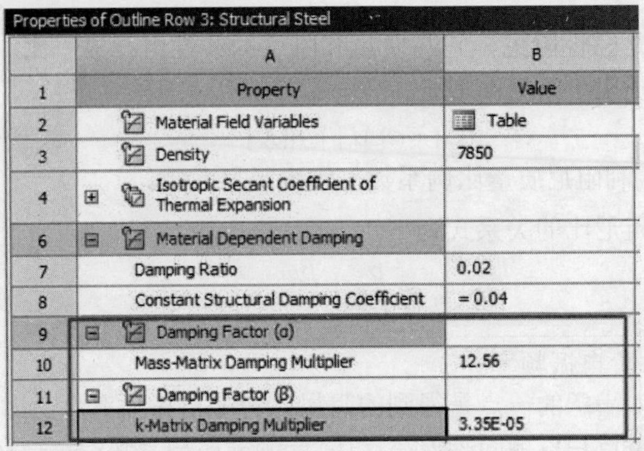

Properties of Outline Row 3: Structural Steel

	A	B
1	Property	Value
2	Material Field Variables	Table
3	Density	7850
4	⊞ Isotropic Secant Coefficient of Thermal Expansion	
6	⊟ Material Dependent Damping	
7	Damping Ratio	0.02
8	Constant Structural Damping Coefficient	= 0.04
9	⊟ Damping Factor (α)	
10	Mass-Matrix Damping Multiplier	12.56
11	⊟ Damping Factor (β)	
12	k-Matrix Damping Multiplier	3.35E-05

图 5.105　瑞利阻尼（3）

Details of "Analysis Settings"

⊞ Step Controls	
⊞ Options	
⊞ Rotordynamics Controls	
⊞ Output Controls	
⊟ Damping Controls	
Constant Structural Damping Coefficient	4.e-002
Stiffness Coefficient Define By	Direct Input
Stiffness Coefficient	1.2732e-004
Mass Coefficient	12.52
⊞ Analysis Data Management	

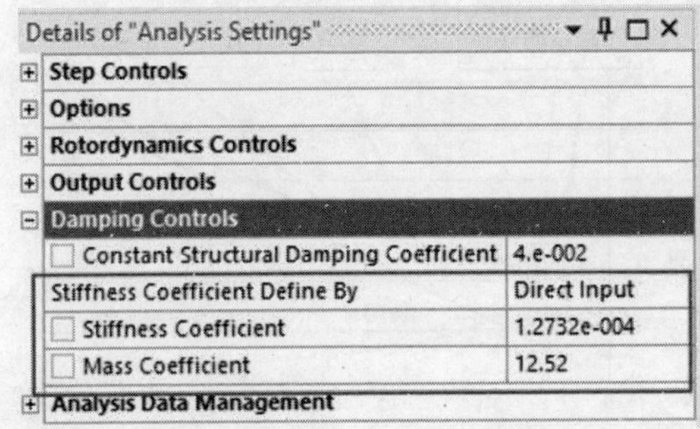

图 5.106　瑞利阻尼（4）

5.8.4　常结构阻尼系数（Constant Structural Damping Coefficient）

常结构阻尼系数 g 与阻尼比的关系式如下：

$$g = 2\xi \tag{5.66}$$

常结构阻尼系数可以在材料数据和分析环境中分别输入，在材料数据中输入阻尼比 ξ 时，Mechanical 根据式（5.66）的关系自动给出 g 的数值，如图 5.107 和图 5.108 所示。

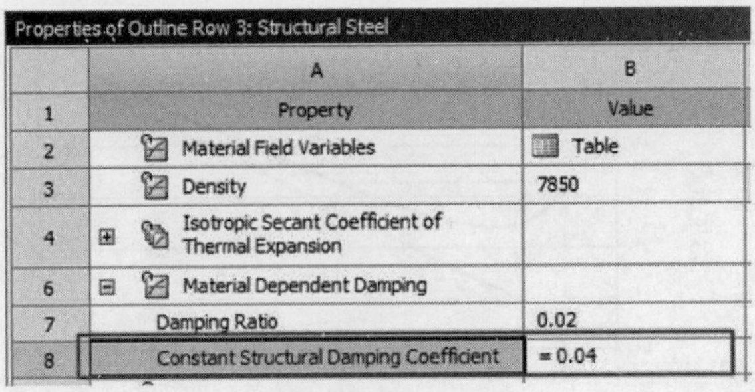

Properties of Outline Row 3: Structural Steel

	A	B
1	Property	Value
2	Material Field Variables	Table
3	Density	7850
4	⊞ Isotropic Secant Coefficient of Thermal Expansion	
6	⊟ Material Dependent Damping	
7	Damping Ratio	0.02
8	Constant Structural Damping Coefficient	= 0.04

图 5.107　常结构阻尼系数（1）

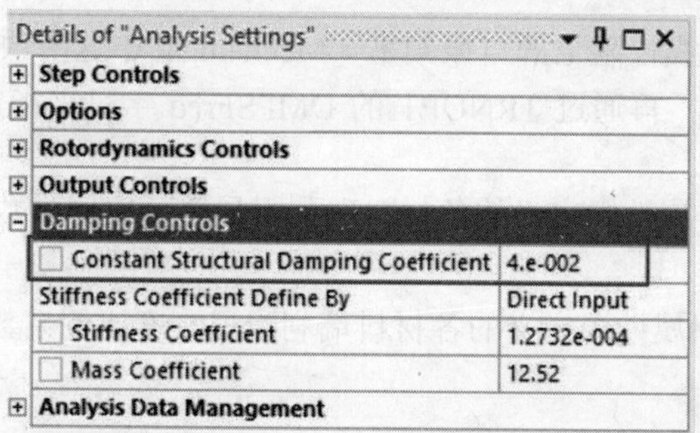

图 5.108　常结构阻尼系数（2）

5.8.5　单元阻尼（Element Damping）

Mechanical 中的弹簧单元（COMBIN14）、运动副 Joint（MPC184）、轴承 Bearings（COMBIN214）等直接输入式（5.60）中阻尼系数 c 的情况，属于单元阻尼，如图 5.109 所示。

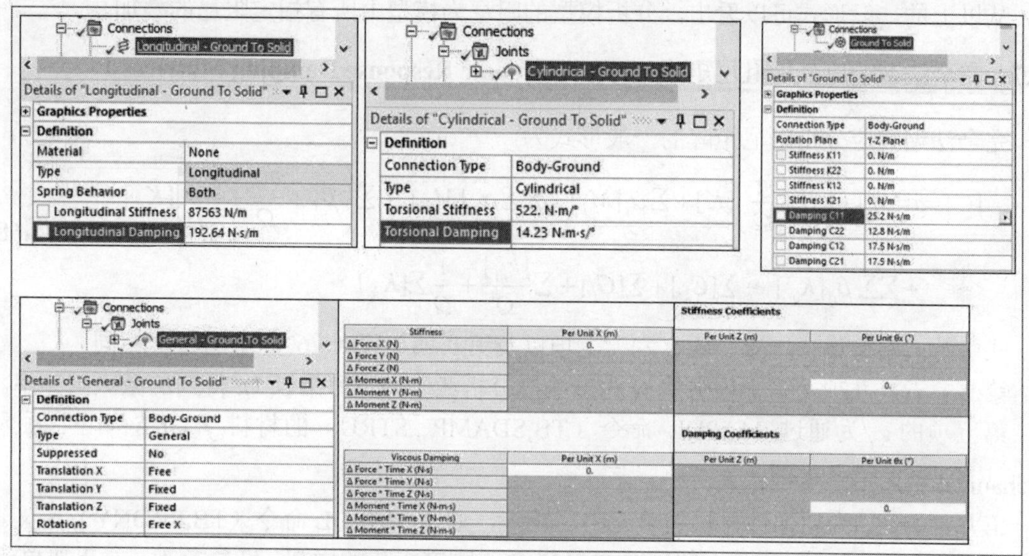

图 5.109　单元阻尼

5.8.6　完全法瞬态分析阻尼矩阵（Full Transient Damping Matrices）

完全法瞬态分析阻尼矩阵的一般形式为

$$[C]=\alpha[M]+\left(\beta+\frac{g}{2\pi\Omega}\right)[K]+\sum\alpha_i[M_i]+\sum\sum\alpha_p[M_k]_i+\sum\beta_j[K_j]+\sum\sum\beta_q[K_n]_j$$

$$+\sum[C_k]+\sum[G_l]+\sum\frac{m_j}{2\pi\Omega}[K_j] \tag{5.67}$$

式中等式右边第一项：α 表示在分析模块中输入的全局瑞利阻尼质量比例系数，$[M]$表示全局质量矩阵。

第二项：β、g 分别表示在分析模块中输入的全局瑞利阻尼刚度比例系数 β 和常结构阻尼

系数 g，$\overline{\Omega}$ 用于计算等效黏性阻尼的自振频率（Mechanical 中这两项需要通过 MAPDL 命令，首先通过 DMPSR 指定 g，再通过 TRNOPT 的 DMPSFreq 字段来指定 $\overline{\Omega}$），$[K]$表示全局刚度矩阵。

第三项：α_i 表示材料属性中定义的各材料瑞利阻尼质量比例系数，$[M_i]$表示各材料所贡献的质量矩阵。

第五项：β_j 表示材料属性中定义的各材料瑞利阻尼刚度比例系数，$[K_j]$表示各材料所贡献的刚度矩阵。

第四项、第六项：分别为复合材料的各层材料对应的瑞利阻尼质量比例系数与刚度比例系数，Mechanical 中需要通过命令行实现。

第七项：$[C_k]$表示模型中的直接指定的各单元阻尼系数。

第八项：表示模型中的科里奥利（或陀螺阻尼矩阵），本书未做讨论。

第九项：表示在材料参数中输入的常结构阻尼系数 m_j，同时使用 MAPDL 命令 TRNOPT 的 DMPSFreq 字段来指定 $\overline{\Omega}$，$[K_j]$表示材料 j 所贡献的刚度矩阵。

从以上的一般形式可以看出，分析模型的阻尼为模型中所有指定阻尼的叠加。

5.8.7 完全法谐响应分析阻尼矩阵（Full Harmonic Response Damping Matrices）

完全法谐响应分析阻尼矩阵的一般形式为

$$[C]=\alpha[M]+\left(\beta+\frac{g}{\Omega}\right)[K]+\sum\alpha_i[M_i]+\sum\sum\alpha_p[M_k]_i+\sum\left(\beta_j+\frac{m_j}{\Omega}+\frac{g_j}{\Omega}\right)[K_j]$$
$$+\sum\sum\beta_q[K_n]_j+\sum[C_k]+\sum[G_l]+\sum\frac{[k_m]}{\Omega}+\frac{1}{\Omega}\sum[K_k] \tag{5.68}$$

式中等式右边第一、三、四、六、七项以及第八项与式（5.67）中的含义相同。

第二、五、九项及第十项中的 Ω 为谐响应分析激励力频率乘以 2π 得到的激振圆频率。

第五项的 g_j 为通过 MAPDL 命令（TB,SDAMP,,,,STRU）的材料 j 的结构阻尼系数，Mechanical 中还不能直接输入。

第九项的$[K_m]$为粘弹性材料的单元阻尼矩阵，通过 MAPDL 命令（TB,PRONY）定义。

第十项中$[K_k]$为 COMBI14 和 COMBI250 单元刚度矩阵的虚部，可参考 Ansys 手册单元的实常数描述。

5.8.8 模态叠加法阻尼（MSUP Damping）

对于模态叠加法的谐响应分析、瞬态分析、响应谱分析及 PSD 分析，各阶模态的阻尼比根据式（5.69）计算：

$$\xi_i^d=\xi+\xi_i^m+\frac{\alpha}{2\omega_i}+\frac{\beta\omega_i}{2} \tag{5.69}$$

式中，ξ 为阻尼比；α，β 分别为分析模块中输入的全局瑞利阻尼质量比例系数和刚度阻尼系数；$\omega_i=2\pi f_i$，f_i 为第 i 阶固有频率；ξ_i^m 为第 i 阶模态阻尼比，用户可以通过 MDAMP 命令输入，见 5.8.9 节频率相关阻尼。

当在材料属性中指定不同材料的阻尼比时，程序自动计算各阶模态阻尼比，通过 MDAMP

指定的模态阻尼比将覆盖材料中指定的阻尼比。

在 MSUP 谐响应分析中，通过将 Analysis Settings 属性栏 Damping Controls>>Eqv. Damping Ratio From Modal 设置为“Yes”来考虑 ξ_i^m，如图 5.110 所示。且在信息提示栏提示这一点：The Eqv. Damping Ratio From Modal property under Damping Controls is set to Yes as the constant damping coefficient is defined in the Engineering Data. Please remove or suppress the material damping coefficient if you do not wish to see the damping effects on your solution。

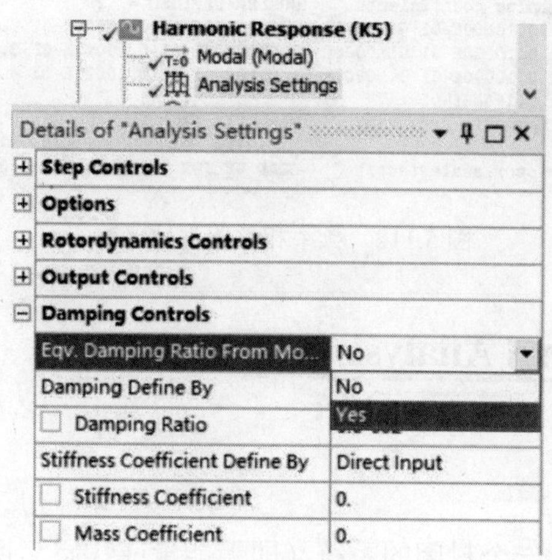

图 5.110　等效模态阻尼比

5.8.9　频率相关阻尼（Frequency-dependent Damping）

通过 5.8.2～5.8.4 节指定 Damping Ratio(ξ)，Rayleigh damping(α、β)以及 Constant Structural Damping Coefficient（g）可以满足大部分应用场合，当进行模型标定时，通过调整这些全局变量有时很难与试验数据达到理想的匹配程度，细心的读者自然会想到，Mechanical 是否可以通过相关命令施加不同频率的阻尼比？在模态叠加法的谐响应分析、瞬态分析、响应谱及 PSD 分析中，Mechanical 支持通过 MDAMP 命令施加与频率相关阻尼比表格。

在模态叠加法的动态分析环境中插入命令行，这里示意对模态的前 20 阶频率分别施加 1% 的阻尼比，如图 5.111 所示。MDAMP 的第一个字段表示模态频率的开始位置，第二行定义了 6 个频率，第三行从第 7 个频率开始，以此类推。当然，用户也不必拘泥于每行 6 个阻尼比的限制，只要在第一个字段指定正确的位置即可。同理，也可以使用循环语句实现批量定义。

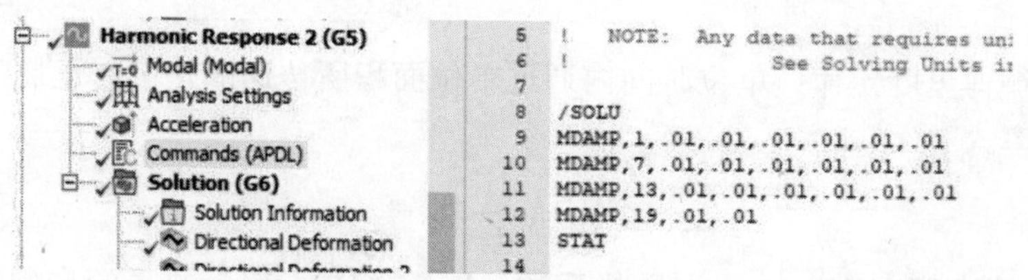

图 5.111　频率相关阻尼比（1）

最后一行 STAT 命令列出当前数据库的状态，查看 Solution Information 的文本信息（图 5.112）以验证这些设置的有效性。

需要注意的是，通过 MDAMP 命令定义的阻尼比仍然与模型分析设置中指定的阻尼比及 α、β 阻尼是叠加效果，如果不需要分析设置中的阻尼值，应将其置 0。

```
                         Dynamic load options

         Mass matrix damping          DAMPING MULTIPLIER =  0.0000
     Stiffness matrix damping         DAMPING MULTIPLIER =  0.0000
       Constant Damping ratio         DAMPING RATIO =  0.0000
          Structural Damping'         DAMPING COEFFCIENT =  0.0000
   Modal damping coefficients         NUMBER DEFINED =  20
 0.10000E-01 0.10000E-01 0.10000E-01 0.10000E-01 0.10000E-01 0.10000E-01
 0.10000E-01 0.10000E-01 0.10000E-01 0.10000E-01 0.10000E-01 0.10000E-01
 0.10000E-01 0.10000E-01 0.10000E-01 0.10000E-01 0.10000E-01 0.10000E-01
 0.10000E-01 0.10000E-01
           Harmonic frequency         HARMONIC FREQUENCY RANGE:
                                        BEGIN=  0.0000     ;END=  7000.0
     Load vector scale factor         LOAD VECTOR SCALE FACTOR= 0.0000
```

图 5.112　频率相关阻尼比（2）

5.9　热分析（Thermal Analysis）

5.9.1　热力学第一定律

热力学第一定律指出，一个封闭的系统（即无能量或物质交换的孤立系统），其总能量是恒定的。能量可以从一种形式转化为另一种形式，但既不能创造也不能消灭。

在无质量输送的条件下，热传导的控制方程为：

$$\rho c\frac{\partial T}{\partial t}=Q+\frac{\partial}{\partial x}\left(K_x\frac{\partial T}{\partial x}\right)+\frac{\partial}{\partial y}\left(K_y\frac{\partial T}{\partial y}\right)+\frac{\partial}{\partial z}\left(K_z\frac{\partial T}{\partial z}\right)\tag{5.70}$$

式中，ρ 为密度；c 为比热；T 为温度，是坐标及时间的函数；t 为时间；Q 为单位体积热流率；K_x、K_y，K_z 分别为沿 X、Y、Z 方向的导热系数。

热量传递有热传导、对流传热和辐射传热三种基本方式。

5.9.2　热传导

热传导依靠物质的微观粒子的热运动而产生热能传递，这种因温度梯度而引起的内能交换称为热传导。热传导发生在温度不同的同一个物体的不同区域，或完全接触的物体之间。较冷的区域（或物体）会得到能量，而较热的区域（或物体）能量会减小，该过程将持续到达到热平衡为止。

热传导遵循傅里叶定律：单位时间内通过单位面积所传递的热量，正比于垂直于截面方向的温度变化率。

$$q''=-k\frac{\mathrm{d}T}{\mathrm{d}x}\tag{5.71}$$

式中，q'' 为热流密度，W/m^2；k 为导热系数，W/(m℃)；−表示热量流向温度降低的方向。

导热系数是表征材料导热性能的物性参数，它与物质结构和状态密切相关，例如物质的种类、材料成分、温度、湿度、压力、密度等，与物质几何形状无关。它反映了物质微观粒子传递热量的特性。不同物质的导热性能不同，通常，金属材料的导热系数高于非金属材料的导热系数。同种材料的不同形态导热系数也不相同，固态的导热系数最高，液态次之，气态最小。

Workbench 中打开稳态热/瞬态热分析时，材料数据库中默认包含结构钢的导热系数（Isotropic Thermal Conductivity），如图 5.113 所示。

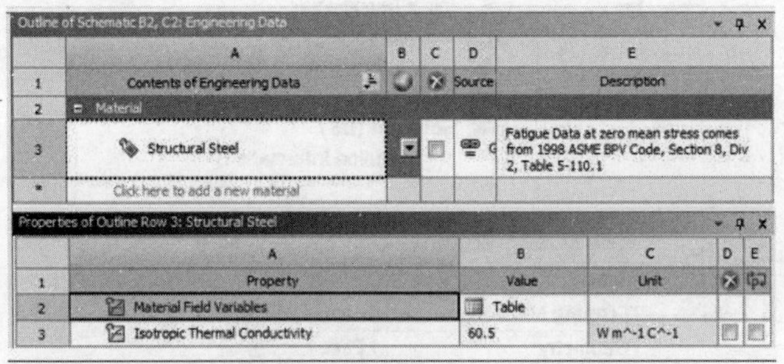

Outline of Schematic B2, C2: Engineering Data

	A	B	C	D	E
1	Contents of Engineering Data			Source	Description
2	Material				
3	Structural Steel			G	Fatigue Data at zero mean stress comes from 1998 ASME BPV Code, Section 8, Div 2, Table 5-110.1
*	Click here to add a new material				

Properties of Outline Row 3: Structural Steel

	A	B	C	D	E
1	Property	Value	Unit		
2	Material Field Variables	Table			
3	Isotropic Thermal Conductivity	60.5	W m^-1 C^-1		

（a）Steady- State Thermal 默认材料数据

Outline of Schematic D2: Engineering Data

	A	B	C	D	E
1	Contents of Engineering Data			Source	Description
2	Material				
3	Structural Steel			G	Fatigue Data at zero mean stress comes from 1998 ASME BPV Code, Section 8, Div 2, Table 5 -110.1
*	Click here to add a new material				

Properties of Outline Row 3: Structural Steel

	A	B	C	D	E
1	Property	Value	Unit		
2	Material Field Variables	Table			
3	Density	7850	kg m^-3		
4	Isotropic Thermal Conductivity	60.5	W m^-1 C^-1		
5	Specific Heat Constant Pressure, C_p	434	J kg^-1 C^-1		

（b）Transient Thermal 默认材料数据

图 5.113　热分析材料属性

5.9.3　对流传热

热对流是由于流体的运动引起的流体各部分之间发生相对位移，冷、热流体相互混合所导致的热量传递过程。工程上感兴趣的是流体通过一个物体表面时与物体表面间的能量传递过程，称为对流传热。热对流可以分为两类：自然对流和强制对流，两者的区别在于流体的流动是否为泵、风机或其他外部动力源的作用所引起。

对流传热用牛顿冷却方程来描述：

$$q'' = h(T_s - T_B) \tag{5.72}$$

式中，h 为对流传热系数（或膜传热系数、膜系数等），W/(m^2℃)；T_s 为固体表面温度。T_B 为流体温度。

对流传热系数与流体的物理性质、换热表面的几何因素（形状、大小以及布置）、流体的流动状态、流体流动的起因以及流体有无相变有关。

在 Mechanical 目录树插入 Convection 对象实现对流传热边界条件的输入，其中 Film Coefficient 为 h 值，Ambient Temperature 为 T_B 值，T_s 值为待求解的未知量，如图 5.114 所示。

程序求解完成后，可以方便地通过在目录树 Solution 单击右键 Insert>>Probe>>Reaction 后，Boundary Condition 选择 Convection 提取对流传热表面的换热量，如图 5.115 和图 5.116 所示。

该功能也可以直接单击功能区的 Probe>>Reaction 实现，或用本书第 2 章“高效操作技巧”中直接拖放边界条件的方式实现。

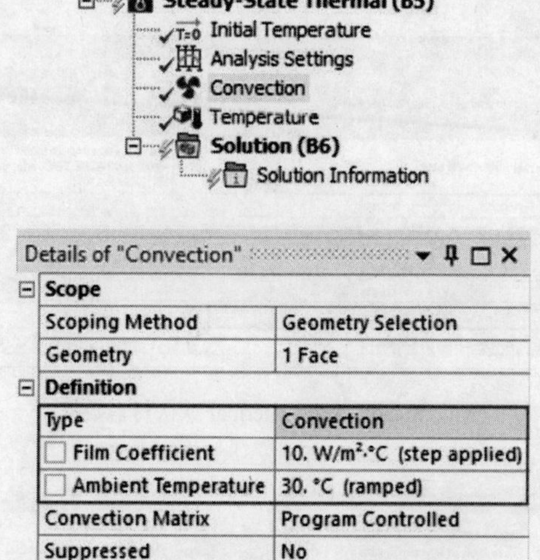

图 5.114　膜换热系数

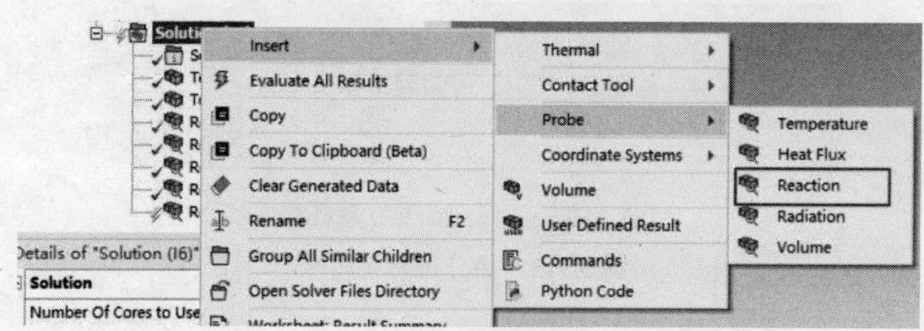

图 5.115　对流换热量结果（1）

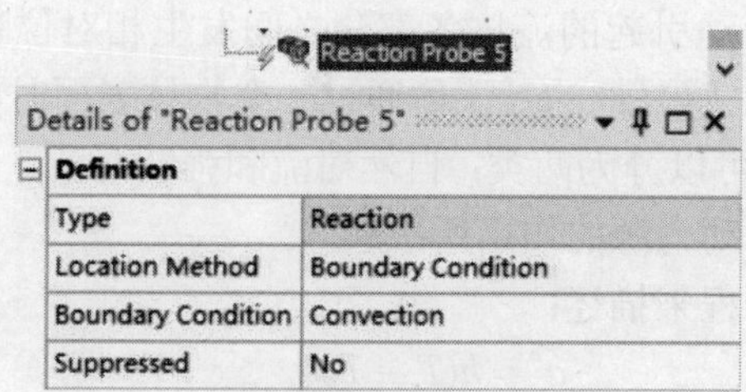

图 5.116　对流换热量结果（2）

5.9.4　辐射传热

辐射传热指物体通过发射电磁波来传递能量，并被其他物体吸收转变为热的能量交换过程。与热传导和对流传热不同，辐射传热不需要介质，并且在真空中的热辐射效率最高。如太阳和地球之间，只能进行辐射传热，而无热传导和对流传热发生。物体温度越高，单位时间辐射的热量就越多。

物体表面之间的热辐射计算极为复杂。其中最简单的两个面（面 i 和面 j）辐射传递的净热量可以用斯蒂芬-波尔茨曼方程来计算：

$$Q = \sigma \varepsilon A_i F_{ij} (T_i^4 - T_j^4) \tag{5.73}$$

式中，Q 为热流率，W；σ 为斯蒂芬-波尔茨曼常数，约为 $5.67 \times 10^{-8} \dfrac{W}{m^2 \cdot K^4}$；$\varepsilon$ 为面物体的辐射率，或称为黑度，它的数值介于 0 和 1 之间；A_i 为辐射面 i 的面积；F_{ij} 为由辐射面 i 到辐射面 j 的形状系数；T_i、T_j 分别为辐射面 i 和辐射面 j 的绝对温度，K。

Mechanical 中采用灰体和漫反射假定，灰体假定认为物体的光谱吸收比与波长无关，即物体表面的发射率和吸收率吸收比只与自身情况有关，而与外界情况无关。漫反射假定发射率和吸收率不依赖于方向。对于漫射灰体表面，辐射率=吸收率，辐射率+反射率=1。黑体表面辐射率=1。

在 Mechanical 目录树插入 Radiation 对象实现对流辐射边界条件的输入。Correlation 栏目设置将能量辐射至环境（To Ambient）或面-面辐射（Surface to Surface），如图 5.117 所示。

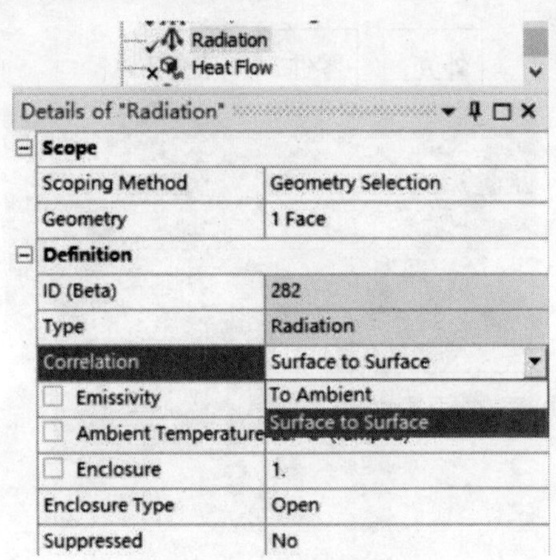

图 5.117　辐射传热设置

当选择辐射至环境时，则假设所有辐射能量在环境温度下与周围环境交换，角系数为 1.0。

当选择面-面辐射时，辐射能在表面之间交换。这种情况下，“Surface”指的是 3D 模型中壳体或实体的表面，或 2D 模型中的边，指定辐射率（Emissivity）、环境温度（Ambient Temperature）、Enclosure 编号和类型（Enclosure Type）。

辐射率必须为不大于 1 的正值，辐射率也可以通过表格数据来定义。

在辐射问题中，Enclosure 是一个开放或封闭的一组相互辐射的表面。一个有限元模型中可以有多个 Enclosure，同一个 Enclosure 的表面相互辐射，程序使用同一个 Enclosure 编号计算表面之间的角系数。用户应当为相互辐射的表面分配相同的 Enclosure 编号。

用户需要指定 Enclosure Type 为 Open 或 Perfect（封闭辐射问题）。每个开放的 Enclosure 可以有自己的环境温度。封闭辐射问题不依赖于环境温度，因此 Details 视图中未提供此项设置。注意，在选择几何面时，同一个几何面不能应用于多个辐射条件，此时辐射条件会显示为“?”，提醒用户辐射定义处于“欠定义”状态。同时在面-面辐射定义中，同一个 Enclosure 的多个辐射条件，Enclosure Type 必须同时为 Open 或 Perfect。当然，不同 Enclosure 编号下的辐射条件，可以设置不同的 Enclosure Type。

程序完成求解后，通过查询辐射边界条件来获取辐射面向外辐射的净热量，如图 5.118 所示。满足辐射热量的守恒，即：

对外辐射的净热量（Outgoing Net Radiation）=辐射热量（Emitted Radiation）+反射热量（Reflected Radiation）−入射热量（Incident Radiation）

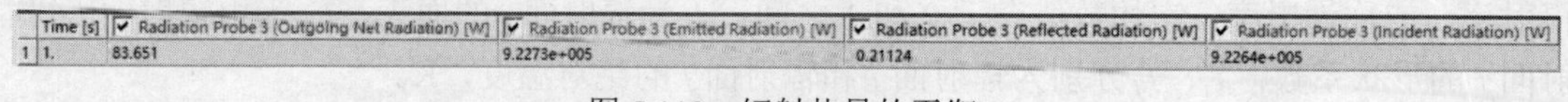

	Time [s]	Radiation Probe 3 (Outgoing Net Radiation) [W]	Radiation Probe 3 (Emitted Radiation) [W]	Radiation Probe 3 (Reflected Radiation) [W]	Radiation Probe 3 (Incident Radiation) [W]
1	1.	83.651	9.2273e+005	0.21124	9.2264e+005

图 5.118　辐射热量的平衡

如图 5.119 所示的面-面辐射案例，零件 1 和零件 2 被包围在外壳中，零件 1 和零件 2 之间有间隙，外壳的外表面给定高温的温度条件，零件 1 和零件 2 接受来自外壳的辐射传热。在设置辐射边界条件时，考虑设置 3 个独立的辐射条件，辐射条件 1 选择零件 1 的 6 个外表面，指定相应的辐射率、环境温度、Enclosure 编号 1 及 Enclosure Type。辐射条件 2 选择零件 2 的 6 个外表面，设定 Enclosure 编号 1。辐射条件 3 选择外壳的 6 个内表面，设定 Enclosure 编号 1。

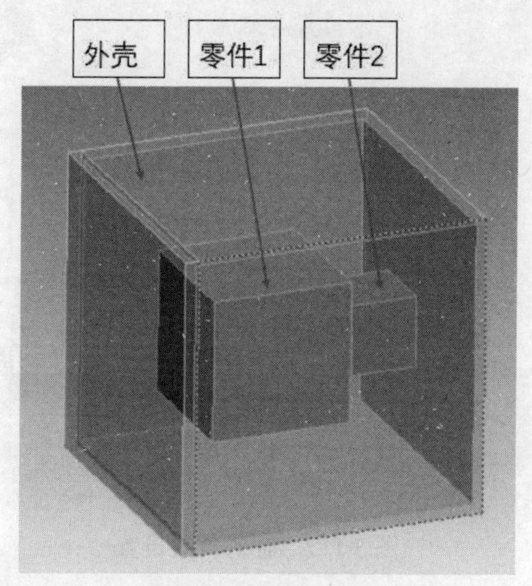

图 5.119　面-面辐射传热案例

分别设置辐射条件的优点在于，程序求解完成后，可以方便地通过在目录树 Solution 单击右键选择 Insert>>Probe>>Radiation 后提取各个辐射条件的净热量，如图 5.120 和图 5.121 所示。该功能也可以通过直接单击功能区的 Probe>>Radiation 实现，或使用第 2 章“高效操作技巧”中直接拖放边界条件的方式实现。

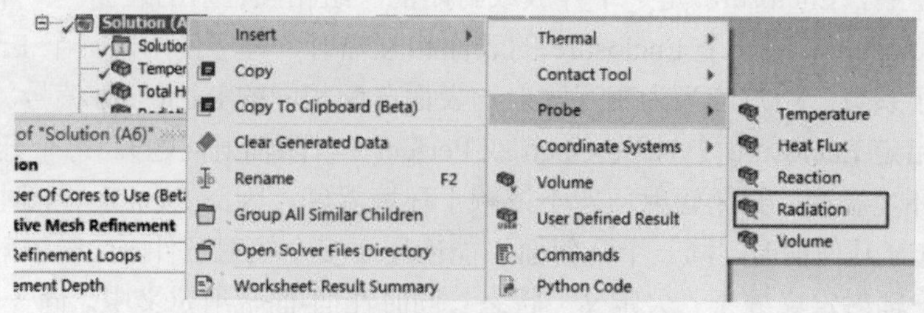

图 5.120　辐射传热后处理（1）

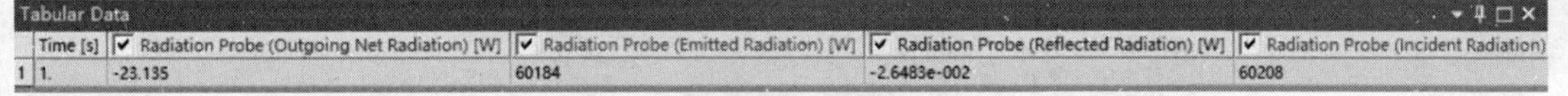

Tabular Data

	Time [s]	Radiation Probe (Outgoing Net Radiation) [W]	Radiation Probe (Emitted Radiation) [W]	Radiation Probe (Reflected Radiation) [W]	Radiation Probe (Incident Radiation)
1	1.	-23.135	60184	-2.6483e-002	60208

图 5.121　辐射传热后处理（2）

5.9.5　接触热导 TCC（Thermal Contact Conductance）

在热分析中通过建立接触对来实现不同零件之间的传热。在整个热分析过程中，接触始终保持初始状态，即在热分析期间，闭合的接触面将保持闭合状态，未接触的接触面将保持打开状态。程序默认设定闭合接触面上的热传导为足够高即模型中材料的导热系数的最大值×10000/模型的最大特征尺寸，以最小的热阻模拟完美接触。接触面之间的传热非常复杂，与表面平整度、光洁度、氧化物、接触面之间的流体，接触压力，表面温度，润滑脂等因素有关。如果需要，用户可以使用 Manual 选项来手动输入热导值（Thermal Conductance）模拟不完美接触，单位为 W/（m^2·℃）。程序支持使用 Pinball Region 来考虑接触面与目标面之间一定距离内的单元实现热量的传输，距离超过该值的区域无热量交换，如图 5.122 所示。

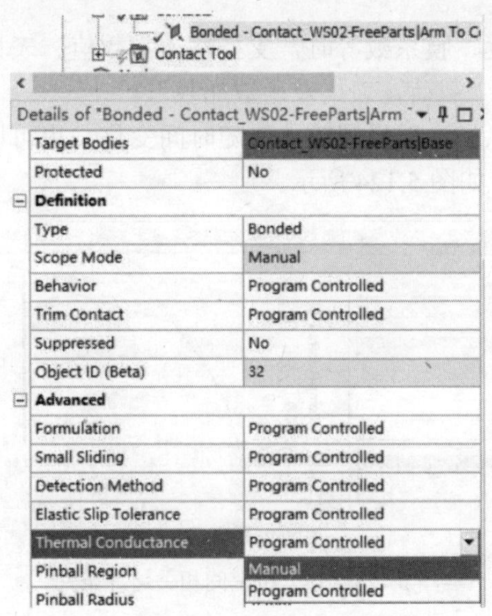

图 5.122　接触热导

5.9.6　绝热边界条件（Adiabatic Boundary）

如果一个面上没有应用任何边界条件，程序默认该面是一个绝热边界，即无热量流入、流出。

在 Mechanical 目录树插入 Perfectly Insulated 对象也可以定义绝热边界条件。这种定义方式主要是给复杂模型的边界条件设置提供一种便捷的方式，比如一个几何形状复杂的实体，由诸多复杂的小面组成，整个实体绝大多数面参与对流传热，而少数面为绝热边界，则可以直接选择该实体设置对流传热边界条件，然后再通过 Perfectly Insulated 选择少数绝热面，从而实现边界条件的快速定义，如图 5.123 所示。

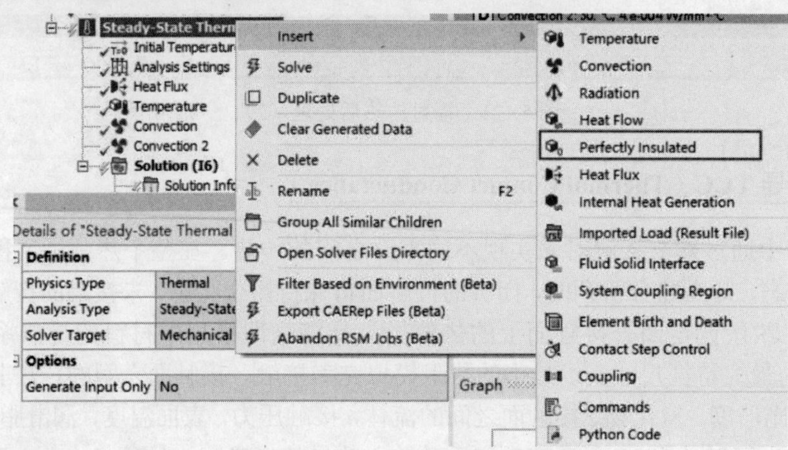

图 5.123　绝热边界

5.9.7　空间函数边界条件

设置边界条件，如温度、膜系数等时，支持输入常数值、表格加载和函数加载。函数加载可参考本书第 2 章 2.1 节“载荷，表格及函数加载”。

当使用表格加载时，除了可以设置输入值随时间变化，也可以指定其为空间坐标变化，如指定面温度随坐标变化，如图 5.124 所示。

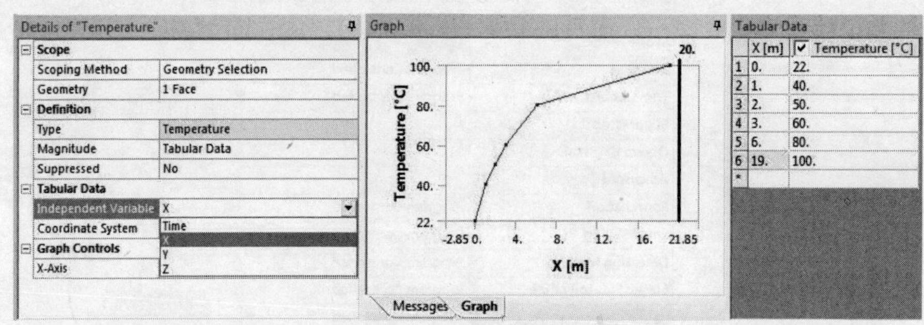

	X [m]	Temperature [°C]
1	0.	22.
2	1.	40.
3	2.	50.
4	3.	60.
5	6.	80.
6	19.	100.

图 5.124　热分析空间相关边界条件

当使用函数加载时，函数表达式若包含 X、Y、Z 则程序自动切换输入条件为对应的空间坐标函数，如图 5.125 所示。

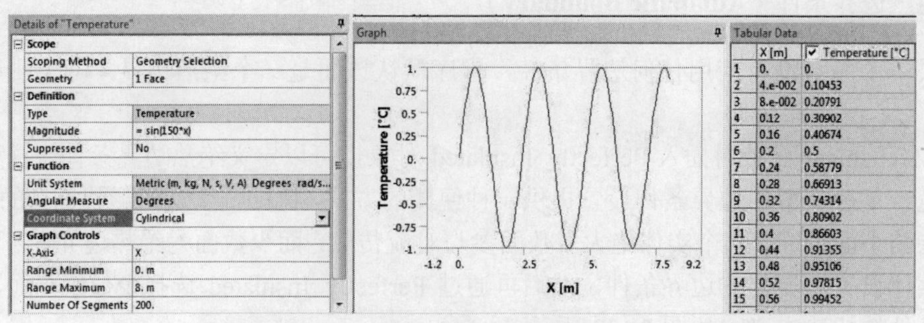

	X [m]	Temperature [°C]
1	0.	0.
2	4.e-002	0.10453
3	8.e-002	0.20791
4	0.12	0.30902
5	0.16	0.40674
6	0.2	0.5
7	0.24	0.58779
8	0.28	0.66913
9	0.32	0.74314
10	0.36	0.80902
11	0.4	0.86603
12	0.44	0.91355
13	0.48	0.95106
14	0.52	0.97815
15	0.56	0.99452

图 5.125　热分析函数相关边界条件

5.9.8 稳态热分析（Steady-State Thermal）

稳态热分析用于求解由不随时间变化的稳态热负荷引起的温度、温度梯度、热流率和热通量，则式（5.70）的左端项为 0，整理后稳态热分析的平衡方程可以写为

$$[K]\{T\}=\{Q\} \tag{5.74}$$

式中，$[K]$为热传导矩阵，包括了导热系数、对流系数、辐射率和角系数等；$\{T\}$为节点温度向量；$\{Q\}$为热流率向量，包含热生成。

从式（5.74）可知，温度是热分析唯一的自由度。

在瞬态热分析之前进行稳态热分析，可以建立瞬态热分析的初始条件。稳态分析也可以作为静力分析的初始条件来计算由于热膨胀引起的热应力。热模拟在许多工程应用的设计中起着重要的作用，包括内燃机、涡轮机、热交换器、管道系统和电子元件等。这两类分析的流程如图 5.126 所示。

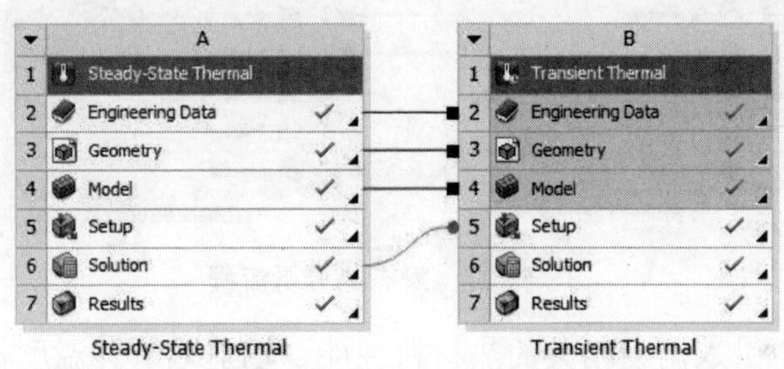

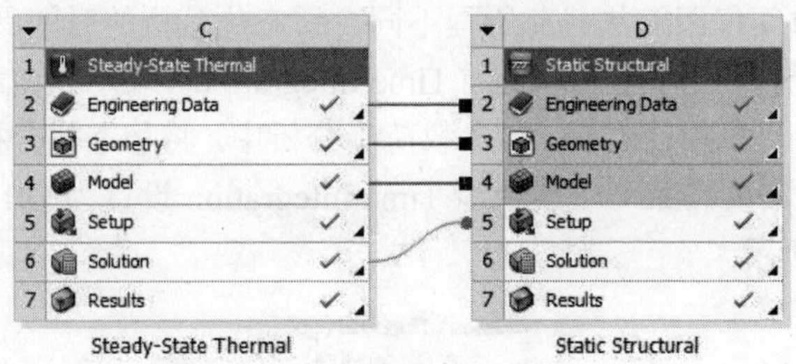

图 5.126 稳态热分析流程

稳态热分析可以是线性的，具有恒定的材料性质，也可以是非线性的，如模型中包括温度相关的热材料性能、辐射效应、温度相关的对流系数等。

5.9.9 瞬态热分析（Transient Thermal）

瞬态传热过程是指一个系统的加热或冷却过程，同样质量的物体，升高/降低同样的温度，吸收/释放热量的多少，取决于比热容的大小。瞬态热分析求解随时间变化的温度及热量，式（5.70）的左端项不为 0，整理后瞬态热分析的平衡方程可写为

$$[C]\{\dot{T}\}+[K]\{T\}=\{Q\} \tag{5.75}$$

式中，$[C]$为比热矩阵，考虑了系统内能的增加；$\{\dot{T}\}$为温度向量$\{T\}$对时间的一阶导数。

瞬态热分析应用非常广泛，例如电子封装的冷却或热处理的淬火分析。另外一个重要的应用场合是瞬态热分析的温度用作热应力评估，结构分析的输入是瞬态热分析的温度场。这两类分析的流程如图 5.127 所示。

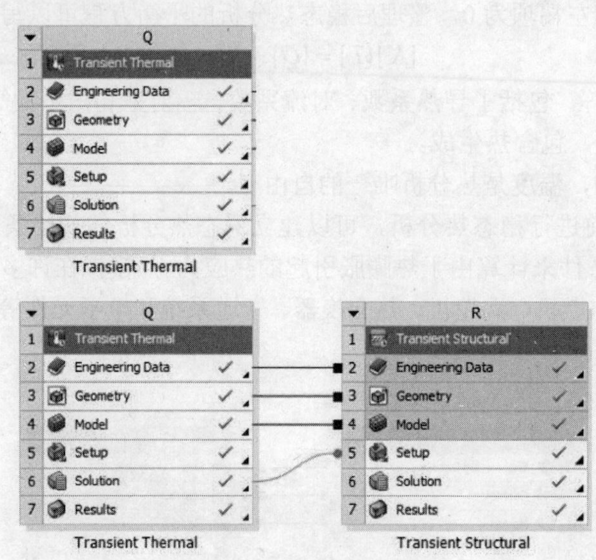

图 5.127　瞬态热分析流程

同样地，当模型中引入温度相关的热材料性能、辐射效应、温度相关的对流系数以及温度相关的热生成时，瞬态热分析为非线性过程。

与稳态热分析的时间仅跟踪热载荷历程不同，瞬态热分析的时间具有真实的物理意义。

与瞬态结构分析类似，时间积分效应（Time Integration）表示当前载荷步是否包括了瞬态效应如热惯性、热质量及率相关因素，如多载荷步分析中，将稳态热分析的结果作为初始状态引入瞬态热分析中，则需要将第一个载荷步 Time Integration 设置为 Off，而在随后的载荷中设置为 On，如图 5.128 所示。

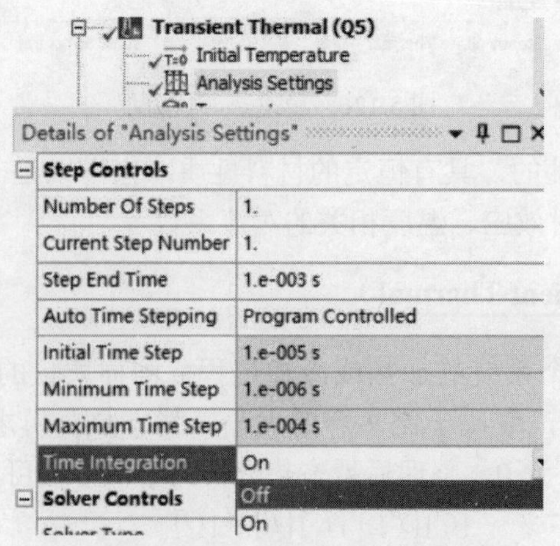

图 5.128　瞬态分析的时间积分效应

如本章 5.9.2 节“热传导”中所述，在瞬态热分析默认材料数据中包含了密度 ρ（Density）

及比热容 c（Specific Heat Constant Pressure）项，用于形成比热矩阵[C]，如图 5.129 所示。

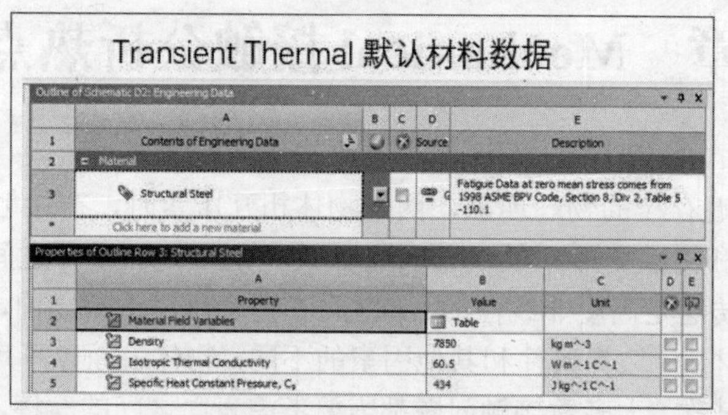

图 5.129　瞬态热分析材料

非线性分析在每个载荷步中需要多个子步，默认情况下，程序对每个载荷步使用一个子步。在瞬态分析的热梯度过大的区域（如淬火体的表面），热流方向上的最大单元尺寸与理想结果的最小时间步长之间存在一定的关系。同样的时间步长使用更多的单元通常会得到更好的结果，但是对于相同的网格使用更多的子步通常会得到更差的结果。在使用自动时间步和带中间节点的单元（即高阶单元，Mechanical 在热分析中默认使用高阶单元）时，建议根据以下关系定义最小时间步长 ITS（或最大单元尺寸）：

$$ITS = \frac{\Delta^2}{4\alpha} \tag{5.76}$$

$$\alpha = \frac{k}{\rho c} \tag{5.77}$$

式中，Δ 为沿热流方向最高温度梯度方向上的单元长度；α 为热扩散系数（Thermal Diffusivity）；k 为导热系数；ρ 为密度；c 为比热。

如果采用高阶单元时未遵循式（5.76），程序可能进行无意义的振荡，或求解得到物理范围之外的温度（如 Thermal Undershoot）。当使用低阶单元时，则不太可能发生振荡，且式（5.76）是保守的。

应避免使用极小的时间步长，特别是在建立初始条件时，非常小的数字会导致计算错误。例如，在分析一个时长为 1 秒的问题的时间尺度上，小于 1E-10 的时间步长会导致数值错误。

第 6 章　Mechanical 接触分析热点解析

接触是自然界普遍存在的物理现象，两个物体相互压紧时，在接触区附近产生的应力和变形，称为接触应力和接触变形。在 Mechanical 中，通过建立零件之间的接触关系来实现载荷的传递，这种载荷传递是高度非线性的。首先，在提交程序求解之前，用户并不知道真实的接触区域，随载荷、材料、边界条件和其他因素的不同，物体表面以不可预测和突然的方式相互接触和脱离接触。其次，大多数接触问题都需要考虑表面之间的摩擦，摩擦响应是非线性的甚至可能是无序的，这增加了数值求解收敛的困难。同时许多接触问题还必须解决多物理场效应，例如热传导、电流和磁通量等。如果在模型中不需要考虑摩擦，并且物体之间的相互作用总是“绑定”在一起，则可以使用多点约束（Multipoint Constraint，MPC）特性或约束方程和耦合自由度来代替接触，但约束方程或耦合方程只适用于小应变分析的应用。

接触分析典型的应用有螺栓连接、零件装配、紧配合、冲压成型等。

6.1　接触基础

当装配体导入到 Mechanical 时，程序一旦检测到两个独立的体（实体、壳和梁）几何表面彼此相切，将自动创建接触条件。接触条件是通过建立接触对实现的，每一个接触对由一个（或一组）接触面和一个（或一组）目标面组成。当单击目录树上已完成定义的接触对时，图形界面几何体自动切换为半透明显示，同时高亮显示该接触对，接触面侧几何面显示为红色，目标面侧几何面显示为蓝色，如图 6.1 所示。程序内部对目标单元和接触单元指定相同的实常数编号来标识一个接触对。

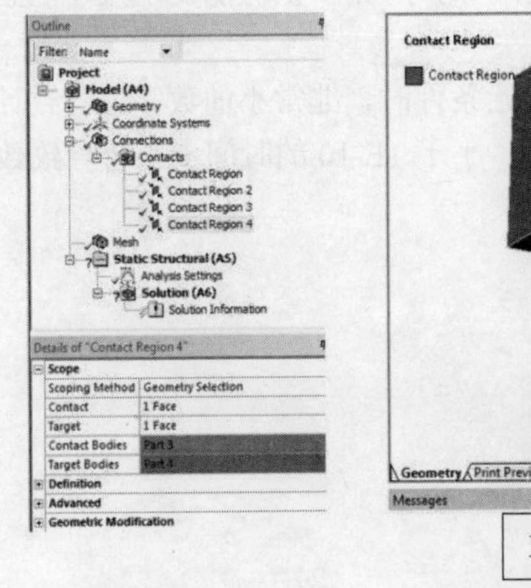

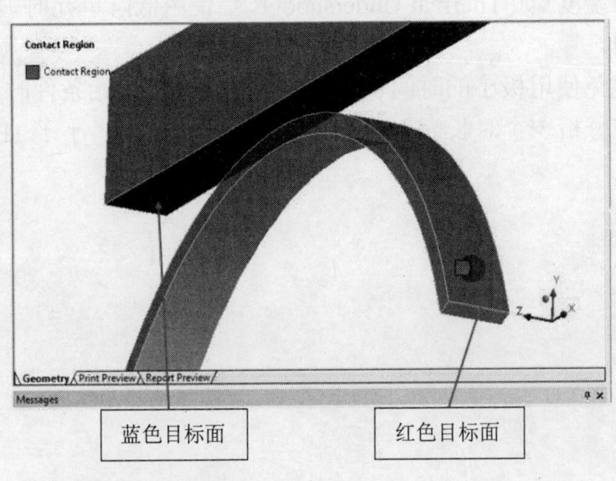

图 6.1　接触概览

模型中的接触对，有限元程序处理时应实现以下功能：

（1）接触的物体/表面无“相互穿透”。

（2）可传递法向压力和切向摩擦力。

（3）能够“绑定”（Bonded）在一起（线性接触）。

（4）能够分离和结合（非线性接触），能够自由分离的表面也称为具有状态非线性，即系统的刚度取决于接触状态。

6.1.1 接触面和目标面

非对称接触中，接触面节点（或积分点）被约束不能穿透目标面，然而，目标单元可以穿透接触面。不正确的接触面/目标面指定导致结果的不同。

图 6.2（a）上侧几何面为接触面，下侧为目标面，由于接触面节点不能穿透目标面，变形后显示正常的接触行为。图 6.2（b）上侧几何面为目标面，下侧为接触面，变形后显示“不正常”的接触行为，模型中出现很多穿透。

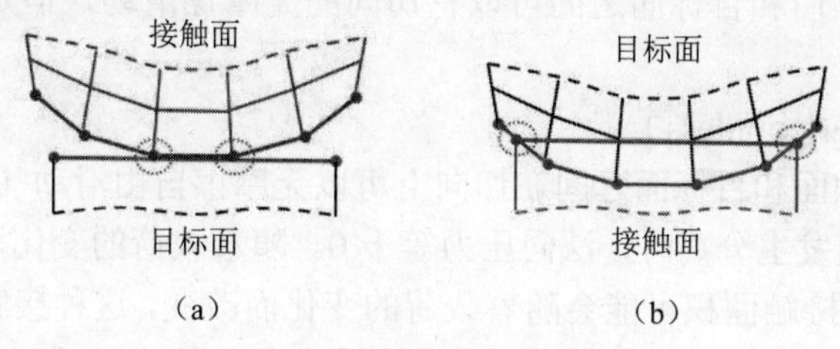

图 6.2 接触行为示意

对于刚性体-柔性体接触，目标面总是刚性面，接触面总是可变形面。对于柔性体-柔性体接触，接触面或目标面的指定会导致不同的穿透量，从而影响求解精度。在指定接触面和目标面时，考虑以下一般准则：

（1）如果凸面与平面或凹面接触，则平面/凹面设置为目标面。

（2）如果接触的两个表面网格粗细不同，则细网格所在面设置为接触面，粗网格一侧为目标面。

（3）如果接触的两个表面刚度不同，则刚度小的面设置为接触面，刚度大的面为目标面。

（4）如果接触的两个表面单元阶数不同，则具有高阶单元的表面设置为接触面，低阶单元所在面为目标面。

（5）如果接触的两个表面大小不同，则较小的面设置为接触面，较大的面为目标面。

这些准则适用于非对称接触。

6.1.2 接触类型

选择合适的接触类型取决于分析所关注的重点，若关注接触面和目标面的相对运动及变形，且结构在承受载荷后，由于接触面的状态变化所引起的载荷在结构系统的重新分配，考虑使用非线性接触类型，如无摩擦（Frictionless）、粗糙（Rough）、摩擦（Frictional），非线性接触用来准确地模拟真实接触区域以及接触面的张开和闭合情况，代价是较长的计算机求解时间，以及由于接触状态的剧烈变化可能出现的收敛问题。

1. 绑定接触（Bonded）

绑定接触指接触区域是黏合在一起的，在用户指定或程序默认的影响球（Pinball）区域内接触面和目标面在整个载荷历程中不出现滑动或分离。当自动生成接触或手动建立接触对时，程序默认设置为绑定接触，适用于面-面、线-面接触。接触对的面积在求解过程中并不改变，因此绑定接触使用线性求解，如图 6.3 所示。

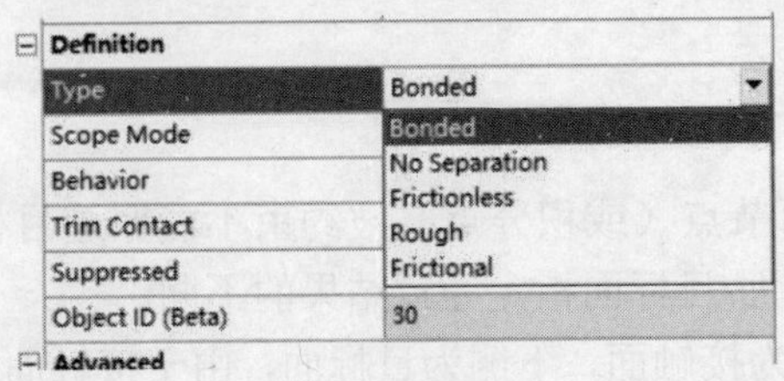

图 6.3　绑定接触类型

2. 不分离接触（No Separation）

不分离接触指接触面和目标面之间可以有切向的无摩擦滑动，但是法向不能脱离，该类接触也称为线性接触。

3. 无摩擦接触（Frictionless）

无摩擦接触指接触面和目标面之间在切向上可以无摩擦自由滑动（摩擦系数为 0），在法向上可以自由脱离，当发生分离时，法向压力等于 0。随着载荷的变化，在接触面和目标面之间可以产生间隙。由于接触面积可能会随着载荷的变化而改变，这种接触类型的求解是非线性的。当模型中存在无摩擦接触时，各几何部件应该有良好的约束关系以确保无刚体运动，否则容易出现不收敛的情况。

4. 粗糙接触（Rough）

粗糙接触指接触面和目标面之间在切向上足够粗糙而不能滑动（摩擦系数为无穷大），法向上可以自由脱离。粗糙接触类型的求解是非线性的。

5. 摩擦接触（Frictional）

摩擦接触允许用户自定义接触面和目标面之间切向上的摩擦系数（应大于 0），在法向上接触面和目标面可以自由脱离，这是工程上普遍应用的一种接触类型。摩擦接触可以实现剪切应力的传递，界面未发生滑动时的状态为“黏着”（sticking）状态，程序内部使用等效剪应力来表征该特性，当载荷作用下界面之间的剪应力超过该值，接触状态由“黏着”变为“滑动”时，界面发生滑动。摩擦接触类型的求解是非线性的。

6.1.3　接触行为

Mechanical 中接触行为包含程序控制、非对称、对称和自动非对称，如图 6.4 所示。

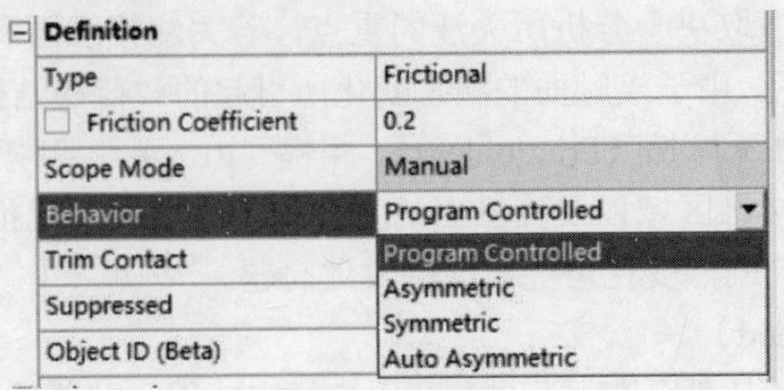

图 6.4　接触行为

1. 非对称接触（Asymmetric Contact）

非对称接触指所有接触单元在一个面集上，而目标单元在另一个面集上，也被称为“一次接触”。这通常是模拟面-面接触最有效的方法。然而，在某些情况下（如减小模型中的“穿透”，接触面和目标面之间区别不明显以及接触面和目标面网格都非常粗），非对称接触并不理想，而使用对称接触（Symmetric Contact）。

非对称接触在提取结果时，结果仅显示在接触面侧，而目标面侧无结果，如图 6.5 所示。

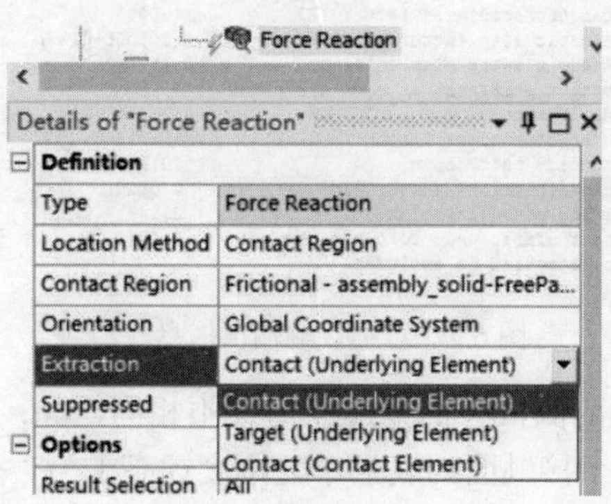

图 6.5　接触结果提取

2. 对称接触（Symmetric Contact）

程序内部将每个面同时指定为目标面和接触面（即共有两个接触对），也称为“二次接触”。对称接触算法比非对称接触算法在更多面的位置上施加接触约束条件，因此其求解效率比非对称接触要低。如果两个面的网格相同并且足够细化，对称接触算法并不会显著提高性能，反而在计算时间方面开销更大。

每个对称接触，实际上生成了两个接触对：基础接触对和伴随接触对。两个接触对默认都是激活的，程序内部接触单元的关键选项 KEYOPT(8) = 1，程序为两个接触对使用相同的接触特征（接触深度、长度、影响球半径、接触法向刚度、接触阻尼、容差等），这些特征是取两者的平均值。求解完成后，用户在 Solution Information 的 output 窗口中，通过查询对称接触的说明，可以明确这一点（即两个接触对使用同样的接触属性）。对称接触输出信息如图 6.6 和图 6.7 所示。

```
Symmetric Deformable- deformable contact pair identified by real
constant set 4 and contact element type 4 has been set up.  The
companion pair has real constant set ID 5.  Both pairs should have the
same behavior.
The same contact characteristics will be used for both pairs.
Contact algorithm: Augmented Lagrange method
Contact detection at: Gauss integration point
Contact stiffness factor FKN                    1.0000
The resulting initial contact stiffness        0.37242E+06
Default penetration tolerance factor FTOLN     0.10000
The resulting penetration tolerance             1.0740
Max. initial friction coefficient MU           0.20000
Default tangent stiffness factor FKT            1.0000
Default elastic slip factor SLTOL              0.10000E-01
The resulting elastic slip tolerance           0.15716
Update contact stiffness at each iteration
Default Max. friction stress TAUMAX            0.10000E+21
Average contact surface length                  15.716
Average contact pair depth                      10.740
Default pinball region factor PINB              2.0000
The resulting pinball region                    21.481
Auto contact offset used to close gap           0.0000
Initial penetration is excluded.
```

图 6.6　对称接触输出信息（1）

```
Symmetric Deformable- deformable contact pair identified by real
constant set 5 and contact element type 4 has been set up.  The
companion pair has real constant set ID 4.  Both pairs should have the
same behavior.
The same contact characteristics will be used for both pairs.
For asymmetric contact analysis, you may keep the current pair and
deactivate its companion pair.
Contact algorithm: Augmented Lagrange method
Contact detection at: Gauss integration point
Contact stiffness factor FKN                    1.0000
The resulting initial contact stiffness         0.37242E+06
Default penetration tolerance factor FTOLN      0.10000
The resulting penetration tolerance             1.0740
Max. initial friction coefficient MU            0.20000
Default tangent stiffness factor FKT            1.0000
Default elastic slip factor SLTOL               0.10000E-01
The resulting elastic slip tolerance            0.15716
Update contact stiffness at each iteration
Default Max. friction stress TAUMAX             0.10000E+21
Average contact surface length                  15.716
Average contact pair depth                      10.740
Default pinball region factor PINB              2.0000
The resulting pinball region                    21.481
Auto contact offset used to close gap           0.0000
Initial penetration is excluded.
```

图 6.7　对称接触输出信息（2）

在通常情况下，接触面两侧报告的接触压力并不相同，如：①当一个接触面网格比另一个接触面细得多时；②当一个接触面的底层单元刚度远高于另一个接触面的底层单元时。

此时，通常需要对结果进行手动平均，作用于接触面两侧的总接触压力应为两侧接触面接触压力的平均值。其他物理量，如摩擦应力、磨损深度和磨损体积也必须用这种方式平均。

对称接触仅针对柔性体-柔性体接触时使用。

3．自动非对称（Auto Asymmetric）

自动非对称接触使用非对称接触算法，且在求解阶段，程序自动选择合适的一侧表面作为接触面。这种情况下，虽然用户手动指定了接触面和目标面，但程序可能在求解时进行翻转，当提取结果时，如果按定义接触时指定的接触面提取结果，并无结果报告，此时 Extraction 选择 Target（Underlying Element）即可。

在 solution information 的输出信息中，程序给出了提示："ANSYS will deactivate the current pair and keep its companion pair"说明当前的接触对处于未激活状态，而它的伴随接触对处于激活状态，如图 6.8 所示。

```
Symmetric Deformable- deformable contact pair identified by real
constant set 4 and contact element type 4 has been set up.  The
companion pair has real constant set ID 5.  Both pairs should have the
same behavior.
ANSYS will deactivate the current pair and keep its companion pair,
resulting in asymmetric contact.
```

图 6.8　自动非对称接触输出信息

4．程序控制（Program Controlled）

程序控制按如下规则选择：

（1）刚性体-柔性体接触时，使用非对称接触。

（2）柔性体-柔性体接触时，使用自动非对称接触。

6.1.4　接触算法

由于接触体在物理意义上不得相互穿透，接触算法必须在接触面建立一定的约束关系，也称为"接触协调"。

Mechanical 提供的接触算法包括：Program Controlled、Pure Penalty、Augmented Lagrange、MPC、Normal Lagrange、Beam，如图 6.9 所示。

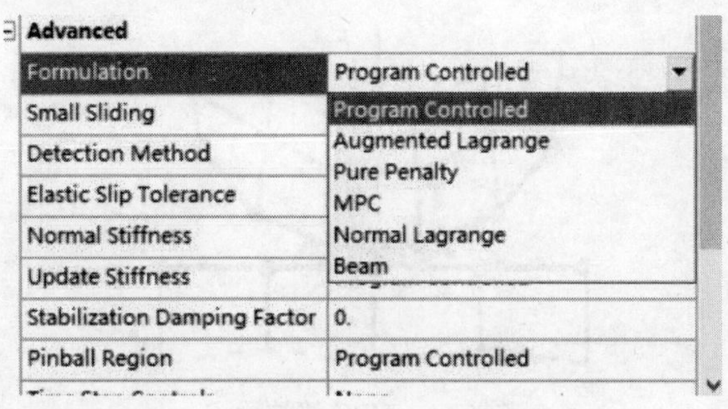

图 6.9　接触算法

1. 程序控制（Program Controlled）

程序控制为默认设置。当为刚性体-刚性体接触时，使用罚函数（Pure Penalty），所有其他接触情况使用增广拉格朗日算法（Augmented Lagrange）。

2. 罚函数法（Pure Penalty）

罚函数法（图 6.10）使用接触刚度（弹簧）来实现接触协调，对于有限的接触力，当接触刚度越大时，穿透量越小。

$$F_n = kx_p \tag{6.1}$$

式中，F_n 为接触力；k 为接触刚度；x_p 为穿透量。

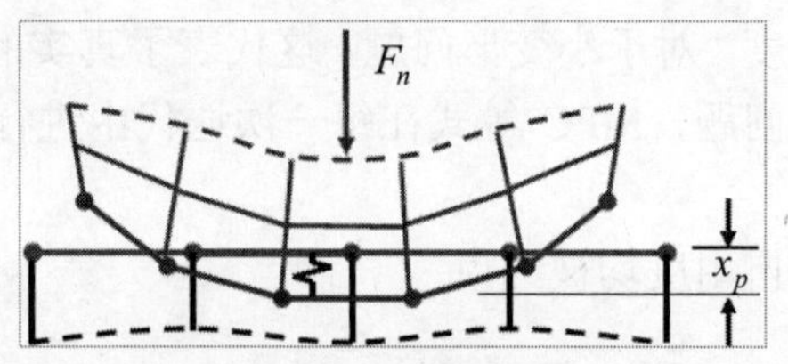

图 6.10　罚函数法示意

为了接触面的载荷传递，在数值计算中，需要有一定的穿透量，而物理上是不存在穿透的，所以应尽可能减小穿透，只要穿透量足够小，就认为结果是准确的。同时，算法还要满足接触面脱离时弹簧不起作用，闭合时起作用。

3. 增广拉格朗日方法（Augmented Lagrange）

增广拉格朗日方法与罚函数方法的相似之处在于用一系列无约束优化问题代替有约束优化问题，并在目标上增加罚参数项，不同之处在于增广拉格朗日方法增加了接触压力项 λ，旨在模拟拉格朗日乘子。由于 λ 的存在，k 可以保持较小，因此降低了罚函数法对接触刚度的敏感性，避免出现病态问题。

$$F_n = kx_p + \lambda \tag{6.2}$$

4. 多点耦合约束方法

对于绑定接触和不分离接触，可以使用多点约束公式（MPC）。MPC 内部使用约束方程，将接触面之间的位移进行“耦合”。MPC 与罚函数方法或拉格朗日乘子方法不同，是一种直接有效的方法，用刚性梁将接触区域的表面连接起来。基于 MPC 的绑定接触支持大变形。MPC 算法示意如图 6.11 所示。

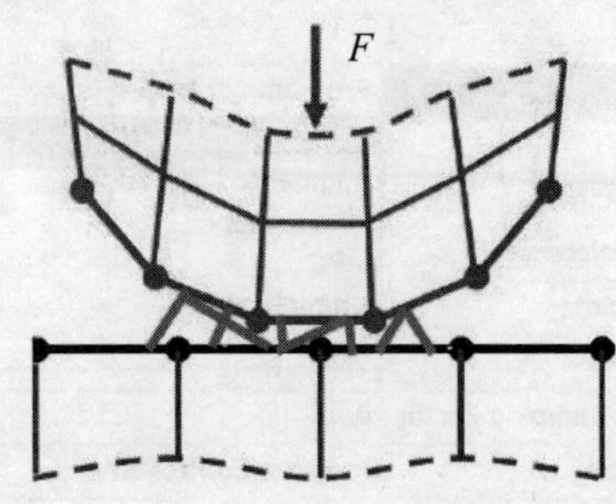

图 6.11　MPC 算法示意

MPC 算法适用于：

- 实体-实体、壳体-壳体、壳体-实体的面接触。
- 刚性面约束（接触面节点由导向点的刚体运动控制，类似于 CERIG 命令）。
- 力分布式约束（应用于导向点的力/位移根据形函数平均分配到接触节点上，类似于 RBE3 命令）。
- 耦合约束（接触节点强制和导向点有相同的自由度结果，类似于 CP 命令）。
- 梁-实体（壳体）之间的连接（梁单元的端部点作为导向点连接于实体或壳体的面）。

MPC 算法的优势在于：

- 消除了接触面节点的自由度，减小了系统方程规模。
- 不需要输入接触刚度。对于小变形问题，这代表了真实的线性接触行为，不需要迭代求解。对于大变形问题，MPC 等式在每一次迭代中进行更新，克服了传统约束方程的小应变约束。
- 平动自由度和旋转自由度均被约束。
- 生成简单。
- 自动考虑形函数。力和位移都可以应用在导向节点。

MPC 算法使用注意事项：

- 为了防止过约束，对于实体-实体、壳体-壳体、壳体-实体接触面或者刚性面约束和耦合约束上的节点，不应施加位移边界条件、约束方程或耦合方程。
- 壳体-实体界面应位于壳理论近似适用的区域，且实体的网格相对壳体厚度而言足够细。在壳体-实体界面附近（至少在壳厚范围内）的局部应力精度无法保证。沿着壳体-实体界面的层应包含至少两个实体单元。
- 采用具有大量接触节点的力分布约束类型的 MPC 将得到大而密集的子矩阵（如 2.4.5 节中定义质量点时采用 Deformable 行为），会显著增加单元刚度组装期间所需的峰值内存，如果物理内存或虚拟内存有限，考虑减少接触节点的数量。
- MPC 接触只产生内部约束方程，它不计算单元内力和刚度矩阵，后处理提取接触单元上的反力不被允许，图 6.12 显示欠定义。但是 Extraction 切换为 Contact（Underlying Element）以及 Target（Underlying Element）来提取接触/目标单元下覆单元的反力是可以的，如图 6.13 所示。

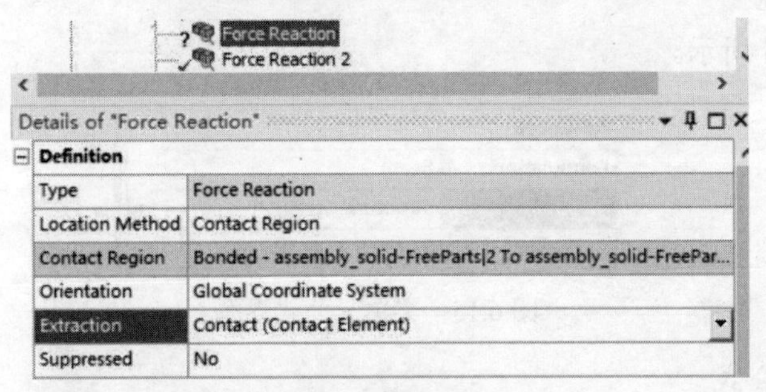

图 6.12　MPC 接触反力提取（1）

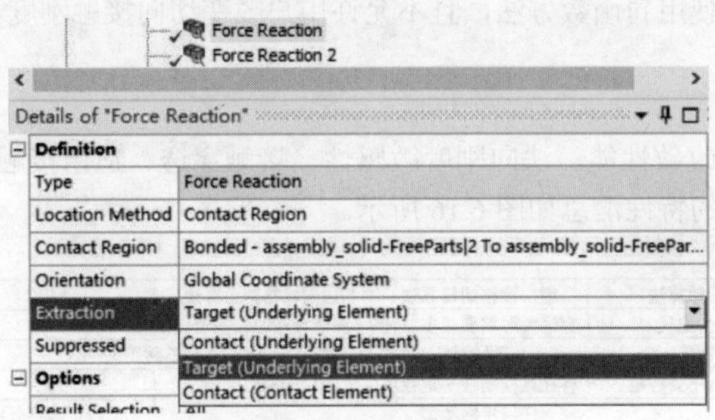

图 6.13　MPC 接触反力提取（2）

5. 法向拉格朗日算法（Normal Lagrange）

法向拉格朗日公式增加了一个额外的自由度（接触压力）λ 来满足接触协调。接触力不再被认为与接触刚度和穿透有关，而是将接触力（接触压力）作为一个额外的自由度进行求解。该算法可以实现零（或接近零）的穿透，不需要定义法向接触刚度，在求解时需要使用直接求解器，增加了对计算资源的需求。

振荡是法向拉格朗日算法经常出现的问题。由于不允许穿透［图 6.14（a）］，接触状态要么打开，要么闭合，为阶跃函数，状态突变将使得数值求解收敛困难。如果允许一些轻微的穿透，则更容易收敛，因为接触不再是阶梯变化［图 6.14（b）］，即增广的拉格朗日算法。

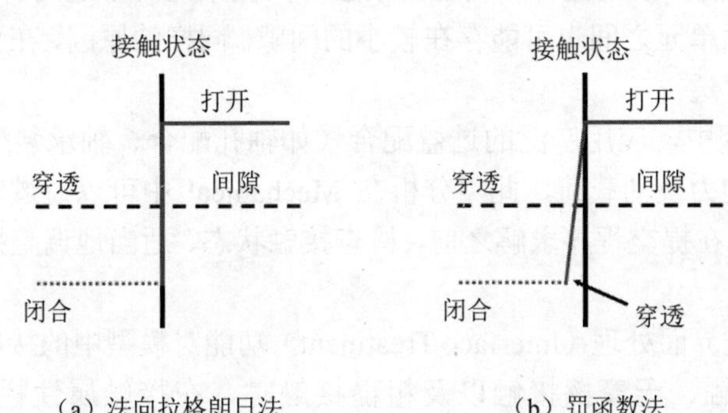

图 6.14　拉格朗日算法

6. 梁单元接触公式（Beam）

梁单元接触公式仅适用于绑定接触，该公式通过使用无质量线性梁单元建立接触。梁单元公式界面如图 6.15 所示。

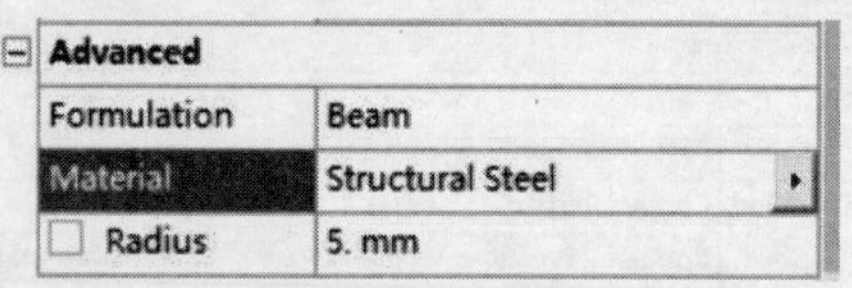

Advanced	
Formulation	Beam
Material	Structural Steel
Radius	5. mm

图 6.15　梁单元公式界面

7. 接触的切向公式

对于摩擦接触、粗糙接触及绑定接触使用罚函数，增广拉格朗日，法向拉格朗日算法时，接触的切向公式总是使用罚函数方法，且不允许用户改变切向接触刚度。

6.1.5　接触小结

不同接触算法在收敛性能、法向刚度敏感性、接触穿透、适用接触类型、求解器、接触行为和接触探测方式的特性汇总如图 6.16 所示。

	罚函数算法	增广拉格朗日算法	法向拉格朗日算法	MPC	Beam
收敛性能	较少迭代	穿透大时需要较多迭代	振荡存在时较多迭代	仅需一次迭代	
法向刚度敏感性	敏感	不敏感	不需要		无
接触穿透	存在且不受控制	存在且控制在一定程度	接近0	无	当材料足够硬时很小
适用接触类型	任何接触类型			绑定和不分离	绑定
求解器	迭代或直接求解器		只能用直接求解器	迭代或直接求解器	
接触行为	对称或非对称		非对称		无
接触探测方式	积分点		节点		无

图 6.16　接触特性汇总

6.2　初始接触状态调整

在刚体运动仅由接触约束的分析中，必须确保接触对在初始几何中处于接触状态。而真实几何模型的轮廓通常很复杂，很难确定哪些区域首先发生接触，即使是在初始接触状态下建立的实体模型，也可能由于数值舍入误差在接触对两侧单元网格之间引入小的间隙。接触单元的积分点与目标曲面单元之间也可能存在较小的间隙。同样的原因，在目标和接触面之间也可能发生过多的初始穿透。

在机械装配过程中，应用广泛的过盈配合（如轴孔配合、轴承装配、橡胶密封等）用来传递大的扭矩、轴向力及动载荷，此类分析在 Mechanical 中可以通过对几何界面的调整实现过盈量的施加。因此在提交程序求解之前，检查接触状态、适当地调整接触界面是工程分析人员的一项重要工作。

Mechanical 通过界面处理（Interface Treatment）功能对模型中的接触面几何进行调整，当接触类型为摩擦接触、无摩擦接触以及粗糙接触时，在接触属性栏几何调整（Geometric Modification）中设置界面处理（Interface Treatment），如图 6.17 所示。过盈配合采用基本尺寸（或公称尺寸）进行几何建模，在接触属性中输入过盈量的数值，并不需要绘制精确的包含公差的几何模型，这种模型处理方式极大地提高了建模效率。界面处理包含丰富的配置选项，用户可以根据需要处理模型中的间隙和过盈。

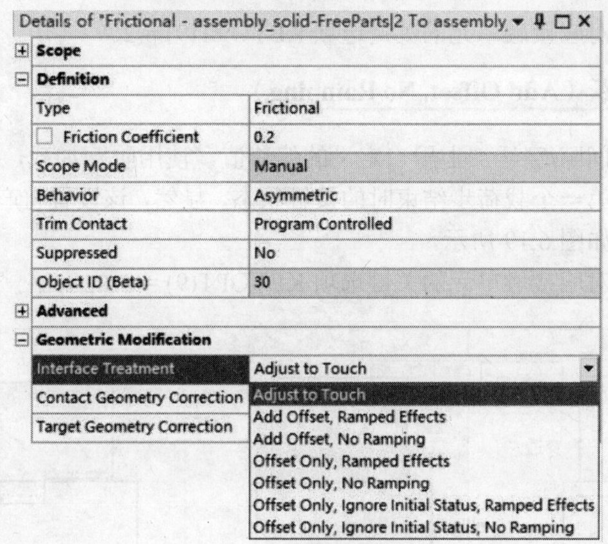

图 6.17　设置界面处理

6.2.1　调整接触（Adjust to Touch）

模型中的初始间隙被关闭，初始穿透被忽略，形成初始无应力状态或“刚好接触”状态。如果接触区域具有不同的间隙大小，该项设置关闭最小的间隙，因此间隙仍然可能存在。

尽管忽略了初始间隙，但在加载过程中接触区域仍然可以脱离产生间隙。

程序内部对应接触单元的关键选项 KEYOPT(9) = 1。

6.2.2　添加偏移，斜坡影响（Add Offset, Ramped Effects）

模拟真实的接触间隙/穿透加上用户定义的偏移值（对应 MAPDL 接触单元实常数 CNOF），并使用斜坡加载。偏移量为正值时，表示接触面向目标面偏移，负值表示接触面远离目标面，如图 6.18 所示。

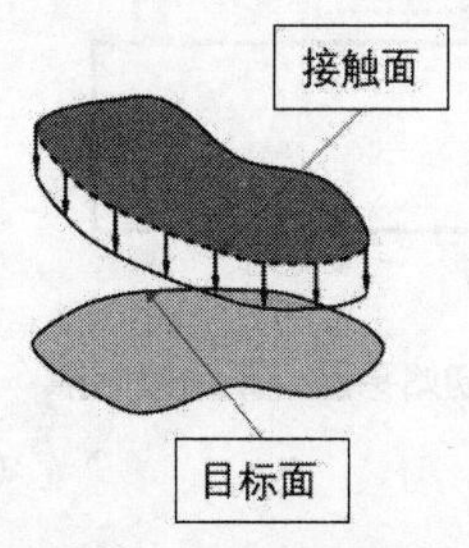

图 6.18　添加偏移影响示意

对于间隙为 *a*，偏移量为正值的 *b*，接触的最终间隙 gap=*a*-*b*，若 *b*>*a*，则穿透消除，得到过盈量。对于穿透为 *a*，负值的偏移量 *b*，接触的最终穿透量 penetration=*a*-（-*b*），若（-*b*）>*a*，则消除过盈，得到间隙量，以此类推。过盈配合分析中，通常使用多载荷步分析，其中第一个载荷步不加载，让程序自动从过盈的初始接触条件斜坡加载至第一个载荷步结束（即“返回”至无穿透的接触条件），从而产生压紧力。

该选项程序内部对应接触单元的关键选项 KEYOPT(9) = 2。

6.2.3 添加偏移，阶跃（Add Offset, No Ramping）

模拟真实的接触间隙/穿透加上用户定义的偏移值，使用阶跃加载，此时程序在第一个子步即达到上一种情况第一个载荷步结束时的接触状态，显然，该设置将产生较多的迭代，且易出现不收敛的情况，如图 6.19 所示。

该选项程序内部对应接触单元的关键选项 KEYOPT(9) = 0。

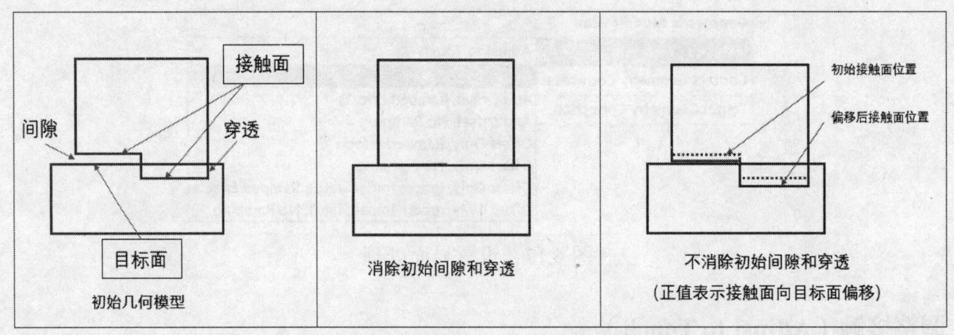

图 6.19 添加偏移，使用阶跃加载示意

6.2.4 仅偏移，斜坡影响（Offset Only, Ramped Effects）

该选项忽略初始几何穿透，但是使用真实的间隙，然后再施加偏移量，并使用斜坡加载，如图 6.20 所示。程序内部对应接触单元的关键选项 KEYOPT(9) = 4。

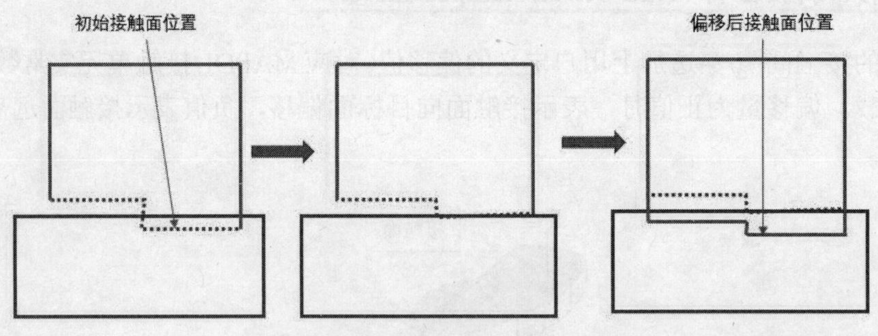

(1) 消除初始穿透，不消除间隙　　(2) 偏移

(正值表示接触面向目标面偏移)

图 6.20 仅偏移，使用斜坡加载示意

6.2.5 仅偏移，阶跃（Offset Only, No Ramping）

与上述选项含义相同，但使用阶跃加载。该选项程序内部对应接触单元的关键选项 KEYOPT(9) = 3。

6.2.6 仅偏移，忽略初始状态，斜坡影响（Offset Only, Ignore Initial Status, Ramped Effects）

该选项忽略初始几何穿透与间隙，然后再施加偏移量，并使用斜坡加载，如图 6.21 所示。程序内部对应接触单元的关键选项 KEYOPT(9) = 6。

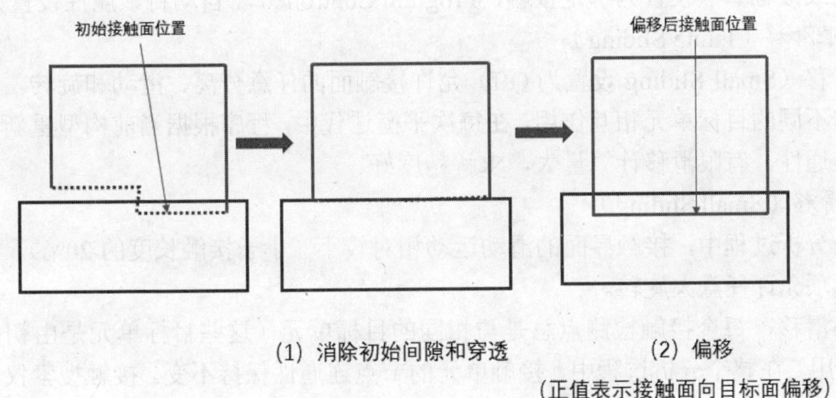

图 6.21 仅偏移，忽略初始状态使用斜坡加载影响示意

6.2.7 仅偏移，忽略初始状态，阶跃（Offset Only, Ignore Initial Status, No Ramping）

与上述选项含义相同，但使用阶跃加载。该选项程序内部对应接触单元的关键选项 KEYOPT(9) = 5。

6.3 高级设置

接触属性提供丰富的高级选项，如小滑移（Small Sliding）、探测方法（Detection Method）、穿透容差（Penetration Tolerance）、弹性滑移容差（Elastic Slip Tolerance）、法向刚度（Normal Stiffness）、刚度更新（Update Stiffness）、稳定阻尼系数（Stabilization Damping Factor）、影响球区域（Pinball Region）和时间步控制（Time Step Controls）等，如图 6.22 所示。

Advanced	
Formulation	Program Controlled
Small Sliding	Program Controlled
Detection Method	Program Controlled
Penetration Tolerance	Program Controlled
Elastic Slip Tolerance	Program Controlled
Normal Stiffness	Program Controlled
Update Stiffness	Program Controlled
Stabilization Damping Factor	0.
Pinball Region	Program Controlled
Time Step Controls	None

图 6.22 接触属性高级选项设置

6.3.1 小滑移（Small Sliding）

如果可以预期接触面发生小的滑动（在分析期间小于接触长度的 20%），使用小滑移为“On”可以使求解更有效和更健壮。在大多数情况下，如果大变形（Large Deflection）属性设置为关闭或接触算法设置为绑定接触，Program Controlled 将自动将该属性设置为“On”。

1. 有限滑移（Finite Sliding）

有限滑移（Small Sliding 设置为 Off）允许接触面的任意分离、滑动和旋转。每个接触检测点可以与不同的目标单元相互作用，在每次平衡迭代中，程序根据当前构型重新建立接触单元的节点连通性。有限滑移计算量大，求解精度好。

2. 小滑移（Small Sliding）

在整个分析过程中，接触界面的滑动运动相对较小（小于接触长度的 20%）。对于大变形分析，该选项允许任意大旋转。

对于小滑移，每个接触检测点总是与相同的目标单元（这些目标单元是由初始构型确定的）相互作用。在整个分析过程中，接触单元的节点连通性保持不变。接触搜索仅仅在分析开始时执行一次，求解效率很高。

6.3.2 探测方法（Detection Method）

探测方法设置（图 6.23）分析中使用的接触探测位置，以获得良好的收敛性。适用于 3D 面-面接触和 2D 边-边接触。

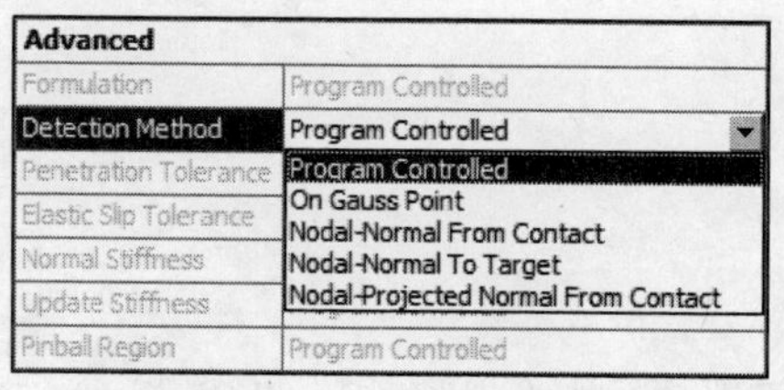

图 6.23 探测方法设置

1. 程序控制

程序控制为默认设置，当接触算法设置为罚函数算法和增广拉格朗日算法时，基于高斯积分点探测接触，如图 6.24（a）所示。当接触算法设置为 MPC 方法和法向拉格朗日方法时，基于目标面法向进行节点探测，如图 6.24（b）所示。

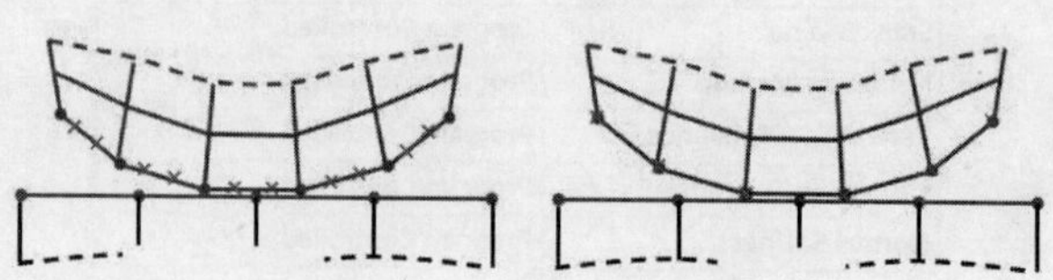

（a）高斯积分点探测　　（b）节点探测

图 6.24 基于高斯积分点探测和节点探测

2. 基于高斯积分点探测

MPC 方法和法向拉格朗日方法，无基于高斯积分点探测接触选项。相比节点探测，积分探测点数量多，准确性更好，如图 6.25 所示。但某些情况下（如尖角区域），积分点探测将出现穿透，因此需要使用节点探测。

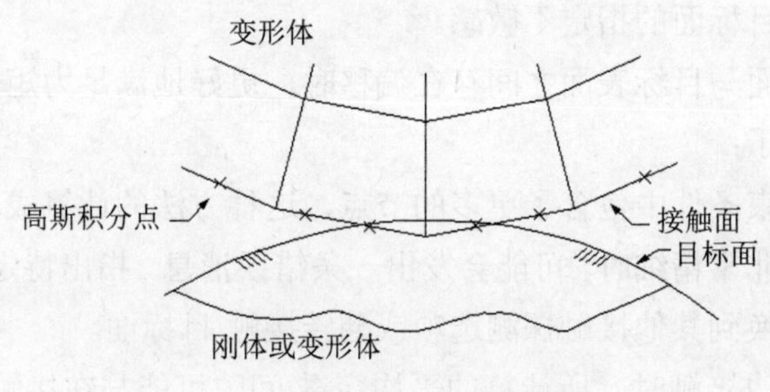

图 6.25　积分点探测

3. 节点探测——接触面法向

接触探测位置位于法线垂直于接触面的节点上。

4. 节点探测——目标面法向

接触探测位置位于法线垂直于目标面的节点上。图 6.26 中若使用基于接触面法向的节点探测方法将出现更多的迭代，且出现收敛困难。

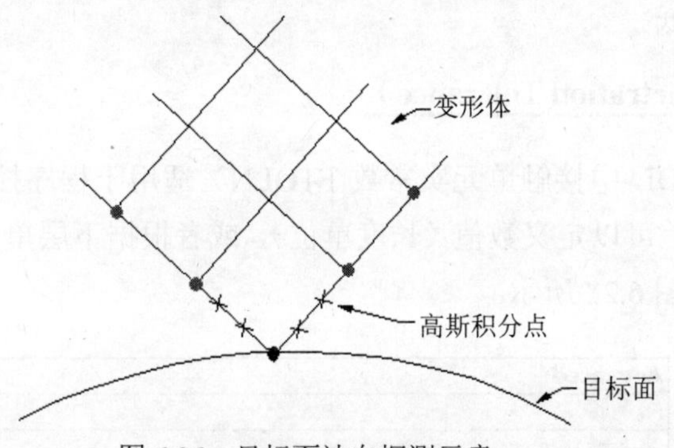

图 6.26　目标面法向探测示意

5. 节点探测——接触面法向投影

接触探测位置为接触面与目标面重叠区域的接触节点（基于投影的方法）。该方法在接触和目标表面的重叠区域上强制作用接触约束，而不是在单个接触节点或高斯点上建立约束关系，它计算重叠区域上的接触平均穿透和间隙，如图 6.27 所示。

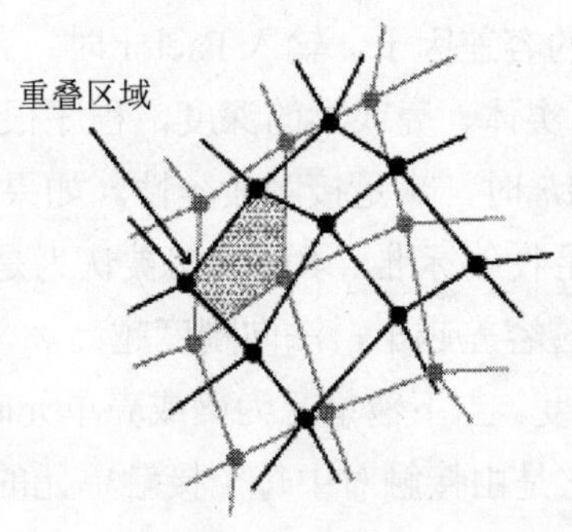

图 6.27　接触面法向投影探测示意

相比其他方法，接触面法向投影方法有以下优点：

- 提供了更准确的下覆单元的接触压力。
- 结果对接触面和目标面的指定不敏感。
- 当有摩擦的接触面与目标表面之间存在偏移时，更好地满足力矩平衡。

该方法的不足之处在于：

- 由于每个接触约束条件中包含了更多的节点，这种方法的计算成本更高。
- 当目标单元网格非常精细时，可能会发出一条错误消息，指出特定节点的数据点超过了限制。应该切换到其他接触探测选项或翻转接触/目标面。
- 当模型有尖角或边接触时，所计算的平均穿透/间隙可能与在接触节点观察到的真实几何穿透有很大差异，通常需要网格细化，以提高求解精度。

接触面法向投影方法使用建议：

- 通常用于垫圈接触模拟，在靠近接触区域边缘位置应力和应变分布更加均匀。
- 对于实体高阶单元，使用法向拉格朗日算法结合接触面法向投影方法可改善求解精度。
- 若采用 MPC 算法，不建议使用接触面法向投影方法，这将导致全局矩阵带宽增加，求解性能降低。

6.3.3 穿透容差（Penetration Tolerance）

穿透容差（MAPDL 中接触单元实常数 FTOLN）适用于程序控制算法、罚函数法和增广拉格朗日法。穿透容差可以定义数值（长度单位），或者根据下层单元厚度定义大于 0、小于 1 的因子，设置界面如图 6.28 所示。

Advanced	
Formulation	Program Controlled
Detection Method	Program Controlled
Penetration Tolerance	Program Controlled
Elastic Slip Tolerance	Program Controlled Value Factor
Normal Stiffness	
Update Stiffness	Program Controlled
Pinball Region	Program Controlled

图 6.28　穿透容差设置

穿透容差是指表面法向穿透的容差因子，输入 Factor 时，范围小于 1.0（通常小于 0.2），默认值为 0.1，基于接触单元下覆实体、壳或梁的深度，程序根据该容差因子来判断是否满足接触兼容性，即当穿透量小于 0.1h 时，满足接触兼容性。如果程序检测到任何大于此公差的穿透，即使残余力和位移增量满足收敛标准，求解仍然被认为是不收敛的。通常，默认的接触法向刚度与穿透容差成反比，穿透容差越小，法向刚度越高。

图 6.29 所示为实体单元的深度。当下覆单元为梁或壳单元时，单元深度 h 为厚度的 4 倍。每个接触对都有一个接触深度，它是由接触对中每个接触单元的平均深度得到的，避免了单元大小变化大而接触对深度相差悬殊的问题。

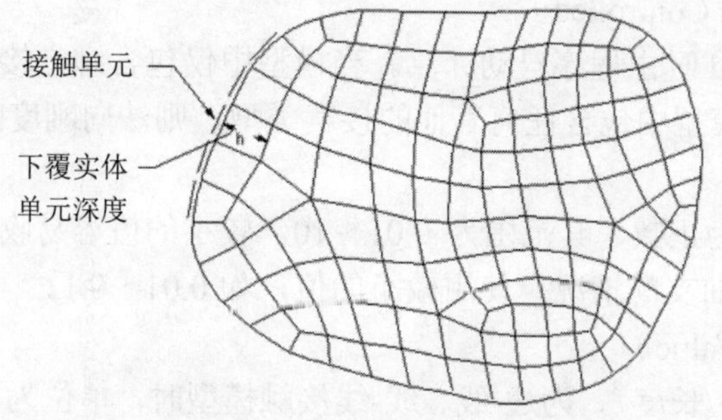

图 6.29　下覆实体单元的深度

6.3.4　弹性滑移容差（Elastic Slip Tolerance）

Mechanical 对于摩擦接触、粗糙接触及绑定接触使用罚函数、增广拉格朗日、法向拉格朗日算法时在切向使用罚函数方法，即在切向上允许有小的弹性滑移，如果弹性滑移在许可的容差范围内，接触协调性在切向满足要求。弹性滑移容差（对应接触单元实常数 SLTO）可以定义数值 Value（长度单位），或者定义大于 0、小于 1 的因子（Factor），选择 Program Controlled 时由程序自动计算，如图 6.30 所示。

弹性滑移容差默认为平均单元长度的 1%。

Advanced	
Formulation	Program Controlled
Detection Method	Program Controlled
Penetration Tolerance	Program Controlled
Elastic Slip Tolerance	Program Controlled
Normal Stiffness	Program Controlled Value Factor
Update Stiffness	
Pinball Region	Program Controlled

图 6.30　弹性滑移容差设置

6.3.5　法向刚度（Normal Stiffness）

如本章 6.1.4 节所述，罚函数算法及增广拉格朗日算法都需要使用法向刚度（对应接触单元实常数 FKN）来实现法向接触力（或接触压力）的计算。接触控制允许手动调整法向刚度值，法向刚度设置如图 6.31 所示。

Advanced	
Formulation	Program Controlled
Small Sliding	Program Controlled
Detection Method	Program Controlled
Penetration Tolerance	Program Controlled
Elastic Slip Tolerance	Program Controlled
Normal Stiffness	Program Controlled
Update Stiffness	Program Controlled
Stabilization Damping Factor	Factor
Pinball Region	Absolute Value Program Controlled
Time Step Controls	None

图 6.31　法向刚度设置

1. 程序控制（Program Controlled）

选择 Program Controlled 时由程序自动计算。当模型中仅包含绑定接触或不分离接触时，法向刚度因子为 10。如果模型中包含任何其他的接触类型，则法向刚度因子为 1.0。

2. 因子（Factor）

法向刚度因子 Factor 为正数，其范围为 0.01～10。较小的值容易收敛，但接触更容易穿透。默认值为 1.0，如果弯曲支配情况，使用较小的值，如 0.01～0.1。

3. 绝对值（Absolute Value）

法向刚度默认单位为力/长度^3，为边-线、线-线接触模型时，单位为力/长度。默认接触法向刚度与材料属性、单元尺寸和用户定义的穿透容差（FTOLN）有关，其数值可以在 Solution Information 的输出文本信息中查看，在求解过程中，实际接触法向刚度受到许多因素的影响，可能与默认的接触法向刚度并不相同。

6.3.6 刚度更新（Update Stiffness）

刚度更新指定程序是否在求解过程中更新接触刚度，如图 6.32 所示。该选项适用于罚函数算法及增广拉格朗日算法。

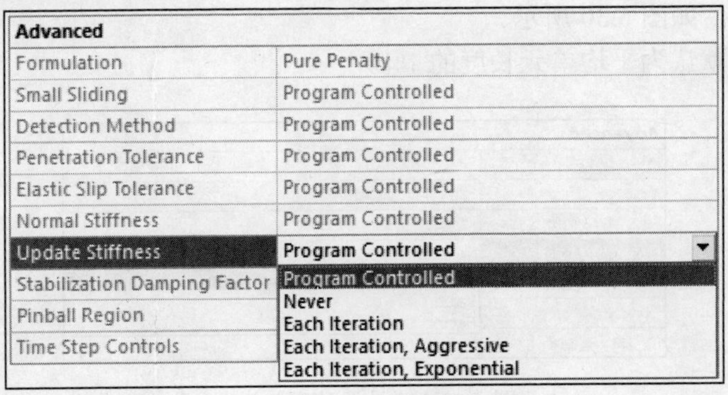

Advanced	
Formulation	Pure Penalty
Small Sliding	Program Controlled
Detection Method	Program Controlled
Penetration Tolerance	Program Controlled
Elastic Slip Tolerance	Program Controlled
Normal Stiffness	Program Controlled
Update Stiffness	Program Controlled
Stabilization Damping Factor	Program Controlled
Pinball Region	Never
Time Step Controls	Each Iteration
	Each Iteration, Aggressive
	Each Iteration, Exponential

图 6.32　刚度更新设置

Program Controlled（程序控制）：程序控制为默认设置。对刚体-刚体接触，使用“Never”，不更新接触刚度。对其他接触，使用“Each Iteration”，每次迭代都更新接触刚度。

Never：不更新接触刚度.

Each Iteration：每次迭代都更新接触刚度。

Each Iteration, Aggressive：每次迭代都更新接触刚度，且对接触刚度调整的范围更加积极地细化。当接触易于收敛时，不建议使用该设置，因为它可能会产生不必要的接触刚度下降。

Each Iteration, Exponential：仅对摩擦/无摩擦接触类型采用罚函数算法适用。当使用该选项时，可以设置 Pressure at Zero Penetration 和 the Initial Clearance，该选项使用指数压力-穿透关系更新刚度，在自接触、与橡胶相关的软材料的接触、具有较大初始间隙的模型、不均匀的接触面网格和接触面振荡等条件下使接触行为更加平滑。

6.3.7 稳定阻尼系数（Stabilization Damping Factor）

由于单元网格之间或接触单元与目标单元的积分点之间的微小间隙使得所定义的接触处

于开放的状态，在求解过程中未能检测到该接触，导致接触对所在的几何体出现刚体运动。稳定阻尼系数（对应接触单元实常数 FDMN）提供一定的阻尼，阻止接触面之间相对运动，进而避免刚体运动。稳定阻尼系数应用于接触法线方向，并且仅对无摩擦接触、粗糙接触和摩擦接触选项有效。阻尼应用于接触状态为打开的每个载荷步。稳定阻尼系数的值应大到能够阻止刚体运动，但又不至于影响求解的精度。

稳定阻尼系数缺省值为 0，如图 6.33 所示。阻尼仅在第一个载荷步激活，求解器给稳定阻尼系数赋值为 1.0。

稳定阻尼系数缺省值为非 0 值时，无论上一步接触状态是否开放，阻尼总是激活的。

Advanced	
Formulation	Program Controlled
Small Sliding	Program Controlled
Detection Method	Program Controlled
Penetration Tolerance	Program Controlled
Elastic Slip Tolerance	Program Controlled
Normal Stiffness	Program Controlled
Update Stiffness	Program Controlled
Stabilization Damping Factor	0.
Pinball Region	Program Controlled
Time Step Controls	None

图 6.33　稳定阻尼系数

用户通过在后处理插入命令的方式得到能量的结果，在/post1 中，使用 PRENERGY，ETABLE，在/post26 中，使用 ENERSOL、ESOL 等命令。如果接触稳定能量远小于势能（如小于 1.0%），结果是合理的，如图 6.34 所示。

```
***** POST1 TOTAL ENERGY SUMMARY *****

LOAD STEP     1  SUBSTEP     7
TIME =     1.0000
 STIFFNESS ENERGY =  0.13019E-06
 ARTIFICIAL HOURGLASS/DRILL/CONTACT STIFFNESS ENERGY =  0.16797E-14
```

图 6.34　稳定阻尼系数能量

6.3.8　影响球区域（Pinball Region）

影响球区域用来定义执行接触搜索的区域。当物体之间有较大的间隙或者大量的穿透时，缺省情况下程序不能检测到接触区域，则需要使用指定影响球区域，以确保发生接触。

对于绑定接触和不分离接触，指定较大的影响球区域需要谨慎，因为对这两种线性接触，在影响球内的所有区域都将被建立接触，可能导致不希望出现的大量过约束。

其他类型的接触，影响球区域大小的指定影响并不大，因为程序还需要执行额外的计算来确定两个物体是否真正处于接触，而影响球区域规定了这些计算将发生的搜索范围，它用于区分远场（Far-field）和近场（Near-field）状态，影响球区域的大小对接触搜索的计算开销影响很大，远场（接触开放并且较远的区域）单元计算简单，计算量少，近场（接触开放但接触单元非常接近的区域）单元计算更慢，更复杂，单元在接触时程序计算最为复杂。

大变形（Large Deflection 设置为 ON）分析，程序默认影响球区域半径等于 4×接触深度（刚-柔接触）或 2×接触深度（柔-柔接触）的圆（2D 模型）或球体（3D 模型），如果 Large Deflection

设置为 Off，则影响球区域半径为大变形时的一半。接触搜索区域和影响球半径示意如图 6.35 所示。

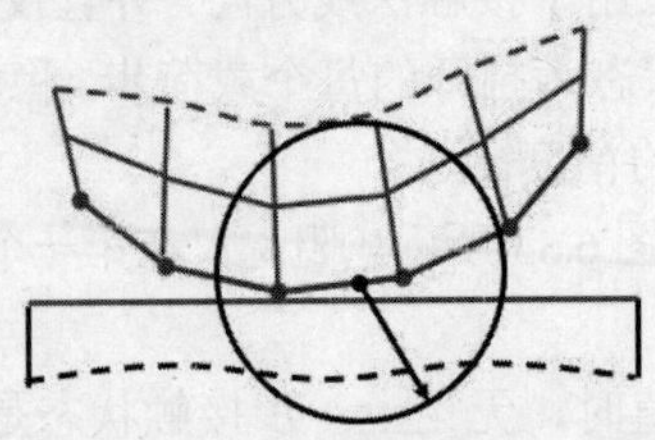

图 6.35　接触搜索区域和影响球半径示意

在接触分析过程中，当状态发生突然变化（例如从远场到闭合）时，程序将给出警告，这可能表明子步增量太大，或者影响球区域太小。

6.3.9　时间步控制（Time Step Controls）

当接触类型为非线性接触（无摩擦、粗糙或摩擦）时，允许用户指定接触行为的更改是否控制自动时间步，如图 6.36 所示。

Advanced	
Formulation	Program Controlled
Small Sliding	Program Controlled
Detection Method	Program Controlled
Penetration Tolerance	Program Controlled
Elastic Slip Tolerance	Program Controlled
Normal Stiffness	Program Controlled
Update Stiffness	Program Controlled
Stabilization Damping Factor	0.
Pinball Region	Program Controlled
Time Step Controls	None
Geometric Modification	None
Interface Treatment	Automatic Bisection
Offset	Predict For Impact
	Use Impact Constraints

图 6.36　时间步控制设置

不控制：接触行为不控制自动时间步。当自动时间步长被激活且允许的时间步长较小时，此选项适用于大多数分析。

自动二分（Automatic Bisection）：在每个子步结束时，检查接触行为，如果发生了过度穿透或接触状态的剧烈变化，则使用二分法将时间增量减半后重新计算该子步。

冲击预测（Predict For Impact）：除了执行自动二分外，预测接触行为变化所需的最小时间增量，当模型中有冲击接触时使用。

使用冲击约束（Use Impact Constraints）：在瞬态动力学分析中，为了正确模拟接触面与目标面之间的物理相互作用，接触力必须保持力和能量平衡，并确保线性动量传递，需要对接触面和目标面之间的相对速度施加额外的约束。

6.4　接触工具

接触工具（Contact Tool）用来检查模型中所定义接触的各种参数，如接触状态、间隙、穿透等，用户既可以在 Mechanical 目录树接触（Connections）对象下插入接触工具，以准确掌握程序在分析之前接触的状态参数，也可以在求解模块（Solution）下插入接触工具，以评估接触结果是否合理，如图 6.37 和图 6.38 所示。两者的区别在于，前者在程序提交求解之前进行一次迭代，评估接触的初始状态信息、间隙以及穿透信息，后者提取每一个分析子步接触的详细结果。

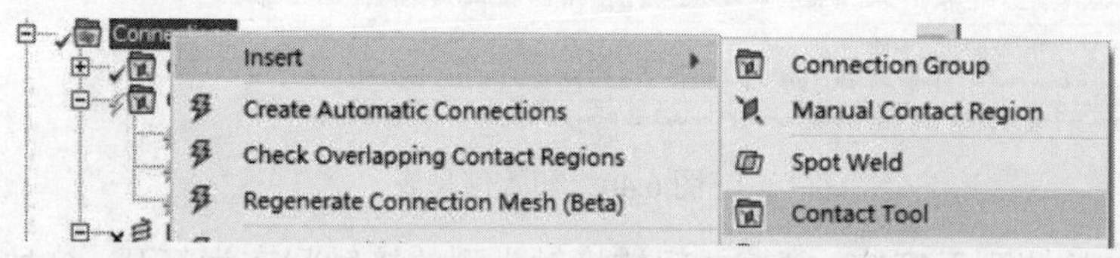

图 6.37　在 Connections 对象下插入接触工具

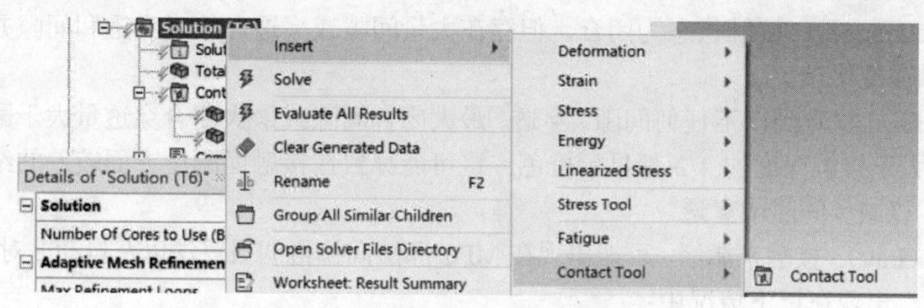

图 6.38　在 Solution 下插入接触工具

当单击目录树 Contact Tool 时，程序自动通过 Worksheet 的方式列出模型中的接触，勾选或者用下拉菜单批量选择感兴趣的接触对，提取接触结果，如图 6.39 所示。

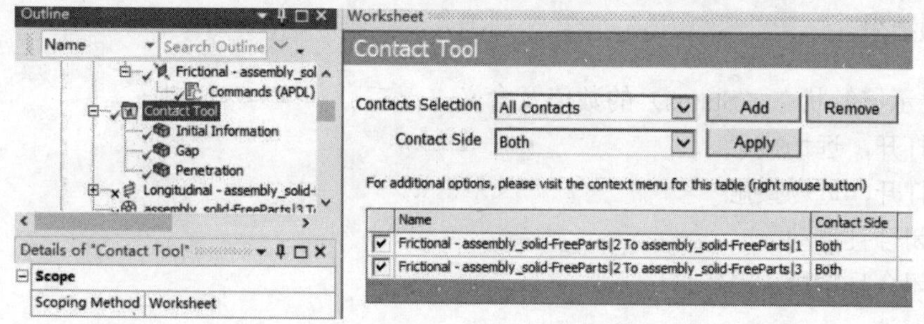

图 6.39　设置接触对界面

6.4.1　初始信息（Initial Information）

初始信息表各行以不同颜色显示，表示检测到的接触条件，且图例中提供了每种颜色的简要说明，如图 6.40 所示。

红色（Red）：接触状态是打开的，但其类型是闭合的，用于绑定接触和不分离接触。

Mechanical 检测到打开的接触状态，但是接触类型为绑定接触和不分离接触，这说明该接触是无效的，模型的距离可能相距太远，无法满足闭合条件。建议检查该接触，并移动几何实体，使接触闭合。

黄色（Yellow）：接触状态是打开的，这可能是合理的。

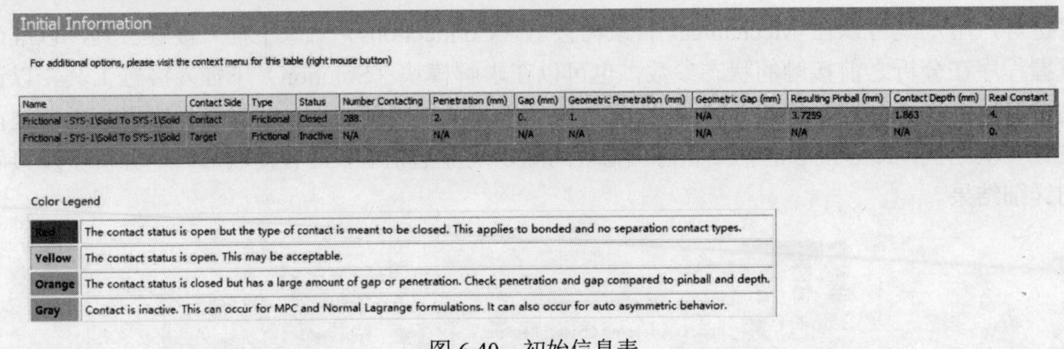

Initial Information

For additional options, please visit the context menu for this table (right mouse button)

Name	Contact Side	Type	Status	Number Contacting	Penetration (mm)	Gap (mm)	Geometric Penetration (mm)	Geometric Gap (mm)	Resulting Pinball (mm)	Contact Depth (mm)	Real Constant
Frictional - SYS-1\Solid To SYS-1\Solid	Contact	Frictional	Closed	288.	2.	0.	1.	N/A	3.7259	1.863	4.
Frictional - SYS-1\Solid To SYS-1\Solid	Target	Frictional	Inactive	N/A	N/A	N/A	N/A	N/A	N/A	N/A	0.

Color Legend

Red	The contact status is open but the type of contact is meant to be closed. This applies to bonded and no separation contact types.
Yellow	The contact status is open. This may be acceptable.
Orange	The contact status is closed but has a large amount of gap or penetration. Check penetration and gap compared to pinball and depth.
Gray	Contact is inactive. This can occur for MPC and Normal Lagrange formulations. It can also occur for auto asymmetric behavior.

图 6.40　初始信息表

Mechanical 检测到无摩擦、摩擦或粗糙接触类型的接触状态为打开，这种情况可能是合理的，因为存在这种非线性接触，初始状态为打开，随着载荷的传递，接触逐渐闭合。

橙色（Orange）：接触状态为闭合，但存在大量间隙或穿透。检查穿透和间隙并与影响球区域和接触深度比较。

Mechanical 检测到以下任何间隙、穿透、最大闭合间隙或最大闭合穿透量大于影响球区域的 1/2，或大于接触深度的 1/2 都显示橙色，这可能导致在接触面刚度方面较差的结果，建议修改几何，以减少间隙或穿透。

灰色（Gray）：接触未激活。可能出现在 MPC 和法向拉格朗日算法以及自动非对称行为中。

“N/A”出现在以下情况中：

（1）接触结果中，“状态”列为不活动（Inactive）或者所在“行”为灰色的列。

（2）几何间隙（Geometric Gap）列：无摩擦接触/粗糙接触/摩擦接触的界面处理（Interface Treatment）设置为添加偏移，斜坡影响（Add Offset，Ramped Effects）。

6.4.2　接触结果

云图显示接触状态（Status）的数值及含义：

0——打开，远场接触。

1——打开，近场接触

2——闭合且滑动。

3——闭合且粘接。

6.5　线性动力学中的接触

线性动力学包括特征值屈曲分析、模态分析、谐响应分析、响应谱分析和随机振动分析，在这些分析类型中的非线性单元作为线性处理，因此接触单元的刚度是根据初始状态计算，并且在求解过程中保持不变。非线性接触，如摩擦接触、粗糙接触和无摩擦接触进行线性处理。

粗糙接触以及摩擦系数不为 0 的摩擦接触，初始接触状态为 Close 时，简化为线性绑定接触，当为其他接触状态时，接触不生效。

无摩擦接触以及摩擦系数为 0 的摩擦接触，初始接触状态为 Close 时，简化为线性不分离接触，当为其他接触状态时，接触不生效。

6.6　接触分析注意事项

非线性接触由于其不确定的接触状态容易引起求解收敛问题且大幅增加程序的处理时间，通过适当的定义接触，可使接触结果收敛性更好，且结果趋于平滑。

6.6.1　网格控制

- 使用局部网格控制改善接触面的网格质量。圆孔内壁接触面的网格尺寸细化，如图 6.41 所示。

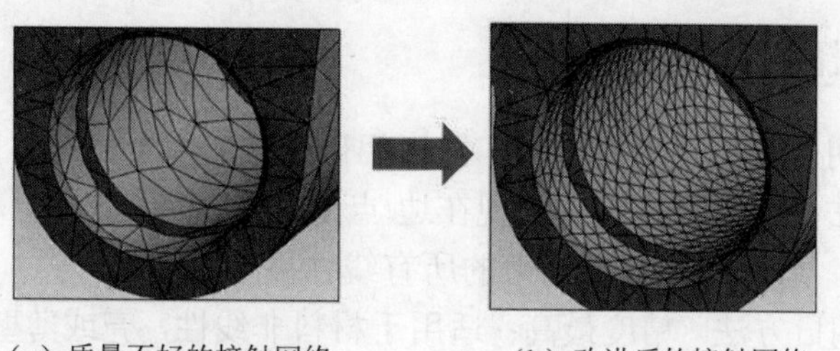

（a）质量不好的接触网络　　（b）改进后的接触网络

图 6.41　网格控制

- 对于非线性接触模型，可以在全局网格设置中将物理偏好（Physics Preference）设置为 Mechanical，Error Limits 设置为 Aggressive Mechanical，或将物理偏好设置为 Nonlinear Mechanical，如图 6.42 所示。

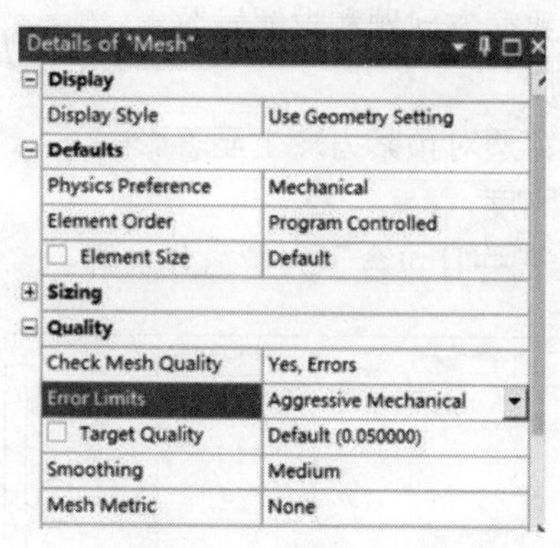

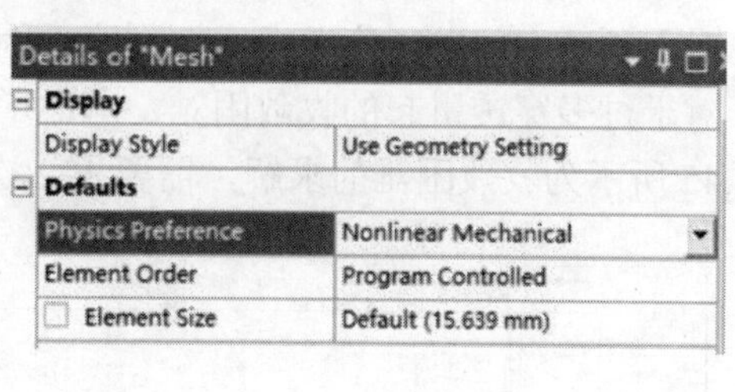

图 6.42　网格物理偏好设置

- 接触对两侧网格（图 6.43）尽可能使用接近的网格密度。

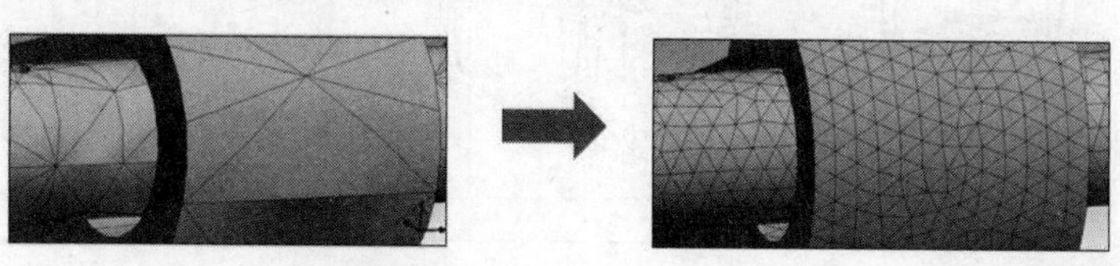

（a）质量不好的接触网络　　（b）改进后的接触网络

图 6.43　接触对两侧网格

- 使用局部网格控制“Contact Sizing”改进接触对网格质量，或使用鼠标左键单击目录树接触对并拖动至目录树 Mesh 位置，设置界面如图 6.44 所示。

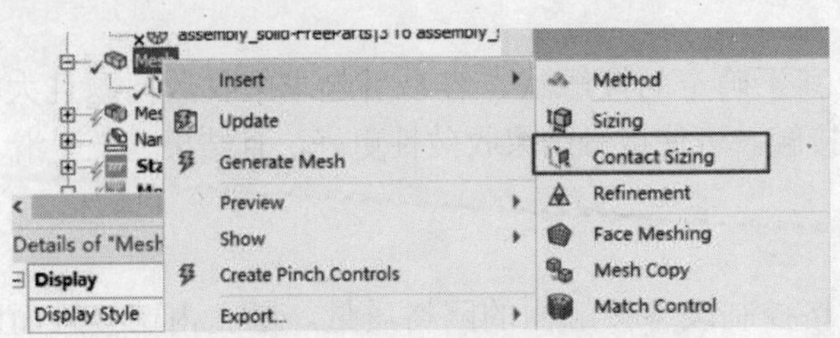

图 6.44　网格细化

6.6.2　接触算法的选择

（1）增广拉格朗日方法。缺省的增广拉格朗日方法适用于大多数问题。

（2）罚函数方法。适用于接触仅出现在边/点的位置。

（3）MPC 方法。适用于不存在约束的所有线性接触。

（4）法向拉格朗日方法。精度最高；适用于材料非线性，壳或薄壁件；可用于界面处理；允许大滑动。

（5）梁单元接触算法。适用于可能存在过约束情况的线性接触。

6.6.3　接触刚度

基于罚函数的算法（即增广拉格朗日和罚函数方法），调整接触对的法向刚度非常普遍，较高的刚度值可减小穿透而提高精度，然而容易导致病态问题和求解发散。

- 对于收敛困难的接触问题，应尝试降低刚度。
- 对于预紧力问题，应考虑增加刚度，因为穿透对预紧力产生显著影响。
- 对于过多穿透引起的收敛困难，考虑增加刚度。

图 6.45 所示为收敛困难的求解，需要 122 次迭代并且包含了大量二分求解。

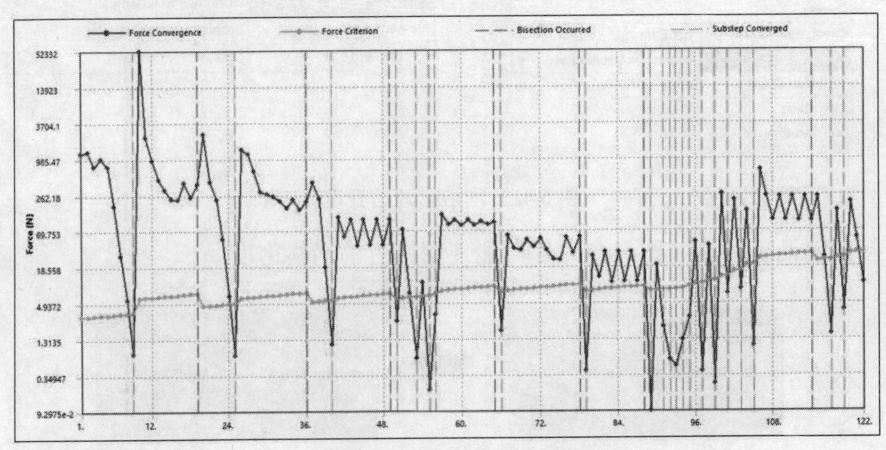

图 6.45　接触收敛性（1）

图 6.46 所示为合适的法向刚度对应的收敛曲线，仅需少量迭代即可完成求解。

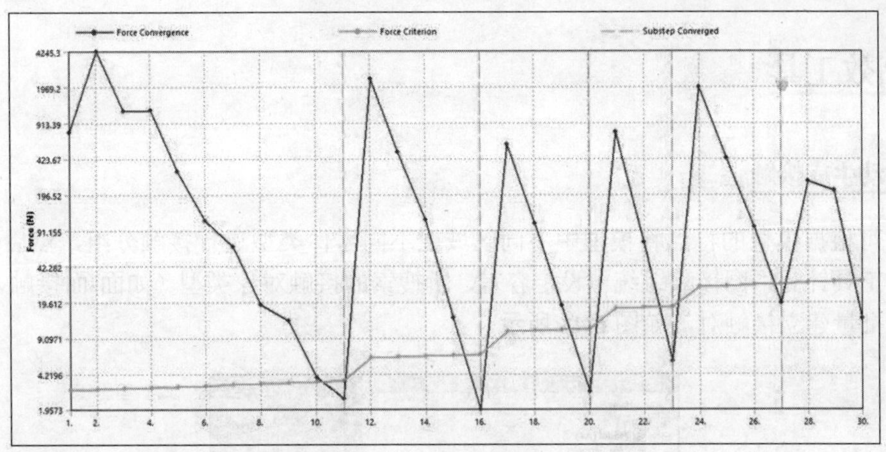

图 6.46　接触收敛性（2）

6.6.4　重叠接触和边界条件

在接触面同时也是边界条件作用区域的位置应特别引起重视，需要对模型做一定的处理以避免过约束，如图 6.47 所示，A 区域为摩擦接触区域，B 约束条件为圆筒的圆环端面。

图 6.47　接触条件与边界条件的重叠

避免过约束常用的方法包括：

- 接触裁剪（Trim Contact）。
- 如果边界条件属于远端边界条件，修改其作用的影响球区域（Pinball）。
- 边界条件施加在节点上，避开接触区域。
- 几何模型在前处理时映射得到不同的区域，分别作为接触区域和边界条件区域。

6.6.5　初始间隙和刚体运动

当零件仅由接触来防止刚体运动以及当模型中存在小间隙时，可能导致刚体运动。当非线性接触时，最初打开的间隙也会导致刚体运动。考虑以下方法避免刚体运动：

- 界面处理属性设置为调整接触（Adjust to Touch）通常可以有效地处理间隙。注意，对于同心圆柱体，不建议使用“调整接触”。相反，应手动输入偏移量使间隙闭合。
- 稳定阻尼系数：通过施加阻尼闭合接触。需要验证阻尼不会对分析的准确性产生负面影响。

6.7 高效工具

6.7.1 自动生成接触

用户可根据模型的特点将模型中不同区域或不同零件类型进行接触分组，然后使用自动生成接触工具针对不同接触组统一设定容差、所搜索的接触对象类型（如面-面接触、线-面接触等）以批量建立接触对，如图 6.48 所示。

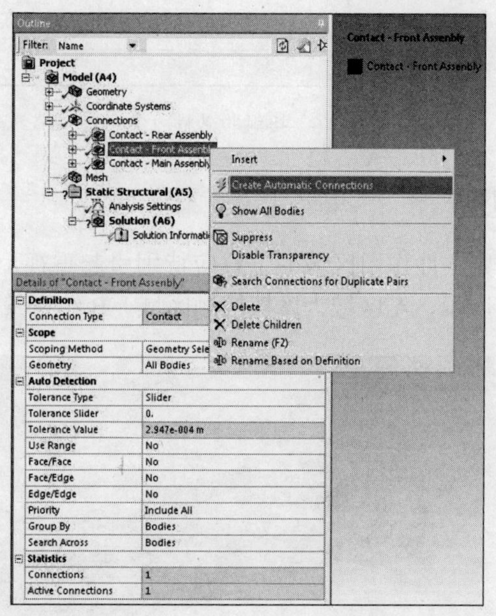

图 6.48 自动生成接触（1）

打开 Mechanical 界面右上角 Options>>Connections，修改接触设置的默认选项，如图 6.49 所示。

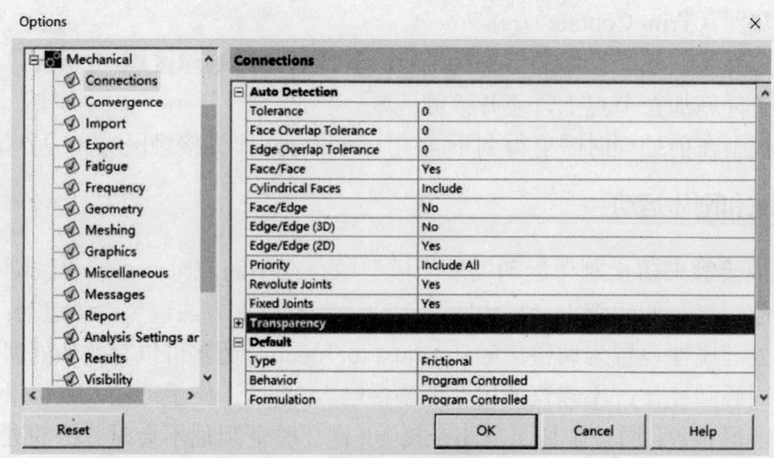

图 6.49 自动生成接触（2）

6.7.2　手动定义接触

手动定义或更改接触的原因包括以下几方面：

- 大滑动接触。通过自动创建的接触区域假定为“装配接触”，即接触面彼此距离非常近，此时用户可能需要添加额外的接触面。
- 自动检测创建不必要的多余接触对，需要手动删除。
- 自动检测未检测的接触区域。

6.7.3　接触搜索和选择

在 Mechanical 图形界面选择 Part 后单击右键选择“Go To”定位到目录树中与接触相关的对象，如图 6.50 所示。

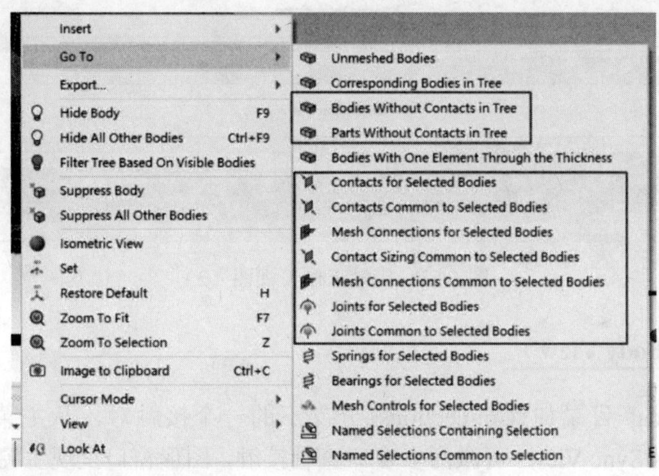

图 6.50　接触快速搜索（1）

在图形界面空白处单击右键选择“Go To”定位到目录树中未定义接触的体（Bodies）以及多体零件（Multi-bodies），如图 6.51 所示。

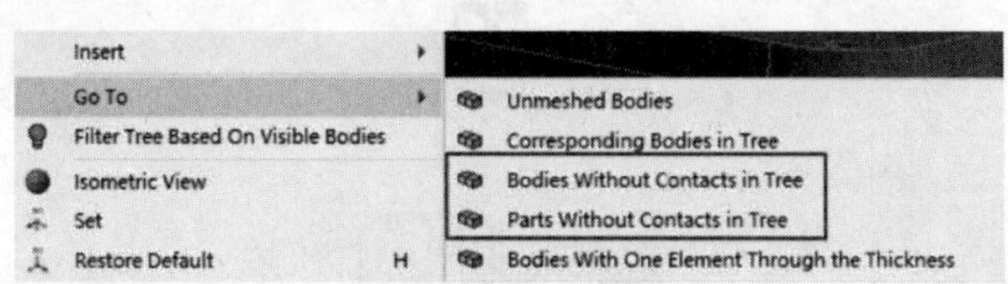

图 6.51　接触快速搜索（2）

6.7.4　Worksheet 选项

单击 Mechanical 目录树 Connections，从主菜单 Home>>Tools>>Worksheet（或主菜单 Connections>>Views>>Worksheet）可激活接触工作表，单击 Generate，生成包括接触信息、弹簧、运动副连接、梁单元连接的工作表以及连接矩阵，对模型中的连接检查非常方便，通过单选/多选表格中的行，可迅速定位至目录树对应的接触定义，如图 6.52 和图 6.53 所示。

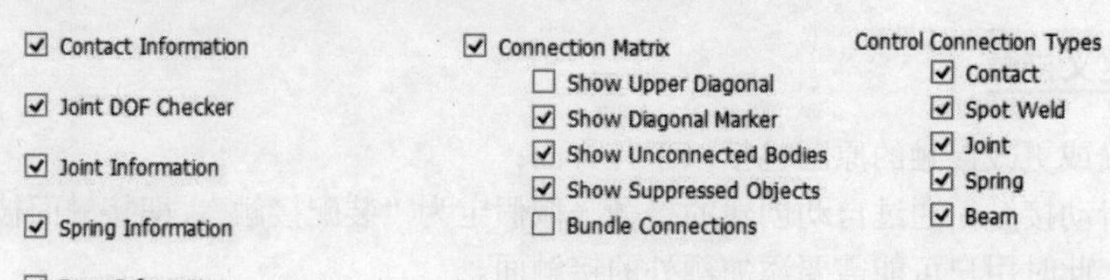

图 6.52 接触工作表视图（1）

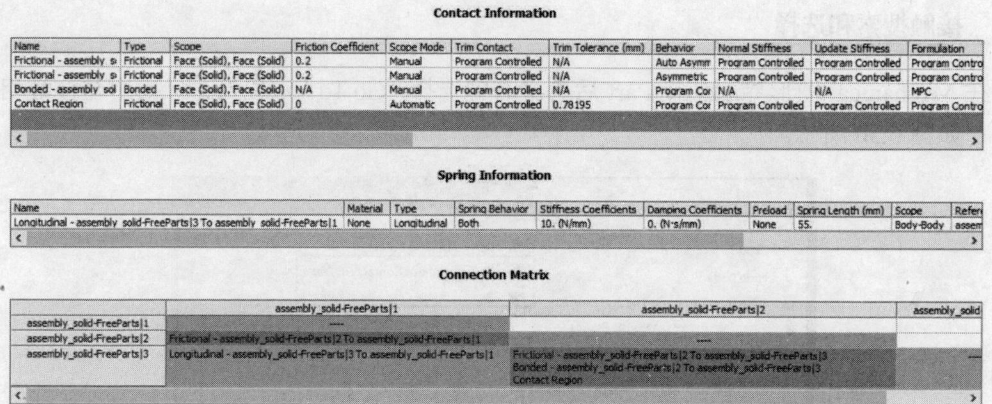

Contact Information

Name	Type	Scope	Friction Coefficient	Scope Mode	Trim Contact	Trim Tolerance (mm)	Behavior	Normal Stiffness	Update Stiffness	Formulation
Frictional - assembly_s	Frictional	Face (Solid), Face (Solid)	0.2	Manual	Program Controlled	N/A	Auto Asymm	Program Controlled	Program Controlled	Program Contro
Frictional - assembly_s	Frictional	Face (Solid), Face (Solid)	0.2	Manual	Program Controlled	N/A	Asymmetric	Program Controlled	Program Controlled	Program Contro
Bonded - assembly_sol	Bonded	Face (Solid), Face (Solid)	N/A	Manual	Program Controlled	N/A	Program Coı	N/A	N/A	MPC
Contact Region	Frictional	Face (Solid), Face (Solid)	0	Automatic	Program Controlled	0.78195	Program Coı	Program Controlled	Program Controlled	Program Contro

Spring Information

Name	Material	Type	Spring Behavior	Stiffness Coefficients	Damping Coefficients	Preload	Spring Length (mm)	Scope	Refer
Longitudinal - assembly_solid-FreeParts|3 To assembly_solid-FreeParts|1	None	Longitudinal	Both	10. (N/mm)	0. (N·s/mm)	None	55.	Body-Body	assem

Connection Matrix

	assembly_solid-FreeParts|1	assembly_solid-FreeParts|2	assembly_solid
assembly_solid-FreeParts|1	----		
assembly_solid-FreeParts|2	Frictional - assembly_solid-FreeParts|2 To assembly_solid-FreeParts|1	----	
assembly_solid-FreeParts|3	Longitudinal - assembly_solid-FreeParts|3 To assembly_solid-FreeParts|1	Frictional - assembly_solid-FreeParts|2 To assembly_solid-FreeParts|3 Bonded - assembly_solid-FreeParts|2 To assembly_solid-FreeParts|3 Contact Region	----

图 6.53 接触工作表视图（2）

6.7.5 实体视图（Body View）

单击 Mechanical 目录树 Connections 分支下的一个接触对，从主菜单 Connections>>Views>>Body Views/Sync Views 可激活多窗口查看接触，图形窗口呈现主窗口、接触面窗口以及目标面窗口，接触对分别以高亮显示。Sync Views 激活时，在窗口内旋转模型时，3 个窗口联动以查看接触对的具体细节特征，如图 6.54 所示。

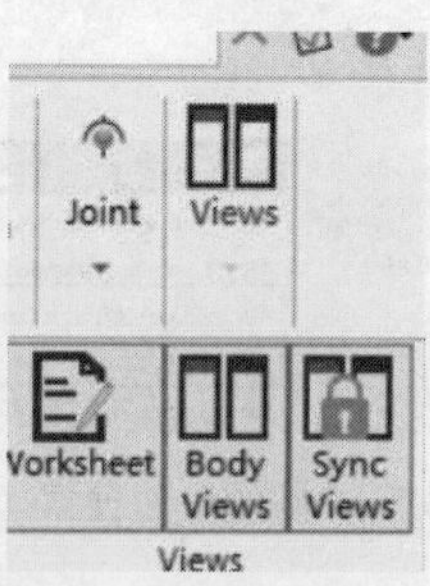

图 6.54 视图联动

6.7.6 关闭接触自动探测

程序默认在几何导入至 Mechanical 以及在 Workbench 界面 Model 栏目右键单击 Refresh 时，自动探测接触并生成接触对象。在一些应用场合（如模型中接触较少），用户希望手动完成接触的定义，只需通过以下设置关闭程序的自动探测接触选项即可，如图 6.55 所示。

- Workbench 界面下 Tools>>Options>>Mechanical>>Auto Detect Contact On Attach 不勾选。
- Mechanical 界面下 Connections>>Auto Detection>>Generate Automatic Connection On Refresh 选择 No。

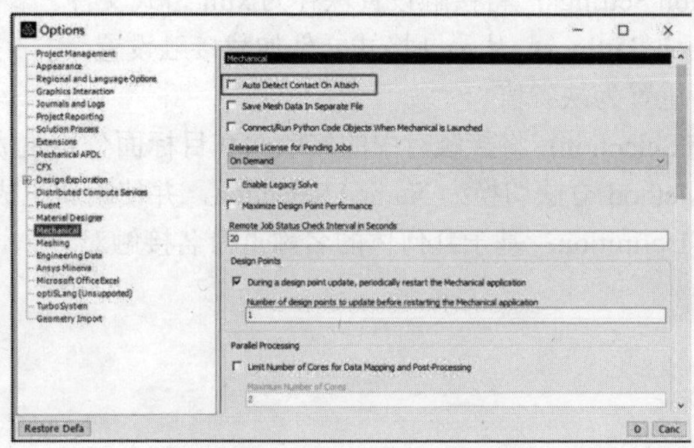

（a）

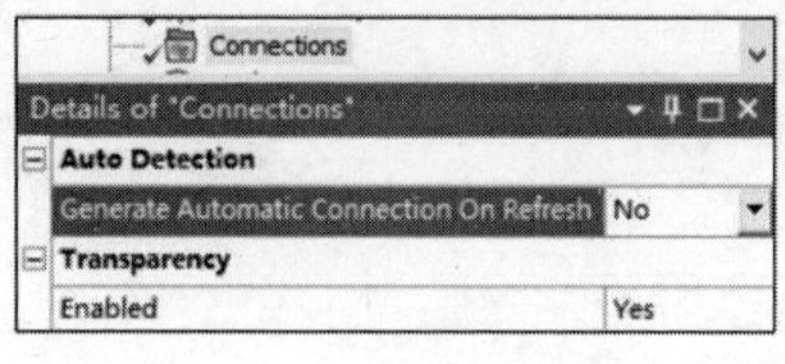

（b）

图 6.55　关闭自动探测接触

6.7.7　其他

在目录树接触对象单击右键，弹出菜单的诸多选项使接触对的处理非常高效，选项界面如图 6.56 所示。

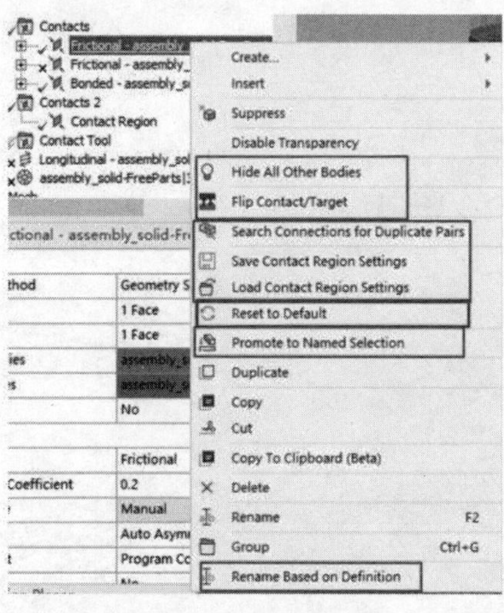

图 6.56　选项界面

Hide All Other Bodies：将未包含接触面或目标面的所有体隐藏。

Flip Contact/Target：接触面/目标面翻转。

Search Connections for Duplicate Pairs：搜索重复定义的接触对。

Save Contact Region Settings：将接触设置保存为 xml 格式文件。

Load Contact Region Settings：从 xml 格式文件加载接触设置。

Reset to Default：重置为缺省值。

Promote to Named Selection：将接触对中的接触面和目标面分别生成 Named Selection，同时把接触对的 Scope Method 方法切换为 Named Selection，并使用新生成的 Named Selection。

Rename Based on Definition：基于几何体的名称重命名接触对。

第 7 章 APDL 命令流扩展 Mechanical 功能

Mechanical 简单易用的操作界面所提供的功能可以满足用户大部分需求，如第 1 章所述，基于 MAPDL 的界面虽不再更新，但 MAPDL 丰富的命令库仍将持续不断地扩展与更新，Mechanical 中暂时无法实现的功能可以通过插入 MAPDL 命令对象（Command Objects）的方式来实现。本章未对 MAPDL 的操作界面及命令做详细介绍，而通过一些命令片段来演示 Mechanical 功能的扩展。

回顾 Mechanical 目录树与 MAPDL 求解流程（前处理、求解和后处理）的对比图以及 MAPDL 的分析流程，我们可以在 Mechanical 的几何分支（Geometry）及接触分支（Connections）插入前处理中的相关命令，在分析环境（如 Static Structural）分支下插入求解模块命令，在后处理模块（Solution）分支下插入后处理命令。Mechanical 与 MAPDL 模块对应关系如图 7.1 所示。

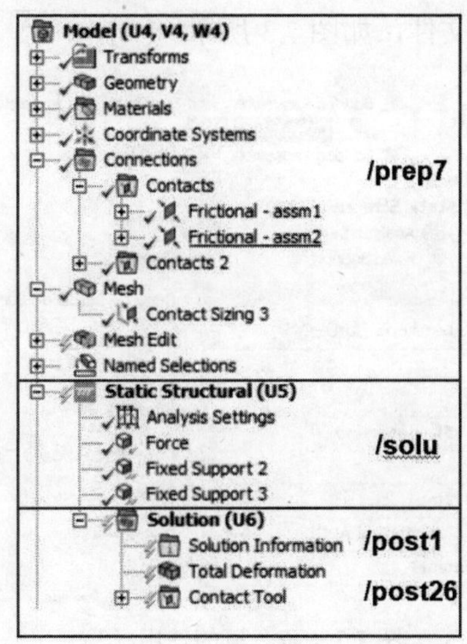

图 7.1 Mechanical 与 MAPDL 模块对应关系

当然，这样区分也并非绝对，比如下面的流程也是可行的：

- 在分析环境分支下的命令流中切换到/prep7 中进行模型的前处理，再重新进入求解模块/solu 进行分析设置。
- 在后处理模块分支下的命令流中切换到求解模块/solu 进行分析设置，提交求解，再重新进入后处理模块。

7.1 命令流的使用

具体地，可以在目录树中的以下部分插入命令行：Beam, Bearing, Body, Condensed Part,

Contact Region, Distributed Mass, Environment objects, Joint, Point Mass, Pre-Stress, Remote Point, Solution, Spring 以及 Thermal Point Mass 等。

在以上对象单击鼠标右键 Insert>>Commands 或直接在该对象功能区单击 Commands 按钮插入命令行，如图 7.2 所示。

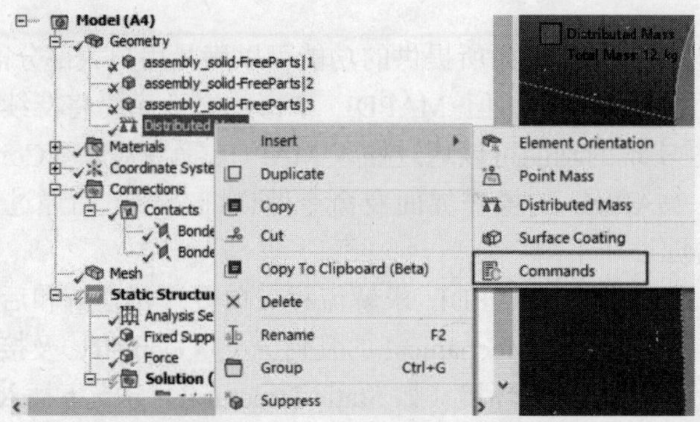

图 7.2　命令流的使用（1）

命令行对象通过 Import...从文本文件中导入，或直接在 Command 窗口编写，Export...可将编写完成的命令行输出到文本文件，如图 7.3 所示。

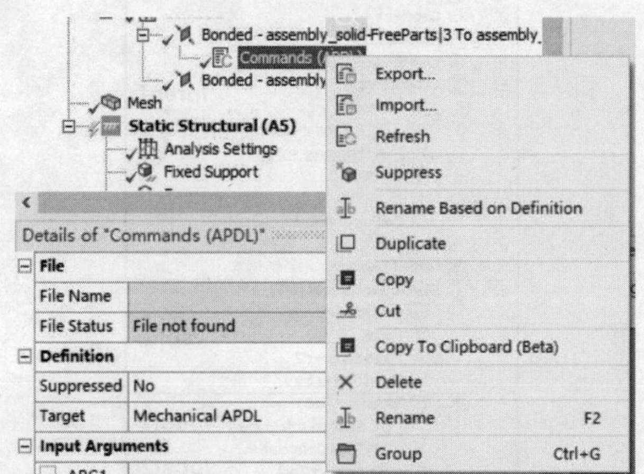

图 7.3　命令流的使用（2）

在编写命令时，程序自动提示给出所输入命令的提示信息，如图 7.4 所示。

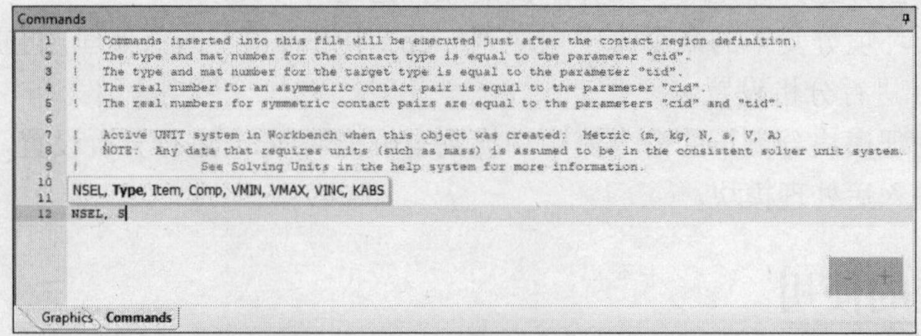

图 7.4　命令流的使用（3）

注意：并非所有的 APDL 命令都可以在 Mechanical 中使用。例如，目前不支持改变结果文件的命令 RAPPND，更改节点编号、单元编号或更改节点在单元上的排列方式的命令会导致后处理错误。

7.1.1 命令流的单位制

一旦单击 solve 提交程序求解，Mechanical 就将所有模型信息转换至激活的单位系统中。图 7.5 所示为分析设置单位和求解信息中的输出单位，两者保持一致。

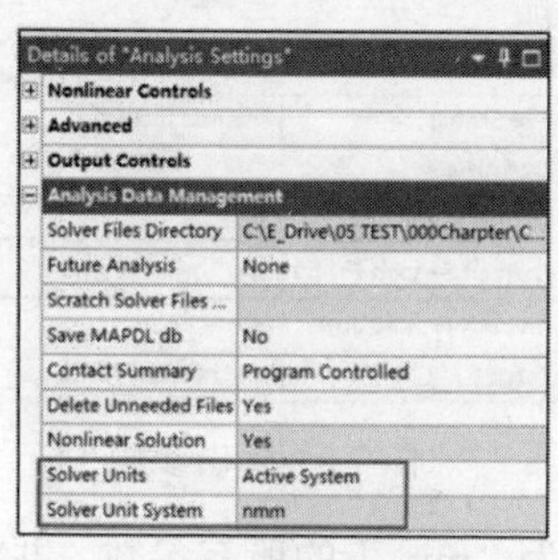

（a）分析设置单位

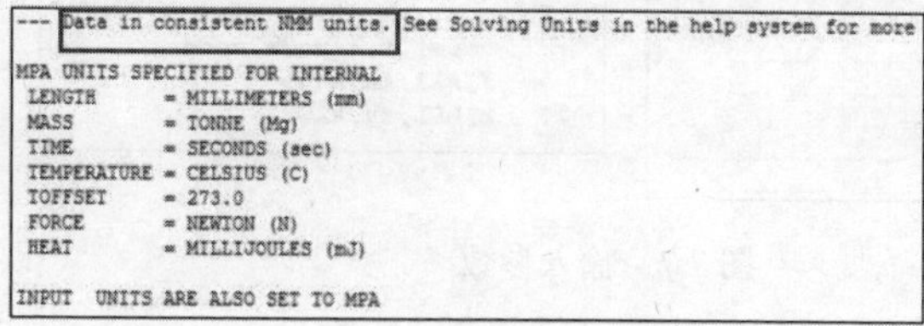

（b）求解信息中的输出单位

图 7.5 命令流的单位（1）

当用户在对象下插入命令流时，命令流片段窗口使用并记录当前激活的单位系统，如图 7.6 所示，该窗口的单位制并不随着当前模型单位系统的切换而切换。

```
! Commands inserted into this file will be executed just after the contact region definition.
! The type and mat number for the contact type is equal to the parameter "cid".
! The type and mat number for the target type is equal to the parameter "tid".
! The real number for an asymmetric contact pair is equal to the parameter "cid".
! The real numbers for symmetric contact pairs are equal to the parameters "cid" and "tid".

! Active UNIT system in Workbench when this object was created: Metric (mm, kg, N, s, mV, mA)
! NOTE: Any data that requires units (such as mass) is assumed to be in the consistent solver unit system.
!            See Solving Units in the help system for more information.
```

图 7.6 命令流的单位（2）

任何单位系统的不一致（如不同命令流片段使用了不同的单位制，或虽然不同命令流片段建立时采用相同的单位制，但是提交求解时使用了其他的单位制等），都将导致程序自动弹出以下警告信息，提醒用户检查模型。

The unit system of Command object(s) such as Static Structural>Commands (APDL) at the time of creation, differs from the solver unit system. Check your data and results accordingly.

7.1.2 命令流输入参数及输出参数

输入参数：输入参数可用于所有命令行对象，支持最多 9 个数值型参数。输入参数在命令行对象的属性窗口 Input Arguments 栏目进行编辑，输入数值后，ARG1～ARG9 可直接作为变量在命令行中使用。若 ARG1～ARG9 之前的复选框打钩，则自动作为输入设计点（Design Points）参数显示在 Workbench 的参数列表中，便于用户做进一步的参数优化，如图 7.7 所示。如果参数值字段为空，则不会传递至求解器。

输出参数：输出参数仅在后处理命令行对象中可用，其属性栏 Definition>>Output Search

Prefix 默认为“my_”，指定了输出参数的前缀为“my_”，用户可以自定义前缀或使用该默认字符串，如图 7.8 所示。

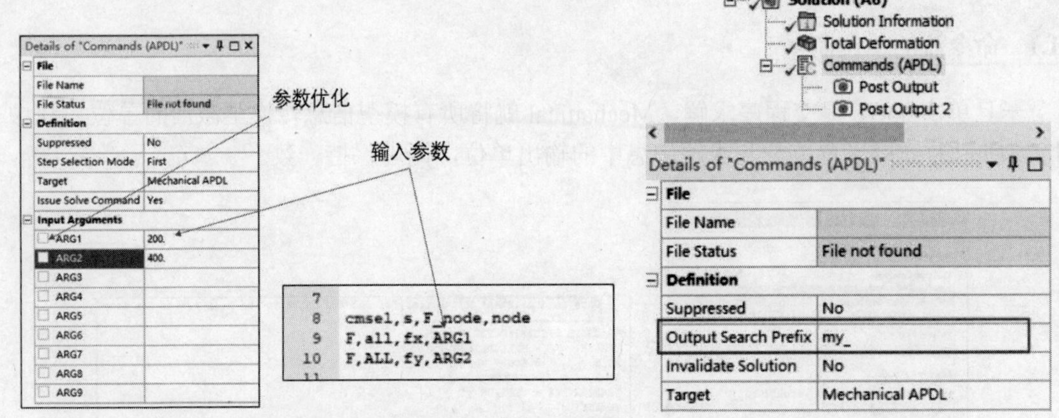

图 7.7 输入参数　　　　图 7.8 输出参数（1）

当使用默认时，程序执行后处理命令时自动搜索前缀为“my_”的所有参数，并将其输出至命令行对象的属性栏目“Results”中，同样地，勾选输出参数名称前的复选框，该参数传递至 Workbench 界面进入设计点的参数表中，如图 7.9 所示。

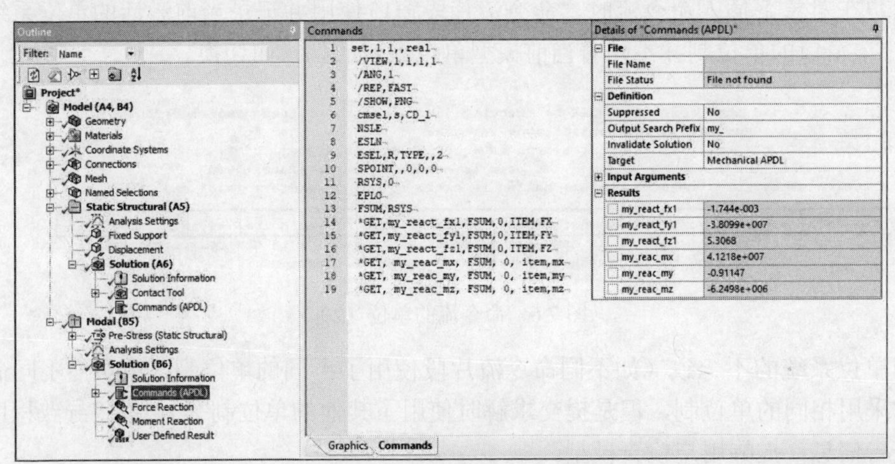

图 7.9 输出参数（2）

7.1.3 常用内部参数

当项目文件保存时，根据 Workbench 的文件管理规则，项目文件夹下自动保存了 user_files 目录。程序提交求解时，ds.dat 文件中自动生成了字符串变量：

```
_wb_userfiles_dir(1)
```

其值对应于 user_files 目录的路径。

用户可以在命令流 Command（APDL）中使用该变量读取文件或输出文件到该文件夹。举例说明，当 user_files 目录下存放了自定义宏文件或命令流文件 my.mac，可通过下面的命令调用：

```
/INPUT,'%_wb_userfiles_dir(1)%my.mac'
```

7.2 几何分支命令流

在几何分支对象下插入 Command（APDL）可实现如下功能（图 7.10）：

- 修改/增加材料属性。
- 修改单元类型。
- 修改单元关键选项。
- 修改/添加实常数/截面属性。
- 指定单元坐标系等。

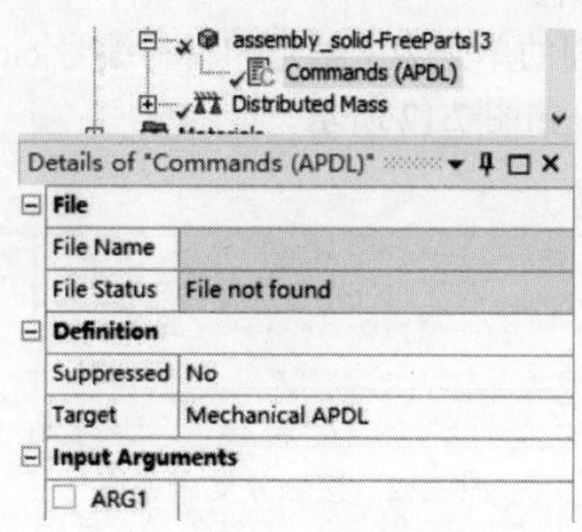

图 7.10　几何分支命令流（1）

在命令流窗口中使用几何对象的材料编号 matid，单元类型编号 typeids 对单元属性进行修改/添加，如图 7.11 所示。

```
!   Commands inserted into this file will be executed just after material definitions in /PREP7.
!   The material number for this body is equal to the parameter "matid" if it's not a part of a Material Assignment.
!   The element type numbers for this body can be referenced using the 1-D array parameter "typeids".

!   Active UNIT system in Workbench when this object was created:  Metric (mm, kg, N, s, mV, mA)
!   NOTE:  Any data that requires units (such as mass) is assumed to be in the consistent solver unit system.
!                See Solving Units in the help system for more information.
```

图 7.11　几何分支命令流（2）

注意：

- 不要更改单元的材料编号，因为这将导致 MAPDL 和 Mechanical 的数据传输异常。
- 不要使用大段的 Commands APDL 对象来更改所有材料，而是在每个 part 下添加单独的 Commands APDL 对象，用户可以通过这种方式在 Commands APDL 对象中引用 matid。
- 复制和粘贴 Commands APDL 对象实现从一个 part 到另一个 part 的赋值。
- 若使用 Material Assignment 对 Multi-body 部件进行了材料指定，程序将不再通过 matid 识别其中的实体，这种情况下，通过 typeids 一维数组来识别其中的某个 body，如使用 typeids(1)识别第一个 body。

示例：下面的 Command（APDL）定义了几何对象的线弹性、非线性及蠕变材料特性。

```
MP,EX,MATID,200e3
MP,NUXY,MATID,0.3
TB,BISO,MATID,1
```

```
TBDATA,1,300,2e3
TB,CREEP,MATID,1,3,10
TBDATA,1,3.125E-14,5,0
```

7.3 接触分支命令流

在接触分支对象下插入 Command（APDL）可实现如下功能：

- 流体渗透压力。
- 表面磨损。
- 修改/增加接触关键选项。
- 修改/增加接触实常数等。

在命令流窗口中使用接触面的单元类型编号和材料编号 cid，目标面的单元类型编号和材料编号 tid 修改/添加接触属性，如图 7.12 所示。

```
Commands
!   Commands inserted into this file will be executed just after the contact region definition.
!   The type and mat number for the contact type is equal to the parameter "cid".
!   The type and mat number for the target type is equal to the parameter "tid".
!   The real number for an asymmetric contact pair is equal to the parameter "cid".
!   The real numbers for symmetric contact pairs are equal to the parameters "cid" and "tid".

!   Active UNIT system in Workbench when this object was created:  Metric (mm, kg, N, s, mV, mA)
!   NOTE:  Any data that requires units (such as mass) is assumed to be in the consistent solver unit system.
!                See Solving Units in the help system for more information.
```

图 7.12　接触分支命令流

示例：下面的 Command（APDL）定义了流体渗透压力。

```
ESEL,s,type,,cid
SFE,all,1,pres,,6
ALLSEL,all
```

7.4 分析环境命令流

在分析环境对象下插入 Command（APDL）可对求解设置及载荷步进行控制，命令流属性栏目 Definition>>Step Selection Mode 控制命令流所作用的载荷步，选项包括：First, Last, All, By Number，如图 7.13 所示。命令行内容作用于整个求解过程（如分布式求解、输出控制、重启动控制、非线性控制等）时，使用“All”，其他如单元生死、载荷修改、边界条件修改等场合则指定命令行作用的载荷步。**Issue Solve Command** 指定该命令流完成后，是否执行 Solve 命令，程序默认执行，因此并不需要在命令流的最后一行使用 Solve 命令。

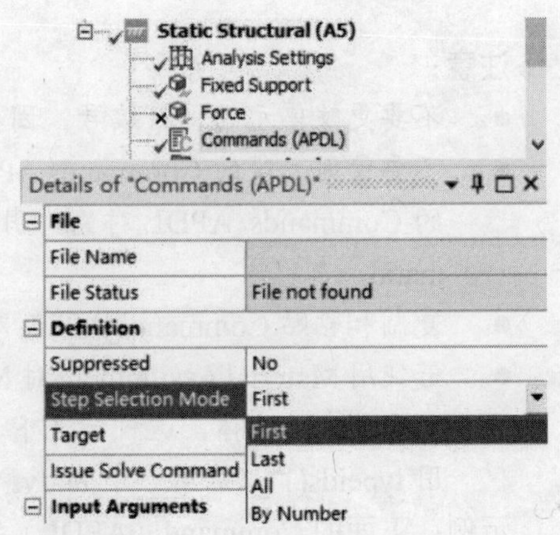

图 7.13　分析环境分支命令流

7.5 后处理命令流

在 Solution 对象下插入 Command（APDL）对结果进行后处理，既可以在提交程序求解前插入命令流，也可以选择对已完成求解的分析插入命令流进行后处理。使用前者时，程序顺序执行求解，并进入后处理模块（/post1 或/post26）完成指定的数据处理任务。当使用后者时，用户可通过 **Invalidate Solution** 控制程序是否重新求解，默认为“No”，即不重新求解整个模型而只进行后处理，如图 7.14 所示。设置为“Yes”时，程序清除当前结果文件，重新求解模型并完成后处理任务，由此可见，程序默认设置保证了数据处理的高效性。

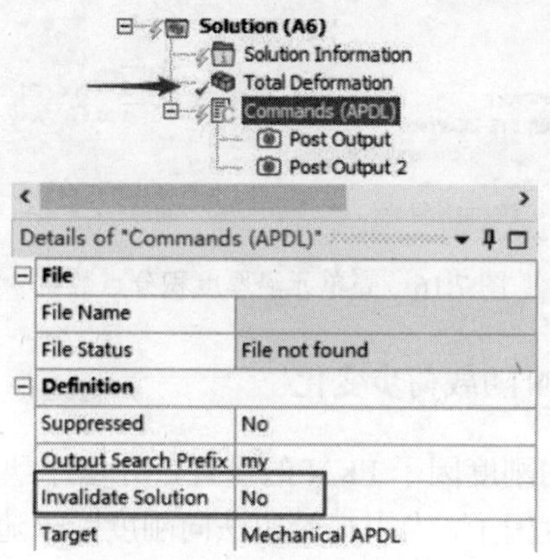

图 7.14　后处理命令流（1）

Solution Information 属性栏中 Solution Information>>Solution Output>>Post Output 选项把 Solution 对象下处于激活状态的命令流 Command（APDL）显示在当前的 Worksheet 窗口，且在求解文件夹下生成独立的 post.dat 和 post.out 文件，如图 7.15 所示。

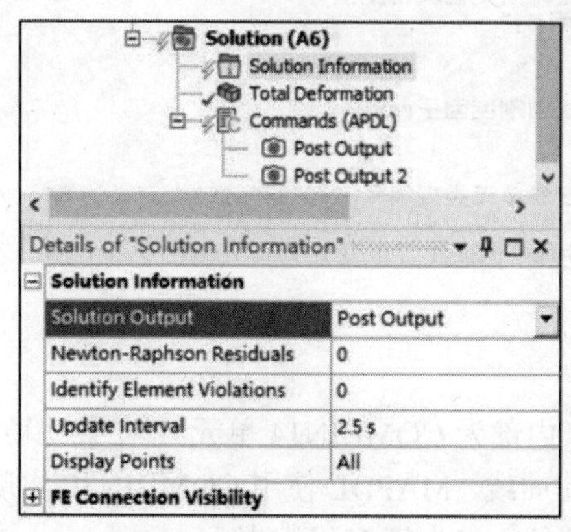

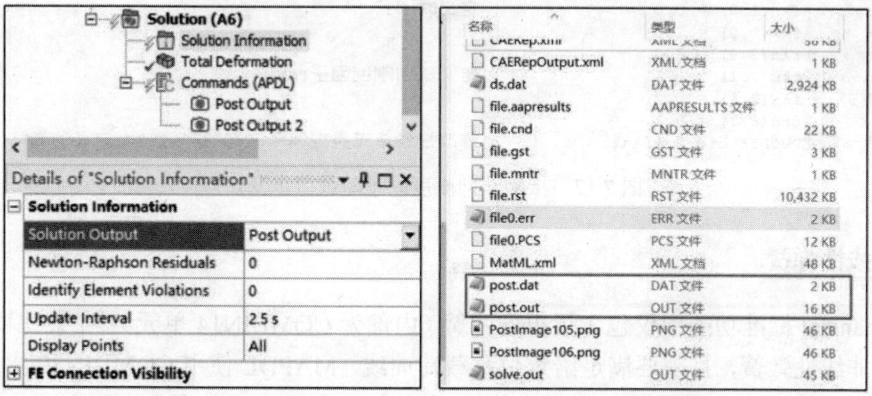

（a）Post Output 选项　　　　（b）求解文件夹

图 7.15　后处理命令流（2）

当命令流中包含 Resume,,db 时，需要在求解前设置保存 db 文件（Analysis Settings>>Analysis Data Management>>Save MAPDL db）。

7.6 应用案例

7.6.1 修改壳单元沿厚度积分点数量

壳单元默认使用 shell181 单元，积分点沿厚度方向为 3。通过在几何对象插入命令流 Command（APDL）的方式实现修改积分点数量。

以下两行命令将当前壳单元厚度修改为 2，沿厚度方向积分点设置为 9，如图 7.16 所示。

Sectype,matid,shell

Secdata,2,matid,,9

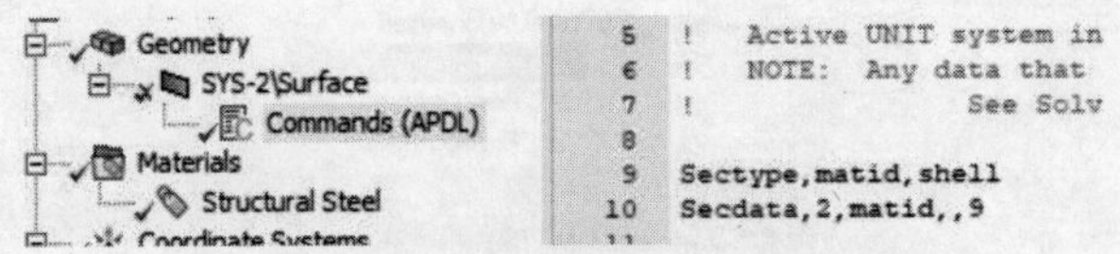

图 7.16　壳单元沿厚度积分点数量

7.6.2 接触法向刚度因子 FKN 随载荷步变化

第 5 章中讲述了接触法向刚度因子 FKN 的设置，分程序默认和手动设置，两种设置仅控制了初始分析的接触法向刚度因子，当用户希望法向刚度因子随载荷步线性变化时，可以通过接触分支命令流 Command（APDL）的方式实现。

举例说明其实现流程，分析包含 2 个载荷步，结束时间分别为 1s 和 2s，在 0s、1s、2s 时摩擦接触法向刚度因子 FKN 分别为 0.1、0.2、0.1。在摩擦接触对象下插入命令流 Command（APDL），编辑命令流内容如图 7.17 所示。

```
*DIM,fkn,table,3,1,,TIME        ! 定义随时间变化表格变量
fkn(1,0) = 0.0                  ! 定义时间行
fkn(2,0) = 1.0
fkn(3,0) = 2.0
fkn(1,1) = 0.1                  ! 定义法向刚度因子FKN
fkn(2,1) = 0.2
fkn(3,1) = 0.1
RMODIF,cid,3,%fkn%              ! 修改接触单元类型编号cid的实常数3为定义的表格
```

图 7.17　接触法向刚度因子随载荷步变化

7.6.3 非线性弹簧

Mechanical 标准功能中仅包含了单向弹簧（内部为 COMBIN14 单元），在某些场景下经常需要用到非线性弹簧，且需要满足给定位移载荷曲线，MAPDL 使用 COMBIN39 实现该功能。图 7.18 所示为非线性弹簧，*DN-FN* 为位移-力曲线，*N* 为第 *N* 组数据。

如非线性弹簧共有 3 组位移-力数据，分别为（1mm,100N）、（2mm,500N）、（3mm,1000N）。在弹簧对象下插入命令流 Command（APDL），在命令行窗口编辑命令流内容如图 7.19 所示，注意到第一行将 Mechanical 默认的弹簧单元定义为非线性弹簧单元 COMBIN39 单元。

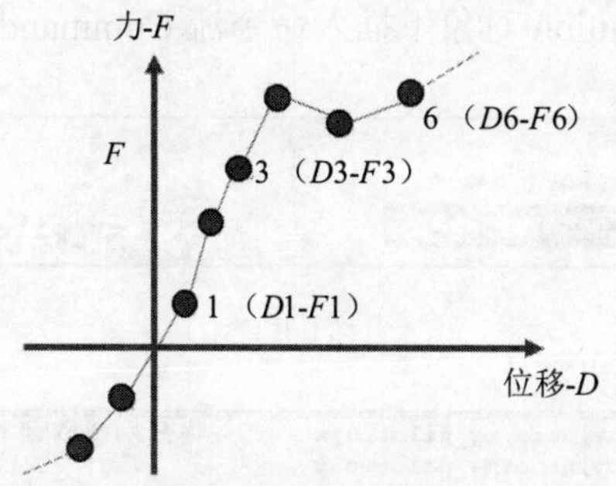

图 7.18　非线性弹簧（1）

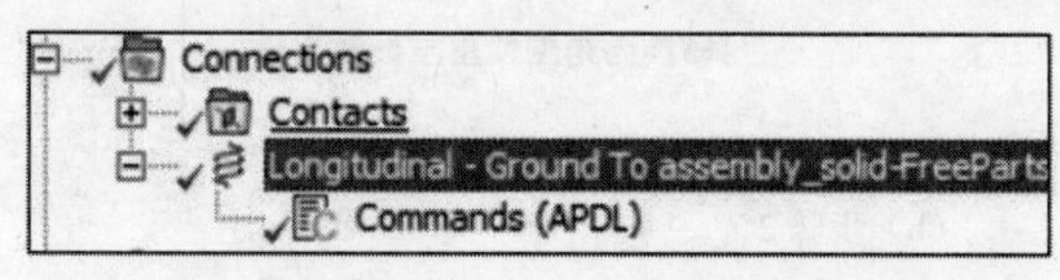


```
et,_sid,39,,,,1              ! 将默认弹簧单元修改为COMBIN39非线性轴向弹簧
r,_sid,0,0,1,100,2,500       ! (0,0),(1,100),(2,500)
rmore,3,1000                 ! (3,1000)
```

图 7.19　非线性弹簧（2）

7.6.4　频率相关阻尼

参考 5.8.9 节频率相关阻尼（Frequency-dependent Damping）。

7.6.5　模态坐标输出

参考 5.3.6 节模态坐标输出。

7.6.6　Mechanical 输出 cdb 文件

参考 1.5.3 节 Mechanical 输入/输出 cdb 文件。

7.6.7　在已变形的结构上继续施加新的位移条件

参考 3.2.4 节在已有变形的基础上施加新的位移条件。

7.6.8　转角输出

Mechanical 后处理时可以非常方便地输出结构沿坐标轴 X、Y、Z 轴的变形分量云图，当需要输出对象的转角时，需要用两种间接的方法来实现：

方法 1：建立 General 类型的 Body to Ground 运动副（Joint），将几何面 Attach 至 Mobile 对象，将运动副的 3 个平移及 3 个转动自由度全部设置为 Free。后处理时，直接使用 Joint Probe 功能查询运动副的 Relative Rotation。

方法 2：使用远端点（Remote Point）附着在几何上，通过命令提取远端点的转角。首先在 Remote Point 对象下插入命令流 Command（APDL），将远端点节点编号_pilot 赋值给自定义变量 my_pilot。目录树 Solution 对象下插入命令流 Command（APDL）如图 7.20 所示。

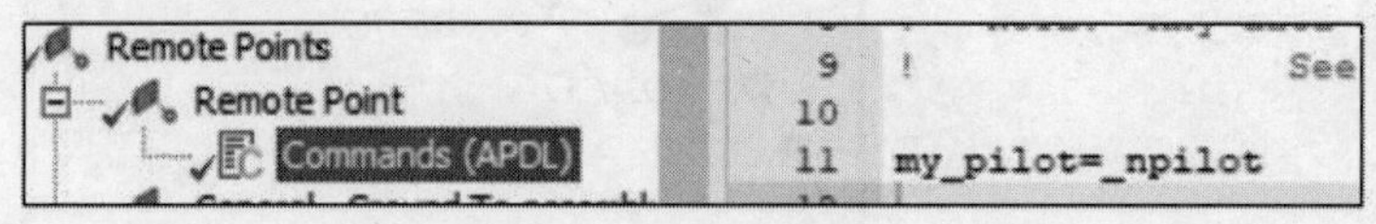

（a）步骤 1

```
*get,my_ux,node,my_pilot,u,x          !分别提取远端点位移及转角
*get,my_uy,node,my_pilot,u,y
*get,my_uz,node,my_pilot,u,z
*get,my_usum,node,my_pilot,u,sum
*get,my_rotx,node,my_pilot,rot,x
*get,my_roty,node,my_pilot,rot,y
*get,my_rotz,node,my_pilot,rot,z
pi=acos(-1)
my_rotx=my_rotx*180/pi                !转换为角度输出至参数列表
my_roty=my_roty*180/pi
my_rotz=my_rotz*180/pi
```

（b）步骤 2

图 7.20　转角输出（1）

后处理得到的变形及转角输出至命令流对象的属性栏中，如图 7.21 所示。

Commands (APDL) 2
Force Reaction

Details of "Commands (APDL) 2"

Definition	
Suppressed	No
Output Search Prefix	my_
Invalidate Solution	No
Target	Mechanical APDL
Input Arguments	
Results	
my_ux	-4.5113e-003
my_uy	1.9047e-005
my_uz	1.7473e-003
my_usum	4.8379e-003
my_rotx	-6.9692e-006
my_roty	-2.0074e-003
my_rotz	2.9973e-006

图 7.21　转角输出（2）

7.6.9　提取节点结果并写入文本文档

有时需要将感兴趣的节点结果打印至文本文档以便于数据的进一步处理，可通过以下步骤实现：

（1）将需要打印节点结果的几何对象建立组件（Named Selection）。假定 Named Selection 已包含一组几何面，名称为 output_face。

（2）在目录树 Solution 对象下插入命令流 Command（APDL），如图 7.22 所示，通过执行命令流，程序自动将该组几何面所有节点编号及位移分量 4 列数据写入到文本文档 output.txt 中。

```
/POST1
!读入最后一个子步
set,last
!选择位于Named Selection（output_face）上的节点
cmsel,s,output_face,node
!求节点个数nnum
nnum=ndinqr(0,13)
!定义nnum行，4列数组
*dim,unall,,nnum,4
!执行循环，给数组赋值
!第1列为节点号，第2,3,4列分别为x,y,z向位移
ndnum=ndnext(0)
*do,j,1,nnum,1
unall(j,1)=ndnum
*get,unall(j,2),node,ndnum,u,x
*get,unall(j,3),node,ndnum,u,y
*get,unall(j,4),node,ndnum,u,z
ndnum=ndnext(ndnum)
*enddo
!将4列数据写入到文本文档output.txt中
*cfopen,'d:\output.txt'
*vwrite,
('node number#  uX  uY  uZ  ')
*vwrite,unall(1,1),unall(1,2),unall(1,3),unall(1,4)
(f6.0,6x,3e10.2,10x)
*cfclose
```

（a）命令行内容

output.txt

```
node number#     uX   uY   uZ
    1.       -0.81E+00  0.00E+00 -0.20E+01
    2.        0.00E+00  0.00E+00  0.00E+00
    3.       -0.79E+00  0.00E+00 -0.17E+01
    4.       -0.76E+00  0.00E+00 -0.15E+01
    5.       -0.72E+00  0.00E+00 -0.12E+01
    6.       -0.66E+00  0.00E+00 -0.95E+00
    7.       -0.59E+00  0.00E+00 -0.73E+00
```

（b）输出结果

图 7.22　节点结果输出至文本文档

7.6.10　提取模态分析有效质量

参考 5.2.4 节自由模态下非刚体模态的有效质量为 0 的情况。

7.6.11　预应力模态分析读取变形几何的模态振型结果

参考 5.2.6 节预应力模态分析读取变形几何的模态振型结果。

7.6.12　删除.rst 文件子步的结果

参考 1.5.11 节删除.rst 文件子步的结果实现结果文件“瘦身”。

第 8 章　Python 让结构仿真“飞”起来

8.1　概述

Mechanical 通过脚本功能将用户常用操作及仿真流程固化，最大限度减少仿真工程师烦琐的界面操作时间，从而实现结构仿真自动化。

Mechanical 中可以使用 Ansys ACT（Application Customization Toolkit）和 Mechanical Python APIs (Application Programming Interfaces)。

单击 Mechanical 主菜单 Automation>>Mechanical>>Scripting 打开脚本窗口，该窗口分 Editor 区和 Shell 区。Editor 区用来编辑较长的脚本及调试，脚本编辑过程中在 Shell 区执行短的脚本指令得到即时的结果输出，如图 8.1 所示。

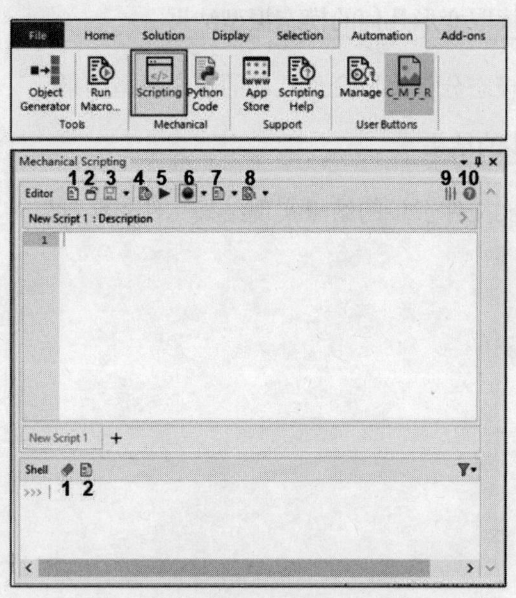

图 8.1　脚本图形界面

Editor 区按钮功能：

1——新建脚本窗口。

2——从硬盘打开 Python 文件（*.py）。

3——保存脚本至硬盘为*.py 文件。

4——运行 Editor 面板上的脚本。

5——进入脚本调试模式。

6——开启脚本录制，可通过下拉选项激活图形界面的视角输出。

7——插入脚本片段（Snippet），打开脚本片段编辑器。

8——打开按钮编辑器，用户自定义脚本及对应按钮。
9——缺省设置。
10——显示键盘快捷键。
Shell 区按钮功能：
1——清除 Shell 区内容。
2——插入脚本片段（Snippet）。
Shell 区快捷键：
Ctrl+↑：定位至上一个已执行命令。
Ctrl+↓：定位至下一个已执行命令。
Enter：运行命令。
Shift+Enter：插入新行。
本章不针对 API 做详细的介绍，通过一个典型案例来了解 Script 的应用。

8.2 脚本应用案例

该案例为结构钢 L 角钢一侧表面约束，另外一侧焊接 3 块平板，使用 Bonded 接触建立连接（指定 Pinball 半径=10mm），在平板端部分别施加不同的载荷，如图 8.2 所示。

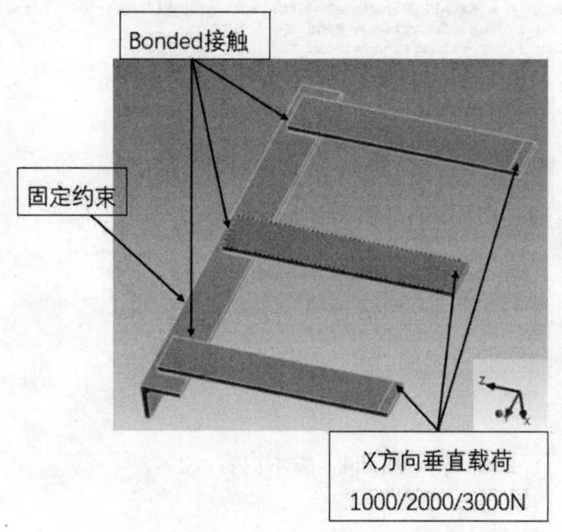

图 8.2　脚本应用案例

1. GUI 界面操作
（1）材料属性定义，几何模型导入，分配材料属性。
（2）建立 Named Selection（通过 SCDM 或者 Mechanical 完成）。
平板一端的 3 个接触面分别命名为：Cont_1、Cont_2 和 Cont_3。
角钢顶面的 3 个目标面分别命名为：Targ_1、Targ_2 和 Targ_3。
角钢侧面的约束面命名为 Fixed。
平板端部的 3 个加载面分别命名为：Force_1、Force_2 和 Force_3。
所有实体放入名称为 Body_mesh 的 Named Selection。

2. Script 编写

本案例中，脚本应实现以下功能：

（1）3 个接触对定义、Pinball 指定。

（2）网格设置及网格生成。

（3）分析设置（大变形打开）。

（4）边界条件设定。

（5）载荷施加。

（6）求解。

（7）Total Deformation 云图结果提取以及等效应力结果提取。

脚本内容如图 8.3～图 8.5 所示。

```
#初始化
model = ExtAPI.DataModel.Project.Model
geom = Model.Geometry
mesh = Model.Mesh
Connect = model.Connections
material = model.Materials
analysis = model.Analyses[0]
solution = analysis.Solution

#Contact Creation 生成接触
Tcon = Connect.AddConnectionGroup()
Tcon.Name = "Bonded"
for idc in range(1,4):
    Con_1 = Tcon.AddContactRegion()
    Con_1.ContactType = ContactType.Bonded
    Bond_c = ExtAPI.DataModel.GetObjectsByName("Cont_{0}".format(idc))[0]
    Bond_t = ExtAPI.DataModel.GetObjectsByName("Targ_{0}".format(idc))[0]
    Con_1.SourceLocation = Bond_c
    Con_1.TargetLocation = Bond_t
    Con_1.PinballRegion = ContactPinballType.Radius
    Con_1.PinballRadius = Quantity(10, "mm")
```

图 8.3　脚本内容（1）

```
#Mesh Creation 网格设置及划分
meshcontrol = mesh.AddAutomaticMethod()
meshbody = ExtAPI.DataModel.GetObjectsByName("Body_mesh")[0]
meshcontrol.Location = meshbody
meshcontrol.Method = MethodType.HexDominant

Sizing = mesh.AddSizing()
Sizing.Location = meshbody
Sizing.ElementSize = Quantity(10,"mm")
mesh.GenerateMesh()

```

图 8.4　脚本内容（2）

```
#Analysis setting ,B.C. , Force Creation and solve
#分析设置，边界条件指定、载荷施加及求解
analysis.AnalysisSettings.LargeDeflection = True

FixBC = ExtAPI.DataModel.GetObjectsByName("Fixed")[0]
Fixed = analysis.AddFixedSupport()
Fixed.Location = FixBC

for idf in range(1,4):
    Force = analysis.AddForce()
    Force_1 = ExtAPI.DataModel.GetObjectsByName("Force_{0}".format(idf))[0]
    Force.Location = Force_1
    Force.DefineBy = LoadDefineBy.Components
    Force.XComponent.Output.SetDiscreteValue(0, Quantity(1000*idf, "N"))

#Get results and solver 设置结果输出及提交计算
TotalDef = solution.AddTotalDeformation()
TotalSeqv = solution.AddEquivalentStress()
solution.Solve()

```

图 8.5　脚本内容（3）

第 9 章　Mechanical 高级分析技术

9.1　螺栓建模技术（Bolt Modeling）

紧固件连接广泛应用于航空航天、汽车、通用机械、道桥及家电行业，实现零部件的装配及载荷传递功能，常用连接类型包括：螺栓连接、双头螺柱连接、螺钉连接、紧定螺钉连接、地脚螺栓连接、吊环螺栓连接、T 型槽螺栓连接和铆钉连接等。紧固件的种类很多，包括一字螺钉、六角螺栓、紧定螺钉、自攻螺钉、内六角螺栓、圆头螺钉、六角螺母及异性螺母等。螺栓、螺钉和螺柱根据性能等级的不同又分为高强度螺栓和普通螺栓。紧固件从设计、加工制造、安装以及验收都需遵循国家标准及行业标准。

本节从 Ansys Mechanical 仿真分析的角度，以施加预紧力的螺栓螺母连接为例，介绍常用的建模方法，包括实体模型和梁单元模型，实体模型包括含螺纹建模方法与不含螺纹的简化建模方法，梁单元模型包括手动建立梁单元与程序自动生成梁单元。

图 9.1 所示为法兰螺栓连接示意图，上、下法兰通过螺栓螺母连接，其中的螺栓孔为通孔。螺栓头与上法兰接触面为面-1，螺母与下法兰接触面为面-2，螺母与螺栓啮合面为面-3，上、下法兰凸台处为面-4（不同的螺栓连接建模方法与面-4 的接触无关，根据实际情况在面-4 建立接触对）。分两个载荷步：第一步为螺栓施加预紧力（Preload）；第二步为施加工作载荷（如内压）。

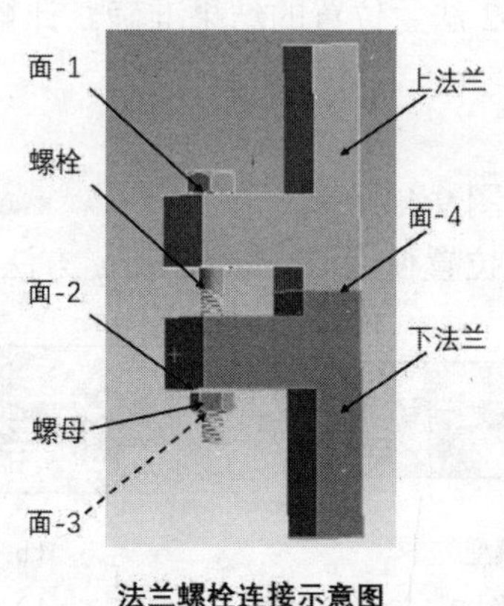

图 9.1　法兰螺栓连接示意图

9.1.1　实体模型——方法 1

螺栓、螺母使用含螺纹的 3D 模型，如图 9.2 所示。采用四面体网格，施加预紧力的圆柱面在分网时，需保证在高度方向至少 2 层网格。

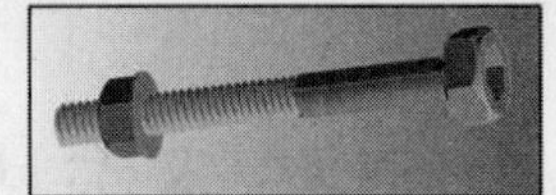
（a）几何模型

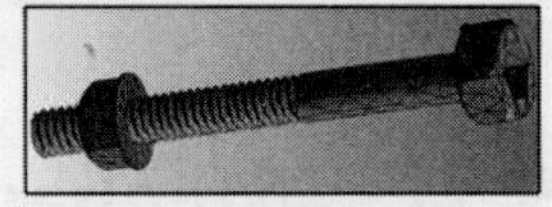
（b）网格模型

图 9.2　实体模型——方法 1

接触：面-1、面-2 及面-3 位置建立绑定接触。

载荷：预紧力作用在无螺纹的圆柱面上。

优缺点：模型前处理简单，网格控制要求较高，当网格密度足够时，由于使用了螺栓及螺母的真实刚度，精度最高，结果后处理简单。计算资源需求最高。

9.1.2　实体模型——方法 2

螺栓、螺母使用不含螺纹的 3D 模型，圆柱面直径使用螺纹的公称直径，如图 9.3 所示。采用四面体网格，施加预紧力的圆柱面在分网时，需保证在高度方向至少 2 层网格。

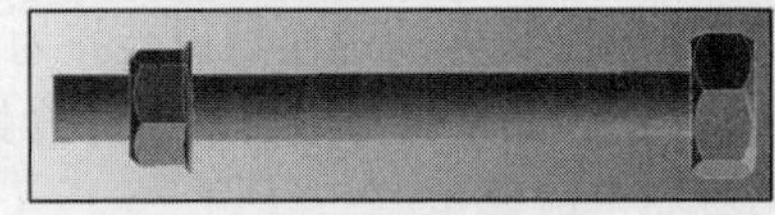
（a）几何模型

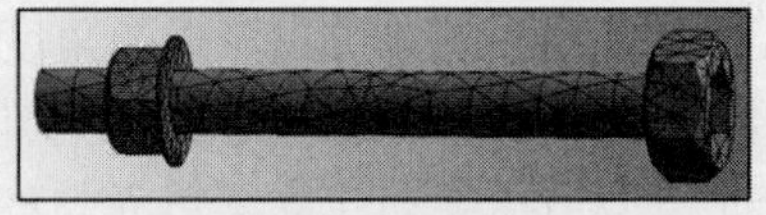
（b）网格模型

图 9.3　实体模型——方法 2

接触：面-1、面-2 及面-3 位置建立绑定接触。

载荷：预紧力作用在圆柱面上。

优缺点：几何前处理需要移除螺栓及螺母上的螺纹，增加了前处理的时间。网格划分容易。结果后处理简单，面-1、面-2 法兰位置的结果准确。计算资源需求较高。

9.1.3　实体模型——方法 3

几何模型与方法 2 相同，如图 9.4 所示。

对面-3 位置的螺栓螺母啮合位置使用 Contact Sizing 方法细化网格。

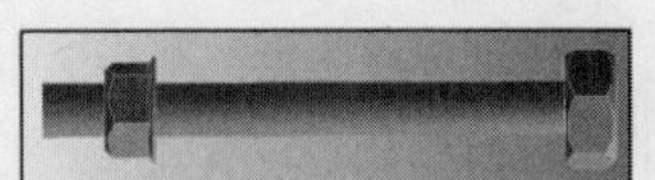
（a）几何模型

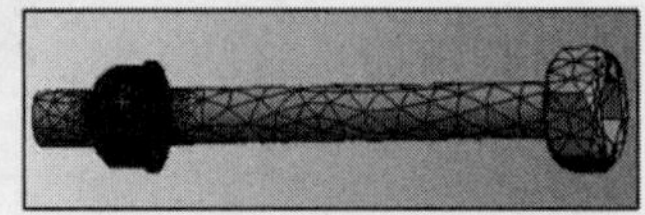
（b）网格模型

图 9.4　实体模型——方法 3（1）

接触：面-1、面-2 接触与方法 2 相同。面-3 位置建立绑定接触，接触行为选择非对称接触，接触面为螺栓面，目标面为螺母圆柱面，并使用几何调整（Geometric Modification）属性栏目 Contact Geometry Correction>>Bolt Thread 设置螺纹的几何参数，如图 9.5 所示。

载荷：预紧力作用在圆柱面上。

优缺点：几何前处理需要移除螺栓及螺母上的螺纹，增加了前处理的时间。面-3 位置网格质量要求高，结果后处理简单，面-1、面-2 和面-3 位置结果准确。计算资源需求较高。

Geometric Modification	
Contact Geometry Correction	Bolt Thread
Orientation	Program Controlled
Mean Pitch Diameter	4.9 mm
Pitch Distance	1. mm
Thread Angle	60. °
Thread Type	Single-Thread
Handedness	Right-Handed

图 9.5　实体模型——方法 3（2）

适用条件：

（1）Bolt Thread 基于一个小应变公式，当螺栓相对于其原始位置旋转较大角度时，不建议使用。

（2）仅对标准直螺纹有效，不适用于非标准螺纹（如锥形螺纹和锯齿螺纹）。

（3）螺纹区域的最大应力随网格密度而变化，但整体应力分布与方法 1 接近。

9.1.4　实体模型——方法 4

螺纹简化为圆柱面，螺栓头及螺母均去除六边形特征，而使用圆柱面，如图 9.6 所示。

螺栓螺母为均匀的六面体网格。

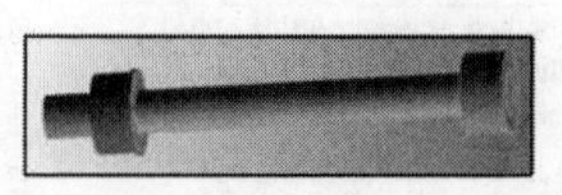

（a）几何模型

（b）网格模型

图 9.6　实体模型——方法 4

接触：面-1、面-2、面-3 接触与方法 3 相同。

载荷：预紧力作用在圆柱面上。

优缺点：几何前处理需要移除螺栓及螺母上的螺纹及使用圆柱体代替六边形的螺栓头及螺母，大大增加了前处理时间。几何体形状规则，结构化网格划分耗时少，即使用精细的网格尺寸，网格数量也比方法 3 要少，求解效率高。结果后处理简单，面-3 位置结果合理。

9.1.5　梁单元模型——方法 1

螺柱为梁单元（Line Body），在 SCDM 或 DM 建立梁单元，并分配截面属性，因此无螺栓头特征，无螺母。上、下法兰与螺栓头及螺母接触区域切割环形实体，与法兰主体形成 Multi-Body 实现共节点，得到结构化网格，如图 9.7 所示。梁单元在长度上至少 2 个单元。

接触：面-1、面-2 位置均创建点-面（梁端点与切分的环形面）接触，设置足够大的 Pinball，如图 9.8 所示。

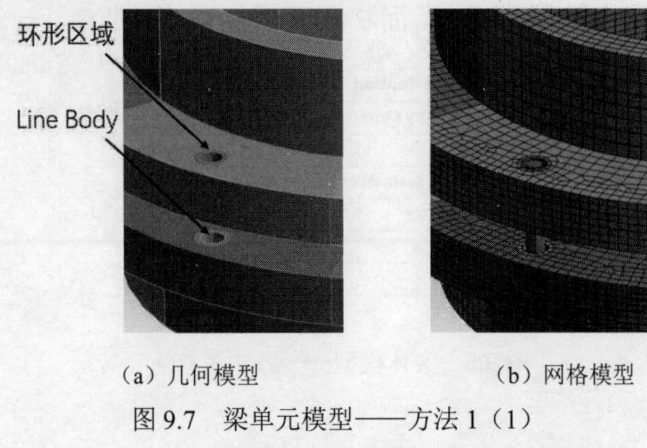

（a）几何模型　　　　　　　　（b）网格模型

图 9.7　梁单元模型——方法 1（1）

Details of "Bonded - Line Body To top flange"

Scope	
Scoping Method	Geometry Selection
Contact	1 Vertex
Target	1 Face
Contact Bodies	Line Body
Target Bodies	top flange
Protected	No
Definition	
Type	Bonded
Scope Mode	Manual
Behavior	Program Controlled
Trim Contact	Program Controlled
Suppressed	No
Advanced	
Formulation	MPC
Constraint Type	Distributed, Anywhere Inside Pinball
Pinball Region	Radius
Pinball Radius	25. mm
Geometric Modification	

Details　Section Planes

图 9.8　梁单元模型——方法 1（2）

载荷：预紧力作用在梁单元上。

优缺点：几何前处理需要切分圆柱体，建立梁单元模型，一定程度上增加了前处理时间。几何体形状规则，结构化网格划分容易，网格数量大幅减少，求解效率最高。结果后处理使用 Beam Tool 工具方便易用。面-1、面-2 位置应力近似。梁单元应力与实体单元应力在无螺纹位置接近，但梁单元应力无法体现螺母位置（即面-3 位置）的局部应力。螺栓轴向载荷受力与实体模型一致。

9.1.6　梁单元模型——方法 2

梁单元（Line Body）与方法 1 相同。上、下法兰几何不需处理。梁单元在长度上至少 2 个单元。

接触：面-1、面-2 位置均创建点-线（梁端点与法兰螺栓孔边）接触，设置足够大的 Pinball，如图 9.9 所示。

从连接视图 9.10 可以看出，Mechanical 自动将耦合节点从圆柱边向外延伸一个单元长度。

载荷：预紧力作用在梁单元上。

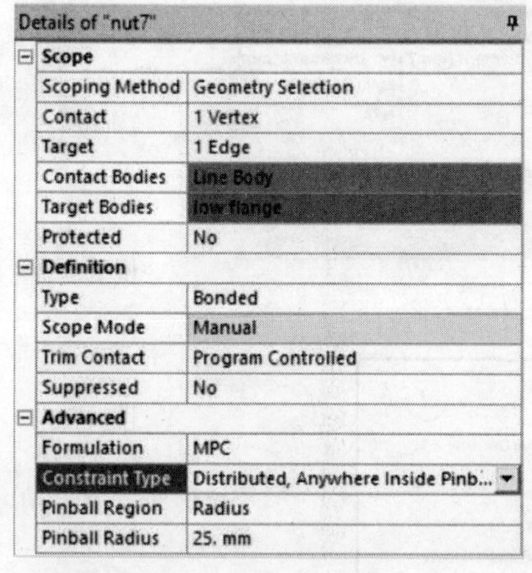

Details of "nut7"

Scope	
Scoping Method	Geometry Selection
Contact	1 Vertex
Target	1 Edge
Contact Bodies	Line Body
Target Bodies	low flange
Protected	No
Definition	
Type	Bonded
Scope Mode	Manual
Trim Contact	Program Controlled
Suppressed	No
Advanced	
Formulation	MPC
Constraint Type	Distributed, Anywhere Inside Pinb...
Pinball Region	Radius
Pinball Radius	25. mm

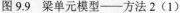

图 9.9　梁单元模型——方法 2（1）

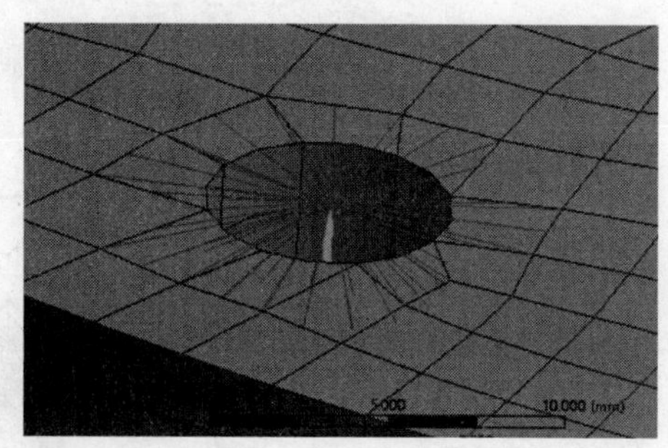

图 9.10　梁单元模型——方法 2（2）

优缺点：几何前处理需要建立梁单元模型，比方法 1 减少了前处理时间。几何体形状规则，结构化网格划分容易，网格数量大幅减少，求解效率最高。后处理使用 Beam Tool 工具方便易用。面-1、面-2 位置应力近似。梁单元应力与实体单元应力在无螺纹位置接近，但梁单元应力无法体现螺母位置（即面-3 位置）的局部应力。螺栓轴向载荷受力与实体模型一致。

9.1.7　螺栓预紧力（Bolt Pretension）

在 Mechanical 目录树 Static Structural 单击右键选择 Insert>>Bolt Pretension 或者直接单击功能区按钮 Load>>Bolt Pretension 插入螺栓预紧力。预紧力既可以施加在螺栓的圆柱面上，也可以施加在梁单元 Line Body 上，如图 9.11 所示。

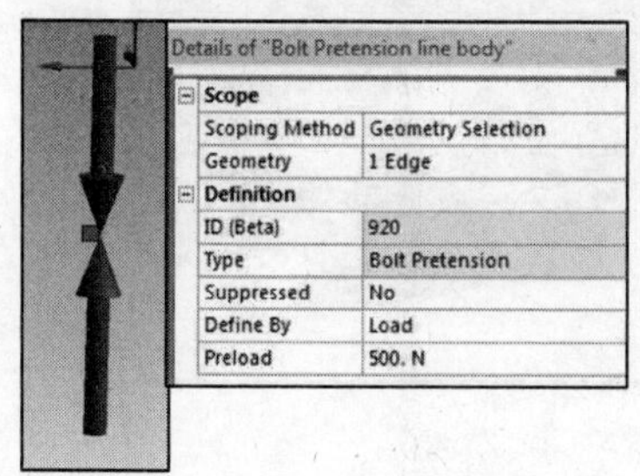

Details of "Bolt Pretension line body"

Scope	
Scoping Method	Geometry Selection
Geometry	1 Edge
Definition	
ID (Beta)	920
Type	Bolt Pretension
Suppressed	No
Define By	Load
Preload	500. N

（a）螺栓预紧力施加于 Line Body

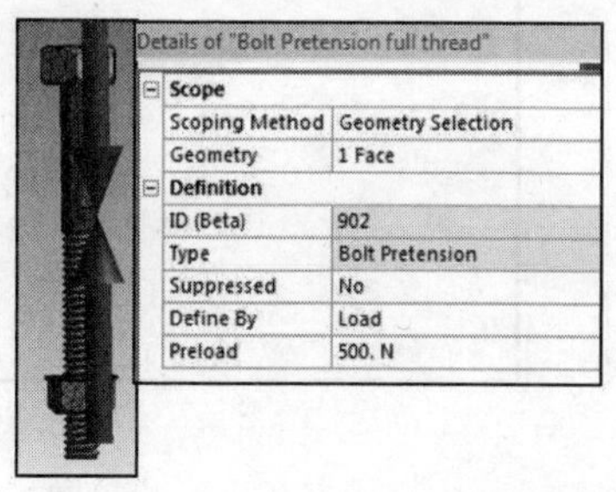

Details of "Bolt Pretension full thread"

Scope	
Scoping Method	Geometry Selection
Geometry	1 Face
Definition	
ID (Beta)	902
Type	Bolt Pretension
Suppressed	No
Define By	Load
Preload	500. N

（b）螺栓预紧力施加于螺栓圆柱面

图 9.11　螺栓预紧力（1）

在多载荷步分析中，通常将螺栓预紧力施加在第一个载荷步，输入预拉力数值或调整长度。后续的载荷步将螺栓预紧力 Tabular Data 第 2 列 Define By 设置为“Lock”，如图 9.12 所示。

螺栓预紧力在 Mechanical 内部自动使用 PSMESH 命令生成预紧截面 Pretes179，该截面将螺柱面（或梁单元）切分为两段，因此在执行预紧力施加时，要求沿螺栓长度方向至少要包括两个单元，如图 9.13 所示。每个预紧截面（图 9.14）仅有唯一的 k 节点，预紧 k 节点只有一个平移自由度 UX，它定义了预紧载荷方向上截面两侧（节点 i 和节点 j 分别位于截面两侧）之间的相对位移。

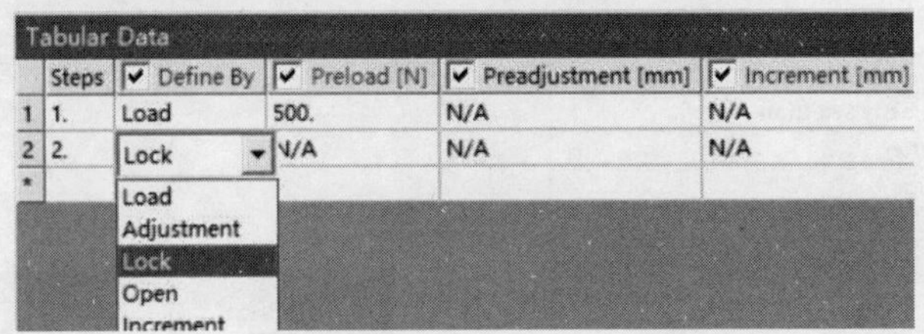

图 9.12　螺栓预紧力（2）

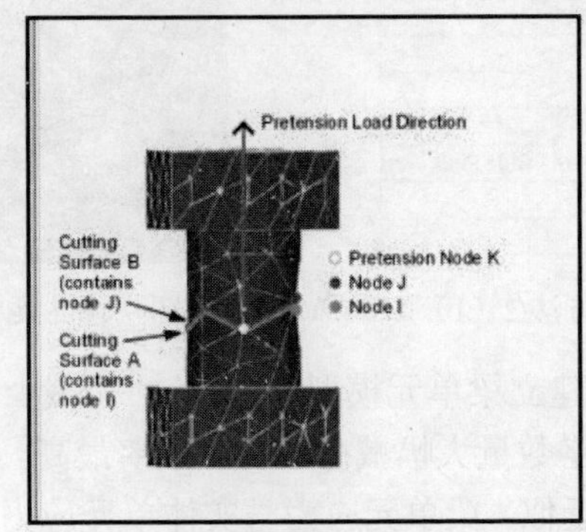

Pretes179 单元

图 9.13　螺栓预紧力（3）

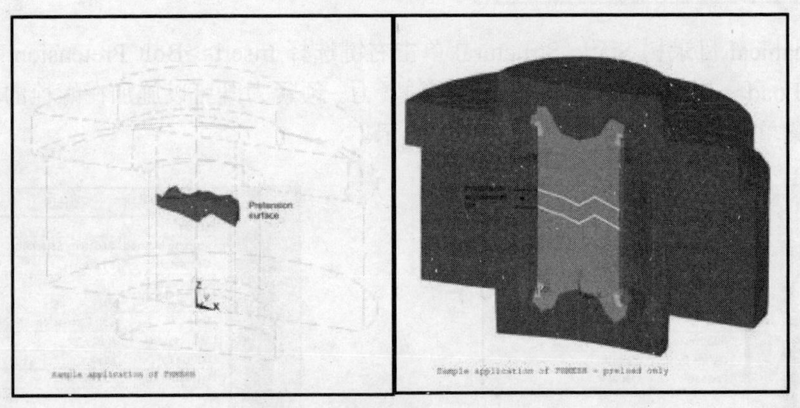

预紧截面

图 9.14　螺栓预紧力（4）

9.1.8　巧用重启动技术实现“螺栓预紧力求解一次，不同工作载荷反复使用”

考虑螺栓预紧力的分析中，当工作载荷的集合并不相同时，经常需要运行多个分析，每个分析的第一个载荷步（即螺栓预紧力载荷步）的结果是相同的，造成计算资源的浪费，尤其对非线性分析，这一点尤其明显。

例如，放置于室外的压力容器，底部由施加预紧力的地脚螺栓固定，假设分析考虑两种载荷工况，工况 1 为 1.5 倍的工作压力作用于面集合 A。工况 2 为 1.0 倍的工作压力（作用于面集合 A）外加侧向的风压（作用于面集合 B）。有限元分析通常针对两种工况进行两次独立的分析，第一个载荷步的螺栓预紧力重复计算了两次。

使用 **5.1.1 节重启动控制**可以避免多次求解螺栓预紧力，实现步骤如下：

（1）建立有限元模型 sys-A，把所有载荷（包括螺栓预紧力和不同载荷工况下的载荷）都施加到结构上。进行常规的分析设置如多载荷步、大变形等。仍以上述案例说明，将工况 1 作为第二个载荷步，将工况 2 作为第三个载荷步。

（2）重启动控制设置为保留所有重启点。

（3）将除螺栓预紧力外的其他载荷步设置为非活动的（Deactivate）。

（4）求解模型，得到 file.rst 结果文件。

（5）复制 sys-A，共享材料数据、几何和网格，得到 sys-B。

（6）在 sys-B 中，激活工况 1 的载荷数据（Activate）。

（7）单击 Solution 从功能区菜单 Tools>>Read Result File…读取第（4）步的结果文件 file.rst 将结果数据导入模型。

（8）修改 Analysis Settings 中的 Restart Analysis 选项，从 sys-A 第一个载荷步最后一个子步执行重启动。

（9）求解模型。

（10）对工况 2 重复步骤（5）～步骤（9）。

9.2 屈曲分析技术（Buckling Analysis）

9.2.1 基本概念

当受拉杆件的应力达到屈服极限或强度极限时，将引起塑性变形或断裂。这些是由于强度不足所引起的失效。当细长杆件受压时，表现出与强度失效完全不同的性质。当杆件受压超过某一临界值时，再增加压力，杆件会产生很大的弯曲变形，最终折断，此时杆件所受的压应力远小于屈服极限或强度极限，这种失效模式为结构丧失了稳定性，属于结构稳定性分析的范畴。对于薄板结构（如筒仓、钢塔），也同样存在受压载荷作用下的稳定性问题。

图 9.15 是一端固定，另一端受压的柱子，当 F 增加到一个临界值后，侧向上很小的扰动将会引起柱子顶端很大的横向变形，此时结构处于不稳定状态。

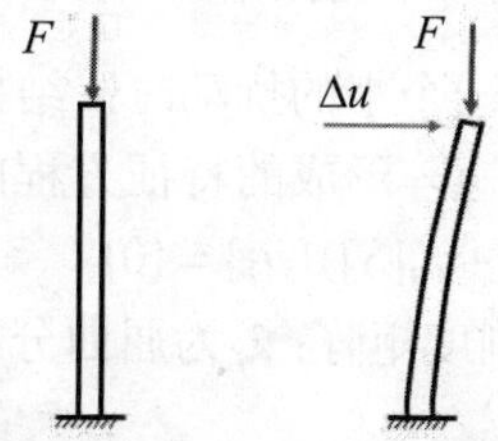

（a）稳定结构　（b）不稳定结构

图 9.15 柱子受压图

对于理想的无缺陷的杆件，F 的临界值对应图 9.16 中所示的分支点，Mechanical 中称为特征值屈曲分析，特征值屈曲分析求解速度快速，求得的结果并不保守。实际结构中，由于存在制造、安装误差，或者材料局部有缺陷，并不能达到分支点失稳，而是在极限载荷位置即丧失稳定性，在 Mechanical 使用非线性屈曲分析方法。

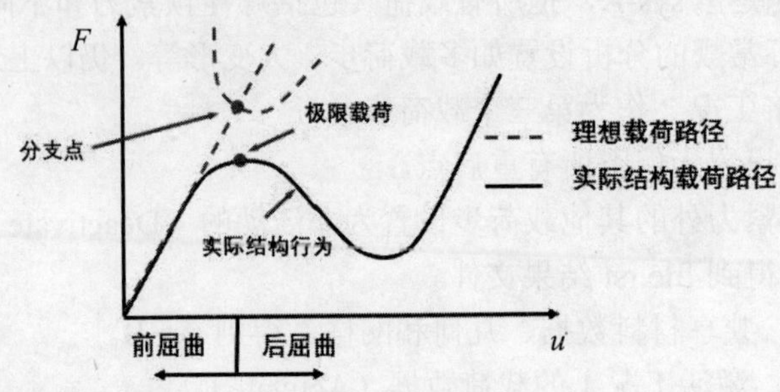

图 9.16　特征屈曲与非线性屈曲

9.2.2　特征值屈曲分析

Mechanical 特征值屈曲使用 MAPDL 的线性摄动分析方法，特征值屈曲分析之前必须进行静态结构分析，称为预应力分析，上游的预应力分析可以是线性的，也可以是非线性的，如图 9.17 所示。

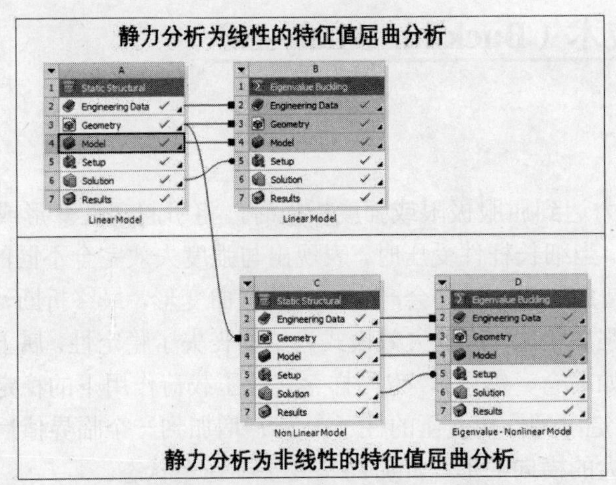

图 9.17　特征值屈曲分析

特征值屈曲分析考虑在侧向施加一个小的扰动时，结构保持稳定时所能承受的最大载荷，最终归结为切向刚度矩阵和应力刚度矩阵形成的特征方程问题。

$$([K]+\lambda_i[S])\{\psi_i\}=\{0\} \tag{9.1}$$

式中，$[K]$为切向刚度矩阵；$[S]$为应力刚度矩阵；λ_i 为屈曲分析求得的第 i 阶屈曲载荷系数；$\{\psi_i\}$ 为屈曲特征向量。

特征值屈曲分析的特征向量经过归一化处理（最大分量为 1.0），应力（若输出）结果应解释为相对分布。如果第一个特征值为负，表明反向施加的载荷将导致屈曲。

一个结构可以有无限个屈曲载荷系数。每个屈曲载荷系数都与不同的不稳定模式相关联。通常情况下，最低的屈曲载荷系数是最重要的。

对于静力分析中的压力载荷，如果您使用 Normal To 选项定义，则会产生额外的刚度贡献，称为“压力载荷刚度”效应。这种情况下，压力为跟随载荷，即结构变形时压力也会继续在法向作用。而“Component”或“Vector”选项定义的压力载荷以恒定的方向作用。因此，Normal To 选项和 Component/Vector 选项将产生不同的屈曲载荷系数。

在程序求解时，该过程分两个阶段：第一个阶段使用重启动技术求解静力分析的切向刚度矩阵，删除静力分析中的载荷；第二个阶段生成应力刚度矩阵，更新节点坐标，求解特征值，如图 9.18 所示。

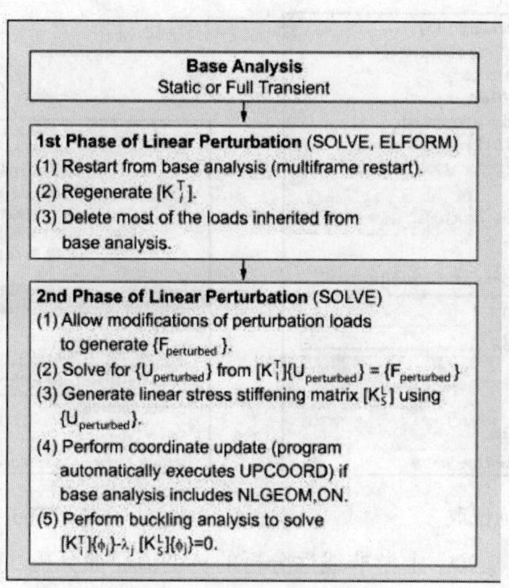

图 9.18　屈曲分析过程

1. 上游分析为线性分析时的屈曲载荷

当特征值屈曲分析的上游分析为线性模型时，屈曲分析模块所求得的载荷系数与静力分析模块所有载荷的乘积得到的值即为分支点载荷。

如果静力分析某些载荷是恒定的（如重力），而其他载荷是可变的，则需要迭代计算，调整可变载荷，直到屈曲载荷系数等于或接近 1.0。如图 9.19 所示，杆子具有自重 W_0，外载荷 A。为了确定特征值屈曲分析中 A 的极限值，需要重复求解，使用不同的 A 值，直到屈曲载荷系数接近 1.0，迭代最终使用的 A 值即为分支点载荷。

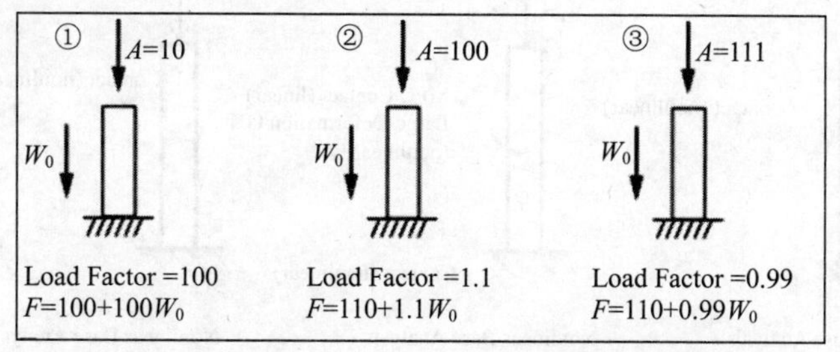

图 9.19　受恒载和变载组合作用的屈曲载荷

2. 上游分析为非线性分析时的屈曲载荷

当特征值屈曲分析的上游分析为非线性（包含接触非线性、材料非线性或几何非线性）模型时，屈曲分析模块需要设置所读取的预应力的载荷步，默认为静力分析的最后一个载荷步，程序基于指定的时间点进行重启动。注意，当静力分析中未设置 Restart Point 时，Pre-Stress（Static Structural）属性栏 Definition>>Pre-Stress Define By>>Time/Load Step 即使指定了时间，在求解时也不起作用，用户应按照 **5.1.1 节重启动控制**首先进行上游静力分析的重启动设置。从 Analysis Settings 属性栏>>Options>>Max Modes to Find 选项定义求解的屈曲模态，Keep Pre-Stress Load-Pattern 自动设置为“Yes”，表示使用静力分析的载荷作为摄动分析载荷，如图 9.20 所示。设置为“No”，则需要定义一个新的加载模式。

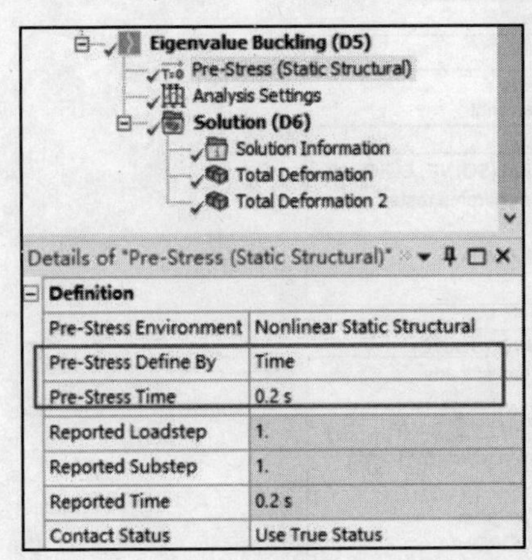

（a）预应力读取

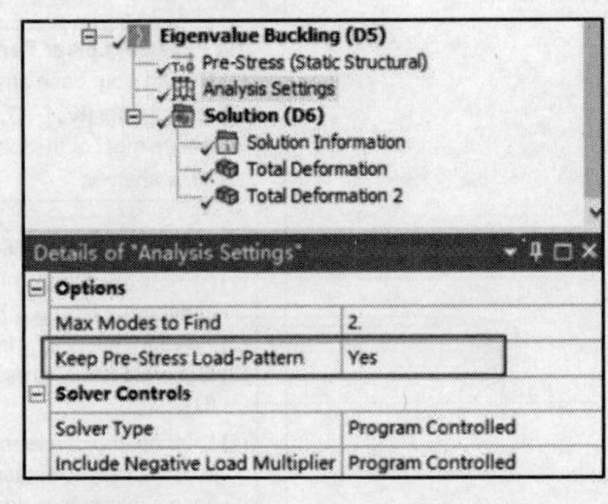

（b）分析设置

图 9.20　上游非线性分析的特征值屈曲分析（1）

在基于上游非线性静力分析的特征值屈曲分析中，载荷系数只对屈曲分析中所施加的载荷进行缩放。在评估结构的最终屈曲载荷时，必须考虑两种分析中应用的载荷，基于非线性特征值屈曲分析的分支点载荷为静力分析所施加载荷 $F_{restart}$ 与屈曲分析施加载荷（摄动载荷）乘以放大系数（$\lambda_i \times F_{perturb}$）之和，即

$$F_{buckling} = F_{restart} + \lambda_i F_{perturb} \tag{9.2}$$

图 9.21 给出了 3 种基于非线性静力分析的特征屈曲分支点载荷求解示例。

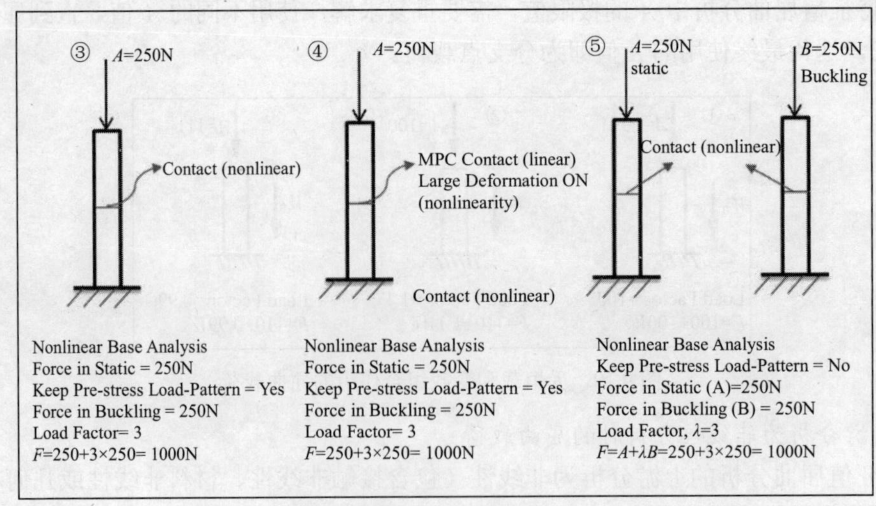

图 9.21　上游非线性分析的特征值屈曲分析（2）

9.2.3 非线性屈曲分析

非线性屈曲分析在求解时并不使用 Eigenvalue Buckling 模块，而直接使用静力分析模块 Static Structural，引入结构的初始缺陷后直接进行大变形非线性分析（Large Deflection 设置为"ON"）。非线性屈曲分析中由于达到极限载荷后，进入刚度下降段，此时结构无法承载。刚度下降段给数值求解带来了困难。ANSYS Mechanical 通过 Newton-Raphson 迭代、弧长法、位移加载、动态求解和非线性稳定性技术（Stabilization）等方法来确保结构在失稳后可以有效地跨越负刚度区域后，结构重新可以承载。

本节用有缺陷的薄壁箱型梁受压的案例来解释这一过程。

已知箱型梁截面尺寸为 40mm×20mm×2mm（高×宽×厚），长度为 1000mm，一端固定，另一端端部受压，材料为结构钢，弹性模量为 2.0e5MPa，泊松比为 0.3，使用双线性等向强化模型（BISO）屈服强度为 250MPa，切线模量为 1450MPa，使用壳单元。

对理想的几何模型引入缺陷的方法有很多，可以根据工程实际中的缺陷尺寸在前处理模块或 CAD 软件创建有缺陷的几何，然后直接进行非线性大变形静力分析。也可以通过有限元计算结果产生变形的结构作为初始的缺陷几何模型，可参考 **1.5.6 节将变形后的结构输出为变形的几何/网格模型**。本节利用特征值屈曲分析的结果来引入几何缺陷。

首先进行特征值屈曲分析，如图 9.22 所示。

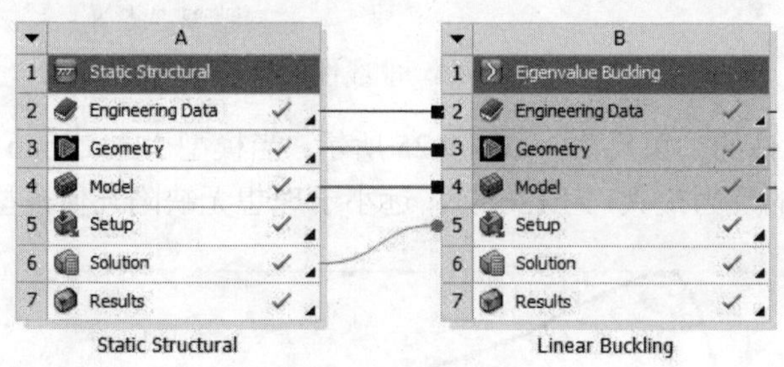

图 9.22　特征值屈曲分析

在上游的静力分析中箱型梁 A 端使用 Remote Displacement 设置 4 条边约束条件：UX=UY=UZ=RotZ=0，B 端使用 Remote Displacement 设置 4 条边约束条件：UX=UY=RotZ=0，B 端施加-1.0N 的压缩载荷（Z 向），求解静力分析。屈曲分析中设置提取一阶屈曲模态，求解屈曲分析，可得放大系数 λ_i=36649N，考虑与静力分析的叠加，分支点载荷为 1+36649×1=33650N，屈曲模态为中部受弯，屈曲最大变形=1mm。

在 Solution 对象下插入 Command（APDL）命令流如下，设置参数 ARG1=20，如图 9.23 所示，命令流返回前处理使用特征屈曲分析变形结果更新几何，放大系数为 20 倍，即箱型梁中部最大变形为 20mm 作为缺陷模型，并输出为 upgeom.cdb 网格文件，复制至项目文件夹。

在 Workbench 界面使用 External Model 模块读入 upgeom.cdb 网格文件，并与静力分析模块相连接，如图 9.24 所示。在静力分析模块中，检查节点坐标，确认模型缺陷的有效性，将 cdb 文件引入的模型初始边界条件 Suppress，分析设置中 Large Deflection 设置为"ON"，20 个载荷步，打开自动时间步。A 端通过 Remote Displacement 施加 4 条边约束条件：UX=UY=UZ=RotZ=0，B 端使用 Remote Displacement 设置 4 条边位移条件：UX=UY=RotZ=0，

Z=-20mm，设置 20 个子步，每步位移增量为-1mm。求解非线性模型，检查变形结果以及塑性应变等。

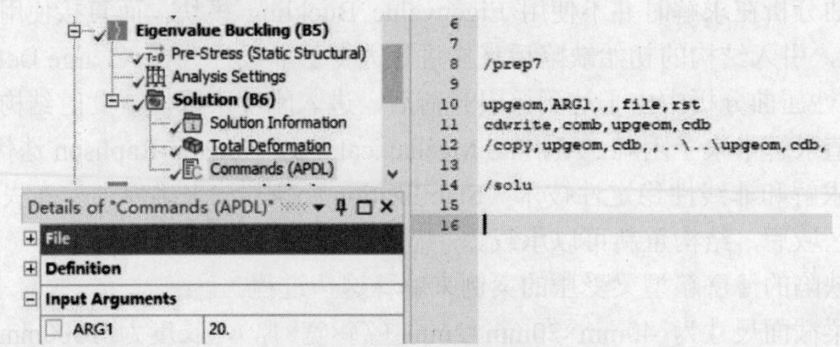

图 9.23　缺陷网格模型输出

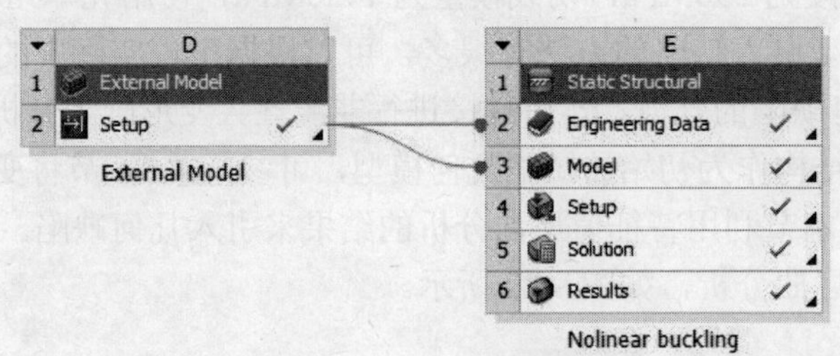

图 9.24　非线性求解

输出 A 端边界条件的约束反力，如图 9.25 所示，当模型引入 20mm 缺陷后，在 *Z* 向-2mm 位移条件时，端部 A 的反力最大，为 12669N，远小于理想无缺陷几何模型分支点载荷 33650N。

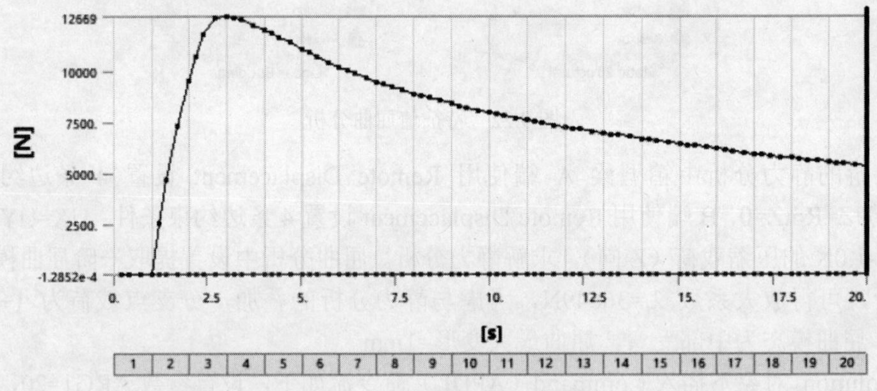

图 9.25　非线性屈曲反力曲线

9.3　子模型技术（Submodeling）

9.3.1　基本概念

当有限元网格粗糙时，很难在感兴趣的区域得到精确的结果，然而其他区域的结果是满足精度要求的（比如位移解），为了获得更准确的结果，使用精细的网格重新分析整个模型是极其消耗计算资源的。利用子模型技术来针对感兴趣区域（子模型）生成独立的、更精细的网格模型，进行局部区域的有限元分析将极大地提高求解效率。

子建模的基本假定是切割边界离应力集中区域足够远，这是使用该方法时首先必须满足的因素。

Mechanical 中子模型功能导出上游分析（全局模型）的结果，并作为下游分析（子模型）的边界条件，因此，用户需通过 SCDM/DM 或 CAD 工具将全局模型做切分，以得到子模型，上游分析（全局模型）的结果映射在这些面上形成子模型分析的边界条件，图 9.26（a）、（b）所示分别为结构分析子模型方法和热分析子模型方法。

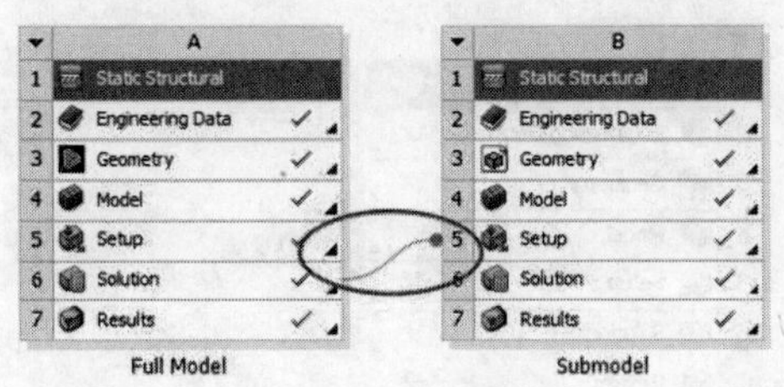

（a）结构分析子模型方法

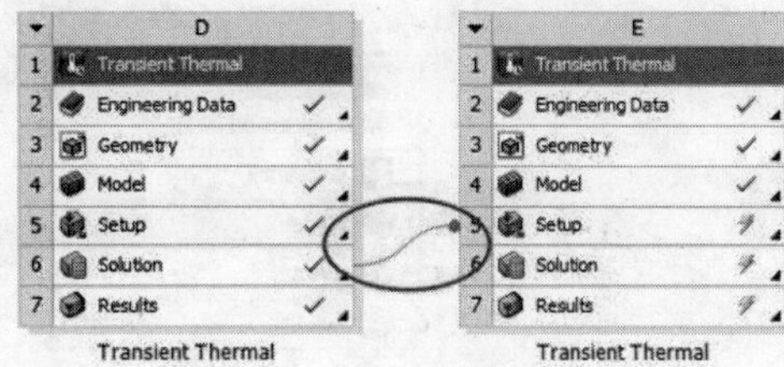

（b）热分析子模型方法

图 9.26　子模型方法（1）

对于非线性、载荷历史相关的问题（例如，当存在塑性材料时），则必须将各个子步的结果传递至子模型，以模拟细网格模型分析中的载荷历史相关性。

当将全局模型 sys-A 的 Solution 模块拖拽至子模型 sys-B 的 Setup 模块时，Mechanical 将在 sys-B 创建一个 Submodeling 对象，该对象本质上与 Imported Load 相同，如图 9.27 所示。Mechanical 允许针对 Structural（Static/Transient）和 Thermal（Steady-State/Transient）分析创建子模型。在热分析中，粗网格模型切割边界上计算的温度被指定为子模型的边界条件。

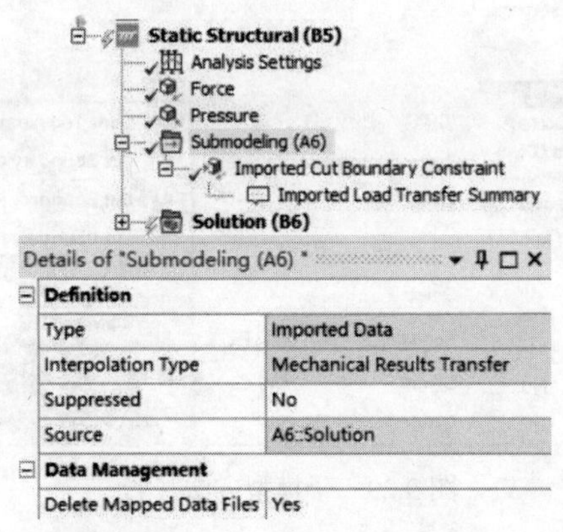

图 9.27　子模型方法（2）

子模型技术还有其他优点：

- 减少甚至消除了实体模型中复杂过渡区域。
- 对子模型区域尝试不同的设计。
- 显示了网格细化的必要性。

9.3.2 分析流程

以结构分析子模型技术说明其分析流程。

（1）在 Workbench 界面，建立静力/瞬态分析模型（sys-A），划分网格，设置边界条件，加载并求解模型。

（2）建立新的静力/瞬态分析模型（sys-B），连接 sys-A 的 Solution 模块至 sys-B 的 Setup 模块，也可以连接 Engineering Data 共享材料信息，当子模型的几何信息包含于 sys-A 时，也可连接 Geometry 共享几何信息，并且在 sys-B 中将不感兴趣的其他区域 Suppress。图 9.28 中 sys-B 的几何信息为切割后的子模型区域，未与 sys-A 共享几何模块。

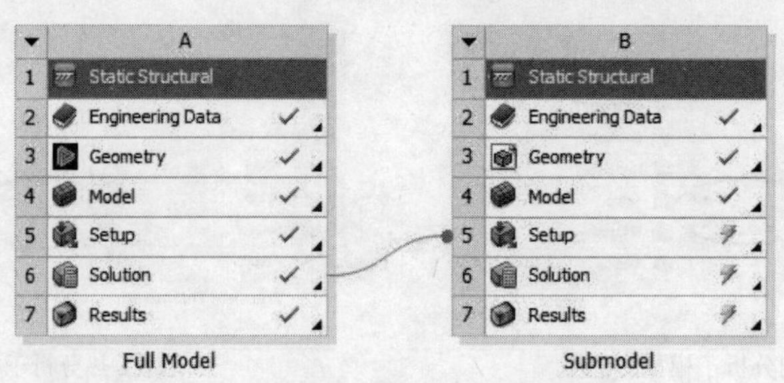

图 9.28 子模型方法（3）

（3）双击 sys-B 模块的 Setup 模块打开 Mechanical，程序自动在目录树增加了 Submodeling 对象。

（4）在 Submodeling 对象单击右键 Insert 插入图 9.29 中所示四种类型的载荷及边界条件。对于 3D 实体模型，Body Temperature 支持实体或节点，Cut Boundary Constraint 支持面、边或者节点，Cut Boundary Remote Force 和 Cut Boundary Remote Constraint 支持面或边。

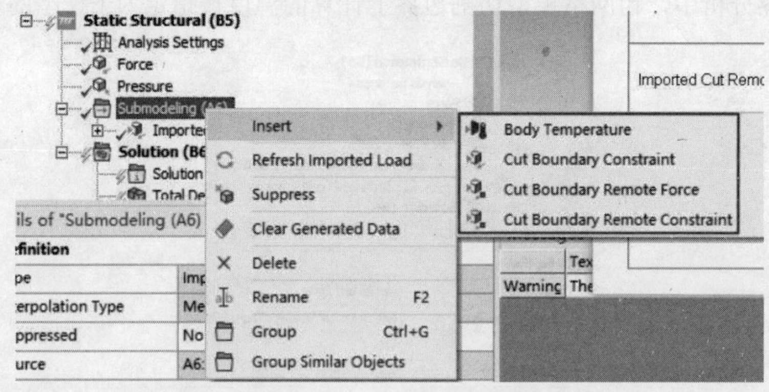

图 9.29 子模型方法（4）

（5）插入对象属性 Definition 栏目下 Transfer Key 提供以下选项，如图 9.30 所示。

- Shell-Shell：当上游模型包含壳单元时，提供该选项，可输入平移及转角。
- Solid-Solid：上游模型为实体几何模型。当上游模型使用壳模型，而使用该选项时，仅壳单元中面的数据被映射，且 Mechanical 的 Message 窗口给出如下警告：

The source selection consists of one or more shell bodies. Displacement on the shell mid-plane has been used for interpolation and effect of rotational degrees of freedom has been ignored. Please check the mapped results for accuracy.

- Shell-Solid：上游模型包含壳单元模型，子模型为实体模型，仅上游模型 Shell 的数据可以传递至子模型。
- Beam-Shell/Solid：上游模型为梁单元模型。

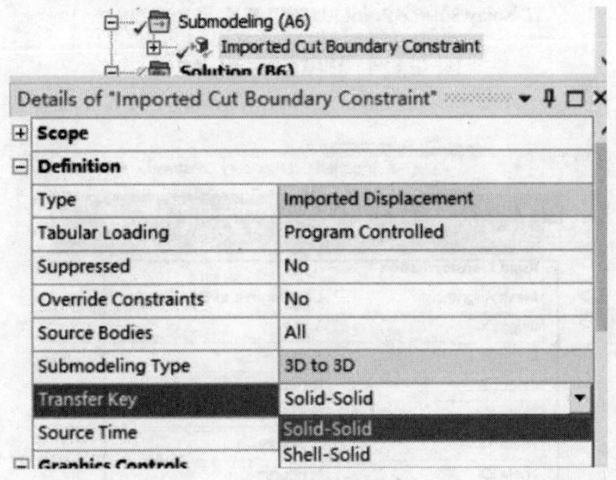

图 9.30　子模型方法（5）

（6）当需要映射上游分析结果的多个载荷步数据或者所有载荷数据时，通过 Source Time 设置，并与当前的分析时间在 Data View 中进行对应，如图 9.31 所示。需要注意的是，Analysis Settings 的分析时间也应该与 Data View 中对应，否则程序在求解时，仅 Analysis Settings 指定的分析时间起作用。

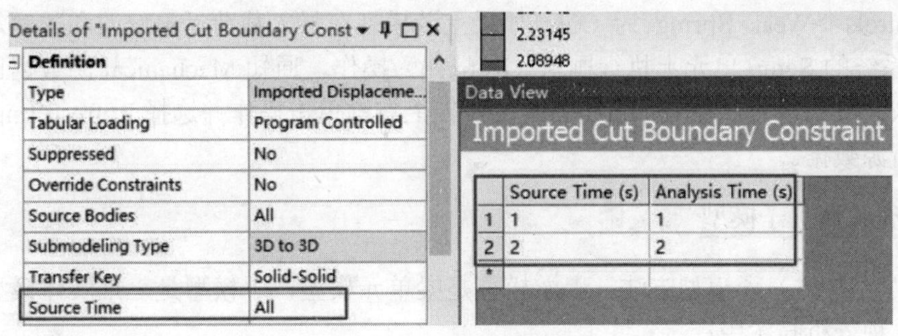

图 9.31　子模型方法（6）

（7）在插入对象上单击鼠标右键 Import Load，数据传输成功后，在几何窗口显示映射的结果。手动实时调整 Graphics Controls 控制输入数据的行、分量及显示源数据点，并与上游分析模型的各载荷步结果比较以检查映射数据的准确性，如图 9.32 所示。

（8）当源数据与目标几何位置有偏差时，通过 Rigid Transformation 对数据点进行平移和旋转，如图 9.33 所示。

（9）定义作用于子模型的载荷（如重力载荷、非切割面上的压力等）及其他边界条件，载荷步设置等，求解子模型。

Transfer Key	Solid-Solid
Source Time	All
Graphics Controls	
By	Active Row
Active Row	1
Component	Z Component
Display Source Points	Off
Display Source Point Ids	Off

图 9.32　子模型方法（7）

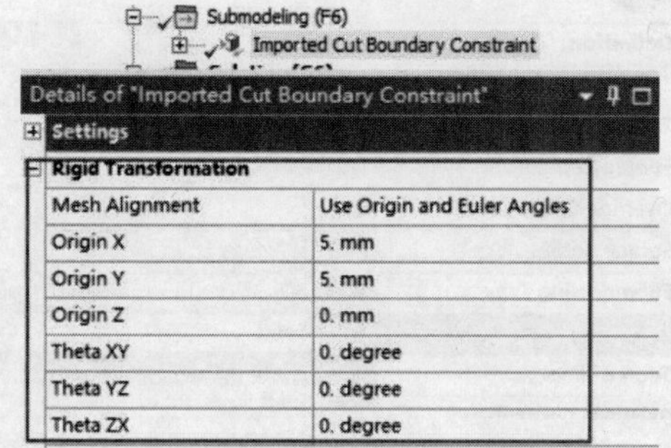

图 9.33　子模型方法（8）

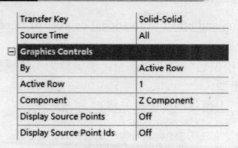

（10）验证子模型的切割边界远离应力集中区域。比较切割边界的应力结果与上游模型相应位置的结果，如果结果一致，则表明切割边界合适，否则，需要用远离感兴趣区域的不同切割边界重新创建和分析子模型。

（11）当子模型中仅包括力/弯矩且无任何约束时，必须在 Analysis Settings 属性栏目设置 Solver Controls>>Weak Spring 为 ON。如果上游模型在导入载荷后被修改和求解，则需要在 Submodel 系统的 Setup 单元上执行刷新（Refresh）操作，通知 Mechanical 源数据已经更改，并重新导入。或者，可以在 Submodeling 文件夹上右键单击操作并选择 Refresh Imported Load 选项来刷新源数据。

9.3.3　梁–壳（体）子模型

对于梁-壳（体）子模型方法，上游模型是梁单元模型，子模型是三维实体模型或三维壳模型。在这种分析技术中：

（1）程序确定子模型上距离每个切面（对于梁-体）或边（对于梁-壳）最接近的梁节点，然后，根据插入对象的切割方法 Cut Boundary Remote Force（或 Cut Boundary Remote Constraint），程序从上游分析梁单元结果中计算力、力矩（或位移和旋转）。

（2）程序将提取的力和力矩（或位移和旋转）通过生成远程载荷（Remote Load）的方式从梁节点应用到子模型的切割面或边上。

（3）传递切割边界数据的类型：

- **Cut Boundary Remote Force** 选项为力和力矩。每个远端力和力矩对共享一个可变形（Deformable）的远端点，如图 9.34 所示。

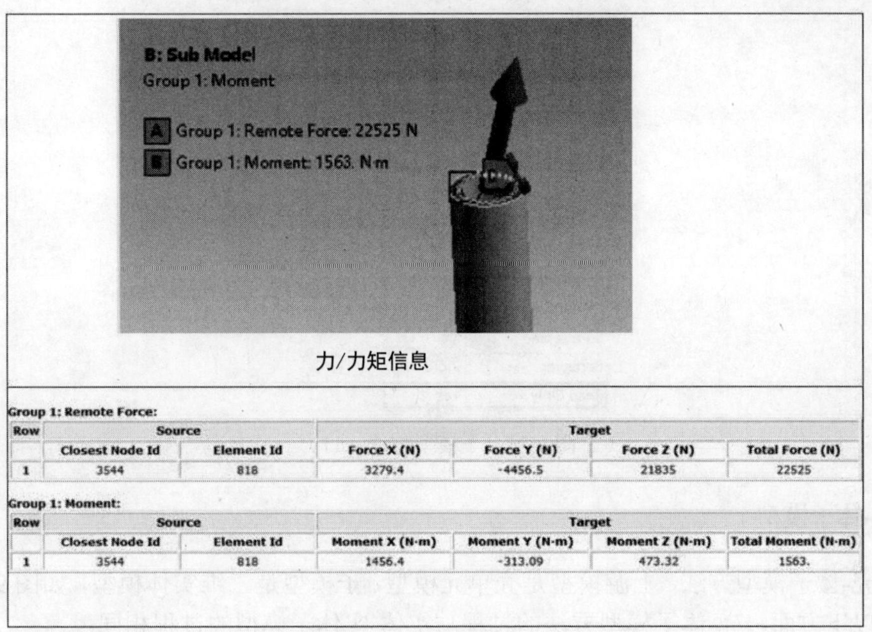

Group 1: Remote Force:

Row	Source		Target			
	Closest Node Id	Element Id	Force X (N)	Force Y (N)	Force Z (N)	Total Force (N)
1	3544	818	3279.4	-4456.5	21835	22525

Group 1: Moment:

Row	Source		Target			
	Closest Node Id	Element Id	Moment X (N·m)	Moment Y (N·m)	Moment Z (N·m)	Total Moment (N·m)
1	3544	818	1456.4	-313.09	473.32	1563.

图 9.34 子模型方法（9）

- **Cut Boundary Remote Constraint** 选项为位移和旋转。切割边界上应用刚性的远端位移（Remote Displacement）和旋转如图 9.35 所示。

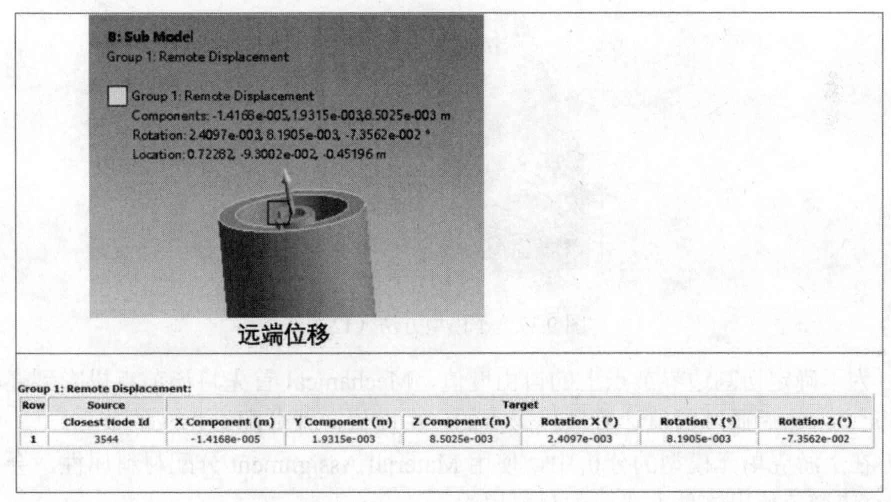

Group 1: Remote Displacement:

Row	Source	Target					
	Closest Node Id	X Component (m)	Y Component (m)	Z Component (m)	Rotation X (°)	Rotation Y (°)	Rotation Z (°)
1	3544	-1.4168e-005	1.9315e-003	8.5025e-003	2.4097e-003	8.1905e-003	-7.3562e-002

图 9.35 子模型方法（10）

（4）默认情况下，生成的远端载荷是只读的。用户可以修改 Read Only 属性更改远端点的属性，如图 9.36 所示。

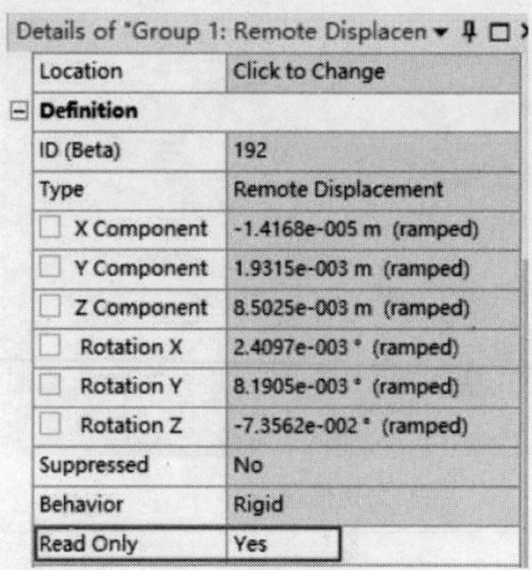

Details of "Group 1: Remote Displacen

Location	Click to Change
Definition	
ID (Beta)	192
Type	Remote Displacement
X Component	-1.4168e-005 m (ramped)
Y Component	1.9315e-003 m (ramped)
Z Component	8.5025e-003 m (ramped)
Rotation X	2.4097e-003 ° (ramped)
Rotation Y	8.1905e-003 ° (ramped)
Rotation Z	-7.3562e-002 ° (ramped)
Suppressed	No
Behavior	Rigid
Read Only	Yes

图 9.36　子模型方法（11）

9.3.4　壳-体子模型

对于壳-体子模型方法，上游模型是壳单元模型，子模型是三维实体模型，如图 9.37 所示。除了以下方面，壳-体子模型方法的过程与实体-实体子模型的过程相同：

（1）Transfer Key 设置为 Shell-Solid。

（2）切割边界与壳单元面垂直。

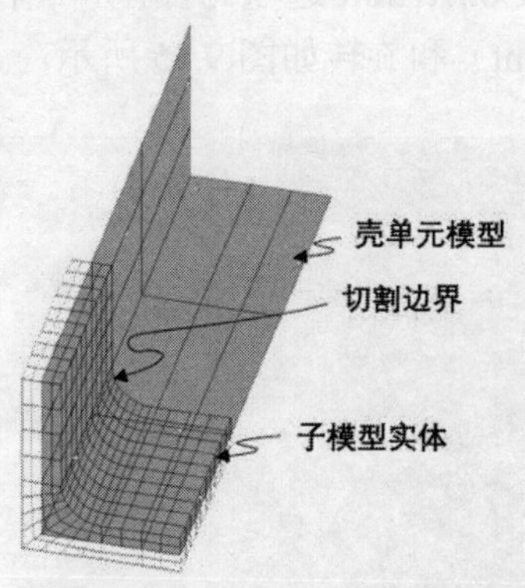

图 9.37　子模型方法（12）

（3）为了确定切割边界节点上的自由度值，Mechanical 首先将该节点投影到壳单元截面最近的单元上，然后通过插值计算该投影点的自由度值，并分配给相应的节点。

（4）在上游壳单元模型的分析中，使用 Material Assignment 分配材料属性，会导致数据映射错误，应避免使用这种方式分配材料属性。

（5）子模型方法仅支持源数据为梁、壳的截面类型，其他截面类型将忽略。

9.4　摩擦生热（Friction Heat Generation）

9.4.1　耦合场分析概念

第 5 章所讨论的结构分析及热分析都属于单个物理场的分析。结构分析中，自由度（未知变量）为位移，所使用的单元为结构分析单元，如 Solid185、Solid186、Solid187 单元等。热分析中，自由度为温度，所使用的单元为热分析单元，如 Solid87、Solid90 等。

耦合场分析用来模拟不同物理场类型之间的相互作用，耦合场分析需要同时考虑多种不同类型的自由度，上述的单元不再能满足要求。Ansys 包含丰富的多物理场单元库，如 222～227 号单元以及其他 20 种多物理场单元，涵盖了结构、热、声、流体、电及电磁等领域。

热-结构耦合分析，同时考虑位移自由度和温度自由度。在 Mechanical 中分别通过 Coupled Field Static 和 Coupled Field Transient 实现静态和瞬态的热-结构耦合分析，如图 9.38 所示。

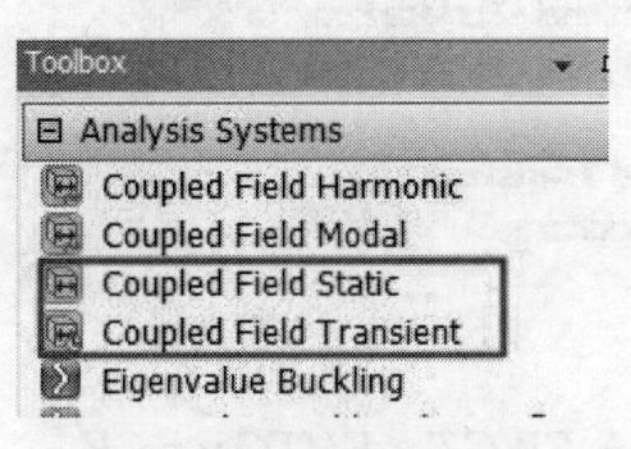

图 9.38　耦合场分析

耦合场分析的求解方法分为强耦合方法和弱耦合方法，如图 9.39 所示。强耦合方法在刚度和阻尼矩阵中存在非对角线项，使得结构分析域和热分析域即时产生耦合，并在一次迭代后即提供耦合响应。弱耦合方法只考虑了使用载荷矢量项的耦合效应，即分别计算温度场变化引起的热应变和材料性能变化引起的热产生或热损失所实现的效应，因此，弱耦合方法至少需要两次迭代才能实现耦合响应。

强耦合方法　$$\begin{bmatrix}[M] & [0]\\ [0] & [0]\end{bmatrix}\begin{Bmatrix}\{\ddot{u}\}\\ \{\ddot{T}\}\end{Bmatrix}+\begin{bmatrix}[C] & [0]\\ [C^{tu}] & [C^{t}]\end{bmatrix}\begin{Bmatrix}\{\dot{u}\}\\ \{\dot{T}\}\end{Bmatrix}+\begin{bmatrix}[K] & [K^{ut}]\\ [0] & [K^{t}]\end{bmatrix}\begin{Bmatrix}\{u\}\\ \{T\}\end{Bmatrix}=\begin{Bmatrix}\{F\}\\ \{Q\}\end{Bmatrix}$$

弱耦合方法　$$\begin{bmatrix}[M] & [0]\\ [0] & [0]\end{bmatrix}\begin{Bmatrix}\{\ddot{u}\}\\ \{\ddot{T}\}\end{Bmatrix}+\begin{bmatrix}[C] & [0]\\ [0] & [C^{t}]\end{bmatrix}\begin{Bmatrix}\{\dot{u}\}\\ \{\dot{T}\}\end{Bmatrix}+\begin{bmatrix}[K] & [0]\\ [0] & [K^{t}]\end{bmatrix}\begin{Bmatrix}\{u\}\\ \{T\}\end{Bmatrix}=\begin{Bmatrix}\{F\}+\{F^{th}\}\\ \{Q\}+\{Q^{ted}\}\end{Bmatrix}$$

图 9.39　两种耦合方法

9.4.2　分析流程

摩擦生热属于热-结构耦合分析的范畴，当考虑瞬态效应时，使用 Coupled Field Transient 模块。其分析流程如下：

（1）输入材料属性。如密度（Density）、热膨胀系数（Coefficient of Thermal Expansion）、弹性模量、泊松比、导热系数（Thermal Conductivity）、比热（Specific Heat）。

（2）分配材料属性。

（3）设置接触。

1）接触的自由度。在 Mechanical 热-结构耦合场分析中，程序自动修改接触单元 CONTA174（或 CONTA172 等）的关键选项 KEYOPT（1），使其自由度既包含温度自由度也包含位移自由度。

2）实常数。摩擦生热中通过两个实常数来实现滑动能量与热能的转换。

FHTG 是指摩擦耗散能转化为热能的比例。

FWGT 是接触面与目标面之间热量分布系数。

$$q = FHTG \times \tau \times V \tag{9.3}$$

式中，q 为热流密度；τ 为摩擦应力；V 为接触滑动速度。*FHTG* 默认为 1，通过第 15 个实常数输入。如果期望输入值为 0，则应输入一个非常小的值（例如 1e-8）。如果输入 0，程序将其解释为默认值。如图 9.40 所示将 *FHTG* 值修改为 0.6。

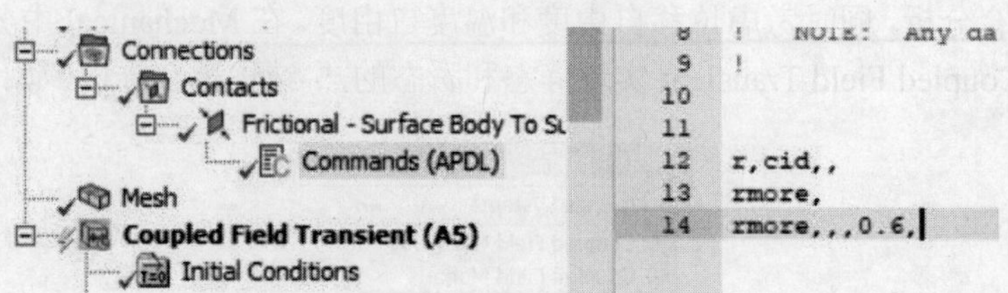

图 9.40　实常数修改

$$q_C = FWGT \times FHTG \times \tau \times V \tag{9.4}$$

$$q_T = (1 - FWGT) \times FHTG \times \tau \times V \tag{9.5}$$

式中，q_C、q_T 分别为接触面和目标面的热流密度；*FWGT* 默认为 0.5，通过第 18 个实常数输入。如果期望输入值为 0，则应输入一个非常小的值（例如 1e-8）。如果输入 0，程序将其解释为默认值。

（4）设置瞬态分析的初始温度条件、时间步等信息。如果结构物理域的惯性效应可以忽略不计，在 Coupled Field Transient 对象下插入 Command（APDL），内容为：TIMINT, OFF, STRUC。但是，摩擦生热分析必须包括对热的瞬态效应。

（5）设置分析的结构和热物理域，设置热应变求解的强/弱耦合，如图 9.41 所示。

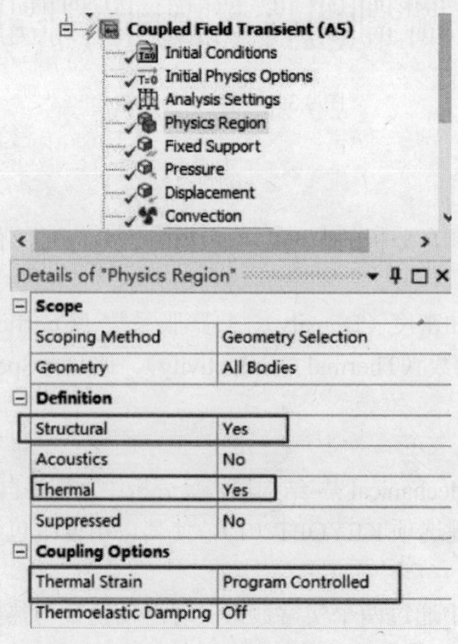

图 9.41　物理域设置

（6）设置载荷及边界条件、热边界条件。

（7）求解及后处理。

9.5 表面磨损分析（Surface Wear Analysis）

9.5.1 基本概念

当一个固体与另一个固体接触时，接触表面物质的逐渐损失称为磨损。在微观尺度上，磨损涉及复杂的机械和化学过程而导致材料失效和损失。在连续介质力学尺度上，磨损分析将接触表面的物理量与材料损失联系起来，通过现象学模型来近似。

由于磨损造成的材料损失在 Mechanical 中可以通过在接触面重新定位接触节点来近似计算，节点的新坐标由磨损模型确定。当接触节点移动到新的位置，接触物理量（如接触压力）随之发生变化。接触单元的下覆单元也同样经历材料和体积的损失，从而实现磨损物理现象的模拟。在程序求解过程中，当节点移动到一个新的位置后，迭代求解直到新的平衡建立。

Mechanical 中可以使用两种磨损模型：Archard 磨损模型和用户自定义的磨损模型。支持磨损分析的接触单元包括 CONTA172、CONTA174 和 CONTA175。本书介绍工程中常用的 Archard 模型。

9.5.2 Archard 磨损模型

Archard 磨损模型是一种广泛使用的滑动磨损模型，它假定磨损引起的体积损失速率与接触表面的接触压力和滑动速度成线性正比，磨损发生在表面向内的法线方向，即与接触法线方向相反。

$$\dot{w} = \frac{K}{H} P^m v_{\mathrm{rel}}^n \tag{9.6}$$

式中，$\dot{w}$ 为接触节点的体积磨损率；K 为磨损系数；H 为材料硬度；P 为接触压力；v_{rel} 为相对滑动速度；m 为压力指数；n 为速度指数。

通过“TB，WEAR”命令（TBOPT=ARCD）激活接触面 Archard 磨损模型，将其分配给接触单元，同时通过 TBDATA 命令定义磨损参数 K,H,m,n（C1～C4），C5 控制 Archard 模型是如何实现的，常数 C6～C8 用来定义磨损相对于全局坐标系的方向余弦，并可以将 TBFIELD 命令与 TBDATA 结合使用，将属性定义为温度或时间的函数。TBTEMP 命令可以用于定义与温度相关的磨损数据。

图 9.42 示出了与时间和温度相关的磨损模型定义，当然，磨损参数也可以同时指定为时间和温度的函数。

```
!时间相关磨损模型
TB,WEAR,1,,,ARCD        ! 激活Archard磨损模型
TBFIELD,TIME,0          ! 定义第一个时间值
TBDATA,1,K,H,m,n        ! 定义第一个时间下的磨损参数
TBFIELD,TIME,1          ! 定义第二个时间值
TBDATA,1,K,H,m,n        ! 定义第二个时间下的磨损参数
```

```
!温度相关磨损模型
TB,WEAR,1,,,ARCD        ! 激活Archard磨损模型
TBTEMP,100              ! 定义第一个温度值
TBDATA,1,K,H,m,n        ! 定义第一个温度下的磨损参数
TBTEMP,200              ! 定义第二个温度值
TBDATA,1,K,H,m,n        ! 定义第二个温度下的磨损参数
```

图 9.42 时间相关与温度相关磨损模型

1. 程序实现

磨损分析的实现涉及两个阶段。首先，通过指定的磨损模型计算磨损量。其次，更新几何形状以考虑磨损。

磨损模型计算的磨损增量（磨损率乘以时间增量）用于在该节点上沿与接触法线相反的方向移动接触节点，在非线性求解过程中，在满足子步力和位移收敛准则的迭代中，利用该磨损增量和方向来移动接触节点。由于接触节点的重新定位可能导致结构丧失平衡，因此需要额外的迭代来实现收敛。如果在施加磨损后，求解不能收敛，则使用二分法，丢弃磨损增量，重新求解。由于磨损是一个材料去除过程，而接触节点因磨损产生的移动，并不会使得下覆固体单元经历任何应变或应力。较大的磨损增量会导致初始闭合的接触对打开，可能导致收敛问题，因此，强烈建议磨损分析时使用非常小的时间增量。

2. 磨损分析使用条件

（1）仅用于静力分析或瞬态分析。

（2）TB,WEAR 材料定义必须在第一个 SOLVE 命令发出前完成，磨损系数可以通过 TBFIELD,TIME 命令指定其随时间变化。

（3）仅用于接触算法为增广拉格朗日方法或罚函数法。

（4）仅用于基于节点的探测方法。

（5）下覆单元建议使用结构实体单元或结构耦合场实体单元。

（6）不支持分层实体单元，如 Solid186，当 KEYOPT(3)=1 的情况。

（7）通常情况下，使用非对称接触行为模拟体侧磨损情况。当模拟两侧磨损时，使用对称接触行为，且 KEYOPT(8)=1，使得接触对两侧有同样的接触属性，参考 6.1.3 小节**接触行为**。

9.5.3 分析流程

磨损分析属于结构分析的范畴，其分析流程如下：

（1）输入材料属性，分配材料属性。

（2）设置摩擦、无摩擦及粗糙接触，如为一侧磨损，设置非对称行为，两侧磨损，设置对称行为。设置接触探测方法为基于节点的探测方法，如图 9.43 所示。

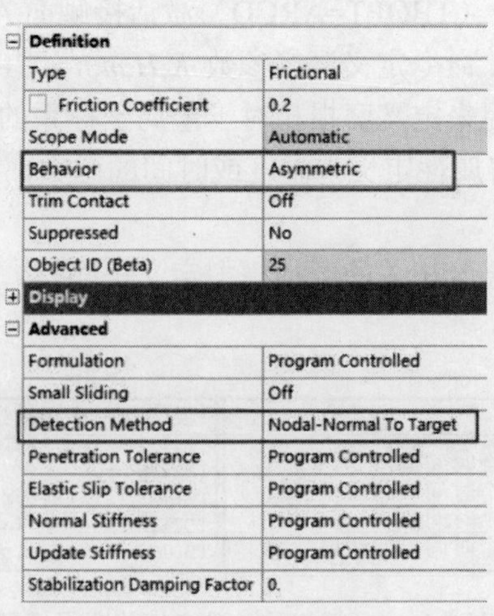

图 9.43　磨损分析接触设置（1）

（3）在发生磨损的接触对插入 Command（APDL），定义磨损参数，如图 9.44 所示。

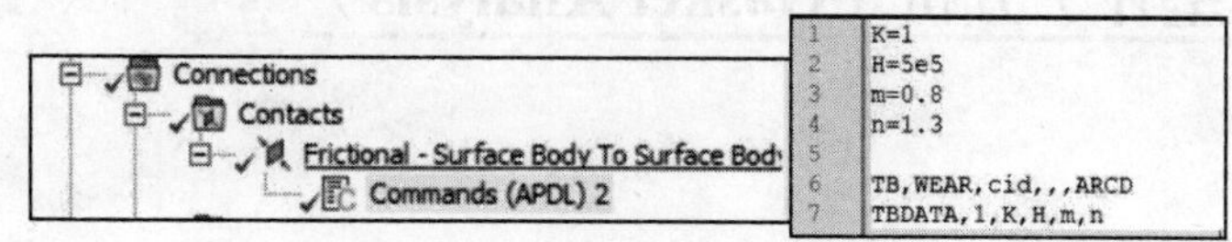

图 9.44　磨损分析接触设置（2）

（4）分析设置中设置时间步，Large Deflection 设置为 ON，非线性控制 Newton-Raphson Option 设置为 Unsymmetric 提高求解效率及精度，如图 9.45 所示。

Details of "Analysis Settings"

Maximum Substeps	1000.
⊞ Solver Controls	
⊞ Rotordynamics Controls	
⊞ Restart Controls	
⊟ Nonlinear Controls	
Newton-Raphson Option	Unsymmetric
Force Convergence	Program Controlled
Moment Convergence	Program Controlled
Displacement Convergence	Program Controlled
Rotation Convergence	Program Controlled
Line Search	Program Controlled
Stabilization	Off

图 9.45　磨损分析求解设置

（5）提交求解，结果后处理，检查接触压力、体积变化等。

（6）通过自定义结果查询接触单元的体积损失 VWEAR 云图，如图 9.46 所示。通过前面几章的方法定位接触单元编号，根据接触单元的单元类型确定提取体积损失的结果编号，其中 CONTA172 单元为 93（即图 9.46 中的表达式 nmisc93），CONTA174 单元为 189，CONTA175 单元为 93（2D）或 189（3D）。

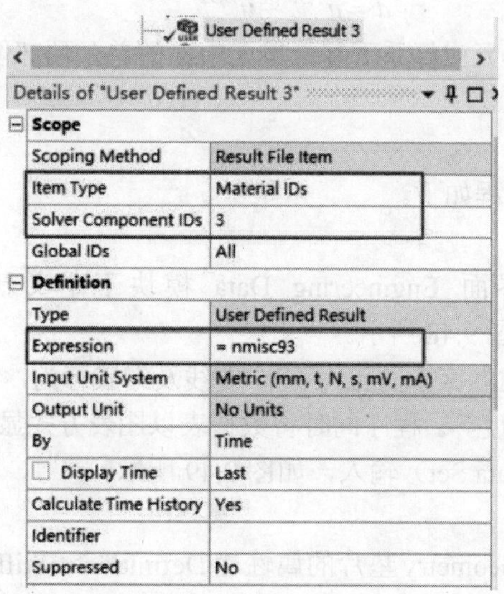

图 9.46　结果查看

9.6 密封圈（垫片）分析（Gasket Analysis）

9.6.1 基本概念

垫片是大多数装配结构中必不可少的零件，通常非常薄，用于结构零部件之间的密封，可由不同的材料制成，如钢、橡胶和复合材料。从力学的角度讲，垫片起到了装配件之间传递载荷的作用，垫片材料通常处于压缩状态，且表现出较高的非线性。当压力被释放时，垫片材料也表现出相当复杂的卸载行为。垫片的主要变形通常局限于厚度方向，薄膜刚度和横向剪切对刚度的贡献较小，可忽略不计。

Mechanical 中通过 GASKET 功能模拟垫片，内部使用 INTER192-INTER195 界面单元，其厚度方向变形与平面内变形解耦。用户可以直接输入实验测得的压力-闭合曲线和多条卸载曲线，表征垫片材料的厚度方向变形。图 9.47 所示为垫片材料受压时的压力-闭合（垫圈上下表面相对位移）曲线。

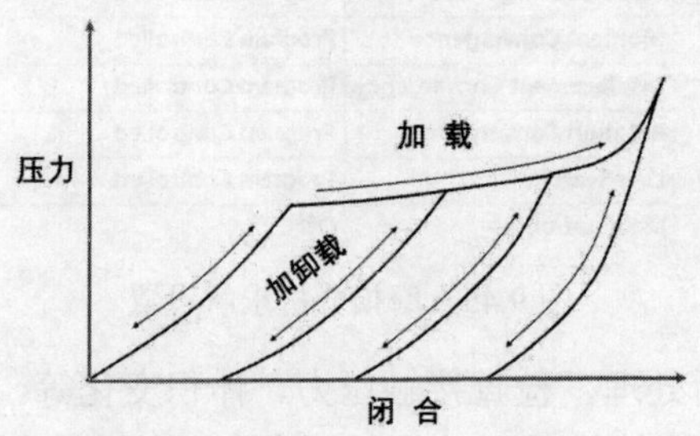

图 9.47 垫片材料压力-闭合曲线

Mechanical 中垫片压力和变形基于单元局部坐标系。垫片压力实际上垂直于垫片中面应力，垫片变形则表征为垫片单元上下表面闭合，定义为

$$d = u^{\mathrm{TOP}} - u^{\mathrm{BOT}} \tag{9.7}$$

式中：u^{TOP}、u^{BOT} 分别为单元坐标系下基于单元中面的单元顶部位移和底部位移。

9.6.2 分析流程

Mechanical 垫片分析流程如下。

1. 材料属性定义

首先在 Workbench 界面 Engineering Data 模块下定义新材料，从工具栏中双击 Gasket>>Gasket Model，如图 9.48 所示。

指定 Data Set 1 第一组温度下的压力-闭合曲线及卸载行为，以及其他参数，如最大拉应力、横向剪切刚度、薄膜刚度等。程序同时将数据表以图表方式显示。当垫片材料数据与温度相关时，支持多组数据（Data Set）输入，如图 9.49 所示。

2. 几何定义

在 Mechanical 目录树 Geometry 垫片的属性栏 Definition>>Stiffness Behavior 将垫片材料的刚度行为设置为 Gasket，指定 Gasket 的局部坐标系，分配所定义的垫片材料属性，指定初始间隙值（默认为 0），如图 9.50 所示。

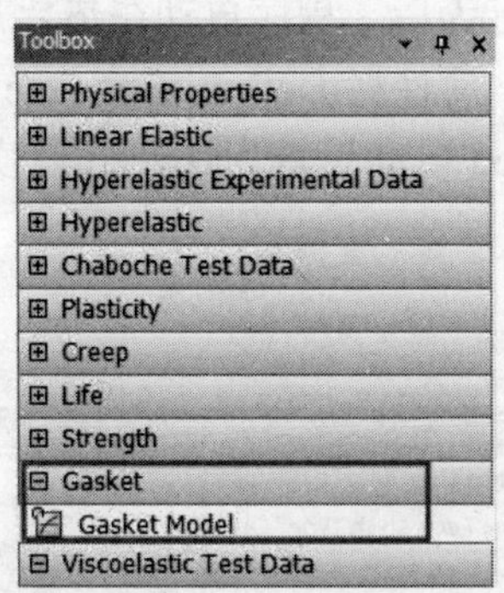

图 9.48　垫片材料属性（1）

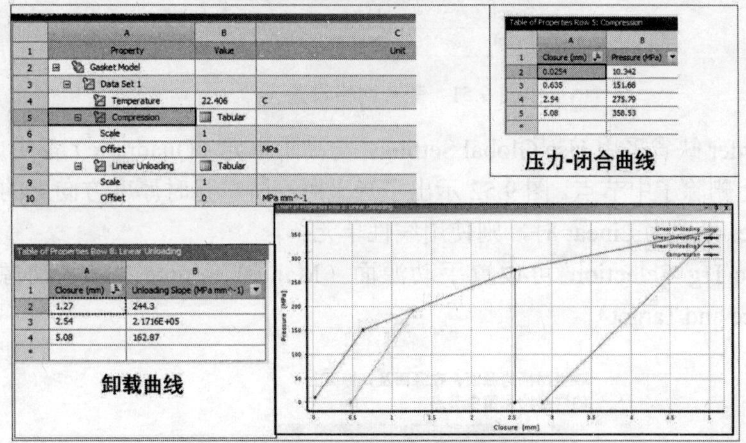

图 9.49　垫片材料属性（2）

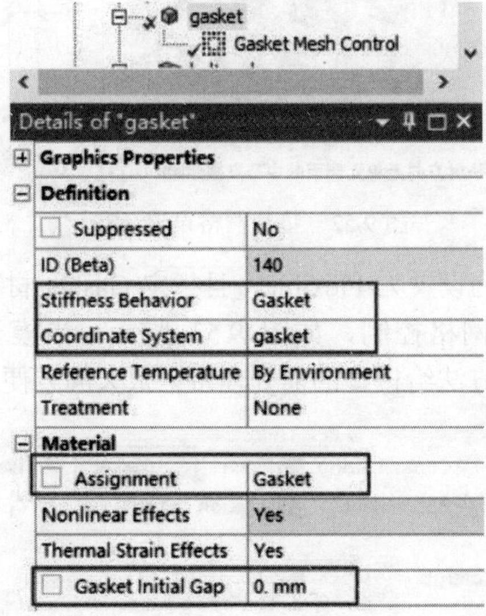

图 9.50　垫片几何属性

3. 网格

当指定了几何体 Gasket 刚度行为后，程序自动在垫片几何下插入 Gasket Mesh Control 对象，实现对 Gasket 进行网格控制。属性栏 Definition>>Free Face Mesh Type 可设置为四边形、三角形或者两者混合。Mesh Method 自动设置为 Sweep 只读属性，如图 9.51 所示。

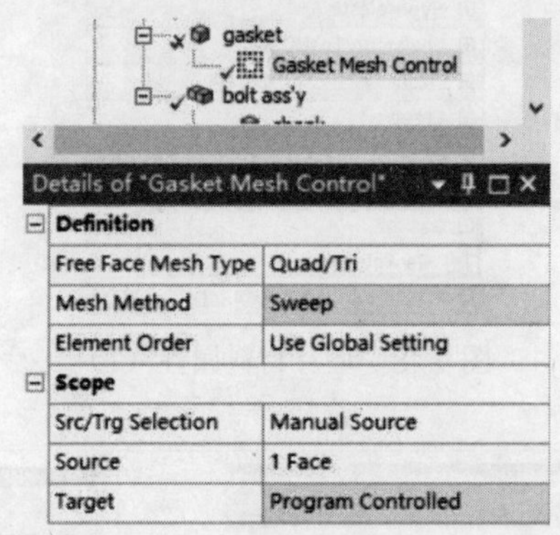

Definition	
Free Face Mesh Type	Quad/Tri
Mesh Method	Sweep
Element Order	Use Global Setting
Scope	
Src/Trg Selection	Manual Source
Source	1 Face
Target	Program Controlled

图 9.51　垫片网格设置（1）

Element Order 缺省采用 Use Global Setting，与高阶单元（Quadratic）都生成二阶单元，但是在厚度方向上删除了中节点。图 9.52 示出了当采用高阶单元时厚度方向上的中节点被删除。当 Element Order 设置为 Linear 时，则使用线性单元。

Scope>>Src/Trg Selection 可设置手动源面（Manual Source）或手动源面以及目标面（Manual Source and Target）。

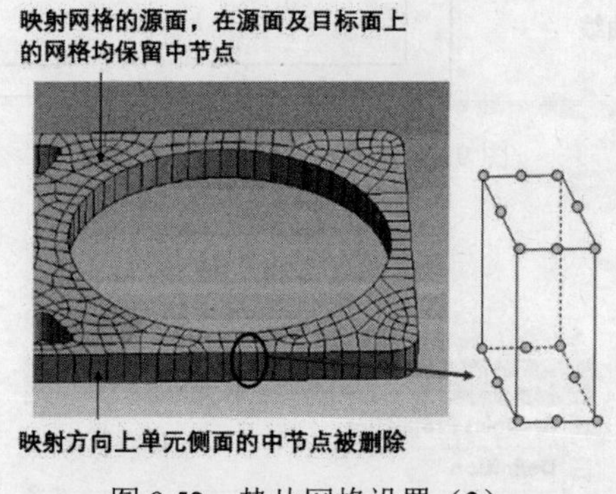

图 9.52　垫片网格设置（2）

注：在几何体的刚度行为设置为 Flexible，且指定 Gasket 材料属性时，同样可以在 Mesh 对象下插入 Gasket 来进行网格控制，如图 9.53 所示。当模型中垫片材料为多体零部件（Multibody Part）时，这种方法给模型的前处理带来很大的方便。

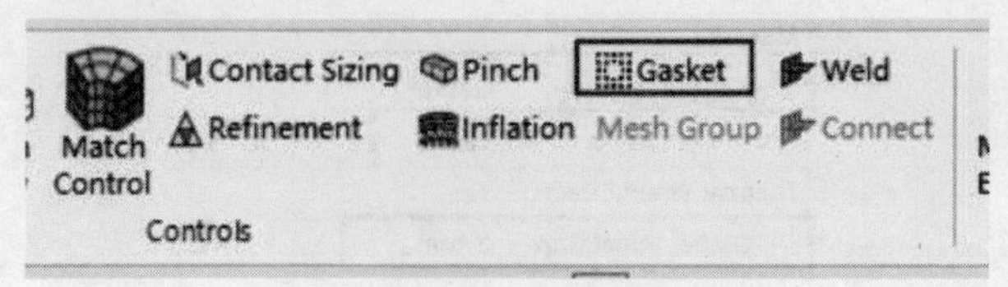

图 9.53　垫片网格设置（3）

4. 分析设置

完成求解控制、载荷步、边界条件以及载荷设置。

5. 后处理

使用 Gasket 功能进行模型的后处理，如图 9.54 所示。

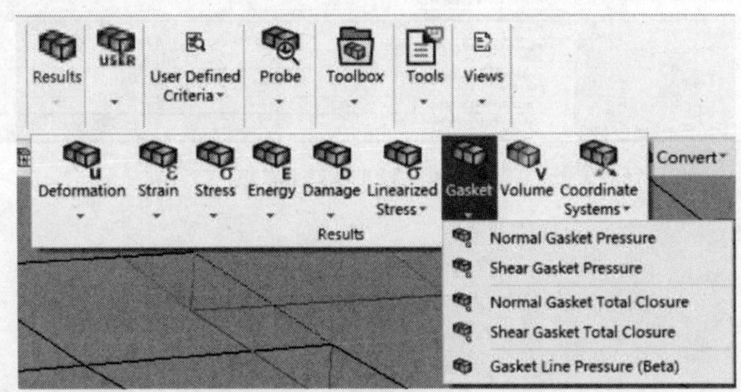

图 9.54　垫片分析后处理

9.7　粘胶界面开裂分析（Cohesive Zone Method）

9.7.1　基本概念

粘胶剂用于结构部件或复合材料层合板的粘合，粘胶界面失效属于断裂力学分析的范畴，当粘胶界面承载达到某一极限值（如应力）时，粘胶层将沿着该界面逐渐开裂。Mechanical 支持 CZM（Cohesive-Zone Model）方法和虚拟裂纹闭合技术（Virtual Crack Closure Technique，VCCT），VCCT 方法是一种基于断裂力学的方法，需要在几何模型上建立上初始裂纹（Pre-Meshed Crack），CZM 方法利用界面上分离和牵引力之间的关系，不需要建立初始的裂纹，CZM 方法对网格尺寸和材料参数很敏感。分离都是沿着预定义的界面进行的，裂纹不能向任意方向传播。

Mechanical 中使用界面分层（Interface Delamination）和接触失效（Contact Debonding）进行粘胶界面失效分析，前者在程序内部使用界面单元（INTER202～INTER205），支持 CZM 方法和 VCCT 方法。后者使用接触单元，支持 CZM 方法。本书介绍接触失效（Contact Debonding）的分析流程。

9.7.2　分析流程

接触失效（Contact Debonding）的分析流程如下。

在 Workbench 中通过 Engineering Data 工具栏的 Cohesive Zone 区域选择 Separation- Distance based Debonding 或 Fracture-Energies based Debonding 定义具有双线性行为粘接材料模型，如图 9.55 所示。

断裂的三种主要模式为张开型（模式 I，界面分离为开裂的主要因素）、滑开型（模式 II，切向滑移为开裂的主要因素），撕开型（模式III或混合型，界面分离由法向和切向共同作用），如图 9.56 所示，在材料模型属性栏 Debonding Interface Mode 选择一种模式。

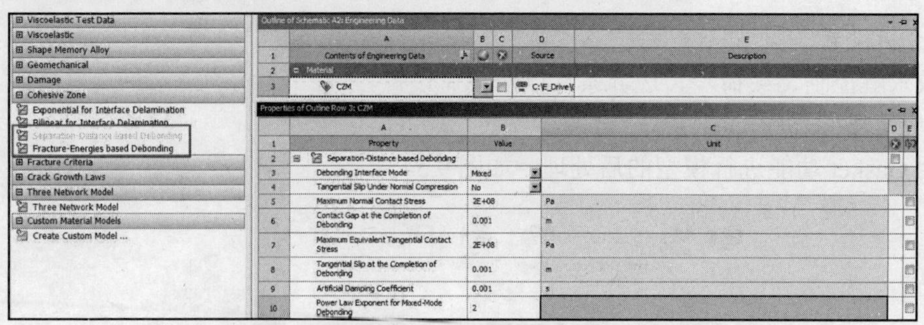

图 9.55　粘胶材料模型

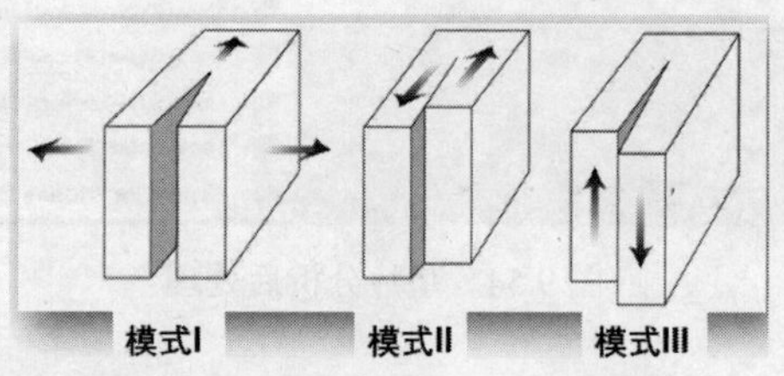

图 9.56　材料断裂的三种主要模式

（1）模式 I 裂纹双线性材料模型。

本节主要介绍模式 I 裂纹，其他形式裂纹未展开讨论。图 9.57 所示为模式 I 裂纹法向接触应力（Normal Contact Stress）和接触间隙（Contact Gap）双线性粘接材料模型，该模型包括线弹性加载阶段（*OA*）和线性软化（*AC*）。接触法向应力最大发生在 *A* 点，从 *A* 点开始发生粘接失效，直至 *C* 点接触法向应力为零，*C* 点之后，粘接面进一步分离。曲线 *OAC* 包围的面积是由于接触失效释放的能量，称为临界断裂能。线 *OA* 的斜率决定了最大法向接触应力时的接触间隙。模型假定在粘接失效开始，断裂是累积的，任何卸载（如从 *B* 点卸载）和随后的重新加载都以线弹性的方式沿 *OB* 线进行。

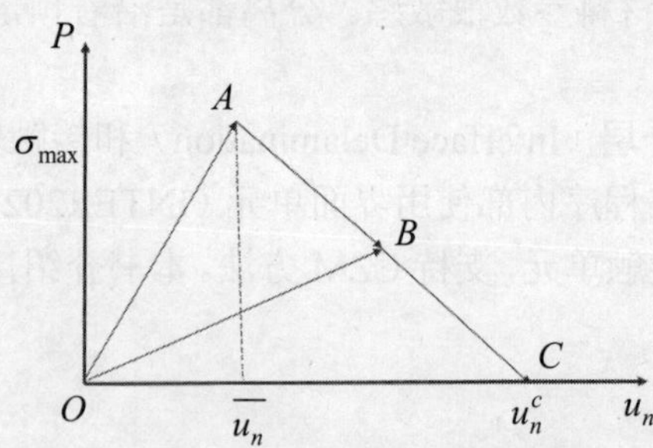

图 9.57　模式 I 裂纹双线性粘接材料模型

其表达式为

OA 段：
$$P = K_n u_n \tag{9.8}$$

AC 段：
$$P = \frac{-\overline{u_n} K_n}{u_n^c - \overline{u_n}}(u_n - u_n^c) \tag{9.9}$$

式中，P 为接触法向拉应力；K_n 为 *OA* 段斜率，即接触法向刚度，由程序自动计算，支持用户修改实常数 FKN 来更改该值；u_n 为接触间隙；$\overline{u_n}$ 为最大接触法向应力时的接触间隙；u_n^c 为粘接完全失效时的间隙。

法向临界断裂能：

$$G_{cn} = \frac{1}{2}\sigma_{\max} u_n^c \tag{9.10}$$

模式 I 的切向应力 τ_t 也为双线性表达式，只需将式（9.8）、式（9.9）的 K_n、u_n 分别替换为接触切向应力 K_t，接触切向刚度 u_t。

当选择模式 I 裂纹材料模型时，在工程数据中输入最大接触法向应力 $\sigma_{\max}$（Maximum Normal Contact Stress），粘接完全失效时的间隙 u_n^c（Contact Gap at the Completion of Debonding），数值阻尼系数（Artificial Damping Coefficient），如图 9.58 所示。粘接开裂分析通常属于高度的非线性行为，在 Newton-Raphson 求解时，运行用户输入数值阻尼来克服收敛问题。

Property	Value	
Separation-Distance based Debonding		
Debonding Interface Mode	Mode I	
Tangential Slip Under Normal Compression	No	
Maximum Normal Contact Stress	2E+08	Pa
Contact Gap at the Completion of Debonding	0.001	m
Maximum Equivalent Tangential Contact Stress	2E+08	Pa
Tangential Slip at the Completion of Debonding	0.001	m
Artificial Damping Coefficient	0.001	s
Power Law Exponent for Mixed-Mode Debonding	2	

图 9.58　模式 I 接触失效材料属性定义

（2）几何：分配被粘接件的材料属性。

（3）接触设置。粘接部位设置绑定或不分离接触，接触公式设置为增广拉格朗日方法或罚函数方法，如图 9.59 所示。

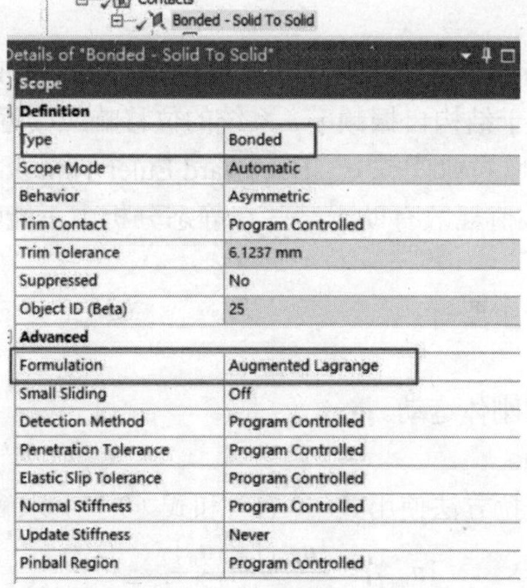

Scope	
Definition	
Type	Bonded
Scope Mode	Automatic
Behavior	Asymmetric
Trim Contact	Program Controlled
Trim Tolerance	6.1237 mm
Suppressed	No
Object ID (Beta)	25
Advanced	
Formulation	Augmented Lagrange
Small Sliding	Off
Detection Method	Program Controlled
Penetration Tolerance	Program Controlled
Elastic Slip Tolerance	Program Controlled
Normal Stiffness	Program Controlled
Update Stiffness	Never
Pinball Region	Program Controlled

图 9.59　接触设置

（4）接触失效定义。在目录树 Model 单击右键，插入 Fracture 对象，或在功能区单击 Model>>Define>>Fracture。在 Fracture 对象单击右键 Insert>>Contact Debonding，如图 9.60 所示。

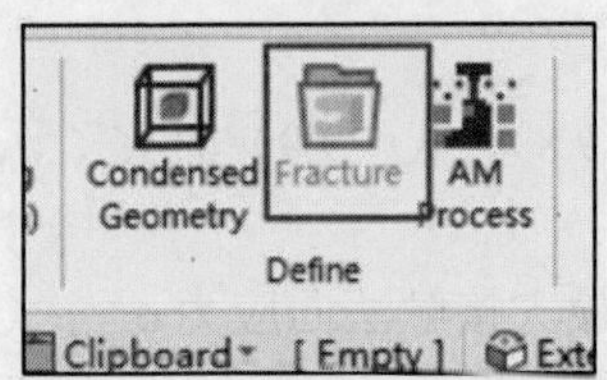

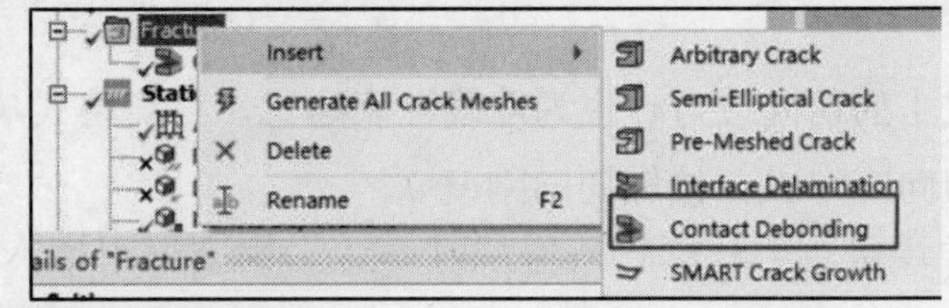

图 9.60　接触失效定义（1）

在 Contact Debonding 属性栏指定接触失效的粘接接触区域及分配粘接材料，如图 9.61 所示。

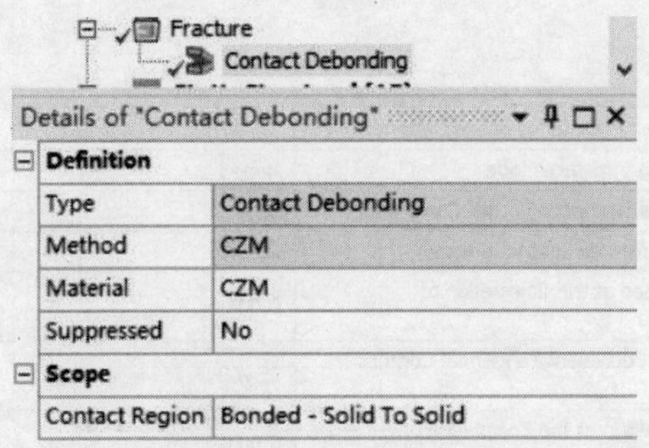

图 9.61　接触失效定义（2）

（5）分析设置，提交求解。设置时间步，Large Deflection 设置为 ON，并提交求解。

（6）结果后处理。检查法向/切向应力，接触间隙，界面滑动和接触面开裂情况。

9.8　准静态求解（Quasi-Static Application）

9.8.1　概念

准静态问题是指载荷施加非常缓慢，结构变形也非常慢（应变率低），惯性力非常小，可以忽略。或者激励频率远低于结构自振频率，系统的位移响应接近于静态位移，动态效应可以忽略。Mechanical 使用向后欧拉时间积分（Backward Euler Time-Integration）求解准静态问题。这种时间积分格式中的高数值耗散有助于某些在静态分析中不能收敛的非线性问题在准静态求解中得到收敛解。

准静态求解的应用场合主要有：

- 屈曲主导的问题。
- 模型中存在可能的刚体运动。
- 跳跃屈曲引起失稳。

对于线性系统，向后欧拉方法使用式（9.11）和式（9.12）求解 n+1 时刻的速度和加速度：

$$\{\dot{u}_{n+1}\}=\frac{\{u_{n+1}\}-\{u_n\}}{\Delta t} \tag{9.11}$$

$$\{\ddot{u}_{n+1}\}=\frac{\{\dot{u}_{n+1}\}-\{\dot{u}_n\}}{\Delta t} \tag{9.12}$$

将式（9.11）和式（9.12）代入式（5.46）并整理得到：

$$\left(\frac{1}{\Delta t^2}[M]+\frac{1}{\Delta t}[C]+[K]\right)\{u_{n+1}\}=\{F_{n+1}^a\}+[M]\left(\frac{\{u_n\}}{\Delta t^2}+\frac{\{\dot{u}_n\}}{\Delta t}\right)+[C]\frac{\{u_n\}}{\Delta t} \tag{9.13}$$

对于非线性系统，使用牛顿-拉弗森迭代方法，引入残差矢量$\{R_{n+1}^k\}$，向后欧拉方法表示为

$$\left(\frac{1}{\Delta t^2}[M]+\frac{1}{\Delta t}[C]+[K_{n+1}^T]^k\right)\{\Delta u_{n+1}^k\}=\{R_{n+1}^k\} \tag{9.14}$$

式中，$[K_{n+1}^T]^k$ 为 n+1 时刻第 k 次迭代的切向刚度矩阵；$\{\Delta u_{n+1}^k\}$ 为 n+1 时刻第 k 次迭代的位移增量；$\{R_{n+1}^k\}$ 为 n+1 时刻第 k 次迭代残差矢量。

9.8.2 准静态求解的使用

准静态求解可以分别在静力分析和瞬态结构中使用。静力分析将 Analysis Settings>>Solver Controls>> Quasi-Static Solution 设置为 ON 激活，瞬态结构分析切换 Analysis Settings>>Solver Controls>>App. Based Settings>> Quasi-Static 激活，如图 9.62 所示。

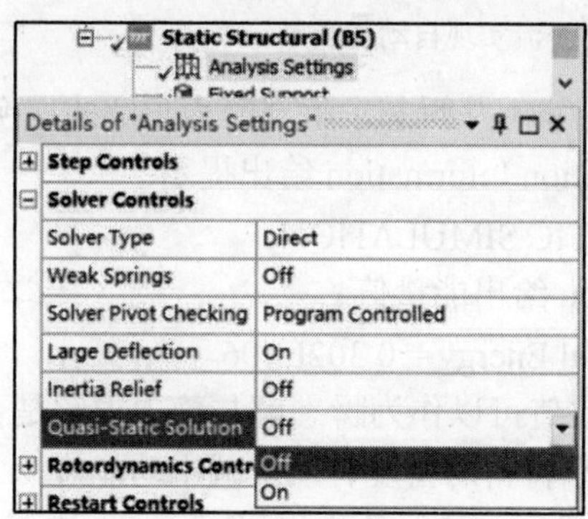

（a）静力分析

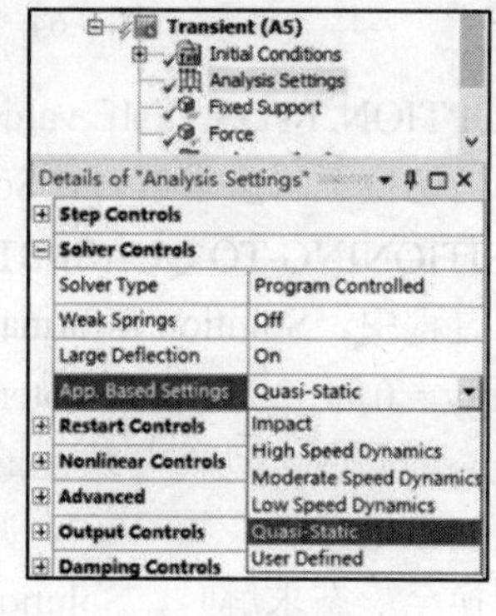

（b）瞬态结构分析

图 9.62 准静态求解

9.8.3 静力分析和瞬态求解自动切换

当复杂的装配体包含高度非线性过程使用隐式静力分析出现收敛困难时，切换至瞬态求解通常是有帮助的，如接触脱离引起的刚体位移、接触振荡以及局部屈曲等。

Mechanical 提供的静力分析和瞬态求解自动切换技术实现流程如图 9.63 所示。

在静力分析目录树 Static Structural 上单击右键插入 Command（APDL）实现两种求解方案的自动切换，如图 9.64 所示。

使用“SOLOPTION，STOT”实现从静力求解至瞬态求解的切换，默认为不收敛（Type=CONV）切换至准静态求解（Value=QUASI）。Type 为 FORC 时，强制使用瞬态求解。Type 为 RBM 时，当第一次刚体运动出现时，从静力求解切换至瞬态求解，刚体运动的值由最大自由度增量决定。如果最大自由度大于在 CUTCONTROL 命令上指定的标准（或默认值），就会发生切换。Type 为 CONT 时，当接触对首次从接触状态改变为脱离状态时切换。Value 选项除了

默认的准静态求解，还可以选择 NMK（Newmark 积分方法）和 HHT（HHT 积分方法）。

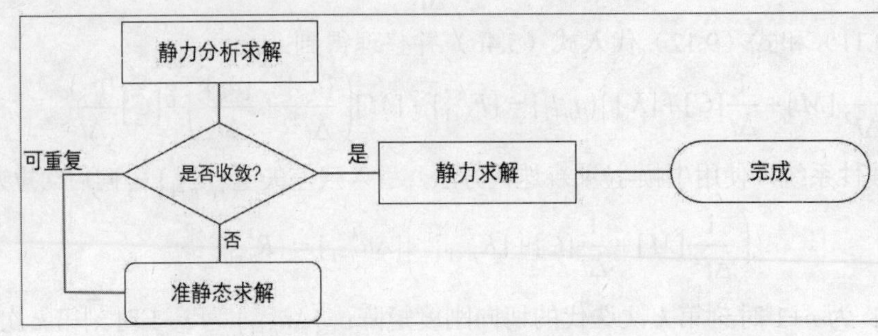

图 9.63　静力分析和瞬态求解自动切换技术实现流程

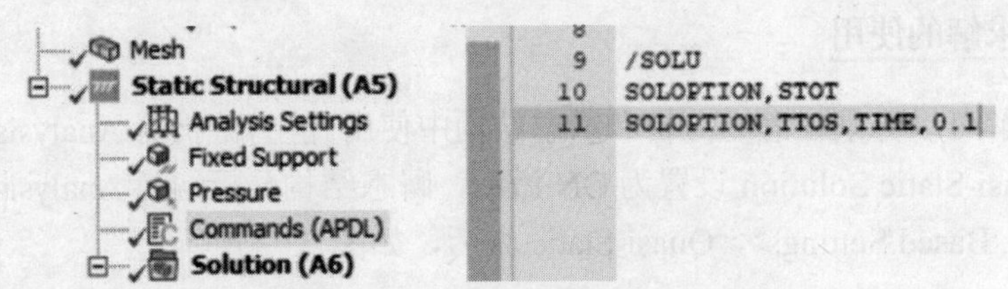

图 9.64　命令流实现自动切换

使用“SOLOPTION,TTOS,TIME,value”实现从瞬态求解至静力求解的切换。Value 指定瞬态求解的时长。当切换至瞬态求解时，Solution Information 给出提示：

>>> TRANSITIONING TO QUASI-STATIC SIMULATION

在瞬态求解过程中，Solution Information 给出能量值

Kinetic Energy = 0.1132　　　Potential Energy = 0.302E+06

在求解准静态问题时，动能与势能的比值可以作为瞬态解与静力求解是否近似的参考。动能值相比势能值应足够小（如<1%）。减小材料的密度有助于减小动能值。

当由瞬态切换至静态求解时，Solution Information 给出提示：

>>> TRANSITIONING TO STATIC SIMULATION

当程序将瞬态求解产生的惯性力完全平衡后，继续按静力分析指定时间增量和加载求解。

相比于直接在静力分析和瞬态结构分析中直接使用准静态求解，该自动切换技术尽可能地降低了动能在整个求解过程中的占比，而前两者在整个求解中均引入了动能。从求解效率方面看，自动切换技术也要优于前两者。

参考文献

[1] ANSYS 2021R2（2022R2，2023R1）版本用户手册．
[2] 薛守义．有限单元法[M]．北京：中国建材工业出版社，2005．
[3] 师汉民，黄其柏．机械振动系统：分析、建模、测试、对策：上册[M]．武汉：华中科技大学出版社，2014．
[4] 王勖成，邵敏．有限单元法基本原理和数值方法[M]．2 版．北京：清华大学出版社，2003．
[5] 曾攀．有限元分析基础教程[M]．北京：高等教育出版社，2009．
[6] 杨庆生．现代计算固体力学[M]．北京：科学出版社，2007．
[7] 博弈创作室．APDL 参数化有限元分析技术及其应用实例[M]．北京：中国水利水电出版社，2004．
[8] 刘鸿文．材料力学[M]．3 版．北京：高等教育出版社，1996．
[9] 刘涛，杨凤鹏．精通 ANSYS[M]．北京：清华大学出版社，2002．
[10] 原方，梁斌，乐金朝．弹塑性力学[M]．郑州：黄河水利出版社，2006．
[11] 徐芝纶．弹性力学简明教程[M]．2 版．北京：高等教育出版社，1983．
[12] 牛海峰．知识就是力量：从力学学科体系说开去 [EB/OL]. https://mp.weixin.qq.com/s/V7I58DIsWOL0WS7znROeGA．
[13] 张洪伟，高相胜，张庆余．ANSYS 非线性有限元分析方法及范例应用[M]．北京：中国水利水电出版社，2013．
[14] 刘笑天．ANSYS Workbench 结构工程高级应用[M]．北京：中国水利水电出版社，2015．
[15] M. Acin. Stress singularities, stress concentrations and mesh convergence [EB/OL]. [2015-06-02]. http://www.acin.net/2015/06/02/stress-singularities-stress-concentrations-and-mesh-convergence/.
[16] 图惜．一线工程师总结 Ansys Workbench 工程应用之——结构非线性（下）：状态非线性（4）过盈配合[EB/OL]. https://zhuanlan.zhihu.com/p/571437676.
[17] J Pan. 如何理解随机振动的功率谱密度？ [EB/OL]. https://zhuanlan.zhihu.com/p/40481049.
[18] Benny_WEI. 正态分布（高斯分布）的均值与方差如何推导？[EB/OL]. https://blog.csdn.net/qq_46261795/article/details/124572186.
[19] Glyn Holton. Numerical Solution, Closed-Form Solution [EB/OL]. https://riskencyclopedia.com/articles/closed_form_solution/.
[20] 张伟伟．Ansys Mechanical 磨损分析[EB/OL]. https://mp.weixin.qq.com/s/pDktsYMg_J5-zDMNGn2Sqw.

[21] 牛海峰．Ansys Mechanical 紧固件分析技术 [EB/OL]. https://mp.weixin.qq.com/s/BGfE5rUO4g5Df5Df2X216A.

[22] Alexander Austin. Restarts in ANSYS Mechanical Can Save Time and Effort! [EB/OL]. https://drdtechnology.wordpress.com/2016/05/24/restarts-in-ansys-mechanical-can-save-time-and-effort/.

[23] 牛海峰．Ansys Mechanical 屈曲分析技术 [EB/OL]. https://mp.weixin.qq.com/s/0fnSLZEDLWkvB_Om4MflBw.

[24] 钢结构设计标准：GB 50017-2010[S]

[25] 空间网格结构技术规程：JGJ 7-2010[S]